# 数智时代的知识管理

KNOWLEDGE MANAGEMENT IN THE AGE OF DIGITAL INTELLIGENCE

陈 劲 [日]野中郁次郎◎主编
赵之奇 于海明◎译

北京大学出版社
PEKING UNIVERSITY PRESS

著作权合同登记号 图字：01-2024-0515

图书在版编目（CIP）数据

数智时代的知识管理 / 陈劲, (日) 野中郁次郎主编；赵之奇, 于海明译. —— 北京：北京大学出版社, 2024.
10. —— ISBN 978-7-301-35721-7

Ⅰ. G302

中国国家版本馆CIP数据核字第2024LH5016号

*The Routledge Companion to Knowledge Management*, Edited by Jin Chen and Ikujiro Nonaka

ISBN:978-0-3676-3104-8

Copyright Jin Chen and Ikujiro Nonaka, 2022.

Authorized translation from English language edition published by Routledge, an imprint of Taylor & Francis Group LLC. All rights reserved.

Peking University Press is authorized to publish and distribute exclusively the Chinese (Simplified Characters) language edition. This edition is authorized for sale throughout Mainland of China. No part of the publication may be reproduced or distributed by any means, or stored in a database or retrieval system, without the prior written permission of the publisher.

Copies of this book sold without a Taylor & Francis sticker on the cover are unauthorized and illegal.

本书原版由Taylor & Francis出版集团旗下Routledge出版公司出版，并经其授权翻译出版。版权所有，侵权必究。

本书中文简体翻译版授权由北京大学出版社独家出版并限在中国大陆地区销售。未经出版者书面许可，不得以任何方式复制或发行本书的任何部分。

本书封面贴有Taylor & Francis公司防伪标签，无标签者不得销售。

| | | |
|---|---|---|
| 书　　　名 | 数智时代的知识管理 | |
| | SHUZHI SHIDAI DE ZHISHI GUANLI | |
| 著作责任者 | 陈　劲　［日］野中郁次郎　主编　赵之奇　于海明　译 | |
| 责任编辑 | 余秋亦　周莹 | |
| 标准书号 | ISBN 978-7-301-35721-7 | |
| 出版发行 | 北京大学出版社 | |
| 地　　　址 | 北京市海淀区成府路205号　100871 | |
| 网　　　址 | http://www.pup.cn | |
| 微信公众号 | 北京大学经管书苑（pup em book） | |
| 电子邮箱 | 编辑部 em@pup.cn　总编室 zpup@pup.cn | |
| 电　　　话 | 邮购部 010-62752015　发行部 010-62750672　编辑部 010-62752926 | |
| 印刷者 | 三河市北燕印装有限公司 | |
| 经销者 | 新华书店 | |
| | 720毫米×1020毫米　16开本　30印张　500千字 | |
| | 2024年10月第1版　2024年10月第1次印刷 | |
| 定　　　价 | 98.00元 | |

未经许可，不得以任何方式复制或抄袭本书之部分或全部内容。
**版权所有，侵权必究**
举报电话：010-62752024　电子邮箱：fd@pup.cn
图书如有印装质量问题，请与出版部联系，电话：010-62756370

# 本书撰稿人

**Véronique Ambrosini**：澳大利亚莫纳什大学管理学（战略管理）教授。主要研究方向为动态能力、商业生态的可持续性、隐性知识、因果模糊性、价值创造和管理教育。

**Rachelle Bosua**：荷兰开放大学助理教授。研究方向包括慢性病成年患者社交媒体的使用，《通用数据保护条例》（General Data Protection Regulation，简称 GDPR）和隐私，工作和流动性背景下的知识共享，知识泄漏和损失。

**Luca Cacciolatti**：威斯敏斯特大学市场营销和创新专业准教授，创业、创新和企业发展硕士课程主任，也是威斯敏斯特商学院创业和社会创新研究小组的负责人。主要研究方向为营销战略和创业创新，特别是创新系统和社会创新领域。

**Jin Chen**：清华大学经济管理学院创新创业与战略系教授，清华大学技术创新研究中心主任。主要研究方向为技术创新管理和知识管理，*International Journal of Innovation Science* 主编。

**Kai Chen**：天津大学管理与经济学部硕士研究生。主要研究方向为数据挖掘和机器学习。

**Yihang Cheng**：天津大学管理与经济学部博士研究生。主要研究方向包括数字环境下的知识管理和数据挖掘。

**Valentina Cillo**：意大利罗马第三大学助理教授。即将成为商业企业和管理专业副教授，还担任了一些企业和机构的科学顾问，参与研究开发和技术转让。主要研究兴趣包括创新管理、知识管理和可持续创新管理。

**Naerelle Dekker**：一家领先医疗保健零售商的项目经理。制定的战略在高度竞争的经济环境中大大增加了多个品牌的销量。专长包括项目管理、市场营销、品牌战略、产品管理、供应链发展、利益相关者管理和道德规范。

**Xiaoying Dong**：北京大学光华管理学院副教授。研究兴趣包括知识和创新管理、数字战略和转型、数据驱动的组织变革。

**Nikolina Dragičević**：克罗地亚萨格勒布大学经济和商业学院博士后研究员。研究领域为基于设计和以人为本的创新方法，知识动态，以及商业和教育背景下的（数字）工作。

**Xirong Gao**：重庆邮电大学经济与管理学院教授。研究领域集中于信息技术创新和数字经济发展。

**Manlio Del Giudice**：意大利罗马大学 Link 校区管理学教授，Tech for Good 博士课程项目专员，*Journal of Management* 主编。研究兴趣是创新管理、技术管理、市场营销和知识管理。

**Norbert Gronau**：德国波茨坦大学商业信息学（流程和系统）教授，工业 4.0 中心主任。主要研究领域是知识管理、业务流程管理和工业 4.0 领域。

**Bach Q. Ho**：日本东京工业大学管理学助理教授。日本转型服务研究社区的创始人之一。

**Kazuo Ichijo**：日本一桥大学商学院国际企业战略学院院长和教授。研究领域是组织知识创造的创新。

**Aino Kianto**：芬兰拉彭兰塔-拉赫蒂工业大学商业和管理学院知识管理教授。研究兴趣包括知识管理、知识资本、组织更新和创造力。

**Sanjay Kumar**：西部煤田有限公司的董事，该公司是全球最大的煤炭生产公司之一的印度煤炭有限公司的子公司。Sanjay Kumar 在国有企业拥有超过三十五年的工作经验。

**Rongbin WB Lee**：香港理工大学工业与系统工程系名誉教授，曾担任知识管理和创新研究中心主任。教学和研究兴趣包括先进制造技术和知识管理。 Journal of Information and Knowledge Management Systems 主编。

**Soo Hee Lee**：英国肯特大学肯特商学院组织研究教授。研究重点是战略和创新的制度和行为基础，以及知识、信任和权力的组织动态。

**Regina Lenart-Gansiniec**：波兰雅盖隆大学管理和通信学院副教授。研究领域是众包和组织学习。

**Gang Liu**：香港理工大学博士，深圳科技大学商学院副教授。研究兴趣包括知识管理和绩效，创新和创业，以及跨文化背景下的知识管理。

**Patricia Ordóñez de Pablos**：西班牙奥维耶多大学经济学院企业管理与

责任系教授。教学和研究兴趣集中在战略管理、知识管理、智力资本。

**Guannan Qu**：中国科学院大学公共政策与管理学院助理教授。

**Dai Senoo**：日本东京工业大学管理学教授，日本管理信息协会主席。

**Vivien WY Shek**：香港理工大学知识管理与创新研究中心项目经理。

**Fangqing Tian**：天津大学管理与经济学部硕士研究生。研究兴趣是数字环境下的人才管理。

**Eric Tsui**：香港理工大学知识管理与创新研究中心副主任和高级教育发展专员。

**André Ullrich**：德国波茨坦大学博士后研究员，ProMUT初级研究小组成员。研究兴趣是组织的可持续性、人类在变革过程中的作用以及数字环境中的知识动态。

**Krishna Venkitachalam**：爱沙尼亚商学院战略学教授。研究兴趣包括战略知识管理（SKM）、组织知识战略、隐性知识和组织的知识过程。

**Luyao Wang**：清华大学经济管理学院博士后助理研究员。

**Xuyan Wang**：天津大学管理与经济学部博士研究生。研究兴趣包括数字环境下的知识管理和人才管理。

**Qinghai Wu**：行者互联科技（北京）有限公司创始人和首席专家，全国知识管理标准化技术委员会成员。从事企业知识管理和创新领域的研究、咨询、培训和田野调查等工作二十余年。

**Yang Yang**：吉林大学公共管理学院公共管理硕士研究生。研究兴趣包括知识管理、商业模式创新战略和创新政策。

**Zhen Yang**：清华大学经济管理学院博士研究生。

**Yan Yu**：中国人民大学信息学院副教授。研究兴趣包括数字创新、知识管理和社会智能。

**Xi Zhang**：天津大学管理与经济学部信息管理与管理科学系主任，教授。研究兴趣包括知识管理、数字化转型和人工智能行为。

**Yue-Yao Zhang**：清华大学经济管理学院博士研究生。

**Juxiang Zhou**：杭州市儿童医院总会计师，浙江大学管理科学与工程博士。研究兴趣集中在创新管理、临床医生知识管理和卫生经济。

# 译者简介

**赵之奇**,浙江科技大学经济与管理学院讲师,博士。研究领域为数字创新,宏观政策,能源环境等。

**于海明**,浙江科技大学经济与管理学院讲师,博士。研究领域为产业政策,国际金融等。

CONTENTS ▶ **目录**

## 第一部分 知识管理的理论观点

**1** 知识管理的展望：知识管理的起源和基本框架
Jin Chen                                                                                      3

**2** 知识创造在动态和演变的商业环境下螺旋式上升
Manlio Del Giudice 和 Valentina Cillo                                                        18

**3** 留存知识：人力资本和知识资本
Rongbin WB Lee 和 Vivien WY Shek                                                              46

**4** 战略知识动态更好的理解：动态能力探索性研究
Véronique Ambrosini，Naerelle Dekker 和 Krishna Venkitachalam                                 73

**5** 知识管理和学习型组织
Rongbin WB Lee                                                                                95

**6** 中国知识观的演变逻辑和现代价值：从儒家的知行论到毛泽东的实践论
Jin Chen，Zhen Yang 和 Yue-Yao Zhang                                                          113

**7** 日本哲学与知识：了解生趣和侘寂
Sanjay Kumar                                                                                 135

## 第二部分　数字经济和新经济时代的知识管理

**8** 数字经济时代的知识管理：挑战与趋势
　　Xiaoying Dong 和 Yan Yu　　　　　　　　　　　　　　159

**9** 揭秘大数据与知识管理之间的联系
　　Krishna Venkitachalam 和 Rachelle Bosua　　　　　　176

**10** 人类知识创造和人工智能的综合：SECI 螺旋的演变
　　Kazuo Ichijo　　　　　　　　　　　　　　　　　　　195

**11** 人工智能驱动的知识管理
　　Xuyan Wang，Xi Zhang，Yihang Cheng，Fangqing Tian，Kai Chen 和 Patricia Ordóñez de Pablos　　　　　　　　　213

**12** 工业 4.0 中不断发展的知识动态
　　Nikolina Dragičević，André Ullrich，Eric Tsui 和 Norbert Gronau　　240

**13** 基于 SECI 框架的企业知识生成系统动态研究
　　Xirong Gao　　　　　　　　　　　　　　　　　　　　280

## 第三部分　知识管理实践

**14** 知识管理在不同国家文化中的差异：系统性文献综述
　　Gang Liu，Eric Tsui 和 Aino Kianto　　　　　　　　　297

**15** 知识管理战略的实施
　　Regina Lenart-Gansiniec　　　　　　　　　　　　　　330

**16** 扩大工作空间以促进知识创造
　　Dai Senoo 和 Bach Q. Ho　　　　　　　　　　　　　　348

**17** 中国企业知识管理的三代实践模式及常见误区
　　Qinghai Wu　　　　　　　　　　　　　　　　　　　　364

| 18 | 实践社区中的集体知识和社会创新：意大利慢食运动的案例 | |
| --- | --- | --- |
| | Luca Cacciolatti 和 Soo Hee Lee | 377 |
| 19 | 是否存在经验性的知识？基于临床医学的观察 | |
| | Jin Chen，Juxiang Zhou 和 Yang Yang | 402 |
| 20 | 朝着以知识为基础的商业模式方向发展：多层次框架和动态视角 | |
| | Guannan Qu，Luyao Wang 和 Jin Chen | 421 |

关键术语表      445

第一部分
# 知识管理的理论观点

# 知识管理的展望

知识管理的起源和基本框架

*Jin Chen*

## 知识管理的历史

雅典的名字来源于智慧女神雅典娜。公元前5世纪，雅典成为东地中海地区重要的政治、经济和文化交流中心，使斯巴达和其他希腊城邦黯然失色。由于雅典强调利用分散的知识，人们常常把公元前5世纪的雅典称为"希腊奇迹"。古希腊的雅典执政官伯里克利在他的演讲中自豪地说"雅典是全希腊的学校"。Hayek（1945）清楚地描述到：关于变化的知识从未以集中的形式存在过。每当有变化时，一些人的头脑总是能感觉到变化，但只是局部的。

此外，没有人能够拥有这种关于变化的知识。然而，雅典突破了Hayek所描述的困境，成功地将分散的知识有效地利用起来，形成了知识聚合、知识排列和知识编纂。因此，知识管理在雅典的城邦建设中起到了关键作用。表1.1显示了雅典及其对分散知识的使用。

表1.1 雅典及其对分散知识的使用

| 流程 | 问题 | 解决方案 |
| --- | --- | --- |
| 知识聚合 | 如何将分散且有价值的知识应用到所需的问题 | 通过社会网络或强或弱的纽带推广信息交流 |
| 知识排列 | 拥有知识的人如何排列他们的行动以达成普遍的目的 | 鼓励公众掌握通用科学并定期参与公共活动 |
| 知识编纂 | 如何减少获取和分享知识的机会成本 | 通过设立正式或非正式的制度减少知识分享的不均 |

## 管理大师的知识观

著名的战略管理大师 Grant（1996）曾经说过，自人类文明起源以来，知识是所有重大进步的基础。当今，知识存量的多少直接关系到生产力和经济增长。真正的挑战不是在大体上讨论知识经济和知识工作者的概念，而是深入探讨知识的本质和知识的使用，这在其他时代是非常不同的。

## 知识管理的起源

Drucker（1999）认为，21世纪组织最宝贵的资产是组织内的知识工作者和他们的生产力。因此，组织必须通过知识管理鼓励企业知识共享，并通过集体智慧提高其适应性和创新能力。组织内和组织间的知识流动使企业能够快速响应外部需求，并利用获得的知识资源预测市场环境变化。在知识经济时代，企业竞争力的培育与知识管理密不可分。

知识管理的发展与"智力资本"的概念密切相关。1969年，John Kenneth Galbraith 在给一位波兰经济学家的信中指出，智力资本不仅是纯粹的知识形式，还包括智力活动；也就是说，智力资本不仅是固定资本，也是有效利用知识的过程和实现目标的手段。最好的智力资本模型是 Skandia 模型，它是由 Skandia 公司的 Edvinsson and Sullivan（1996）借鉴"无形资产负债表"和"平衡计分卡"的思想，结合 Skandia 公司的实践，于1991年创建的。

## 知识管理的实践背景

自20世纪80年代以来，由于竞争的加剧，缩减规模已经成为企业增加利润的一种常见策略。然而，缩减规模策略导致了必要知识的流失，公司开始采取"知识管理"策略，试图储存和维持符合公司未来利益的员工知识。

学者们创建了知识管理的理论框架，预先规定了相关标准。APQC（American Productivity and Quality Center，美国生产力和质量中心）将知识管理定义为一个组织采取的有意战略，以确保成员能够及时获得他们所需要的知识。有效的知识管理可以帮助人们分享信息，然后以不同的方式将其付诸实践，最终提高组织绩效。根据《中华人民共和国国家标准——知识管理第 2 部分：术语》（GB/T 23703.2-2010），知识管理是对知识本身、知识创造过程和知识应用进行规划和管理的活动。

## 知识管理的两种典型模式

第一种是 Davenport（1996，1998）模型。在该模型中，知识是各种因素的动态混合，包括结构化的经验、价值观、相对信息和专家意见，它提供了衡量和吸收新信息的框架。西门子的知识管理模式很好地说明了这样一个明确的模式（图 1.1）。

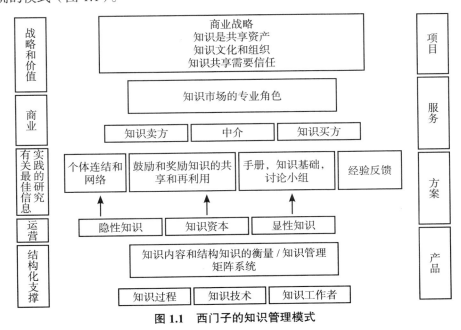

图 1.1　西门子的知识管理模式

另一个是 Nonaka（1994）的 SECI 模型。在 20 世纪 90 年代中后期，日本教授野中郁次郎（Ikujiro Nonaka）进一步发展了知识分子和从业人员的管理系统。通过对索尼、松下、本田、佳能、日电（NEC）和富士等日本公司的创新案例研究，他将这些公司的成功归功于组织的知识创造能力，能够以一种"有组织的方式"充分调动隐藏在员工头脑深处的个人知识（图1.2）。

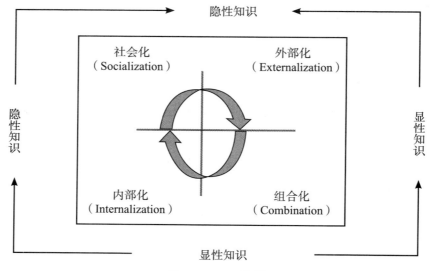

图 1.2　SECI 模型

基于 Polanyi and Sen（2009）的知识二分法，Nonaka（1994）从这两个概念的关系出发，将知识细分为"显性知识"和"隐性知识"。他认为，新知识的创造取决于隐性知识的积累，这意味着组织必须探索员工头脑中的隐性信念、直觉和灵感来产生新知识。在野中郁次郎看来，知识蕴含在主观经验、抽象概念、标准操作程序、系统文件或具体技术中。他的知识管理概念多为从哲学和社会学中获得的新理论和新见解，具有很大的参考意义。

野中郁次郎吸取了东西方哲学的智慧，在日本企业成功实践经验的基础上构建了知识创造理论。他以社会化、外部化、组合化、内部化（SECI）模型为核心，将主观与客观、隐性知识与显性知识、直接经验和逻辑分析有机地结合起来，形成了知识管理的一系列经典。

根据 Nishida（1992）最初提出的概念，日本哲学家野中郁次郎（1998，2000）将"Ba"定义为运动中的共享环境，它是为了不断创造实际意义以达到某种目标。在 Ba 中，知识被分享、创造和实践。Ba 还为知识提供能量、质量和场所，以完成个人知识向共享知识的转化，它沿着知识创造螺旋上升。Ba 是创造性互动的场所，Ba 中的空间、时间和场景可能是真实的，也可能是虚拟的；它可能只存在于认知层面，也可能是上述内容的混合体。Ba 将沿着真实时间线出现和消失。Ba 并不局限于单一的组织，而是可以跨越组织的界限来创建。Ba 可以是和供应商的联席会议，和竞争对手的联盟，或是与客户、大学、当地社区或政府的互动活动。组织成员通过参与 Ba 超越了边界，而当 Ba 与其他"领域"连接时，他们进一步超越了边界。

在 SECI 模型中，隐性知识和显性知识相互作用，构成一系列的知识创造过程。知识创造在使隐性知识显性化的同时丰富了隐性知识，然后使隐性知识与显性知识相结合，在实践基础上再次形成新的隐性知识。这个动态的螺旋运动过程由四个部分组成：社会化、外部化、组合化和内部化。野中郁次郎取这四个英文单词的首字母，将这个过程命名为 SECI 模型（Nonaka，1994）。这个模型适用于个人、群体和组织，需要对社会环境加以适应。

然后，Nonaka and Toyama（2015）提出的 Hitotsubashi 范式，是学术界和实务界广泛接受的知识管理模式。这个模式具备潜在有价值的扩展：增加技术因素、强调价值实现、关注突破性创新，以及引用一般智慧。因此，我们要继续追求改进。

## 知识管理的最新发展

首先，卡内基梅隆大学提出的范式值得参考。中国企业的知识管理体系主要来自信息管理基础设施。其次，进一步应用和完善 Hitotsubashi 范式，强调知识创造螺旋和实践智慧。最后，我们希望知识管理形成一个中国范式，强调意义追求和技术创新，并把创新和知识管理结合起来，这三个方面是传统的卡内基梅隆范式和 Hitotsubashi 范式的不足之处，需要进一步探索。

因此，知识管理的发展应该强调社会互动的广度和信息技术驱动的深度以及哲学的指导。

## 拓展社会互动的广度

在知识创造理论提出的 25 年里，世界已经发生了深刻而剧烈的变化。对于那些需要应用知识创造理论的人来说，他们所面临的挑战和困难有多大？伴随着世界的剧烈变化，知识领域也发生了深刻的变化。组织无法完成从"社会化"到"外部化""组合化"和"内部化"的连续横向运动。否则，它就无法完成从一个 SECI 转型到下一个 SECI 转型的垂直过渡。

在此基础上，Nonaka and Takeuchi（2011）提出了实践智慧的重要性，作为深化知识创造螺旋的六种能力。第一是提前理解什么对社会有益并为组织做出判断和决定的能力。第二是无论面临何种情况或问题，都能迅速抓住问题的本质，用直觉来理解人、事、物的本质和意义的能力。第三是继续创造正式和非正式的共享背景 Ba，通过人与人之间的互动来构建新意义的能力。第四是利用类比和故事来理解各种情况，掌握不同经验并直观地理解事物本质的能力。第五是在必要时采取一切可能的手段，包括马基雅维利式的方法，将有不同目标的人团结起来，激发他们的行动的能力。第六是向他人，特别是一线员工，传播"边做边学"实践理念的能力。

在这个过程中，我们应该注意知识创造螺旋的进一步运用和全球化的进一步完善。全球化使企业更容易超越其边界，其直接结果是所有知识的全球化。开放式创新也使企业更容易跨越自己的边界，从而使知识创造同时有利于组织本身和生态系统。

目前的社会互动已经呈现出以下特点：

大数据、云计算和人工智能等技术带来了数据和信息的无尽宝藏。知识、信息和数据已经变得越来越难以区分。同时，信息过载的问题也开始出现了。互联网、社交媒体和移动技术的结合带来了一个"超链接"的世界，每个人都参与到他人的生活中。

知识共享已经变得更加普遍。物联网带来了新一代的产品，每个新产品也是一种新服务。知识变得自由、不受限制和个性化。对显性知识的过度依赖使得公司无法应对变化。科学的、演绎的、理论上先进的方法假设世界是独立于背景存在的。它寻找的是一个普遍的答案。然而，社会现象，包括商业和企业的现象，恰恰取决于背景而存在。如果忽视人类的个人目标、价值观和利益以及人与人之间的依赖，所有的分析都将是徒劳的。然而，许多管理者并没有认识到这一点。

基于上述实际现象和特点，日本人强调应该建立"智慧"的概念，并在理论上使之成为知识管理的新焦点。例如，我们似乎已经穿过了知识管理的海洋，潜入了更深的智慧海洋，它充满了活力和神秘感。我们必须借鉴亚里士多德的实践智慧（Phronesis）概念。他强调 Phronesis 在管理和组织活动中的关键作用。就实践而言，知识创造应该是每个人的生活方式。如果没有严格的自律、不懈的努力、同理心和爱心，这将是一项艰巨的任务。它也与日本哲学家 Nishida（1992）提出的 Ba 的概念密不可分。

### 信息技术驱动的深度

进一步深化通过互动产生的信息知识，也就是基于信息技术的创新驱动。例如，Wiki 允许不同的用户创建内容并修改和更新内容，这有利于知识的创新。伟大的公司，如 IBM、思科和甲骨文，都不遗余力地推出企业级 Web2.0 产品和服务，涵盖了公司的协同管理、客户关系管理和门户网站系统。

案例：辉瑞公司的企业 Web2.0 计划

为了应对不断更新和变化的竞争环境与新产品，辉瑞公司的战略是建立创新和持续的产品改进文化。Wiki 在辉瑞的应用始于 2006

年,当时研究技术中心的一位团队负责人安装了Mediawiki。他的目标是推出一个科学百科全书,以促进外部用户与辉瑞公司内部研发团队的合作来创造知识。历史证明,辉瑞维基(Pfizerpedia)非常受欢迎,第一年就在全球13 000名员工中录得12 000次点击。辉瑞维基已经成为辉瑞公司IT领域的一个组成部分,它加强了全球员工之间的合作和信息共享。辉瑞维基使研究人员之间的联系更加紧密,这有助于刺激创新,加速药品开发过程,并使辉瑞的研发回报最大化。

辉瑞利用信息平台,包括维基创新平台,形成了一个具有知识管理的协作工作网络,包括知识创造、知识共享和知识存储,从而支持企业的创新和战略管理。

信息技术驱动的下一步涉及人工智能的应用。中国的人工智能产业正在迅速发展,出现了许多人工智能服务公司。人工智能服务公司可以进行智能搜索、智能创造、智能推送和智能决策。人工智能和知识管理是知识管理服务机构的下一个重点领域(图1.3)。

此外,一个有前途的领域是区块链。区块链是一个分布式共享账本和数据库,可以作为有用的知识管理工具,其特点是去中心化、开放和透明(图1.4)。

案例:中国商飞公司(COMAC)的双屏创新

中国商飞公司的创新重点是核心能力的建设。它以促进知识积累学习和知识管理为切入点,开展"双屏"建设活动(包括"建立电子图书馆、创建基于场景的知识应用平台、推广智能知识服务"等三个步骤)。公司在培养劳模队伍的同时注重能力建设,在加强技术创新的同时重视管理创新。

"双屏"是指员工在日常工作的电脑上增加一个新的电脑屏幕,作为日常工作的信息参考、数据支持和知识参考媒介,以提高工作效率,加快学习

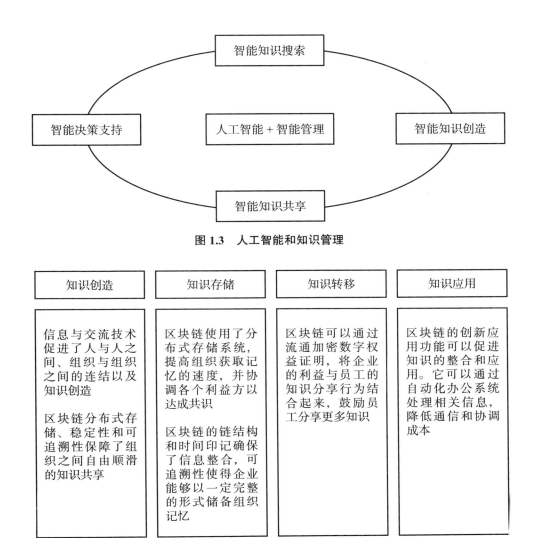

图 1.3　人工智能和知识管理

图 1.4　区块链和知识管理

速度。

"双屏创新"的实质是企业重视知识管理、优化学习能力的机制创新。在微观层面上，每个员工都能从"双屏"中受益，让员工有参与知识体系建设的感觉，进而享受到创新和绩效提升的获得感。在宏观上，优化了企业的学习氛围和组织学习机制，提高了企业作为创新主体的核心能力，为中国商飞创建学习型组织打下了良好的基础。

知识的"双屏创新"建立了一个电子图书馆，实现了知识的"系统化"。以解决问题的思路来看，首先，它完成了知识在服务产品生产中的情景化应用。例如，上海飞机制造中心的模具设计时间从平均 22 个工作日缩短到 14 个工作日，效率提高了 36%。其次，知识管理系统的完善，使以问题为导向的基于场景的知识识别和整合工作成为工作中的常规。最后，全面提升了企业的核心竞争力，实现了知识服务的智能化。

"双屏创新"战略自上而下的持续实施，激发了所有部门和员工的参与热情，并且能够长期持续实施。所有员工的参与会产生意想不到的想法和思路。以中国商飞为例，每年贡献的知识点超过 37 000 个，平均每人贡献 12 个知识点。这种在高层领导支持下的全员参与，保证了"双屏创新"的大力推进和有效实施。同时，"双屏创新"也引导企业内部和外部知识的整合。

## 哲学指导的高度

西方哲学具有广泛、深刻、丰富的认识论。一般来说，西方的认识论注重抽象的理论和假设，并将其视为一种铁一般的规范。它推动了科学的发展，这种倾向的背景是西方倡导准确的概念知识和系统科学的悠久传统，这可以追溯到笛卡尔时代。

Nishida（1992），20 世纪的哲学家，主要代表了日本的认识论学派，它源于纯经验的事实，主张表达个人的直接经验。这种倾向与日本企业管理者对"实时"经验的强调相吻合。在日本管理者的视角中，现实存在于不断的、永恒的变化之中，它由有形和具体的材料组成，这与西方的主流现实观是相反的。也就是说，在西方，管理者认为现实是一个永恒的、无形的抽象实体。日本的管理者通过自己与自然之间以及自己与他人之间的物质和精神互动来发现真理。这种思想源于日本悠久的思想传统，强调"天人合一""身心合一""自他合一"。

超越组织发展和量化管理的"经济目标"实践智慧将培养出具有高尚道

德价值的信念，形成具有使命感的组织。本田宗一郎提出的"买、卖、生产"的乐趣，稻盛和夫"敬天爱人"的座右铭，都是具有实践智慧的领导力经典案例，对我们很有启发。

"智慧"的概念可以追溯到古希腊哲学，但哲学家们更注重理论研究而非理论实践。现象学（研究主观经验）的创始人 Husserl（1999）在 19 世纪末进一步重新阐明了人类主体性和移情的重要性。因此，从胡塞尔、海德格尔到法国的梅洛 - 庞蒂，他们都强调知识总是建立在主观视觉和主观经验之上。主观经验可以来自人与自然的互动，也就是物理的相互作用。胡塞尔的研究是与创造意义和价值有关的，这为现象学奠定了基础。为了将知识与知识的应用联系起来，胡塞尔主要致力于人类主观经验的研究。胡塞尔提出，为了揭示人类知识的功能，必须对人类经验进行彻底的描述和分析。胡塞尔认为，为了对我们的行为做出明智的判断，我们需要主观经验而不是客观经验。在其学术生涯的后期，胡塞尔彻底分析了主体间性的概念，即多个个体如何分享其主体性。胡塞尔指出，主体间性的状态来自人们的移情，即通过"设身处地"发现和理解他人的有意行为。他把这种移情的机制称为"配对"。一旦两个人"配对"，最初将两人分开的狭隘利己主义将消失，取而代之的是共同的主体性意识。为了创造主体间性的状态，形成"我们"而不是"我"的意识，组织必须帮助每个成员突破狭隘的利己主义，真诚地关心对方。

中国的知识观涵盖了先秦的儒家思想、明朝王阳明的"知行合一"理论以及近代毛泽东的唯物主义知识观和实践观。本章认为，中国知识观的逻辑起点在于人们的美德伦理，并在演变过程中始终围绕"知"与"行"的基本关系展开讨论，由此产生了知识从何而来、如何获得知识、知识创新的基本过程以及知识的价值和功效等基本问题。中国的知识观在知识的对象、获取知识的方式方法、知识的价值等方面直接指向人和人类社会（内向型知识体系），而且可以促进人类处理好人与人之间的关系，调整好人与人之间的利益冲突。但是，中国的知识观忽略了人与人之间关系在自然界中的充分运用。因此，中国的知识观严重影响了物质社会和生产力的发展。

当我们充分认识到哲学对知识管理的重要启迪时，那么知识管理接下来应该向三个方向发展：一是进一步拓展社会互动的广度，强调群体互动；二是重视信息技术驱动的知识管理模式；三是发展哲学理念，特别是以胡塞尔哲学提出的实践智慧为主导的现象学和毛泽东的唯物主义观点。

## 知识管理的兴起与管理变革

在全球经济竞争日益激烈的时代，从"知识管理"的角度设计组织发展的理念、运作体系和管理模式至关重要。近一个世纪以来，管理经历了两个关键的发展阶段：一是以泰勒等为代表的将员工视为"经济人"的科学管理阶段；二是以德鲁克为代表的将员工视为"知识人"的知识经济和知识管理阶段（Drucker 2017，2020）。

泰勒是第一个将管理视为一门科学的人。他指出，建立各种明确的规则、条例和标准，使一切科学化、制度化，是提高管理效率的关键。法国的 Fayol（1999，2016）和德国的 Weber（2013）补充和完善了泰勒的管理理论。他们注重组织结构和管理原则的合理化，注重管理者职能分工的合理化，为古典组织理论奠定了基础。在科学管理文献的基础上，形成了成熟的质量和项目管理模式，强调基于数据的管理系统。

早在20世纪60年代初，Drucker（1993）就提出了知识型员工和知识管理的概念。在知识社会中，最基本的经济资源是知识。知识工作者将发挥越来越重要的作用，每个知识工作者都是管理者。知识工作者具有较高的素质和良好的自我管理能力。在工业化的世界里，专家定义了工作方法和程序，一旦定义，就不能改变。无论员工有多大的创造力，在这样的环境下展示自己才华的机会都会减少。20世纪80年代，德鲁克提出，未来典型企业以知识为基础，由各种专家组成，他们根据同事、客户和上级的大量信息进行决策和自我管理。

从"知识人"的角度来看，企业管理的理念、风格和制度应该发生更重大的变化。首先，必须大力提倡"支持和关怀"的模式。现在，管理者应该考虑关心和激励员工，创造良好的环境和条件。他们应该开发和利用员工的潜力和创造力，实现他们的尊严和价值，然后帮助和引导员工实现自我管理。这种管理模式还包含另一个重要概念：无论成功与否，都要灌输面对挑战的勇气。简而言之，这应该是新时代企业管理的重点。

野中郁次郎的知识创造理论强调，人是最重要的资产，知识是企业的战略资产，现代组织管理理论应该"以人为本"。野中郁次郎和竹内弘高（Hirotaka Takeuchi）的《聪明的公司：公司如何创造持续创新》（*The Wise Company: How Companies Create Continuous Innovation*）阐述并证明了智慧对于应对快速变化的世界至关重要。此外，智慧是一种高层次的隐性知识。

知识动态法则有三个方面：第一是用知识取代信息，因为知识是最有价值的资产；第二是用创新取代变化，这意味着创新知识的来源必须转移到最需要的地方；第三是用合作取代竞争。

因此，知识管理思想应在三个方面进行深化：一是强调情感互动，即进一步发展知识创造的螺旋模式；二是强调数字驱动，用先进的数字技术，包括网络技术，推动知识管理的有效性和效益性；三是将哲学追求从客观追求升华为主观追求，追求意义、追求价值、追求幸福。情感互动拓宽了知识面，数字驱动增加了知识管理的深度，而对意义的追求则提升了知识管理的高度。企业家和管理者要从知识的高度、广度和深度上优化知识管理，成为知识需求新时代的引导者。他们需要抵制短期主义的诱惑，保持公司的可持续发展和动态能力。我们应该创造一个竞争对手无法企及的未来，一个能给客户带来相对卓越价值的未来。在这样的未来，人们可以在社会上和谐地生活，有道德上的追求，以追求公共利益作为一种生活方式。

最后，让我们再来看看知识管理的传统。迈克尔·波兰尼（Michael Polanyi）创造性地提出了"隐性知识"（Polanyi and Sen，2009），这可以作为人类发展的参考。我们强调以迈克尔·波兰尼的思想为基础的知识。然而，在新时代，只有通过信息、情感化和哲学的延伸，才能实现其兄弟卡尔·波兰尼（Karl Polanyi）提出的转型（Polanyi，2001）。这种转型特别是指一个社会转变为一个基于知识的健康和可持续的组织。这样的社会重视公共利益和道德，加强人与人之间的信任和依赖，并深入使用先进的信息技术。

## 参考文献

Davenport，T. H. (1996). Some principles of knowledge management. *Strategy & Business*，1(2)，34–40.

Davenport，T. H.，De Long，D. W.，& Beers，M. C. (1998). Successful knowledge management projects. *MIT Sloan Management Review*，39(2)，43.

Davenport，T. H.，& Prusak，L. (1998). *Working knowledge: How organizations manage what they know*. Brighton，MA: Harvard Business Press.

Drucker，P. F. (1993). The rise of the knowledge society. *The Wilson Quarterly*，17(2)，52–72.

Drucker，P. F. (1999). Knowledge-worker productivity: The biggest challenge. *California Management Review*，41(2)，79–94.

Drucker，P. F. (2017). T*he end of economic man: The origins of totalitarianism*. Oxfordshire: Routledge.

Drucker，P. F. (2020). *The essential drucker*. Oxfordshire: Routledge.

Edvinsson，L.，& Sullivan，P. (1996). Developing a model for managing intellectual capital. *European Management Journal*，14(4)，356–364.

Fayol，H. (1999). *Administration industrielle et générale*. Malakoff Cedex: Dunod.

Fayol, H. (2016). *General and industrial management.* Ravenio Books (online).

Grant, R. M. (1996). Toward a knowledge-based theory of the firm. *Strategic Management Journal*, 17(S2), 109–122.

Hayek, F. A. (1945). The use of knowledge in society. *The American Economic Review*, 35(4), 519–530.

Husserl, E. (1999). *The essential Husserl: Basic writings in transcendental phenomenology*. Bloomington, IN: Indiana University Press.

Nishida, K. (1992). *An inquiry into the good*. London: Yale University Press.

Nonaka, I. (1994). A dynamic theory of organizational knowledge creation. *Organization Science*, 5(1), 14–37.

Nonaka, I., & Konno, N. (1998). The concept of "Ba": Building a foundation for knowledge creation. *California Management Review*, 40(3), 40–54.

Nonaka, I., & Takeuchi, H. (2011). The wise leader. *Harvard Business Review*, 89(5), 58–67.

Nonaka, I., & Toyama, R. (2015). *The knowledge-creating theory revisited: Knowledge creation as a synthesizing process*. In The essentials of knowledge management (pp. 95–110). London: Palgrave Macmillan.

Nonaka, I., Toyama, R., & Konno, N. (2000). SECI, Ba and leadership: A unified model of dynamic knowledge creation. *Long Range Planning*, 33(1), 5–34.

Polanyi, K. (2001). T*he great transformation the political and economic origins of our time* (2nd Beacon Paper-back ed.). Boston, MA: Beacon Press.

Polanyi, M., & Sen, A. (2009). *The tacit dimension*. Chicago, IL: University of Chicago Press.

Weber, M. (2013). *From Max Weber: Essays in sociology*. Oxford: Routledge.

# 知识创造在动态和演变的商业环境下螺旋式上升

*Manlio Del Giudice* 和 *Valentina Cillo*

## 知识型经济略览：知识、创新和竞争力

近年来，企业、机构和学者对知识经济的兴趣日益浓厚，这引导了相关研究、调查和机构辩论。

知识型经济已被确定为21世纪的支柱之一。

自从2000年欧洲理事会确定了欧洲"成为世界上最具竞争力和活力的知识型经济"的目标以来，知识管理的理论已经吸引了多个利益相关者和对促进智能、可持续和社会包容性增长感兴趣的政策制定者的注意。

知识型经济的主要特征之一是，它植根于知识资本、技能、动态能力和组织启用它们的能力。其基本因素包括"比起物质投入或自然资源，对智力的依赖程度更高；以及努力整合生产过程中每个阶段的改进，从研发实验室到工厂车间再到与客户的对接"（Powell and Snellman，2004）。

正如20世纪70年代末法国哲学家Jean Francois Lyotard在其开创性作品《后现代状况：关于知识的报告》（*The Postmodern Condition*：*A Report on Knowledge*）中已经提出的理论：知识的获取并不是最终目的，而是实现经济目标的功能（Olson and Lyotard，1995）。

考虑到这一点，"知识"的重要性在纳尔逊和温特提出经济变化的演化理论之后不断增加，成为发展和增长过程的主要驱动力，并取代了福特的"物质"资源所发挥的核心作用。

多年来，人们越来越意识到，"技术的快速发展和市场的快速变化，再加上日益激烈的全球竞争和不断变化的客户需求，意味着一个只关注生产能力和降低成本的公司只能产生暂时的竞争优势"（Cillo et al., 2019）。

由"知识社会"促成的技术创新传播，引发了颠覆性发展，改变了工作特点和生产组织，导致有形和无形资产在企业中发挥不同的作用（Castelfranchi, 2007）。这证实了新古典主义关于利润最大化和市场均衡的基本假设不足以捕捉技术创新和公司之间竞争的动态。

这些转变与无形资产在国内生产总值中越来越重要的角色密切相关（Abramovitz and David, 1994）。事实上，在许多经合组织国家，公司对无形资产和知识的兴趣已经大大增加，导致无形投资超过有形投资（Laghi et al., 2020）。

在这种情况下，知识管理被认为是一个获得竞争优势的战略管理过程。它是基于这样的假设：有形资源只有在用特定知识来管理的情况下才会带来竞争优势（Grant, 1996）。优势在于差异化，尤其在于模仿知识的复杂性（Nonaka, 1994；Nonaka and Takeuchi, 1995；Meroño-Cerdán, Soto-Acosta and López-Nicolás, 2008）。

遵循这些基本因素，在过去的 20 年里，知识管理理论在解释机构、社会和经济现象的能力方面有所发展，为管理正在发生的变化提供了概念和操作工具。

于是，第一个问题出现了，即关于知识的类型和它们的互动。

学者们已经认识到知识的三种主要形式：显性知识、内隐知识和隐性知识。这些不同类型的知识共同发挥作用：显性知识存在于文件信息中；内隐知识基于应用信息；隐性知识对企业的竞争优势起着战略作用，与所谓的"理解信息"有关。

在为了解释知识对企业发展和成长的贡献而开发的众多理论、建构和工具中，Nonaka 和 Takeuchi 所开发的知识创造模型被广泛认为是一个理论上的里程碑。它尤其强调了组织中隐性知识和显性知识的作用。

这个模型是由野中郁次郎在1991年首次提出的，尽管后来在Nonaka和Takeuchi（1995）的《创造知识的企业：领先企业持续创新的动力》一书中得到了扩展和深化。

它以知识的四个主要维度为基础，通常被称为SECI模型。SECI模型取得了广泛的成功，特别是在管理人员和企业家中。SECI模型从Polanyi（1958）在管理理论中已经提倡的隐性知识和显性知识之间的区别出发，充满了实用性和对知识类型的清晰描述。

SECI模型之所以脱颖而出，是因为它将知识创造定义为一个跨越不同层次（个人、组织、组织间）的，基于隐性知识和显性知识之间持续互动的动态过程（Nonaka，1994；Nonaka and Takeuchi，1995；von Krogh et al.，2001；Ngai，Jin and Liang，2008；Terhorst et al.，2018）。

该模型的核心理论和实践意义在于，为了提高隐性知识和显性知识储备，企业必须不断促进个人和群体之间的知识共享。

在对该模型的科学辩论中出现了第二个问题，即组织的内部资源和外部资源之间如何平衡以应对持续创新。

为了在动态环境中生存和竞争，公司应该发展高性能和足够的知识资本，不断创新并获得竞争优势（Lianto，Dachyar and Soemardi，2018）。此外为了持续创新，公司需要着眼长期，同时获得智慧，以确保它们的利益与社会的利益相一致（Nonaka and Tekeuchi，2019）。

创新是通过各种内部知识和外部知识交流累积过程获得新知识的结果（Menon and Pfeffer，2003）。因此，内部知识和外部知识在创新战略中被认为是互补的。

由于创新是分享、结合和创造新知识等能力的结果，因此，内部知识和外部知识来源的平衡组合也能更好促进商业机会的利用（Vrontis et al.，2017）。

这一现象与开放式创新范式相一致，根据这一范式，创造新产品和服务所需的大部分知识来自外部，并解释了为什么公司越来越需要与其他参与者合作以加强其创新能力（Vrontis et al.，2017）。

根据 Nonaka 和 Toyama（2007）所说，"由于知识是在与环境的动态互动中创造的，管理知识的创造过程需要根据情况来促进和管理这些互动的能力"。

根据这一观点，Zhang 和 Huang（2020）在开放式创新原则的基础上，通过研究组织内部和组织之间的知识流动，探索了知识创造和转化模式。

知识管理理论的第三个问题是有关信息和通信技术的新兴风险和机遇，这一点从多个研究角度引起了关注。在这个方向上的许多文献中，有几项研究探讨了知识管理的作用（Caputo et al.，2019）。

Nonaka，Umemoto 和 Senoo（1996）在论文《从信息处理到知识创造：企业管理范式的转变》中展示了信息技术如何能够实现"知识创造型公司"的过程。作者提出了组织知识创造的理论，将其作为新兴"知识社会"的管理范式，并提供了几个实际的例子和应用。

信息和通信技术为知识管理带来新的挑战和机遇，吸引了多学科科学家的兴趣并为之奋斗，促进了研究领域的整合和交叉融合。

尤其是工业 4.0 范式的传播开启了一个新的时代，被称为"第四次工业革命"，它导致了所有工业流程的数字化，生产不同方面的整合，以及不同部门和职能之间的相互连接。在这种情况下，公司正在采用技术来开发流程和进行产品创新，并实现更大的价值。为了成功管理这些流程，公司需要开发知识、程序和基础设施（Caputo et al.，2019）。工业 4.0 背景下的知识管理 4.0 具有战略和运营功能，包括输出和利用过程。知识管理 4.0 通过提高知识的产生和利用能力来创造价值，并促进人机交互的发展（Ansari，2019）。

在这种情况下，野中郁次郎提出的知识创造模型是解释并解决经济和社会挑战的一个有用工具，它呼吁对知识创造的前因后果、中介因素以及在个人、组织和组织间的主要影响进行新的研究。

## 迈向知识获取和创造的理论

根据知本论,知识是竞争优势的主要来源(Foss,1996;Grant,1996)。尤其是发展经由知识管理来提取和创造价值的高效流程,成为提高绩效的战略因素(Hsu and Sabherwal,2011)。

为此,SECI模型描述了一个互动过程,通过这个过程,知识以螺旋式的动态方式传递,知识的价值通过个人和群体之间的互动而增加。该模型强调,知识的存在并不足以实现可持续的竞争优势,只有当组织以适当的方式管理知识时,知识才会带来附加值。

在这种情况下,向知识型经济转型需要对知识和信息的概念进行语义上的改变。

正如Wallace(2007)所指出的,

> 多年来,数据、信息、知识,有时还有分层排列呈现的智慧,已经成为信息科学语言的一部分。……层次结构的概念无处不在,它体现在使用缩写DIKW作为数据到信息到知识到智慧这样转换的速记方式。

数据(Data)—信息(Information)—知识(Knowledge)—智慧(Wisdom)范式强调,数据的整合产生了信息,而信息的整合又产生了知识(Hicks, Dattero and Galup,2007)。

因此,知识管理比数据或信息有更多的复杂元素(Al-Alawi, Al-Marzooqi and Mohammed,2007),只有当它被用以创造新的组织知识或创新时才成为竞争优势的来源(Kinnear and Sutherland,2000)。

这一新兴领域的理论和实践发展都是由两个主要的战略问题推动的:一方面,由于知识通常都蕴藏在人们的头脑中(Lee and Yang,2000),管理者和学者们广泛地分析了如何促进隐性知识向显性知识的转化；另一方面，由于内部知识不足以创造创新，近年来大量的研究对如何整合和平衡内部知识与公司从外部获得的知识提出了质疑。一些研究尤其关注如何探索和利用外部知识，以实现竞争优势。

### 隐性知识和显性知识

隐性知识和显性知识之间的相互影响构成了知识创造的基础。根据 Nonaka 和 Takeuchi（1995）的观点，这个过程的特点是整体性动态，通过知识从隐性到显性的转化，带来了新的知识类型。

正如 SECI 模型所强调的，知识通过不同组织层面个人和群体之间的互动创造价值。

根据 Penrose（1959）和 Polanyi（1958）的观点，管理学研究通常对知识的显性知识和隐性形式进行区分。

Polanyi（1967）指出，冰山的比喻很形象地象征了隐性知识和显性知识之间的关系。

显性知识代表了冰山在水面以上的可见部分：它是我们有意识地通过正式语言进行管理、编码和转移的知识。举一些实际的例子，我们可以参考各种形式的机构交流、培训和头脑风暴，如会议和培训课程，以及编纂、分享或保护知识的工具，如网站、社交媒体、数据库、手册和专利。

然而，显性知识依赖于更深层次的隐性知识体系，因此与冰山的水下部分有关。它与个人的技术诀窍有关，嵌入具体的工作环境中，并以个人往往不知道的常规和习惯为基础（Warnier，1999）。

隐性知识的概念表明了不能通过文件明确表达和编纂的知识的不同形式。这种知识形式的复杂性也来自它的认知性和技术性：一方面，认知性与作为个人认知基础的心理模型、信仰和脚本有关；另一方面，知识的技术成分涉及技术诀窍和专业技能。

虽然隐性知识是在无意识的层面上管理的，但我们可以在解决问题和决策过程中使用它（Reber，1989）。

尽管知识管理文献中很少见到隐性知识，但近年来，它被认为是管理全球化以及与信息技术指数级进步相关的复杂性和动荡的关键因素（Howells，1996；Johannessen，Olaisen and Olsen，2001）。

尤其是基于资源的公司观点的巩固，使得管理学文献认为隐性知识是获得可持续竞争优势的核心。事实上，隐性知识是罕见的，而且很难被模仿和转移（Ambrosini and Bowman，2001）。由于它只能通过个人互动来传递，因此它在差异化和创新战略中起着关键作用（Senker，2005）。

另一方面，显性知识在本质上是理性的、顺序的和理论的。根据Nonaka和Takeuchi（1995）的说法，隐性知识是个人的、特定于环境的、难以传播的；而显性知识是编纂的，因此可以通过正式语言如文件、操作程序和手册进行传播。

在这种情况下，信息系统可以在加速组织内显性知识资源的传播方面发挥战略作用，例如，通过内部网络或者公司间层面的互联网，传播结构化、管理化和科学的学习过程。

## 外部知识和内部知识

在面临知识创造和创新的挑战时，公司必须做出的战略性决定之一是，应该从内部资源还是外部来源开发知识。

与早期探索创新环境中边界跨越效果的研究一致，一些与研发管理相关的研究表明，在高科技研究动态环境中，跨越组织边界的能力是极其重要的（Ebadi and Utterback，1984）。

为此，知识管理战略在概念上应被区分为两个子维度：内部导向战略和外部导向战略。内部导向战略强调组织内部知识创造和共享的作用；外部导向战略强调组织间学习、模仿和知识转移的功能（Choi，Poon and Davis，2008）。

内部知识创造发生在公司内部，比如内部研发活动。在这些情况下，正如一些研究指出的，公司的创新能力主要取决于其内部能力和资源（Becheikh，Landry and Amara，2006）。

然而，许多公司越来越依赖从外部获得知识来实现内部能力的发展（Kim，1997）。

近年来，许多管理学研究表明，使用外部知识对于提高公司的创新能力至关重要（Caloghirou，Kastelli and Tsakanikas，2004；Cassiman and Veugelers，2006）。例如，战略联盟（Grant and Baden-Fuller，2004；Khamseh and Jolly，2014）和合资企业（Inkpen and Dinur，1998；Dhanaraj et al.，2004）的研究强调了从外部来源获取知识的重要性。事实表明，异质性知识可以提高创新的成功率：一方面，提供多种学习机会；另一方面，分散风险（Rodan，2002；Ye，Hao and Patel，2016）。

在这种情况下，Nonaka 和 Takeuchi（1995）强调了个人与组织之间的互动在创造和获取知识方面的关键作用，也强调了外部知识在创新过程中的重要性。

当边界跨越者通过获取或模仿带来新的知识时，就会发生基于外部来源的知识创造。这种知识之后会在整个组织中共享。例如，通过参加会议或通过新技术服务和产品供应商提供的培训活动进行学习。

这两种类型的知识对公司都很重要，一般被认为是相互依存和互补的（Bierly and Chakrabarti，1996）。

因此，一些研究认为，为了提高创新绩效，实现竞争优势，公司应该整合内部知识和外部知识（Iansiti and Clark，1994）。

尽管许多研究表明，外部学习和内部学习都是知识创造的重要来源，但还需要考虑另一个关键因素：探索、吸收和利用知识的能力。

由于不考虑已有的知识就不可能创造新的知识，一些研究特别关注吸收能力，即探索和利用公司外部开发的技术机会的能力（Cohen and Levinthal，1990；Lane and Lubatkin，1998；Zahra and George，2002）。

吸收能力的概念是由 Kedia 和 Bhagat（1988）提出的。然而，正是 Cohen 和 Levinthal（1989）的开创性研究中提出的概念化，使得吸收能力在管理和组织文献中具有如此大的影响力。Cohen 和 Levinthal（1990）将吸收能力定义为一种识别新信息的价值，充分吸收，并将其应用于商业目的的能力。

基于 Cohen 和 Levinthal（1989，1990）的研究，Zahra 和 George（2002）认为，吸收能力是"一种动态的能力，它影响到其他能力的创造，并为公司提供多种竞争优势来源"。特别地吸收能力意味着管理所吸收知识的隐性特征的能力（Mowery and Oxley, 1995），并且需要特别注意解决问题和学习的能力（Kim, 1997）。因此，吸收能力可以被定义为一套组织的常规和程序，公司通过这些程序获取、吸收、转化和利用知识，以产生动态的组织能力（Zahra and George, 2002）。

在这种情况下，组织的灵活性已经引起了越来越多的关注（Adler et al., 1999；Gibson and Birkinshaw, 2004）。

当一个公司是灵活的，它就能够既利用现有的专业知识，又探索新的机会，从而提高其绩效（Carayannis and Rakhmatullin, 2014），实现竞争优势（Del Giudice, Della Peruta and Maggioni, 2013）。公司通过与客户、供应商、竞争对手、顾问、大学和研究中心的合作，获得不同的点子和知识（Vrontis et al., 2017），随后利用这些知识来创造新的创新产品和服务（Del Giudice and Straub, 2011；Del Giudice and Maggioni, 2014）。

因此，许多研究在"开放式创新"范式中分析了知识创造过程的螺旋式上升（Martin and Allen, 2013；Wu and Hu, 2018；Bereznoy, Meissner and Scuotto, 2021）。

与 Chesbrough（2003，2006）提出的"开放式创新"范式一致，创新的有效性与开放性和外部合作机制密切相关。在这种情况下，这些研究探讨了利益相关者关系对公司"吸收"外部知识能力的影响（Cohen and Levinthal,

1989，1990）。

开放式创新通常被描述为一种分布式的创新过程，知识的流动跨越了公司的边界（Chesbrough 和 Bogers，2014）。

基于 Vygotskian 的理论，这种范式要求研究和开发活动的分散化以及组织的精益化配置。

与 Hewitt 和 Scardamalia（1998）指出的"分布式知识构建过程"一致，开放式创新方法强调知识以社会群体沟通的形式存在，利用符号和工具并构建信仰体系。

由于知识创造型公司理论解释了公司之间的差异不是市场失败的结果，而是公司对未来的愿景和战略选择的结果（Nonaka and Toyama，2005），公司应该完善其开放和合作的方向，以获得外部环境的知识（Scuotto et al.，2020），并根据四螺旋方法积极参与创新生态系统共同创造价值的过程（Carayannis and Campbell，2010；Carayannis and Rakhmatullin，2014；Del Giudice，Carayannis and Maggioni，2017；Abdulkader et al.，2020）。

正如 Krogh，Nonaka 和 Aben（2001）所认为的：

> 公司可以在整个组织内利用它们的知识，在现有的专业技术基础上扩大知识，从合作伙伴和其他组织那里获得适当的知识，并通过探索新技术或市场来发展全新的专业技术。知识创造和转移这两个过程的核心是战略执行，公司知识领域也是如此。

然而，组织内部和跨组织的个人之间的合作过程有几个抑制知识共享的因素。这些因素在本质上是句法性的（缺乏知识共享）、语义性的（缺乏知识转化）和实用性的（缺乏对知识共享的兴趣）（Bartel and Garud，2009）。

隐性知识可能很难被转移和分享。它蕴含在个人的行动、价值观、情感、专业经验和知识中。

显性知识很容易被编纂和转移，但隐性知识有一些限制，可能会抑制组织和组织间的共享过程（Nonaka and Takeuchi，1995）。一些学者证实，个人同时拥有隐性知识和显性知识，只有显性知识是可用的、可被编纂的和可分享的。隐性知识存在于人体内且没有被编纂，因此它的社会化是有困难的（Song and Chermack，2008）。这就解释了为什么组织行为学和知识管理文献对非正式知识和学习过程给予了很大的关注（Hoe，2006）。

尽管存在很多跨学科的研究，隐性知识的社会化依然存在许多挑战。

## 知识创造的螺旋

### 知识创造是动态和辩证的过程

正如 Ichijo 和 Nonaka（2007）在他们的《知识创造和管理：管理者的新挑战》（*Knowledge Creation and Management：New Challenges for Managers*）一书中强调的那样，竞争环境的快速变化和利益相关者对环境、社会和经济问题的迫切期望，给从业者和学者带来了新的挑战。

在这个框架中，知识的产生对于确保公司适应外部环境是至关重要的。正如 Nonaka（1994）所说，它可以被描述为一个系统的、动态的和连续的过程，随着时间的推移反复出现。

如前所述，隐性知识的编纂和转换是创造新知识的一个战略因素，并带来了巨大的挑战（Nonaka，2004）。

通过回顾主要的管理和组织研究，Hicks, Dattero 和 Galup（2007）为知识管理提出了一个比喻，将其定义为"隐性海洋中的明确土地"。作者明确指出，显性知识相当于一个由隐性知识海洋支撑的岛屿。此外，他们还指出，隐性知识对于创造、执行和维护显性知识至关重要。

隐性知识和显性知识具有互补的性质。社会互动通过一个动态过程，促进从一种状态到另一种状态的转换。此外，隐性知识向显性知识的转化为实现从个人层面到组织和组织间层面的知识普及过程创造了条件（Herschel，Nemati and Steiger，2001；Choo，2006）。虽然个人在开发新知识方面发挥着战略作用，但组织在表达和扩大这些知识方面仍然扮演着重要角色（Nonaka，1994）。

个人知识的社会化成为组织知识网络的一部分（Nonaka，1994）。更具体地说，知识创造放大了个人知识，并将其固化为组织知识体系的一部分（Nonaka，Takeuchi and Umemoto，2014）。

这个过程被称为"螺旋"，涉及社会化（从隐性知识到隐性知识）、外部化（从隐性知识到显性知识）、组合化（从显性知识到显性知识）和内部化（从显性知识到隐性／内隐知识）之间的相互作用。

与以往的知识管理模型不同，SECI 模型不是基于知识的顺序演变，而是发展出一种整体动态，其中知识从一种类型转换到另一种类型会导致新知识的产生（Bandera et al.，2017）。

知识维度之间的动态互动产生了一个螺旋式的转换过程，促进了知识在数量和质量上的扩展。因此，该模型的主要实践意义之一是，组织应该通过不同的政策和实践来结合和协调所有转换模式（Nonaka，1994）。

虽然《创造知识的企业：领先企业持续创新的动力》（Nonaka and Tekeuchi，1995）强调了显性知识和隐性知识之间的区别。但是《拥有智慧的企业：企业持续创新之道》（Nonaka and Tekeuch，2019）解决了知识创造和知识实践之间的鸿沟，特别是克服了"SECI 障碍"。事实上，如果一个组织不能实现从社会化到外部化、组合化和内部化的连续横向运动，或者组织不能实现从 SECI 模型中的一个周期到下一个周期的纵向飞跃，那么 SECI 模型中的知识创造过程就会受阻。在提到几个商业案例时，作者强调了有智慧的企业所拥有的一些领导力特征。该研究特别关注组织通过人与人之间的互动来创造新型共同意义的必要性，并回顾了 Ba 的概念，以便更好地理解培育知识创造的基本条件。

Ba 可以粗略地翻译成英文单词"place"，可以被描述为个人和组织知识发展的基础平台。这种平台可以是物理的，如工作场所；或虚拟的，如电话会议；也可以是精神上的，比如分享经验。

利用内部知识资源，组织通过驻扎在 Ba 中的 SECI 动态来开发新知识，这个过程是持续的。事实上，新知识构成了新知识创造螺旋的基础（Nonaka，Toyama and Konno，2000；Nonaka，Konno and Toyama，2001；Nonaka，Toyama and Byosière，2001）。

Nonaka 和 Toyama（2003）通过整合辩证思维观点，进一步扩展了知识创造模型和 Ba 的概念。作者尤其强调了个人、组织内和组织间的动态关系如何在知识创造过程中产生各种特异性的影响。为了管理这些影响，公司应该从知识视野和 Ba 开始提高"综合能力"，同时考虑人力资源管理政策和组织结构、激励制度和领导模式（Nonaka and Toyama，2002；2003）。在这种情况下，Nonaka 等（2006）指出，知识起源于 Ba。

因此，Ba 的概念在 Nonaka 的研究中有着战略地位。尽管该领域已经有丰富的成果，我们仍需进一步研究（Nonaka，von Krogh 和 Voelpel，2006；Nonaka 和 von Krogh，2009），同时应考虑到近期技术进步（尤其是 COVID-19）所引发的社会、组织以及经济方面的变革，这些变革催生了新兴的知识管理战略、组织模式和工作方式。

## 四种维度

为了描述知识转换过程，SECI 模型引入了四种维度：社会化、外部化、组合化和内部化（Nonaka，1994）。

螺旋的第一阶段是社会化，发生在个人交流隐性知识时。更具体地说，社会化通过分享经验、观察和模仿将隐性知识转化为更复杂的隐性知识。

由于这一过程甚至能在没有正式语言的情况下发生，隐性知识的正式化是有问题的，主要的困难在于如何将隐性知识从其发生的背景和时间中剥离出来。因此，只有当个人直接分享工作经验时，才会发生隐性知识的分享和获取。例如，并肩工作可以促进隐性知识的学习和获取。一个实际的例子是学徒计划，新员工通过观察资深同事的工作获得隐性知识（Nonaka and Toyama，2003）。社会化也可以通过非正式的社会互动来进行，在这种互动中，隐性知识、价值观和心理模型可以被分享，一个典型的例子是与同事的午餐聊天或茶歇（Yoshimichi，2011）。

基本上，第一阶段涉及人际关系层面，特别是价值观、信仰、模式和工作实践的分享。因此，促成社会化的主要因素是经验。

根据 Nonaka 和 Konno（2005）的观点，如果信息的简单传递与具体环境无关，那么共享经验和心理模型通过创造一个共同的互动"领域"来促进社会化。

螺旋的下一个阶段是外部化，通过这种模式，隐性知识通过正式文件或显性活动被转换成新的显性知识。个人对隐性知识进行编码，并使用对话、隐喻和群体比较来外化知识。

外部化的基础是将隐性知识转化为显性知识（Nonaka and Takeuchi，1995）。

由于"成员来来去去，领导层也在变化，但组织的记忆却长期保留着某些特定行为、思维导图、规范和价值观"（Hedberg，1981），这些知识有必要成为组织的资源，而不仅仅属于直接参与的个人。

因此，一个重要的问题是如何通过比喻、概念和模型产生结晶化知识，这代表了"组织记忆"，并导致新知识可以被组织的其他成员使用（Hedberg，1981）。因此，知识可以在个人之间共享，成为新知识的基础。

正如 Nonaka，von Krogh 和 Voelpel（2006）所指出的，这个过程基于创建新模型或新思维导图并与组织知识体系相联系的所谓"综合"。

螺旋的下一个阶段是组合化，即显性知识在组织内或组织间与其他显性知识相结合，形成新的、更复杂的显性知识（Nonaka et al.，1996）。基于此，Wickes 等（2003）将组合化描述为显性知识向更复杂的显性知识的转化。

显性知识可能来自公司内部，也可能来自公司外部。各种类型的显性知识通过正式的互动，如会议或工作小组，被组合和修改，产生新的显性知识，然后与组织成员分享（Alavi and Leidner，2001）。

由于知识的显性加强了编码信息的共享，IT 在转换过程中可以起到关键作用。

　　采用数字通信网络和商业智能系统尤其可以加速这种知识转换模式。为此，近年来越来越多的研究分析了群件、在线数据库、内部网和虚拟社区在组合各种类型显性知识方面的作用（Koh and Kim，2004）。

　　在这些知识共享过程中，高阶知识通过模板、最佳实践、手册和信息系统被创造出来（Van den Hooff and Van Weenen，2004）。即使在没有人际关系的情况下，这种知识的高度正规化也可以保证其传播性。

　　螺旋的最后一个阶段是内部化。根据 Nonaka 和 Takeuchi（2019）的研究，整个组织中创造和共享的显性知识随后被个人凝结成隐性知识。这个阶段可以理解为实践，知识在实际情况下被应用，成为新常规的基础。

　　个人获取新显性知识放大了他们的隐性知识，并成为在实际情况下转移和应用新过程的基础。

　　内部化是将显性知识转化为隐性知识的过程。个人内部化新知识需要采取实际行动。尤其可以通过实践经验、观察、直接社会互动和培训计划来促进个人学习。经由培训活动，个人可以通过丰富心智和专业技能来获得新知识。

　　这种新的内部化的知识在知识螺旋中被重新社会化，引发更多的转换过程。

　　我们可以通过各种文本形式，如书面、视频或音频，来促进内部化过程。根据 Nonaka 和 Takeuchi（1995）的观点，为了促进内部化过程，有必要采用文件和手册；通过这些文件和手册，个人可以从组织的其他成员那里学习经验。因此，Nonaka（1994）将内部化过程中创造的知识称为"运营知识"。

　　上述转换模式之间的相互作用产生了知识生成的螺旋（Nonaka，1994）。

　　SECI 模型已经成功地应用于不同的知识领域，如一般制造业（Li et al.，2018）、汽车制造业（Erichsen et al.，2016）和软件工程（Chikh，2011）。此外，该模型还被应用于日本（Bratianu，2010）、英国（Scully et al.，2013）和非洲（Ngulube，2005）的跨文化研究。

## 结论以及未来研究方向

随着知识社会和知识创造过程的讨论越来越多，在这一章中，我们解释了为何过去十年中我们观察到了越来越多从各个角度出发的组织知识相关研究。

在这种情况下，本章的主要目的是试图将这些研究系统化，并对社会科学中关于公司内部和跨公司边界的知识创造、重塑、积累和结晶的学术文献提供一个概述。

根据知本论，我们强调知识是竞争优势的主要来源（Grant，1996）。因此，组织探索和利用知识的动态成为创造价值的一个战略因素。

尽管以前的研究已经从多个角度对知识创造进行了分析，但人们对于新出现的社会和经济挑战如何影响"知识创造型公司"这一概念，仍然缺乏了解（Nonaka，Umemoto and Senoo，1996）。

知识创造研究已经明确强调，新的知识是通过利用先前的知识来创造的。因此，现有知识的作用是战略性的，这需要特别注意。事实上，如果企业没有强大的现有知识作为基础，就很难创造新知识。

作为 Nonaka 和 Takeuchi（1995）知识创造理论的预览，我们也强调了隐性知识和显性知识之间的相互影响是如何成为知识创造的来源的。

隐性知识的编纂和显性知识的内化形成了新型卓越知识。将知识称为"新"强调了组织与计算系统不同：不仅仅是在处理信息，而且是在利用资源来创造更高水平的知识（Nonaka，1994）。

显性知识是被编纂的，因此可以通过正式的语言，如文件、操作程序和手册来传播。在这种情况下，一个开放的研究问题是，信息系统能在多大程度上加速发挥显性知识资源传播方面的战略作用。

隐性知识是获得可持续竞争优势的核心。事实上，隐性知识很稀少，很难被模仿和转移。

即使隐性知识在知识管理文献中很少见，但近年来它已被认为是管理社会、环境和经济挑战的一个关键因素。然而，在隐性知识的传播方面仍然存在着知识匮乏。更具体地说，我们需要对非正式学习计划（Enos，Kehrhahn and Bell，2003）和精益组织结构（Dombrowski，Mielke and Engel，2012）的作用进行新的研究。

通过分析我们强调了公司在面对知识创造和创新的挑战时，必须决定是从内部资源还是外部资源来开发知识。那么，主要挑战就是如何在内部分享、吸收和保留外部知识。在这种情况下，基于 Nonaka 和 Takeuchi 的知识创造理论，一些研究已经分析了开放式创新范式背景下的知识创造动态（Žemaitis，2014）。

正如 Chesbrough（2006）所认为的那样：

> 为了有效地转移知识以便公司能够真正利用它，你同时需要一定量的创造性磨损和一定量的时间去解决问题。当人们并肩合作时，开放式创新效果达到最高峰。

尽管在这个领域取得了一些进展，但公司应该采取哪些实际方法以提高开放环境中的知识吸收还是一个空白。然而，知识管理的研究主要还是集中在知识的类型和转移上（Nonaka and Konno，1998）。目前缺乏但值得进一步研究的是对新管理和组织工具的定义，这些工具可以改善创新发展活动中的学习和知识获取。此外，还需要进行新的研究以调查开放性导向在多大程度上导致了更好的绩效。事实上，开放性与绩效的联系并不总是正向的（Huang，Chen and Liang，2018）。

此外，跨公司边界的隐性知识和显性知识管理之间的相互作用提示了开放式创新背景下的未来研究方向。

为了填补这些空白，我们需要一个新的研究方向来研究社会经济环境带来的机会和障碍如何促进、推动知识创造过程并使之人性化。

根据 Nonaka 和 Tekeuchi（2011）的观点，需要新一代的明智的领导者去克服过去20年由于过度强调显性知识而导致的日本经济崩溃，而且过度强调显性知识抑制了公司应对新挑战的能力。

在这个框架下，管理和组织科学所能做的是确定一个明确的理论框架，将古希腊的实践智慧理念概念化并转移到实践中。

只有投资经验知识的企业才能够及时做出谨慎的判断，并在价值观、原则和道德的指导下采取行动（Nonaka and Tekeuchi，2019）。

## 参考文献

Abdulkader, B., Magni, D., Cillo, V., Papa, A., & Micera, R. (2020). Aligning firm's value system and open innovation: A new framework of business process management beyond the business model innovation. *Business Process Management Journal*, 26, 999–1020.

Abramovitz, M., & David, P. (1994). Convergence and deferred catch-up. Productivity leadership and the waning of American exceptionalism. *The Mosaic of Economic Growth*. Stanford: Stanford University Press, 21–62.

Adler, P. S., Goldoftas, B., & Levine, D. I. (1999). Flexibility versus efficiency? A case study of model changeovers in the Toyota production system. *Organization Science*, 10(1), 43–68.

Al-Alawi, A. I., Al-Marzooqi, N. Y., & Mohammed, Y. F. (2007). Organizational culture and knowledge sharing: Critical success factors. *Journal of Knowledge Management*, 11(2), 22–42.

Alavi, M., & Leidner, D. (2001). Review: Knowledge management and knowledge management systems: Conceptual foundations and research issues. *MIS Quarterly*, 25, 107–136.

Ambrosini, V., & Bowman, C. (2001). Tacit knowledge: Some suggestions for operationalization. *Journal of Management Studies*, 38, 811–829.

Ansari, F. (2019). Knowledge management 4.0: Theoretical and practical considerations in cyber physical production systems. *IFAC-PapersOnLine*, 52, 1597–1602.

Bandera, C., Keshtkar, F., Bartolacci, M. R., Neerudu, S., & Passerini, K. (2017). Knowledge management and the entrepreneur: Insights from Ikujiro Nonaka's Dynamic Knowledge Creation model (SECI). *International Journal of Innovation Studies*, 1, 163–174.

Bartel, C. A., & Garud, R. (2009). The role of narratives in sustaining organizational innovation. *Organization Science*, 20(1), 107–117.

Becheikh, N., Landry, R., & Amara, N. (2006). Lessons from innovation empirical studies in the manufacturing sector: A systematic review of the literature from 1993–2003. *Technovation*, 26, 644–664.

Bereznoy, A., Meissner, D., & Scuotto, V. (2021). The intertwining of knowledge sharing and creation in the digital platform based ecosystem. A conceptual study on the lens of the open innovation approach. *Journal of Knowledge Management*, 25(8), 2022–2042.

Bierly, P., & Chakrabarti, A. (1996). Generic knowledge strategies in the U.S. pharmaceutical industry. *Southern Medical Journal*, 17, 123–135.

Bratianu, C. (2010). A critical analysis of the Nonaka's model of knowledge dynamics. *In Proceedings of the 2nd European Conference on Intellectual Capital*, ISCTE Lisbon University Institute, Lisbon, Portugal, 29–30 March 2010, 115–120.

Caloghirou, Y., Kastelli, I., & Tsakanikas, A. (2004). Internal capabilities and external knowledge sources: Complements or substitutes for innovative performance? *Technovation*, 24, 29–39.

Caputo, F., Papa, A., Cillo, V., & Giudice, M. (2019). Technology readiness for education 4.0: Barriers and opportunities in the digital world. In Ordóñez de Pablos, P., Lytras, M.D., Zhang, X. & Tai Chui, K. (Eds), *Opening up education for inclusivity across digital economies and societies*, Pennsylvania (USA): IGI Global.

Carayannis, E., & Campbell, D. J. (2010). Triple helix, quadruple helix and quintuple helix and how do knowledge, innovation and the environment relate to each other? A proposed framework for a trans-disciplinary analysis of sustainable development and social ecology. *Inter-

*national Journal of Social Ecology and Sustainable Development*, 1, 41–69.

Carayannis, E.G., & Rakhmatullin, R. (2014). The quadruple/quintuple innovation helixes and smart specialisation strategies for sustainable and inclusive growth in Europe and beyond. *Journal of the Knowledge Economy*, 5(2), 212–239.

Cassiman, B., & Veugelers, R. (2006). In search of complementarity in innovation strategy: Internal R&D and external knowledge acquisition. *Management Science*, 52, 68–82.

Castelfranchi, C. (2007). Six critical remarks on science and the construction of the knowledge society. *Journal of Science Communication*, 6(4), 1–3.

Chesbrough, H. (2003). *Open innovation: The new imperative for creating and profiting from technology*. Boston, Mass: Harvard Business School Press.

Chesbrough, H. (2006). *Open business models: How to thrive in the new innovation landscape*. Boston, Mass: Harvard Business School Press.

Chesbrough, H., & Bogers, M. (2014). Explicating open innovation: Clarifying an emerging paradigm for understanding innovation. In H. Chesbrough, W. Vanhaverbeke, & J. West (Eds.), *New frontiers in open innovation*. Oxford: University Press, 3–28.

Chikh, A. (2011). A knowledge management framework in software requirements engineering based on the SECI model. *Journal of Software Engineering and Applications*, 4, 718–728.

Choi, B., Poon, S., & Davis, J. G. (2008). Effects of knowledge management strategy on organizational performance: A complementarity theory-based approach. *Omega-international Journal of Management Science*, 36, 235–251.

Choo, C.W. (2006). *The knowing organization*. New York: Oxford University Press.

Cillo, V., Garcia-Perez, A., Giudice, M., & Vicentini, F. (2019). Blue-collar workers, career success and innovation in manufacturing. *Career Development International*, 24, 529–544.

Cohen, W. M., & Levinthal, D. A. (1989). Innovation and learning: The two faces of R&D. *The Economic Journal*, 99, 569–596.

Cohen, W. M., & Levinthal, D. A. (1990). Absorptive capacity: A new perspective on learning and innovation. *Administrative Science Quarterly*, 35, 128–152.

Dhanaraj, C., Lyles, M. A., Steensma, H., & Tihanyi, L. (2004). Managing tacit and explicit knowledge transfer in IJVS: The role of relational embeddedness and the impact on performance. *Journal of International Business Studies*, 35, 428–442.

Del Giudice, M., Carayannis, E., & Maggioni, V. (2017). Global knowledge intensive enterprises and international technology transfer: Emerging perspectives from a quadruple helix environment. *The Journal of Technology Transfer*, 42, 229–235.

Del Giudice, M., Della Peruta, M. R., & Maggioni, V. (2013). Collective knowledge and organizational routines within academic communities of practice: An empirical research on science–entrepreneurs. *Journal of the Knowledge Economy*, 4(3), 260–278.

Del Giudice, M., & Maggioni, V. (2014). Managerial practices and operative directions of knowledge management within inter-firm networks: A global view. *Journal of Knowledge Management*, 18(5), 841–846.

Del Giudice, M., & Straub, D. (2011). Editor's comments: IT and entrepreneurism: An on-again, off-again love affair or a marriage? *MIS Quarterly*, 35(4), iii–viii.

Dombrowski, U., Mielke, T., & Engel, C. (2012). Knowledge management in lean production systems. *Procedia CIRP*, 3, 436–441.

Ebadi, Y. M., & Utterback, J. (1984). The effects of communication on technological innovation. *Management Science*, 30, 572–585.

Enos, M., Kehrhahn, M., & Bell, A. (2003). Informal learning and the transfer of learning: How managers develop proficiency. *Human Resource Development Quarterly*, 14, 369–387.

Erichsen, J. A., Pedersen, A. L., Steinert, M., & Welo, T. (2016). Using prototypes to leverage knowledge in product development: Examples from the automotive industry. *2016 Annual IEEE Systems Conference (SysCon)*, 1–6.

Foss, N. (1996). More critical comments on knowledge-based theories of the firm. *Organization Science, 7, 519–523.

Gibson, C. B., & Birkinshaw, J. (2004). The antecedents, consequences, and mediating role of organizational ambidexterity. *Academy of Management Journal*, 47(2), 209–226.

Grant, R. (1996). Toward a knowledge-based theory of the firm. *Strategic Management Journal*, 17(Suppl 2), 109–122.

Grant, R., & Baden-Fuller, C. (2004). A knowledge accessing theory of strategic alliances. *Journal of Management Studies*, 41, 61–84.

Hedberg, B. (1981). How organizations learn and unlearn. In P. Nystrom & W. H. Starbuck (Eds.), *Handbook of organizational design (Vol. 1)*. London: Cambridge University Press.

Herschel, R. T., Nemati, H., & Steiger, D. (2001). Tacit to explicit knowledge conversion: Knowledge exchange protocols. *Journal of Knowledge Management*, 5(1), 107–116.

Hewitt, J., & Scardamalia, M. (1998). Design principles for distributed knowledge building processes. *Educational Psychology Review*, 10, 75–96.

Hicks, R. C., Dattero, R., & Galup, S. D. (2007). A metaphor for knowledge management: Explicit islands in a tacit sea. *Journal of Knowledge Management*, 11(1), 5–16.

Hoe, S. (2006). Tacit knowledge, Nonaka and Takeuchi SECI model and informal knowledge processes. *International Journal of Organization Theory and Behavior*, 9, 490–502.

Howells, J. (1996). *Technology analysis & strategic management*. London: Taylor & Francis.

Hsu, I., & Sabherwal, R. (2011). From intellectual capital to firm performance: The mediating role of knowledge management capabilities. *IEEE Transactions on Engineering Management*, 58, 626–642.

Huang, S., Chen, J., & Liang, L. (2018). How open innovation performance responds to partner heterogeneity in China. *Management Decision*, 56, 26–46.

Iansiti, M., & Clark, K. (1994). Integration and dynamic capability: Evidence from product development in automobiles and mainframe computers. *Industrial and Corporate Change*, 3, 557–605.

Ichijo, K., & Nonaka, I. (2007). *Knowledge creation and management: New challenges for managers*. New York: Oxford University Press.

Inkpen, A. C., & Dinur, A. (1998). Knowledge management processes and international joint ventures. *Organization Science*, 9, 454–468.

Johannessen, J., Olaisen, J., & Olsen, B. (2001). Mismanagement of tacit knowledge: The importance of tacit knowledge, the danger of information technology, and what to do about it. *International Journal of Information Management*, 21, 3–20.

Kedia, B., & Bhagat, R. (1988). Cultural constraints on transfer of technology across nations: Implications for research in international and comparative management. *Academy of Management Review*, 13, 559–571.

Khamseh, H.M., & Jolly, D. (2014). Knowledge transfer in alliances: The moderating role of the alliance type. *Knowledge Management Research & Practice*, 12(4), 409–420.

Kim, L. (1997). *From imitation to innovation: The dynamics of Korea's technological learning*. Cambridge, MA: Harvard Business School Press.

Kinnear, L., & Sutherland, M. (2000). Determinants of organisational commitment amongst knowledge workers. *South African Journal of Business Management*, 31(3), 106–112.

Koh, J., & Kim, Y. (2004). Knowledge sharing in virtual communities: An e-business perspective. *Expert Systems with Applications*, 26, 155–166.

Krogh, G., Nonaka, I., & Aben, M. (2001). Making the most of your company's knowledge: A strategic framework. *Long Range Planning*, 34, 421–439.

Laghi, E., Marcantonio, M. D., Cillo, V., & Paoloni, N. (2020). The relational side of intellectual capital: An empirical study on brand value evaluation and financial performance. *Journal of Intellectual Capital*. https://www.emerald.com/insight/content/doi/10.1108/JIC-05-2020-0167/full/html.

Lane, P. J., & Lubatkin, M. (1998). Relative absorptive capacity and interorganizational learning. *Strategic Management Journal*, 19, 461–477.

Lee, C. C., & Yang, J. (2000). Knowledge value chain. *Journal of Management Devel-

*opment*, 19, 783–794.

Li, Z., Wang, W. M., Liu, G., Liu, L., He, J., & Huang, G. Q. (2018). Toward open manufacturing: A cross-enterprises knowledge and services exchange framework based on blockchain and edge computing. *Industrial Management & Data Systems*, 118, 303–320.

Lianto, B., Dachyar, M., & Soemardi, T. (2018). Continuous innovation: A literature review and future perspective. *International Journal on Advanced Science, Engineering and Information Technology*, 8, 771–779.

Martin, D., & Allen, A. (2013). Intermediaries for open innovation: A competence-based comparison of knowledge transfer offices practices. *Technological Forecasting and Social Change*, 80(1), 38–49.

Menon, T., & Pfeffer, J. (2003). Valuing internal vs. external knowledge: Explaining the preference for outsiders. *Management Science*, 49, 497–513.

Meroño-Cerdán, Á. L., Soto-Acosta, P., & López-Nicolás, C. (2008). How do collaborative technologies affect innovation in SMEs? *International Journal of e-Collaboration*, 4, 33–50.

Mowery, D., & Oxley, J. (1995). Inward technology transfer and competitiveness: The role of national innovation systems. *Cambridge Journal of Economics*, 19, 67–93.

Ngai, E., Jin, C., & Liang, T. (2008). A qualitative study of inter-organizational knowledge management in complex products and systems development. *Wiley-Blackwell: R&D Management*, 38(4), 421–440.

Ngulube, P. (2005). Using the SECI knowledge management model and other tools to communicate and manage tacit indigenous knowledge. *Innovation-the European Journal of Social Science Research*, 27, 21–30.

Nonaka, I. (1994). A dynamic theory of organizational knowledge creation. *Organization Science*, 5, 14–37.

Nonaka, I. (2004). The knowledge-creating company. In H. Takeuchi & I. Nonaka (Eds.), *Hitotsubashi on Knowledge Management*. Singapore: Wiley.

Nonaka, I., & Konno, N. (1998). The concept of "Ba": Building a foundation for knowledge creation. *California Management Review*, 40, 40–54.

Nonaka, I., & Konno, N. (2005). The concept of Ba: Building a foundation for knowledge creation. *Knowledge Management: Critical Perspectives on Business and Management*, 2, 53.

Nonaka, I., Konno, N., & Toyama, R. (2001). Emergence of "Ba". A conceptual framework for the continuous and self-transcending process of knowledge creation. In I. Nonaka & T. Nishiguchi (Eds.), *Knowledge emergence. Social, technical and evolutionary dimensions of knowledge creation*. Oxford and New York: Oxford University Press, 3–29.

Nonaka, I., & Takeuchi, H. (1995). *The knowledge-creating company: How Japanese companies create the dynamics of innovation*. Oxford: Oxford University Press.

Nonaka, I., & Takeuchi, H. (2011). The wise leader. *Harvard Business Review*, 89(5), 58–67, 146.

Nonaka, I., & Takeuchi, H. (2019). *The wise company: How companies create continuous innovation*. New York: Oxford University Press.

Nonaka, I., Takeuchi, H., & Umemoto, K. (2014). A theory of organizational knowledge creation. *International Journal of Technology Management*, 11, 833–845.

Nonaka, I., Toyama, R., & Konno, N. (2000). SECI, Ba and leadership: A unified model of dynamic knowledge creation. *Long Range Planning*, 33, 5–34.

Nonaka, I., & Toyama, R. (2002). A firm as a dialectical being: Towards a dynamic theory of a firm. *Industrial and Corporate Change*, 11, 995–1009.

Nonaka, I., & Toyama, R. (2003). The knowledge-creating theory revisited: Knowledge creation as a synthesizing process. *Knowledge Management Research & Practice*, 1, 2–10.

Nonaka, I., & Toyama, R. (2005). The theory of the knowledge-creating firm: Subjectivity, objectivity and synthesis. *Industrial and Corporate Change*, 14, 419–436.

Nonaka, I., & Toyama, R. (2007). Strategic management as distributed practical wisdom (phronesis). *Industrial and Corporate Change*, 16, 371–394.

Nonaka, I., Toyama, R., & Byosière, P. (2001). A theory of organizational knowledge creation: Understanding the dynamic process of creating knowledge. In M. Dierkes, A. B. Antel, J. Child, & I. Nonaka (Eds.), *Handbook of organizational learning and knowledge*. Oxford: Oxford University Press, 491–517.

Nonaka, I., Umemoto, K., & Senoo, D. (1996). From information processing to knowledge creation: A Paradigm shift in business management. *Technology in Society*, 18, 203–218.

Nonaka, I., & von Krogh, G. (2009) Tacit knowledge and knowledge conversion: Controversy and advancement in organizational knowledge creation theory. Organization Science, 20(3), May–June, 635–652.

Nonaka, I., von Krogh, G., & Voelpel, S. (2006) Organizational knowledge creation theory: Evolutionary paths and future advances. *Organization Studies*, 27, 1179–1208.

Olson, G., & Lyotard, J. (1995). Resisting a discourse of mastery: A conversation with Jean-François Lyotard. *JAC*, 15(3), 391–410.

Penrose, E. (1959). *The theory of growth of the firm*. Oxford: Basil Blackwell.

Polanyi, M. (1958). *Personal knowledge: Towards a post-critical philosophy*. Chicago: University of Chicago Press.

Polanyi, M. (1967). *The tacit knowledge dimension*. London: Routledge & Kegan Paul.

Powell, W., & Snellman, K. (2004). The knowledge economy. *Review of Sociology*, 30, 199–220.

Reber, A. S. (1989). Implicit learning and tacit knowledge. *Journal of Experimental Psychology: General*, 118(3), 219–235.

Rodan, S. (2002). Innovation and heterogeneous knowledge in managerial contact networks. *Journal of Knowledge Management*, 6, 152–163.

Scully, J., Buttigieg, S., Fullard, A., Shaw, D., & Gregson, M. (2013). The role of SHRM in turning tacit knowledge into explicit knowledge: A cross-national study of the UK and Malta. *The International Journal of Human Resource Management*, 24, 2299–2320.

Scuotto, V., Beatrice, O., Valentina, C., Nicotra, M., Gioia, L., & Briamonte, M. F. (2020). Uncovering the micro-foundations of knowledge sharing in open innovation partnerships: An intention-based perspective of technology transfer. *Technological Forecasting and Social Change*, 152, 119906.

Senker, J. (2005). The contribution of tacit knowledge to innovation. *AI & Society*, 7, 208–224.

Song, J. H., & Chermack, T. J. (2008). A theoretical approach to the organizational knowledge formation process: Integrating the concepts of individual learning and learning organisation culture. *Human Resource Development Review*, 7(4), 424–442.

Terhorst, A., Lusher, D., Bolton, D., Elsum, I., & Wang, P. (2018). Tacit knowledge sharing in open innovation projects. *Project Management Journal*, 49, 19–25.

Van den Hooff, B., & de Leeuw van Weenen, F. (2004). Committed to share: Commitment and CMC use as antecedents of knowledge sharing. *Knowledge and Process Management*, 11, 13–24.

Von Krogh, G., Nonaka, I., & Aben, M. (2001). Making the most of your company's knowledge: A strategic framework. *Long Range Planning: International Journal of Strategic Management*, 34(4), 421–439.

Vrontis, D., Thrassou, A., Santoro, G., & Papa, A. (2017). Ambidexterity, external knowledge and performance in knowledge-intensive firms. *The Journal of Technology Transfer*, 42, 374–388.

Ye, J., Hao, B., & Patel, P. (2016). Orchestrating heterogeneous knowledge: The effects of internal and external knowledge heterogeneity on innovation performance. *IEEE Transactions on Engineering Management*, 63, 165–176.

Yoshimichi, A. (2011). An examination of the SECI model in Nonaka's theory in terms of the TEAM linguistic framework. *Yamanashi Glocal Studies Bulletin of Faculty of Glocal Policy Management and Communications*, 6, 21–33.

Zhang, Z., & Huang, F. (2020). An extended SECI model to incorporate inter-organisational knowledge flows and open innovation. *International Journal of Knowledge Management Studies*, 11, 408.

Zahra, S., & George, G. (2002). Absorptive capacity: A review, reconceptualization, and extension. *Academy of Management Review*, 27, 185–203.

Žemaitis, E. (2014). Knowledge management in open innovation paradigm context: High tech sector perspective. *Procedia – Social and Behavioral Sciences*, 110, 164–173.

Wallace, D. P. (2007). *Knowledge management: Historical and cross-disciplinary themes.* Westport, Conn: Libraries Unlimited, 1–14.

Warnier, J.-P. (1999). *Construire la culture matérielle – L'homme qui pensait avec ses doigts*, Parigi: PUF.

Wickes, M., Leslie, A., Lettice, F., Feeney, A. & Everson, P. (2003). A Perspective of Nonaka's SECI model from programme management: Combining management information, performance measurement and information design. *4th Organisational Knowledge, Learning and Capabilities Conference*, Barcelona.

Wu, I., & Hu, Y. (2018). Open innovation-based knowledge management implementation: A mediating role of knowledge management design. *Journal of Knowledge Management*, 22, 1736–1756.

# 留存知识

人力资本和知识资本

*Rongbin WB Lee* 和 *Vivien WY Shek*

## 背景

根据 Andriessen（2007）的说法,"知识资本"一词第一次出现在媒体上是在 1991 年 Thomas Stewart 的一篇名为"Brainpower"的文章中。四年后,第一届知识资本管理会议召开,推动了人们对知识资本管理和知识管理的思考。Leif Edvinsson 是知识资本方面的著名专家,他在 Skandia AFS 公司成为世界上首个知识资本领域的企业主管。Edvinsson（1997）首次提出了"知识资本管理"这一术语,并将知识资本解释为"可转化为价值的知识",强调知识资本管理的主要目标是创造和利用知识资产,从战略角度提高组织的价值创造能力。

从那时起,全世界都对知识资本管理产生了兴趣。2004 年,欧盟委员会成立了一个高级专家小组,旨在针对研究密集型中小企业、政府资助支持的研发机构和大学的知识资本情况给出报告。在德国,公司被建议在其管理报告中纳入知识资本。在丹麦,知识资本是所有公司管理报告中的一项要求内容。在奥地利,知识资本报告已成为所有大学的强制性报告。在澳大利亚,根据政府的授权,知识经济学会（Society of Knowledge Economics）正在制定一项指导原则,旨在发展、重新移植和管理知识资本。日本经济产业省正在积极寻求中小企业自愿参与知识资产的管理。

根据 Ocean Tomo（2020）的研究,在 1995 年和 2015 年之间,无形资产的市场价值份额从 68% 增加到 84%。新冠疫情下,这一趋势在标准普尔 500 指数（S&P 500）的上市公司中增加了 90% 以上。

## 知识资本的定义

20 世纪 90 年代中期出现了一个关于知识资产创造价值的新观点,即知识资本,它被认为是 21 世纪个人、组织和国家竞争力的基础(Stewart,1991; Edvinsson and Sullivan,1996; Edvinsson,1997; Edvinsson and Malone,1997a; Wiig,1997; Ehin,2000; Nemec Rudež,2004; Bounfour and Edvinsson,2005)。

根据 Chatzkel(1998)的说法,知识资本是一个组织的非财务资源。它被定义为一套无形的资产,包括人力和非人力的资源或能力,这些资源或能力推动了组织绩效和价值创造(Edvinsson,1997; Roos and Roos,1997; Bontis,1998; Bontis et al.,2000; Ehin,2000)。知识资本不仅涉及人员、他们的知识和技能,而且还涉及组织流程、能力以及与客户的关系。表 3.1 总结了不同学者对知识资本的定义。

表 3.1 知识资本定义概述

| 学者 | 知识资本定义 |
| --- | --- |
| Klein and Prusak (1994) | 已经正式化、获取的并被用来产生更高价值资产的知识材料 |
| Bontis (1996) | 公司的市场价值和资产重置成本之间的差异 |
| OECD (1996) | 价值创造过程 |
| Stewart (1997) | 企业比较优势和个人知识的结合;可以用来创造财富,如知识资产和经验,被称为知识材料 |
| Edvinsson and Malone (1997a) | 知识资本可以控制知识、实践的经验、组织的技术、客户关系和专业技能,这些可以使企业在市场上获得竞争优势 |
| Bell (1997) | 一个组织的知识资源。它包括组织用来创造、竞争、理解、解决问题和可复制的模式、战略、独特方法和思维方法 |
| Bassi(1997) | 公司的知识资本、员工脑力、诀窍、知识和流程,始终是竞争优势的来源 |
| Roos et al.(1997) | 企业的知识资本是员工知识的总和,它可以被转化为一个对象,如商标、注册或流程。组织内所有能够创造价值但不可见的资源被称为知识资本 |
| German Federal Ministry of Economics and Labour(德国联邦经济和劳动部)(2004) | 企业现有知识当中对成功至关重要的部分 |

虽然没有被广泛接受的知识资本定义，但回顾文献可以发现知识资本在本质上与可转化为价值的知识有关（Edvinsson and Sullivan，1996）。一个被广泛接受的概念是，知识资产和知识产权被认为是知识资本的子集。图 3.1 显示了知识资本、知识资产和知识产权之间的关系。

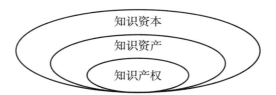

图 3.1　知识资本、知识资产和知识产权之间的关系

Sullivan（1998）认为，只要人力资本致力于成为知识、诀窍或学习的媒介，那么就会生成知识资产。一旦"写入"，知识就已经被编纂和定义了。知识资产指的是可以用来创造价值的编纂过的知识。知识资产的例子包括计划、程序、备忘录、草图、图纸、蓝图和计算机程序。上述清单中任何受法律保护的项目都被称为知识产权。知识产权包括几种法律对无形事物给予认可的权利，如想法（版权）或实际执行（专利）。在当今的法律体系中，知识产权通常至少包括版权、商标、专利和商业秘密（Miller and Davis，1990；Hildreth，1998）。

从其他学者的观点来看，知识资本可以分为几个基本要素，即人力资本、结构资本和关系资本（Saint-Onge，1996；Sveiby，1997；Bontis，1998；German Federal Ministry of Economics and Labour，2004）。这些要素以各个公司特有的方式与财务资本（实物和货币要素）相互结合、相互作用并创造价值，而这些价值构成了市场资本。图 3.2 显示了知识资本分类。

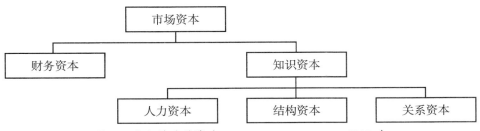

图 3.2 知识资本分类（Edvinsson and Malone，1997a）

**人力资本**

人与人之间的互动被认为是无形价值的关键来源（O'Donnell et al.，2003）。因此，人力资本成为知识资本的主要组成部分（Bontis，1998；Choo and Bontis，2002；Edvinsson and Malone，1997a；Stewart，1991）。根据 Hudson（1993）的说法，人力资本由四个要素组成，即遗传基因、教育、经验和对生活及商业的态度。在组织层面上，人力资本是创新和战略更新的来源（Bontis，1998）。Bontis 等（2002）进一步将人力资本定义为组织中个人知识储备的粗略代表。

**结构资本**

Roos 等（1997）指出，结构资本是员工回家过夜后留在公司的东西。根据 Cabrita 和 Vaz（2006）的说法，结构资本代表了组织应对内部和外部挑战的能力。它包括基础设施、信息系统、程序和组织文化。换句话说，结构资本包括组织中所有非人力的知识和能力储备，其中包括数据库、组织结构、流程手册、策略、常规和任何具有高于其物质价值的东西。

**关系资本**

关系资本是嵌入在任何影响组织生活的利益相关者关系中的知识（Cabrita and Vaz，2006）。它指的是与客户、供应商、合作伙伴、网络、监管机构和公众的外部关系。这种基于利益相关者的关系资本使组织能够获得关键和互补的资源，以建立、维护和更新其资源、结构和流程。

另一种最受欢迎的知识资本分类方案可能是由瑞典保险集团 Skandia 和其前知识资本主管 Leif Edvinsson 提出的。知识资本是指所拥有的知识、应用经验、组织技术、客户关系和专业技能，它们能为公司提供市场竞争优势（Skandia，1994）。图 3.3 显示了 Skandia 的知识资本分类方案，即人力资本和结构资本（Edvinsson and Malone，1997b）。

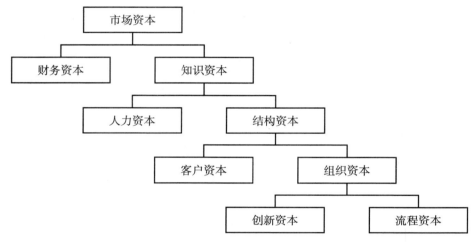

图 3.3　Skandia 知识资本分类方案（Skandia，1994）

Skandia 的知识资本方案提出了人力资本（隐性）和结构资本（显性）之间的区别。人力资本是指公司员工个人的知识、技能、创新能力、态度和能力的综合体，以满足手头的任务。然而，这种资本是公司无法拥有的。

结构资本主要与组织有关，包括硬件、软件、数据库、信息渠道、组织结构、专利、商标、文化、公司的价值观和理念，以及支持员工生产力的其他一切组织能力。结构资本通常由公司拥有或直接控制，因此在员工离开后仍然生效。结构资本包括客户资本，即嵌入在营销渠道和客户关系中的知识。Saint-Onge（1996）将客户资本定义为它的特许经营权的价值，以及它与销售对象（人或组织）持续存在的关系。客户资本显然是有价值的，而且相对容易跟踪其指标,如市场份额和客户维系。Prahalad 和 Ramaswamy(2000)认为,客户成为了组织能力新的来源。根据 Kaplan 和 Norton(1996;2004)的观点,有证据表明员工的满意度、积极性和承诺对客户的满意度、忠诚度和保留率有积极的影响,从而形成企业更高的生产力。这种客户关系有助于降低成本,增加对公司供应的保证。结构资本还包括组织资本,其又被分为创新资本和流程资本。与人力资本不同,公司拥有结构资本,因此是可以交易的。

人力资本是创新和更新的源泉,但仅靠聪明人是不够的。为了使人力资本具有生产力,需要有结构资本来促进知识的发展和交流。从管理的角度来看,结构资本比人力资本更重要,因为建立组织资本是管理层的责任。

Roos 等(1997)对最初由 Skandia(1994)提出的人力资本和结构资本的分类有不同的想法。他们建议将这两类资本进一步划分为三个子类别,如图 3.4 所示。人力资本包括基于知识和技能的能力,基于动机、行为和操守的态度,以及基于创新、模仿、适应和包装的知识敏捷性。而结构资本则由包括客户、供应商、联盟伙伴、股东和其他利益相关者在内的关系,包括基础

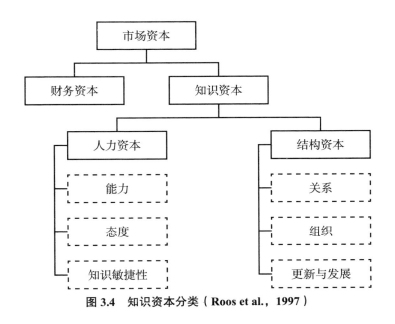

**图 3.4 知识资本分类(Roos et al., 1997)**

设施、流程和文化在内的组织，以及更新和发展组成。

与知识审计的各种重点和内容相比，知识资本的框架更加全面，基本上涵盖了知识资源的所有要素，包括软性和不可见的（如文化）以及可见和成文的，如知识产权和知识数据库。

### 知识资本的评估和衡量

传统的会计方法旨在通过使用成本法、市场法或收入法，在财务方面对公司的无形资产进行量化。这种方法缺乏识别知识资源优势和劣势的能力，也缺乏创造未来价值的途径，而这些对管理公司的知识资本至关重要。大家已经开发了不同的知识资本评估模型来应对这个限制。

图 3.5 显示了 European Commission（2005）为促进中小企业研究、开发和

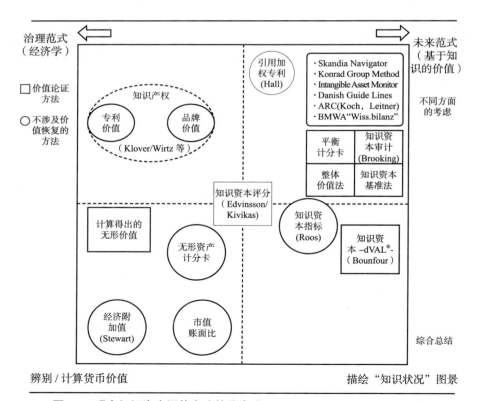

图 3.5　现有知识资本评估方法的分类（European Commission，2005）

创新而制定的现有知识资本评估方法的分类。该图表沿 x 轴对各种方法进行了分类，范围从"传统"的"知识资产"估值（如知识产权项目）到"现代"的价值确定（包括财务和非财务价值），x 轴的右端代表未来的知识经济概念。该图沿 y 轴对这些方法进行了标准分类：该方法是否提供经过计算之后的汇总值，或者它是否生成知识资本指标，能否解释最终结果。

值得注意的是，大部分方法都位于右上角。这些方法旨在揭示哪些因素使组织能够利用其知识获得竞争优势。相比之下，位于左侧的方法更符合传统的知识经济学概念，即知识产权可以作为经济对象进行交易或处理。

最常用的知识资产评估方法是 Skandia Navigator、Intangible Asset Monitor、知识资本评分和平衡计分牌，下面分别介绍它们的特点。

知识资本领域的领军人物 Edvinsson 和 Sveiby 开发了两种不同的知识资本评估模型，即"Skandia Navigator"（Edvinsson and Malone，1997a）和"Intangible Asset Monitor"（Sveiby，1997），分别旨在通过使用定性和定量指标来衡量知识资本的组成部分。Skandia Navigator 是一种广泛传播的结构模型。它有助于从五个重点领域全面了解组织及其价值创造，包括财务、客户、流程、人力以及更新和发展（Edvinsson and Malone，1997a）。Intangible Asset Monitor 是一种测量知识资本的方法。它显示了衡量四个相关领域（即增长、更新/创新、效率和风险/稳定性）的变化和知识流。这些指标与资产的增长、更新率、利用效率和损失风险相关（Sveiby，1997）。

另一种衡量知识资本的方法是知识资本评分，这是瑞典知识资本公司（Intellectual Capital Sweden AB）的专有工具（Hofman-Bang 和 Martin，2005）。知识资本评分从三个不同的角度衡量和描述非金融资产：有效性、风险和更新。它着眼于组织的当前有效性、更新和发展自身的努力和能力以及当前有效性下降时的风险。它还试图对公司以及公司内部部门进行基准测试。

Kaplan 和 Norton（1996）提出了"平衡记分卡"作为绩效衡量的战略方法，该方法使用财务和非财务指标。它考虑四个维度，包括财务、客户、业务流程以及学习与成长。它试图找出战略/高级财务绩效指标与本地活动运营指标之间的差距。

## 知识资产的管理

知识驱动型经济的兴起突出了这样一个事实：一个组织的增长和创造的价值取决于它的知识而不是它的实物资产。术语"资产"是指有价值的东西，从经济学角度来看，它具有一定的机会成本去获得或出售。知识资产、无形资产、知识资本等术语被一些研究人员当作同义词交替使用，这取决于研究人员的学科领域。知识资产通常由经济学家使用，无形资产主要用于会计领域，而知识资本则更常见于管理学的众多学科。无形资产指的是被会计界认可的组织资产的一部分，如知识产权、特许经营权、许可证和用户权利，这些都是受法律保护的，而知识资本则包含了一个更广泛的领域。知识资产这一术语既有实用的含义，比如当它被用来表示知识或无形资产中可以获得并以某种形式编纂的部分，也有如下文所述更广泛的含义。

### 知识资产的定义

知识资产是指一个组织及其员工以信息、政策、想法、学习、理解、记忆、洞察力、认知以及技术技能和能力等形式所拥有的累积知识资源。建立和管理这些知识资产可以帮助一个组织为其利益相关者创造价值并保持竞争优势。Nonaka 等（2000）将知识资产定义为知识创造过程中的输入、输出和调节器，是为企业创造价值的"企业特定"资源。

Schiuma 和 Marr（2001）为企业的知识资产结构提出了一个知识资产图，如图 3.6 所示。该图的基础是将企业的知识资产解释为两种组织资源的总和，即利益相关者资源和结构资源。利益相关者资源是指组织的内部和外部因素，包括利益相关者关系和人力资源。结构资源被认为是构成组织流程基础的要素，包括其物理基础设施和虚拟基础设施，如文化、常规和实践，以及知识产权。

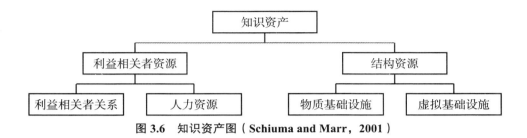

图 3.6 知识资产图（Schiuma and Marr，2001）

### 绘制知识资产图

Boisot（1987）提出了一种按编纂和扩散程度对知识资产分类的方法，即 C-D 理论，如图 3.7 所示。编纂和扩散定义了一个二维的文化空间（C-空间），在这个空间里，现有知识的社会分布和个人沟通策略以特定的方式相互作用。在这两个维度下，编纂知识是那些可以很容易地写在纸上进行传播的知识，而扩散知识指的是那些容易分享的知识。

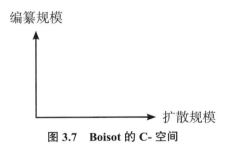

图 3.7 Boisot 的 C- 空间

在编纂和扩散的二分法下，可以产生一个 2×2 的知识类型矩阵，如图 3.8 所示。这些知识包括公共知识、专属知识、个人知识和常识。

公共知识是经过编纂和扩散的。它是普遍可用的，并且可以从许多来源进行检查，因此具有自我修正的特性。教科书和报纸、公共刊物和财务记录是公共知识的例子。专属知识已被编纂，但尚未扩散。它的稀缺价值超过其复制成本，人们愿意付费。例如，每月的财务报告、数学公式和可申请专利的技术知识。

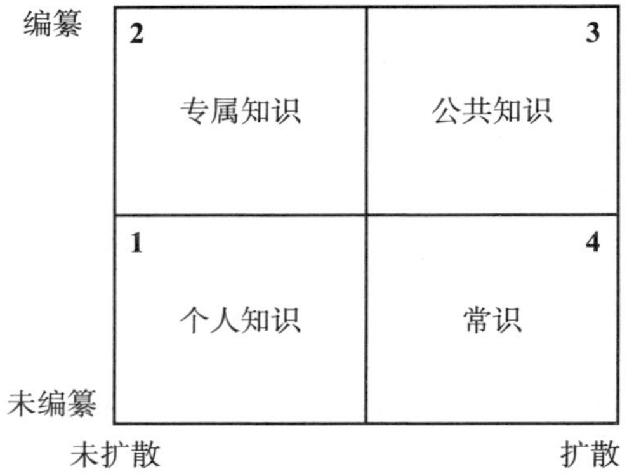

编纂
2
3
专属知识
公共知识
1
4
个人知识
常识
未编纂
未扩散
扩散

**图 3.8　C- 空间的知识类型（Boisot，1998）**

个人知识是个人的感知、洞察力或直觉，没有一个特定结构。它既没有被编纂，也没有被扩散。它不能被其拥有者或在拥有者周围看到它的展示的人储存、检查和评估。其他人可以被邀请来分享生成个人知识的经验，但这样会产生不同的直觉和感知。识别多年未见的人的能力就是个人知识的一个典型例子。常识是未经过编纂但已经扩散的知识。它是通过社会化的过程慢慢建立起来的，并通过渗透作用扩散。例如，当我们第一次见到一个新朋友时握手以表达善意。

## Boisot 的 I- 空间模型

在 C-D 理论的基础上，Boisot（1998）进一步提出了 I- 空间模型，说明知识资产可以位于一个三维空间内，代表信息的三个不同方面（图 3.9）。

编纂
抽象
扩散
未扩散
具体
未编纂

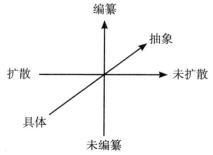

**图 3.9　Boisot 的 I- 空间模型（Boisot，1998）**

图 3.10 显示了 I- 空间模型中的三个不同空间。首先，认识论维度（epistemological dimension，E- 空间）反映信息被编码或未被编码以及具体或抽象的程度。其次，效用维度（utility dimension，U- 空间）将信息的扩散性与抽象程度联系起来。最后，文化维度（culture dimension，C- 空间）通过将信息的编纂和扩散程度联系起来以代表不同种类的知识。

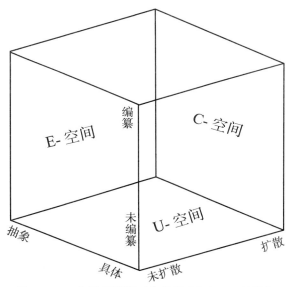

图 3.10　I- 空间模型的三个空间（Boisot，1998）

图 3.11 演示了 I- 空间模型中知识的动态变化。A 区是有关特定事件高度个人化的知识，这些知识的通用性随着一连串结构化的努力逐渐增强。然后，它变得可以被他人分享和使用。如果它受到专利或版权的限制，那么它就变成了专属知识，可以在 B 区进行交易。它如果成为公共知识或教科书上的知识就进入 C 区。当知识在不同情况下被使用和应用时，它就会在 D 区内部化，并融入人们的常识世界观中。之后，个人拥有了共享的常识世界并将其转化为个人的和认知的经验，由此进化循环得以继续。

>>> 留存知识

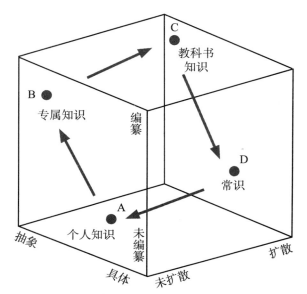

图 3.11　I-空间模型中知识的移动（Boisot，1998）

新知识的创造和扩散有效地激活了 I-空间模型的所有三个维度。Boisot（1998）认为新知识的创造和扩散在"社会学习周期"中遵循特定的顺序，并通过图 3.12 所示的知识流动六阶段来实现维度的激活。

1. 扫描：从普遍可用的（分散的）数据中获得见解。

2. 解决问题：问题得到解决并使得这些见解具有结构性和连贯性。知识被"编纂"了。

3. 抽象：新编纂的见解被推广到广泛的情境中。知识变得更加"抽象"。

4. 扩散：新见解以编纂和抽象的形式与目标人群分享。知识变得"扩散"了。

5. 吸收：新编纂的见解被应用于各种情境，产生新的学习经验。知识被吸收并产生学习行为，因此成为"未编纂的"。

6. 影响：抽象的知识被嵌入具体的实践、规则或行为模式中。知识变得"具体"。

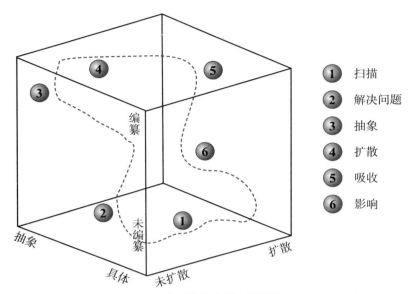

图 3.12　I- 空间模型的社会学习周期（Boisot，1998）

社会学习周期的动态反映了知识的动态性质。数据被过滤和处理后产生了有意义的信息，然后这些信息被压缩和编纂，以产生有用的知识。接着将知识应用于不同情况，以未编纂的形式创造新的体验，从而为新的知识创造周期生成数据。这些知识被应用于不同情境下，创造出新的经验，并以一种未经编纂的形式为新的知识创造周期生成数据。这就是知识创新和应用的持续生命周期。换句话说，在不断变化的商业环境中，知识在不同时期通过组织学习周期进入一个新阶段。这就导致了组织中知识管理战略的变化。

## 知识管理和知识资本管理的关系

知识管理和知识资本管理之间有什么区别？知识管理应该是组织发展知识资本管理的首要能力。而且，知识资本管理和知识管理虽然互不相同，但同时又相互补充。由于两者的相似性和互补性，Zhou 和 Fink（2003）认为知识资本管理和知识管理应该联系起来，以获得附加值，并且必须通过知识管理活动与知识资本元素的结合以发挥其最大效力。

Wiig（1997）认为，知识资本管理应该集中在战略和高层管理层面。此外，Edvinsson（1997）和 Wiig（1997）也提到，知识资本管理侧重于价值创造和提取。然而，知识管理侧重于知识相关活动的战术和操作实施。总的来说，知识管理关注的是知识的创造、获取、转化和使用，其最终目标是通过创造和最大化知识资本来实现一个有效的智能组织。

Zhou 和 Fink（2003）的例子解释了知识管理和知识资本之间的关系，如图 3.13 所示。为了实现关系资本的最大化，一个组织可能会决定与其客户发展一种非常好的关系，这可以通过出色的产品和服务来实现。因此，该组织需要通过持续的探索和创新来保持在市场上的领先地位，该组织可能会专注于发展一种知识友好型文化，以实现有效的知识共享并开发出最佳知识。通过这些联系，知识管理可以被用来造就组织的知识资本。

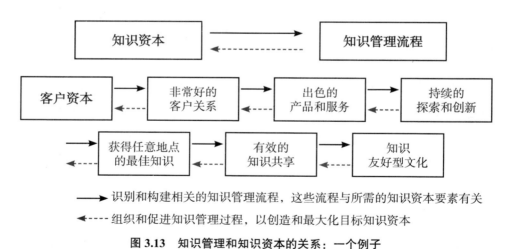

**图 3.13　知识管理和知识资本的关系：一个例子**
资源来源：上面的图改编自 zhou 和 Fink（2003），下面的图改编自 Wiig（1997）。

通过将价值创造与知识管理联系起来，就可以实现知识资本最大化的目标，前提是对知识活动进行系统和深入的管理并以有效的方式创造价值。

Roos 等（1997）提到，系统化方法要求管理和衡量，因此，Iazzolino 和 Pietrantonio（2005）推荐了知识审计，它可以有效地支持组织管理自己的知识从而实现目标，并且知识审计有利于组织在知识资本价值方面的价值创造。由于与业务流程中的知识管理活动有关，知识审计应该关注知识的存量性质。

Lee 等（2007a）在一个三维模型中进一步阐述了知识资本和知识管理之间的关系。这种模型将知识管理和知识资本联系在知识管理的三个主要增值活动中，即（1）通过 IT 和计算系统积累其结构资本来保存知识；（2）通过滋养和挖掘其人力资本来创造和获取新知识；以及（3）通过其员工、合作伙伴和客户之间的知识交流建立关系资本来分享知识，以获得理解、忠诚和信任等。图 3.14 显示了知识管理和知识资本之间的内在关系，以及通过知识转化、信息技术和系统与组织网络实现的增值过程。尽管在知识资本和知识管理方面已有很多研究，但将它们联系起来的研究尝试很少。一个重要的推动力是将知识资本评估与关键质量管理过程中的知识审计联系起来。

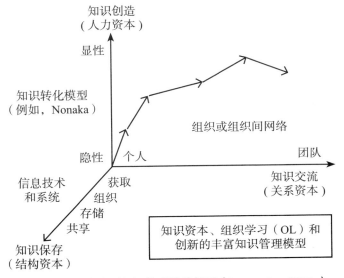

图 3.14　知识资本到知识管理的路径图（Lee et al.，2007a）

>> 留存知识

整合了知识审计方法和知识管理审计（knowledge management audit，KMA）方法的知识审计为组织的"知识健康"提供了系统性的调查和评估，是任何知识管理举措的首要阶段。因此，知识管理有助于促进和管理知识相关活动，为知识资本的发展创造一个知识友好型环境。

**知识审计和知识管理审计**

根据 Hylton（2002b，2002c）的说法，知识审计是对显性和隐性知识资源的系统性和科学性的检查和评估，包括存在哪些知识、它在哪里、它是如何被创造的，以及谁拥有这些资源。知识审计与知识管理审计不同，Mertins 等（2003）将知识管理审计定义为对一个组织如何在其业务流程中应用知识的调查。知识管理审计被用来实现以下目标。

（1）揭示企业实际知识管理中的优势和劣势。对企业是否成功地将知识管理活动整合到业务流程中进行客观评估。

（2）分析各领域知识管理的情况、障碍和推动因素，包括企业文化、领导力、团队协作、人力资源管理、信息技术、流程技术、流程组织和控制。

（3）通过员工参与和详细审计报告的内部沟通，提高公司内部对知识管理的认识。

（4）为未来的知识管理措施设计一个路线图，明确应该采取哪些措施以及从何开始。

（5）收集量化数据，用于控制知识管理和衡量知识管理举措取得的效益。

根据定义知识审计的目标并不是以上全部内容，而是集中在知识资产相关的内容。换句话说，知识审计指的是识别和命名现有的以及缺失的组织知识及其在组织中流动的过程。而知识管理审计则是指在知识管理过程中如何管理组织中的知识（即知识的创造、获取、保留、分配、转移、共享和再利用）。组织战略、领导力、协作和学习文化以及技术基础设施也应被考虑在内。

**开展知识审计的原因**

知识管理对一个组织的好处是毋庸置疑的。Hylton（2002a，2002b，

2002c）认为，大多数知识管理项目之所以失败，是因为没有明确需要什么知识以及如何管理这些知识。因此，知识审计的重要性就体现在它是组织启动任何知识管理项目之前的首要步骤，也是最关键的步骤（Liebowitz，1999；Liebowitz et al.，2000；Henczel，2001；Hylton，2002a；2002b；2002c；2004；Tiwana，2002）。在实施任何知识管理战略之前需要知识审计的原因是：

- 公司本身缺乏对知识管理的了解。
- 公司不知道自己拥有哪些知识，以及这些知识在组织中的"健康状态"。
- 公司不了解员工所知道的一切，也不了解员工是如何相互协作的。

大量宝贵的显性知识和隐性知识蕴藏在公司中。如果公司不知道已经拥有哪些知识以及哪些知识是重要的，那么资源就会浪费在开发不重要领域的工具或政策上，导致所制定的知识管理策略并不适合实际情况，造成资源浪费。对公司来说，在进行任何知识审计之前就实施知识管理战略是有风险的。此外，许多案例表明，许多公司并不知道员工拥有什么知识，以及员工如何工作。如果他们不真正了解员工的工作行为，就不可能制定适当的战略。

知识审计以及分析的方法和工具大多被公司用来计划知识管理工作应该集中在何处。这可以引导企业对知识管理有较好的了解。在实施知识管理之前，知识审计是必要的，两个原因是：

- 我们需要了解我们知道什么以及不知道什么。
- 我们需要了解知识管理能带来什么好处。

因此，成功的知识管理离不开知识审计。

## 获取工作场所中的关键知识

组织知识资产的有效管理已被认为是企业业绩的一个关键成功因素。

因此，香港理工大学的知识管理及创新研究中心开发了一种系统的、有背景的、以行动为导向的知识审计和知识管理审计综合审计方法，称为"STOCKS"（Strategic Tool to Capture Critical Knowledge and Skills，获取关键知识和技巧的战略工具）。STOCKS（Lee et al.，2007b）基于结构化调查问卷和互动式研讨会，能够以开放和参与的方式绘制出组织的知识资产。

研究者编制了各种问卷，让受访者填写显性知识和隐性知识项目、流程以及特定业务流程内员工根据多项标准进行的评分。我们还为来自不同级别并聚集成一个小组的参与者举办了研讨会，以巩固不同的知识项目。在获得知识审计结果之后，我们使用SWOT分析来评估知识管理战略在知识管理方法方面的效果。

### STOCKS知识审计阶段

STOCKS是一种新的系统性知识审计方法（融合了知识审计和知识管理审计方法），可以解决传统知识管理方法的缺陷。Lee等（2007b）认为STOCKS由七个阶段组成，如图3.15所示。

STOCKS包括选择关键业务流程并确定其优先级，然后研究选定流程的工作流程，并通过填写STOCKS表格来收集数据。在召开STOCKS研讨会和建立知识清单之后，就可以进行数据分析和报告。在进行深入访谈和数据评估之后提出知识管理战略的建议。STOCKS是一个结构化的、有背景的知识查询工具，可以通过填写表3.2所示的八种不同设计表格来收集已完成流程中每项任务的数据和信息。

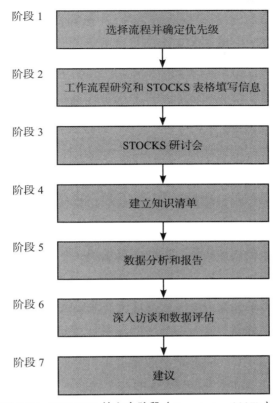

图 3.15 STOCKS 的七个阶段（Lee et al., 2007b）

表 3.2　八种不同设计的 STOCKS（Shek, 2007a）

| 表格编号 | 表格名称 |
|---|---|
| 表格 1 | 信息技术工具和平台 |
| 表格 2 | 收到/检索的文件 |
| 表格 3 | 发送/提交/转发/上传/制作的文件 |
| 表格 4a | 你经常咨询以获取技术型隐性知识建议的人 |
| 表格 4b | 你经常咨询以获取非技术型隐性知识建议的人 |
| 表格 5a | 向你咨询以获取技术隐性知识建议的人 |
| 表格 5b | 向你咨询以获取无关技术的隐性知识建议的人 |
| 表格 6 | 只有你拥有和使用的文件和隐性知识 |

续表

| 表格编号 | 表格名称 |
| --- | --- |
| 表格 7 | 你拥有的与所在行业相关但当前没有使用的额外知识 |
| 表格 8 | 行业技术/核心能力清单 |
| 描述隐性知识的实用提示 | |

## 比较 STOCKS 和其他知识审计方法

Lee 等（2007b）强调，研讨会的目标是让业务流程的内部员工"整合和验证从已完成的 STOCKS 表格中收集的数据"。在进行研讨会之前，应准备一个 STOCKS 研讨会方案模板。如图 3.16 所示，方案包括选定的业务流程以及流程、行业技术、文件和隐性知识内的任务。所有研讨会参与者必须就知识项目的术语、员工姓名以及这些项目的关系和层次结构达成一致，以便控制词汇、词库和分类。

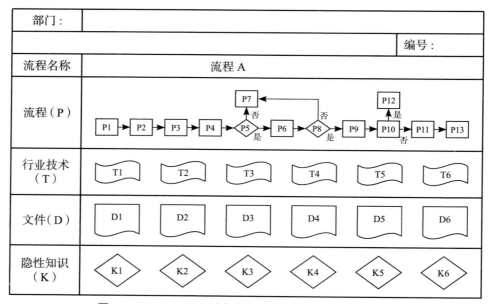

图 3.16　STOCKS 研讨会方案模板（Lee et al., 2007b）

研讨会结束后，显性知识和隐性知识清单、利益相关者分析、关键文件和知识工作者识别、显性知识和隐性知识在每个任务中的分布，甚至是知识流和文件流的映射，都可以纳入STOCKS的产出。

根据调查结果，对选定的工作人员进行深入访谈以进行细节数据的验证。分析和结果也应以访谈为基础，目的是获得相关的信息并在向组织提供实施知识管理战略的建议之前，对基本情况能有更多了解。因此，STOCKS可以帮助管理层将组织中现有的知识环境可视化和外部化。在STOCKS中，信息是通过问卷调查、访谈和小组工作会议收集的。Shek（2007a，2007b）展示了STOCKS与传统知识审计方法在审计范围和收集信息丰富程度方面的比较，审计范围和收集信息丰富程度代表可探索问题的广度和深度。图3.17展示了STOCKS与传统知识审计方法的比较。

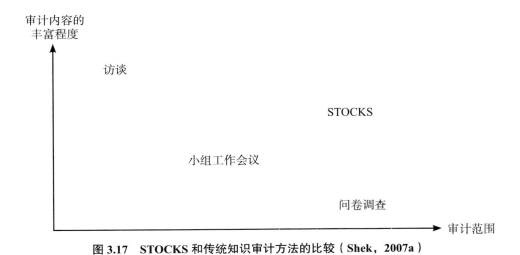

图3.17　STOCKS和传统知识审计方法的比较（Shek，2007a）

Shek（2007b）还指出，STOCKS是一种从组织不同层次的参与者那里收集大量信息的有效方法。与访谈相比，它能够实现更大的研究规模，因为访谈只能覆盖有限的参与者样本量。此外，STOCKS研讨会为参与者提供了一个与同行进行系统交流的机会，从而以互动的方式分享他们对业务流程的认识。STOCKS 有助于促进团队学习，在团队成员中产生创新想法。最后，STOCKS 的互动性使参与者能够扮演不同的角色。由于 STOCKS 涉及不同层次的参与者，它提高了整个组织的知识管理意识。

## 参考文献

Andriessen，D. (2007). Combining design-based research and action research to test management solutions. *7th World Congress Action Learning，Action Research and Process management*，Groningen，22–24 August.

Bassi，L.J. (1997). Harnessing the power of intellectual capital. *Training and Development*，51(12)，25–30.

Bell，C.R. (1997). Intellectual capital. *Executive Excellence*，14(1)，15–26.

Boisot，M.H. (1987). *Information and organizations: The manager as anthropologist*. London: Fontana.

Boisot，M.H. (1998). *Knowledge assets: Securing competitive advantage in the information economy*. Oxford: Oxford University Press.

Bontis，N. (1996). There is price on your head: Managing intellectual capital strategically. *Ivey Business Quarterly*，Summer.

Bontis，N. (1998). Intellectual capital: An exploratory study that develops measures and models. *Management Decision*，36(2)，63–76.

Bontis，N.，Crossan，M. M. and Hulland，J. (2002). Managing an organizational learning system by aligning stocks and flows. *Journal of Management Studies*，39(4)，437–467.

Bontis，N.，Keow，W.C. and Richardson，S. (2000). Intellectual capital and business performance in Malaysian industries. *Journal of Intellectual Capital*，1(1)，85–100.

Bounfour，A. and Edvinsson，L. (2005). *Intellectual Capital for Communities – Nations，Regions，and Cities*. Butterworth-Heinemann，Oxford.

Cabrita, M. and Vaz, J. (2006). Intellectual capital and value creation: Evidence from the portuguese banking industry. *The Electronic Journal of Knowledge Management*, 4(1), 11–20.

Chatzkel, J. (1998). Measuring and valuing intellectual capital: From knowledge management to knowledge measurement. http://www.free-press.com/journals/knowledge.

Choo, C.W. and Bontis, N. (2002). *The Strategic Management of Intellectual Capital and Organizational Knowledge*. New York: Oxford University Press.

Edvinsson, L. (1997). Developing intellectual capital at Skandia. *Long Range Planning*, 30(3), 366–373.

Edvinsson, L. and Malone, M. (1997a). *Intellectual Capital: Realising Your Company's True Value by Finding Its Hidden Brainpower*. New York: Harper Collins.

Edvinsson, L. and Malone, M. (1997b). *Intellectual Capital: The Proven Way to Establish Your Company's Real Value by Measuring its Hidden Brainpower*. London: Piatkus Books.

Edvinsson, L. and Sullivan, P. (1996). Developing a model for managing intellectual capital. European. *Management Journal*, 14(4), 356–364.

Ehin, C. (2000). *Unleashing Intellectual Capital*. Butterworth-Heinemann, Boston.

European commission (2005) RICARDIS: *Reporting Intellectual Capital to Augment Research, Development and Innovation in SMEs*. http://ec.europa.eu/invest-in-research/pdf/download_en/2006-2977_web1.pdf.

German federal ministry of economics and labour (2004). *Intellectual Capital Statement – Made in Germany: Guideline*. German federal ministry of economics and labour, Berlin.

Henczel, S. (2001). *The Information Audit: A Practical Guide*. K.G. Saur, München.

Hildreth, R.B. (1998). *Patent Law: A Practitioner's Guide*. Practising law institute, New York.

Hofman-Bang, P. and Martin, H. (2005). IC Rating. E-mentor, warsaw school of economics. No. 4(11). Available at http://www.e-mentor.edu.pl/eng.

Hudson, W.J. (1993). *Intellectual Capital: How to Build It, Enhance It., Use It*. Wiley, Louisville, KY, USA.

Hylton, A. (2002a). *A KM Initiative is Unlikely to Succeed Without a Knowledge Audit.* http://www. knowledgeboard.com/library/the_need_for_knowledge_audits.pdf.

Hylton, A. (2002b). *Knowledge Audit Must Be People-Centered and People Focused.* http://www. knowledgeboard.com/library/people_centered_knowledge_audit.pdf.

Hylton, A. (2002c). *Measuring & Assessing Knowledge-Value & the Pivotal Role of the Knowledge Audit.* http://www.knowledgeboard.com/cgi-bin/item.cgi?id=1172.

Hylton, A. (2004). *The Knowledge Audit is First and Foremost an Audit.* http://www.ann-hylton.com/ siteContents/writings/writings-home.htm.

Iazzolino, G. and Pietrantonio, R. (2005). An innovative knowledge audit methodology: Some first results from an ongoing research in southern Italy, *Proceedings of International Conference on Knowledge Management*, University of New Zealand.

Kaplan, R.S. and Norton, D.P. (1996). Strategic learning & the balanced scorecard. *Strategy & Leadership*, 24(5), 18–24.

Kaplan, R.S. and Norton, D.P. (2004). Measuring the strategic readiness of intangible assets. *Harvard Business Review*, 82(10), 52–63.

Klein, D.A. and Prusak, L. (1994). *Characterizing Intellectual Capital.* Center for business innovation, Ernst & Young LLP working paper, Cambridge, MA.

Lee, W.B., Cheung, C.F., Tsui, E. and Kwok, S.K., (2007a). Collaborative environment and technologies for building knowledge work teams in network enterprises. *International Journal of Information Technology and Management*, 6(1), 5–22.

Lee, W.B., Shek, W.Y. and Cheung, C.F. (2007b). Auditing and mapping the knowledge assets of business processes – An empirical study. *Proceedings of Second International Conference on Knowledge Science, Engineering and Management (KSEM'2007)*, November 28–30, Melbourne, Australia, 11–16.

Liebowitz, J. (Ed.) (1999). *The Knowledge Management Handbook.* CRC Press, Boca Raton, FL.

Liebowitz, J., Rubenstein-Montano, B., McCaw, D., Buchwalter, J. and Browning, C.

(2000). The knowledge audit. *Knowledge and Process Management*, 7(1), 3–10.

Mertins, K., Heisig, P. and Jens, V. (2003). *Knowledge Management Concepts and Best Practices*, New York: Springer.

Miller, A.R. and Davis, M.H. (1990). *Intellectual Property: Patents, Trademarks, and Copyrights in a Nutshell.* 2nd ed. West Publishing, St. Paul, MN.

Nemec Rudež, H. (2004). Intellectual capital - A fundamental change in economy: A case based on service industries. Intellectual capital and knowledge management. *Proceedings of the 5th Inter- national Conference of the Faculty of Management Koper*, University of Primorska, Portorož, Slovenia. http://www.fm-kp.si/zalozba/ISBN/961-6486-71-3.htm

Nonaka, I., Toyama, R. and Konno, N. (2000). SECI, Ba and leadership: A unified model of dynamic knowledge creation. *Long Range Planning*, 33(1), 5–34.

Ocean Tomo (2020). Available at: https://www.oceantomo.com/intangible-asset-market-value- study/ (accessed on 30 January 2022).

O'Donnell, D. (2003). Human interaction: The critical source of intangible value. *Journal of Intellectual Capital*, 4(1), 82–99.

O'Donnell, D., O'Regan, P., Coates, B., Kennedy, T., Keary, B. and Berkery, G. (2003). Human interaction: The critical source of intangible value. *Journal of Intellectual Capital*, 4(1), 82–99.

OECD (1996). *Measuring What People Know*. Paris.

Prahalad, C.K. and Ramaswamy, V. (2000). Co-opting customer competence. *Harvard Business Review*, Jan–Feb, 79–87.

Roos, G. and Roos, J. (1997). Measuring your company's intellectual performance. *Long Range Planning*, 30(3), 413–426.

Roos, J., Roos, G., Dragonetti, N.C. and Edvinsson, L. (1997). *Intellectual Capital: Navigating in the New Business Landscape.* London: Macmillan Press.

Saint-Onge, H. (1996). Tacit knowledge the key to the strategic alignment of intellectual capital. *Planning Review*, 24(2), 10–16.

Schiuma, G. and Marr, B. (2001). *Managing Knowledge in e-Businesses: The Knowledge Audit Cycle. Profit with People*, Russell publishing, London, in Deloitte & Touche.

Shek, W.Y. (2007a). Auditing organizational knowledge assets: Case study in a power company of Hong Kong, department of industrial and systems engineering, The Hong Kong Polytechnic University.

Shek, W.Y. (2007b). Mapping and auditing organizational knowledge through an interactive STOCKS methodology. *International Journal of Learning and Intellectual Capital*, 6(1/2), 71–102.

Skandia (1994). *Visualizing Intellectual Capital in Skandia*. Supplement to Skandia's 1994 annual report, Skandia, Stockholm.

Stewart, T.A. (1991). *Brainpower: How Intellectual Capital is Becoming America's Most Valuable Asset*. Fortune, No. 3, 44–60.

Sullivan, P.H. (1998). *Profiting from Intellectual Capital: Extracting Value from Innovation*. John Wiley and Sons, New York.

Sveiby, K.E. (1997). *The New Organizational Wealth: Managing and Measuring Knowledge-Based Assets*. Berrett-Koehler, San Francisco.

Tiwana, A. (2002). *The Knowledge Management Toolkit: Orchestrating IT, Strategy, and Knowledge Platforms, 2nd Ed*, Prentice Hall, Upper Saddle River, New Jersey.

Wiig, K.M. (1997). Integrating intellectual capital and knowledge management. *Long Range Planning*, 30(3), 99–405.

Zhou, A.Z. and Fink, D. (2003). The intellectual capital Web: A systematic linking of intellectual capital and knowledge management. *Journal of Intellectual Capital*, 4(1), 34–48.

# 战略知识动态更好的理解

*动态能力探索性研究*

*Véronique Ambrosini*，*Naerelle Dekker* 和 *Krishna Venkitachalam*

## 简介

Teece，Pisano 和 Shuen（1997）提出了动态能力的观点，以解释为什么处于快速变化环境中的企业会出现绩效差异。它解决了企业如何利用动态能力来改造其资源基础，从而维持或增强竞争优势的问题（Teece，2007；Ambrosini and Bowman，2009；Wilden，Devinney and Dowling，2016；Schilke，Hu and Helfat，2018）。企业的一项基本资源是知识（Grant，1996），因为它是竞争优势的来源（Spender，1996；Oh and Han，2020）。根据 Venkitachalam 和 Willmott（2015）以及 Barley，Treem 和 Kuhn（2018）的论点，我们通过动态能力方法来思考知识战略的动态，并展开我们对知识创造过程的理解。知识管理的学术研究很少关注组织创造新知识的机制（Barley et al.，2018）。因此，了解企业如何不断刷新知识库，通过不断创造知识进行创新，并在市场上保持竞争力是至关重要的。

我们需要更好地了解企业的知识战略动态，即它们如何获取和利用知识，并使其与不断变化的环境保持一致（Venkitachalam and Willmott，2015）。为了推动学术发展，我们有必要更好地理解战略知识管理（strategic knowledge management，SKM）的实践（Venkitachalam and Willmott，2015；Barley et al.，2018）。我们以一个精细化定性分析案例来做报告。Snack-Co 是一家能够在竞争激烈的澳大利亚休闲食品制造行业长期保持竞争优势的公司。不断变化和不确定性可以极大地改变食品制造公司的竞争态势，这是这个行业的特点。尽管有这样的行业背景，该公司仍然维持了相当的成功。我们通过解决企业如何促进澳大利亚休闲食品制造企业的知识创造这一关键问题，对知识管理学术做出了贡献。我们对动态能力如何支撑知识创造提出了一些见解。我们认为适应性学习文化是影响企业有效知识管理的动力之一。

## 理论背景

### 战略知识管理

知识的战略价值已经很明确。可以说，它是企业最具战略意义的资源（Grant，1996；Martelo-Landroguez，Cegarra Navarro and Cepeda-Carrión，2019）。知识管理通常与积累、创造、应用知识相关，并从知识中获取价值（Liebowitz，1999；Mirzaie，Javanmard and Hasankhan，2019），而战略知识管理则关注企业如何利用其知识来影响和应对环境（Venkitachalam and Willmott，2015；2017）。这意味着战略知识管理对企业的繁荣和长期生存至关重要。

知识管理文献明确了两个基本过程：知识创造和知识转移（Von Krogh，Nonaka and Aben，2001）。知识创造是一个动态的过程，它表明组织知识与企业的宏观和微观环境有着内在的联系（Nonaka，Toyama and Hirata，2008）。知识创造也是创新的本质（Nonaka，1994；Cho and Pucik，2005），因为创新通常是企业战略议程的一部分。没有创新，企业就很难应对环境中的变化和外部压力，无论是竞争加剧还是客户新需求。这就是为什么知识创造对科学知识管理的成功来说至关重要。

文献以多种方式论述了知识创造。Nonaka 和 Takeuchi（1995）的概念性 SECI 模型可以说是该类文献的基石。它专注于组织中的知识转移和从隐性知识到显性知识的转换过程（Tsoukas and Vladimirou，2001）。更多关于知识创造过程的研究（如 Nonaka and Toyama，2003；Nonaka and Toyama，2005；Nonaka and Hirose，2015）提供了更深入的视角和理解。例如，Nonaka 和 Toyama（2003）认为知识创造被概念化为一个辩证的过程，其中各种矛盾通过个人、组织和环境之间的动态相互作用而被综合起来。此外，知识创造可以与基于个人经验的相互学习联系起来，这让人想起知识管理的个性化方法（Venkitachalam and Willmott，2015）。

学者们的成果还包括组织设计、社会网络、团队组成、技术和工具等方面的作用（Argote and Miron-Spektor，2011）。然而，人们仍然很少关注支撑新知识创造的机制（Argote and Miron-Spektor，2011；Barley et al.，2018），尤其是考虑到企业面临的持续环境动态。因此，企业不能固守某种知识，因为如果不创造知识，企业可能会变得与不断变化的环境无关，其竞争优势将被削弱。为了避免这种情况，企业必须关注其知识管理的动态性。

## 动态能力观点

知识管理有一系列的理论基础（Baskerville and Dulipovici，2006）。其中包括战略管理，特别是动态能力观点。动态能力观点是基于资源的公司观点的延伸（Barney，1991）。在 20 世纪 90 年代初，基于资源的观点因其缺乏对市场活力的强调而受到质疑（Wang and Ahmed，2007；Schilke et al.，2018）。动态能力观点（Teece et al.，1997；Ambrosini，Bowman and Collier，2009）解释了为什么随着时间的推移，尽管外部环境存在重大挑战，但企业仍能蓬勃发展并超越其竞争对手。动态能力是一个组织有目的地创造、扩展或修改其资源基础的能力（Helfat et al.，2007）。

在以不断变化和不确定性为主要特征的环境中，资源更加同质化，很容易被竞争对手复制。所以，资源产生的价值将不会持续很长时间（Teece，2000）。为了克服外部环境带来的限制，企业必须创造、扩展和修改其现有的资源基础，产生一套新的有价值的资源，然后用来保持或提高其竞争地位。我们还需要注意的是，管理者对环境动态的看法是其选择是否部署动态能力的决定性因素（Adner and Helfat，2003）。Helfat 和 Peteraf（2015）还强调了管理机构在创造和部署动态能力中的作用。管理者必须将企业的方向定位在适应外部环境上（Augier and Teece，2009）。如果没有适当的管理愿景，企业就不能有效地将其动态能力与组织的预期战略目标相结合（Zahra，Sapienza and Davidsson，2006）。

Teece（2007）的框架指出，动态能力有三个方面：感知机会、抓住机会和转化资源基础。感知是指通过解析环境来识别机会，因此知识和信息的获取是感知的核心。抓住是指选择机会并以此提供价值。转化是指整合资源和改造资源基础，因此知识管理对资源改造过程至关重要。这意味着动态能力和战略知识管理在注重知识动态、发展知识、抓住机会和解析环境方面是相互关联的。

## 研究设计

我们在案例研究中采用了建构主义的观点。建构主义关注人为解释方面的所有复杂性，认为人们通过语言和共同想法来发展他们对经验的主观理解（Creswell，2002；Eriksson and Kovalainen，2008）。由于动态能力的知识是由管理者对内部和外部环境的感知所驱动的，因此选择使用定性研究方法，因为它们提供了涉及过程、管理作用、动态能力重新配置以及与环境互动的详细描述（Easterby-Smith et al.，2009）。Edmondson 和 McManus（2007）认为，当我们刚开始理解一个食物时，就像我们理解知识创造一样（Barley et al.，2018），有许多开放式的问题需要回答，而定性研究方法是最合适的。

案例研究的背景是处于竞争激烈的澳大利亚休闲食品制造业中的 Snack-

Co。随着时间的推移，Snack-Co 已经能够保持竞争优势。因此，它是研究动态能力的合适案例。澳大利亚休闲食品制造业负责生产休闲食品，如薯片、玉米片、坚果等，为批发商和零售商提供服务（IBISWorld，2011）。目前，该行业中有数个竞争者，然而 Frito-Lay Australia 公司和 Snack Foods 公司占据主要的市场份额。Frito-Lay Australia 公司是行业领导者，市场份额为 35.8%，其行业品牌包括 Doritos、Lays and Cheetos。Snack Foods 公司的市场份额为 14.6%，其行业品牌包括 Kettle Chips、Thins、Cheezels、Tasty Jacks、French Fries、CC's 和 Samboy。其余 49.6% 的市场份额由其他小型企业组成。该行业也是澳大利亚经济的一个重要部分，2011 年的收入为 29 亿美元，利润为 1.519 亿美元。

近年来，该行业经历了重大变化。这主要是由于两大超市巨头 Woolworths 和 Coles 的实力不断增强、全球化的转变以及消费者对休闲食品态度的改变。Woolworths 和 Coles 是澳大利亚最大的超市杂货供应商，其市场份额合计为 71.0%。因此，这两家超市巨头为该行业贡献了很大一部分收入（IBISWorld，2011）。"澳大利亚家庭每年花在食品上的所有钱，包括食品杂货、餐厅和外卖，有一半以上进入了超市巨头 Coles 和 Woolworths 的库房"（Wells，2012）。

我们采访了 Snack-Co 八位具有丰富经验并属于不同部门的高层管理人员。受访者分别来自公司的营销部门（三名经理，调查结果中称为 D/E/G 经理）、运营部门（两名经理，调查结果中称为 A/H 经理）、财务部门（一名经理，调查结果中称为 B 经理）和业务发展部门（两名经理，调查结果中称为 C/F 经理）。访谈是在公司总部面对面进行的，每次访谈持续 20 至 45 分钟。我们使用半结构化的访谈来收集数据，问题是开放式的，并以一种流畅的、类似对话的方式呈现给受访者（Tharenou et al.，2007）（表 4.1）。之所以选择这种方法，是因为它为参与者提供了一个让他们澄清并深入讨论研究相关问题的机会，否则在问卷调查中可能难以获得这些问题的答案（Eriksson and

Kovalainen，2008）。这使得参与者能够深入了解研究问题的复杂性（Yin，2003）。

表 4.1　访谈提问举例

- 近年来，澳大利亚休闲食品制造业经历了重大的变化，这使得企业更难以参与长期竞争。您认为澳大利亚休闲食品制造商面临的主要问题有哪些？
- 为什么这样认为？
- 您认为是什么使得您的企业不一样？为什么？
- 您认为是什么导致了您的成功？
- 为什么您认为它导致您的成功？
- 这在哪些方面帮助您保持竞争优势？
- 您的企业中有哪些方面对于实现这一目标最为重要？
- 您是否因为环境的变化而主动尝试改变在企业的做事方式？
- 您是怎么做的？能否举例说明？
- 您最后一次这样做是什么时候？是否和以前一样？
- 您的企业是否有一个曾经拥有但现在不再拥有的竞争优势？
- 为什么失去了这个优势？

访谈被完整地转录下来。为了分析数据，我们在内容分析时选择了编码的方法，因为此种方法极其注重解释和归纳，最适合于诠释和产生新见解（Tharenou et al.，2007）。首先对数据进行初步分析，这涉及将每份访谈记录至少完整地阅读两次。这在分析的初始阶段是很重要的，因为研究者需要对参与者所表达的关键想法有一个初步的理解（Creswell，2002）。一旦完成回顾，所有的访谈记录都会被编码以便分析。编码是指赋予文本片段有意义的标签，通常是通过分隔文本中的关键主题而产生的。这使得研究者能够简便地检索和组织适用于研究问题的数据（Creswell，2002）。

对数据进行编码时，首先要对文本中突出的主要主题生成一级编码，然后进一步探讨每个一级代码所对应的数据，得出文本背后的基本含义，随之生成二级编码（表4.2）。

表 4.2　编码过程举例

| 一级编码： |
| --- |
| 管理者对外部环境的看法 |
| 二级编码： |
| 世界商品价格的波动：<br>我们的业务正变得更加全球化，当你看到越来越多的产品可以从低成本国家获得时，采购在市场上变得越来越普遍，所以这是我们的压力之一。<br>- 最高级别经理 KR<br>Woolworths 和 Coles 的能力：<br>一个外部因素是澳大利亚市场环境中的零售商竞争，显然 Woolworths 和 Coles 在市场中占有相当大的比例，它们有很强大的营销能力。<br>- 最高级别经理 MS |

## 结果和分析

### 管理人员对不断变化的环境的看法

为了探索动态能力，我们必须首先确定管理人员对外部环境的看法，以及他们是否确定要改变，如果没有观察到变化，管理人员就不会部署动态能力来改变资源基础（Barreto，2010；Schilke et al.，2018）。外部环境的变化是多方面的，例如便宜外国产品涌入市场、巨型零售商 Woolworths 和 Coles 的营销能力以及对它们 Snack-Co 战略目标的控制和影响。这两家零售商在经营方式上已经变得非常成熟，都有决心通过增加自己品牌的产品挤占竞争对手的市场份额。

我们正在受到便宜进口产品的影响……这是我们议程上非常重要的一件事。

（高级经理 F，业务发展部门）

我想说的另一个外部因素是澳大利亚环境中的零售商竞争。显然，Woolworths 和 Coles 在市场上占有相当大的比例，而且它们有很强大的营销能力。

（高级经理 B，财务部门）

其他环境压力包括：因为消费者的生活方式、健康和态度发生了变化，以及商品价格的巨大波动，因而难以与当今消费者保持联系。由于价格波动，公司越来越难以为最终消费者定价。在没有其他可行选择的情况下，公司被迫承担这些变化的成本，从而损害短期和长期盈利能力。

消费者对健康零食越来越挑剔，他们想要更方便也希望能够边走边吃。

（高级经理 H，运营部门）

我认为今天的消费者与 10 年到 20 年前的消费者在类型上有很大不同。现在的消费者更强调有利或健康的选择。

（高级经理 A，运营部门）

在最近过去的五年里，公司经历了价格波动，其中很多产品在短期和长期内对公司的盈利能力产生相当大的影响。

（高级经理 E，营销部门）

### 动态能力过程

我们的研究结果显示，休闲食品公司的经理们认为，公司对商业环境中正在发生的事件（如消费者口味的变化）的理解和把握机会的能力是公司的主要优势。这推动了创新和变革，也反映了公司正在使用动态能力来更新其资源基础。由于对市场的监控，公司能察觉到环境中正在发生的事件，从而抓住机会并改变自己现有的能力。这些都是先前在动态能力的三个阶段中所看到的（Teece，2007），也反映了动态能力的基础是创新（Pavlou and El Sawy，2011）。

开发创新产品，吸引人们的眼球，鼓励人们尝试和购买新的和不同的产品，是管理人员工作的重要组成部分。

我们周围最独特的事情是我们有非常强烈的创新动力，这对我们的生存和成功至关重要。

（高级经理 A，运营部门）

> 我们一直是非常创新的公司，尤其当你考虑我们今年推出的一些品牌时。Fantastic Wonders（品牌名）将是过去10年里最成功的品牌之一，而Melvida（品牌名）则是今年早些时候推出的，所以我认为创新和处于领先地位极其重要。
>
> （高级经理D，营销部门）

一旦察觉到机会，公司就会依靠创新能力将新产品引入市场（Intan-Soraya and Chew，2010）。这意味着公司必须参与学习以找到新的解决方案并创造新知识（Pavlou and El Sawy，2011）。这种创新能力使公司能够迅速应对不断变化的市场条件，在本地和国际市场上赢得竞争，根据客户需求的变化重新调整战略，创造价值和实现业务增长，并实现卓越绩效。

学习是知识创造和创新的基础。学习鼓励实验和创新，鼓励对成功和失败进行反思（Teece et al.，1997；Pavlou and El Sawy，2011）。学习利用整个组织中存在的各种技能、知识和专长来驾驭和发展新的想法，并将其转化为新的产品、程序或系统。学习不仅体现在抓住和转化过程（即创新过程本身）中，而且在创新之前就已经出现了。Snack-Co的高层管理人员花时间感知市场，他们与专家团队合作，试图了解市场的运作方式以及潜在的增长机会。这很重要，如果没有这样的知识，他们就无法抓住机会，也无法转变他们的资源基础。

> 我们有一个强大的消费者洞察团队，我们试图了解消费者的消费趋势，例如，无论是健康和保健还是便利，我们都试图找到与这些消费趋势相一致的创新。
>
> （高级经理B，财务部门）

> 在我们的组织中，有一大群人在关注消费趋势的问题。
>
> （高级经理F，业务发展部门）

这证实了Pavlou和Sawy（2011）所强调的，感知和学习是不同的，但又是相互关联的，因为感知是为了获得新环境的知识，而学习是为了利用这种知识来创造新知识。

Snack-Co 高层管理人员通过创造性地吸收组织内各职能部门的不同技能、知识和专长，创造、扩展和修改其资源基础。一旦 Snack-Co 的高层管理人员意识到新产品的市场前景，他们就会呼吁公司的各个部门来帮助创造并向市场提供新产品。具有不同职能背景的人带来了各种各样的想法、解决方案和经验，这种知识优势的整合是创造出有别于市场上其他竞争者的独特产品的核心。

在知识整合的努力中，公司可以依靠其全球网络能力从全球不同地区引进想法和专业知识。鼓励人们去了解哪些东西在其他国家已经成功了，哪些东西没有完全成功，这使公司能够从其他人的经验中学习，避免犯下昂贵的错误。

确保整合过程得到协调和管理，对终端产品的开发和执行至关重要。

> 我们会让研发部门参与创造销售产品，无论这是否涉及特定技术，我们都会有一个营销计划（无论是内部还是外部）以便能够推销特定产品，然后设计解决方案。

（高级经理 B，财务部门）

> 我们会让研发人员和营销人员关注营销趋势和产品口味，可以通过互联网来实现，比如餐馆提供什么服务，竞争对手正在海外做什么，然后也与 Coles 的研发人员合作开发口味。

（高级经理 C，业务发展部门）

> 我认为 Snack-Co 是独一无二的，它是一家规模非常大的公司，还有一个全球网络可以利用，能够进口产品，也可以学习如何更好和更有效地生产。我想这也有助于创新，因为可以看到很多在海外行之有效的案例，然后将这些经验应用于当地市场，从而减少代价高昂的错误。

（高级经理 C，业务发展部门）

这体现了"从差异化到整合"的知识轨迹（从专业/部门知识转变为生成共同知识）（Barley et al., 2018），将知识的重组视为组织创新和成功的核心（Gertler, 2003）。然而，允许知识轨迹过程存在的机制不是永久的，协作网络根据需要来建立和解散。

Snack-Co 的创新能力经过深思熟虑、精心策划和不断评估，以确保它们与公司的未来愿景和战略保持一致。这证明 Snack-Co 的创新能力确实是动态能力，不是临时部署的。

> 我们在内部将我们的创新称为 4-2-1，4 是开始创新的前四个季度，2 是接下来的两个半年，1 是最后的一年，所以这是一个三年进展。因此，在任何时候，我们都会根据我们所说的 4-2-1 审视我们的创新议程，确保 4-2-1 与公司战略相关联，并且我们像许多组织一样不断挑战让自己做更少、更大、更好。一个小项目和一个大项目消耗几乎相同的资源，所以如果你要支持一个可行的项目，确保专注在一个最大的项目并出色地执行。
>
> （高级经理 D，营销部门）

正如 Lavie（2006）以及 Pablo 等（2007）提到的，动态能力的部署成本也很高。要成为强大的创新者，公司需要大量投资创新能力，以便创造和开发人们想要购买的独特产品。

> 我们用于创新相关业务的资源数量确实很高。
>
> （高级经理 D，营销部门）

> 我们很幸运有资源花时间深入思考市场和市场运作方式，了解增长可能从何而来，宏观趋势是什么，以及看待市场和机遇的差异化方式是什么。
>
> （高级经理 E，营销部门）

除了部署成本高，部署动态能力还需要花费相当长的时间。有些产品在推出前可能处于开发阶段长达四年。这表明资源基础不易改变，动态能力生效需要大量时间和精力。

举个例子，Novel Sensations（化名）推出了一种名为 Delight（化名）的软心果冻，它非常成功并且快速发展，虽然从概念到推出花了大约四年时间，比最初预想的长了大约两年时间。另一个产品 Fantastic Wonders（化名）也已经取得了惊人的成功，同样花费了三年半到四年时间。

（高级经理 D，营销部门）

**适应性强的学习文化是动态能力的助推器**

根据 Snack-Co 高层管理人员的说法，公司的成长和成功可以归功于适应性学习文化（Verdu-Jover，Alos-Simo and Gomez-Gras，2018）。在该公司内部，非常强调嵌入一种鼓励人们学习、成长和实现其全部潜力的文化。公司投入了大量时间和精力来培养一种集体精神，使人们能够共担公司挑战，并且超越消费者期望。Snack-Co 认为，让组织内的每一个人都有能力、有参与感并与公司的愿景和价值观保持一致，对于开发新的和原创的产品极为重要。

这家公司有一种非常好的文化，就是能干。

（高级经理 G，营销部门）

这家公司有一种赋能和所有权的文化，这种文化在工作方式和关键价值观中得到了很好的阐述，并被纳入组织理念。

（高级经理 E，营销部门）

每个组织都有一套基本的共同信念、想法、准则和特定的期望，它们影响着个人和群体相互之间以及与组织外各利益相关者之间的互动方式。Jung 和 Takeuchi（2010）强调，文化有助于组织应对外部适应或内部整合。这表明，文化也有助于支撑学习型组织，因为它是对外部压力的回应，并通过协作网络来重新组合、整合和创造新的知识（Eisenhardt and Martin，2000）。文化是有效学习的一个重要组成部分，因为文化支撑价值观、信仰、工作系统和特定鼓励和支持学习的行为（Janz and Prasarnphanich，2003；Kandemir and Hult，2005）。

当组织创造出一种有利于知识和信息获取，以及学习传播和分享的文化时，组织更有可能经受住环境不断变化产生的影响（Phipps，Prieto and Verma，2012）。这是因为学习的文化鼓励信息和思想的自由开放交流，从而促进探究、冒险、实验和创造（Bates and Khasawneh，2005；Jung and Takeuchi，2010）。因此，具有强大学习文化的组织通常善于创造、获取和转让知识，以及改变组织的行为以揭示新的知识和见解（Skerlavaj et al.，2007）。

这使我们得出结论，公司的适应性学习文化是动态能力的助推器，因为它支持动态能力部署。它强大的核心价值观加上寻找新见解的意愿，主要回馈在激发协同的创造力、合作和有效团队工作能力上。一位高层经理解释了公司的适应性学习文化如何使她扭转了她的产品组合中几年来一直在下滑的部分。她能够利用这种文化来鼓励她的团队勤奋工作，在他们以前从未实现过的最后期限前完成工作。

> 我有一个很大的产品组合，但近几年来一直在下滑……我花了很多时间来计划……成功是什么样子的，我们会在哪里出错，让我们尽早进行这些讨论以便沿着正确的路径走下去，虽然这是一个相当小的事情，但如果我们没有这种文化，我们不可能快速跟踪……在这个特别的领域，我们可能每年推出2个产品，但现在我们正在推出36个产品，我认为这很令人兴奋。
>
> （高级经理G，营销部门）

为了培养员工的适应性学习文化，公司举办了一些活动，让员工一起庆祝公司的成功。还有一个名为"文化俱乐部"的跨职能小组，它们每个月都会组织各种有趣的活动，让员工参与进来。这类似于创建实践社区（Brown and Duguid，1991）。这些动态的知识管理活动是建立文化的关键因素

（Liebowitz，1999；Choi et al.，2020），促进了对员工工作和能力的欣赏，并鼓励非正式的交流和对话。在这方面，文化是一种促进有效知识管理的机制，它有助于打破孤岛，抑制模糊性或摩擦。

> 他们在嵌入战略和嵌入文化上花了很多时间，所以相对于我工作过的其他企业，这里实际上有很多听起来很有趣的事情。他们组织了很多晚餐和简讯，我们都聚在一起庆祝成功，我认为这是非常有力的。而其他公司则会陷入这种循环：现在越来越难了——情况很艰难——我们要削减所有好的东西。这是运营的一种方式，但你会失去所有长期利益。
>
> （高级经理G，营销部门）

CEO也被认为在塑造公司的适应性学习文化方面起到了关键作用。据一位经理说，CEO有一种独特的领导风格。她强调了学习对于促进成长和成功的重要性。这与有关领导者作用的研究相呼应：他们创造人们相互信任的公司的能力，以及创造拥抱变化的组织文化的能力，是关键的动态能力促进因素（Pablo et al.，2007；Rosenbloom，2000）。高层管理人员的承诺也是知识管理成功的关键因素之一（Liebowitz，1999）。

> 我们的CEO总是会说要具备洞察力，她不是只知道责备。我从未见过像她这样的人。她也是佛教徒，所以她一直在谈论她的价值观，她对什么感兴趣，然后怎么样，下一步是什么，我们能学到什么，所以这是来自高层的适应性学习文化。
>
> （高级经理G，营销部门）

## 结论

在Venkitachalam和Willmott（2015）以及Barley等（2018）的基础上，我们扩展了对知识战略动态的理解。战略知识管理是企业建立新的动态能力和更新现有动态能力的一个重要考虑因素（或基础）。它们都涉及将企业的知识（其关键资源基础）与不断变化的环境相协调。我们认为动态能力是这些动力的一种。这使我们能够为知识管理和动态能力之间的联系提供急需的经验证据（Easterby-Smith and Prieto，2008）。它们使企业能够创造和更新他们的知识，并掌握创新，从而应对竞争环境的变化。我们还进一步证实，动态能力的部署成本很高，并且随着时间的推移而生效。这尤其显示，尽管动态能力可以使得企业知识库成功更新，但它确实需要组织方面的大量投资来做到这一点。

具体来说，我们主要通过两种方式从实证上推动了知识管理的学术研究。通过证明企业背景下的知识管理过程，我们展示了知识管理如何在实践中培养知识创造和创新，以及未来的价值（Venkitachalam and Willmott，2015），同时也表明知识管理对组织来说并非没有时间和财务成本。我们还从实证上揭示了适应性学习文化是如何充当动态能力的助推器。这为文化对动态能力的重要性这一新生的、基本上是概念性的论点带来了实证支持（Wilden et al.，2016）。这种文化是知识管理过程的动力之一，它使知识创造与有助于有效知识管理的个性化战略更加相关。这样一来，我们带来了进一步的实证证据，证明"文化方面"（Van Wijk，Jansen and Lyles，2008），特别是适应性学习文化是战略知识管理的基础。这也支持了Walczak（2005）的论断，即知识管理和"管理和创建一种促进和鼓励分享、适当利用和创造知识的企业文化，以及创建实现企业战略竞争优势的知识"有关。

将动态能力和战略知识管理的概念结合起来，可以更深入地理解与知识创造有关的不同考量，这里的知识创造是指知识管理广泛领域内的动态过程。考虑到适应性学习文化是Snack-Co知识创造过程中一个重要的动态能力推动因素，它被认为更具有背景黏性，不容易被竞争对手复制。这意味着，一个针对具体环境的动态能力推动者可以开发更好的知识创造过程，并与有效的个性化战略知识管理方法保持一致。

为了进一步说明，我们通过动态能力视角带来了一些理论和实证上的支持，说明战略知识管理如何能够成为一个持续变化的因素，通过本研究中的动态能力视角促进适应并与不断变化的环境相一致。简而言之，它将战略知识和知识管理的动态维度凸显出来（Venkitachalam and Willmott, 2015）。我们在解决 Barley 等（2018）的行动呼吁方面取得了进展。我们相信，推动知识管理研究的一个重要步骤将涉及扩大我们的分析范围，在组织背景下包含管理知识更动态的优势。

研究结果表明，以适应性学习文化为支撑的动态能力可以帮助企业成为创新者，并最终提升其竞争优势。由于存在环境适应和增长的平台，尽管在时间和金钱方面有所不足，管理者应该意识到好处远远超过了这些负面因素，因此他们应该努力创造和部署动态能力的推动因素并支持组织文化。

本研究的主要局限性是只关注了一家大型公司和食品行业。基于此，本研究的成果不能泛化。

另一个局限性是只使用了访谈来证实研究的结果。但是我们通过要求参与者检查访谈记录以及阅读类似行业和多个来源的研究报告来增加可信度，更多参与者可能会给我们带来更丰富的数据。

这项研究可以说是为未来的研究奠定了基础。未来研究的一个潜在领域是调查和确定学习型企业是否存在于许多行业，无论其动荡程度如何。同样，研究可以确定除了适应性学习文化，还有哪些其他因素塑造了战略知识管理。未来研究的另一个可能领域是使用纵向的案例研究设计，以充分探讨动态能力如何随着时间的推移而产生效果，并影响除创造之外的知识动态。

## 参考文献

Adner, R. and Helfat, C. E. (2003). Corporate effects and dynamic managerial capabilities. *Strategic Management Journal*, 24(10), 1011–1025.

Ambrosini, V. and Bowman, C. (2009). What are dynamic capabilities and are they a useful construct in strategic management? *International Journal of Management Reviews*, 11(1), 29–49.

Ambrosini, V., Bowman, C. and Collier, N. (2009). Dynamic capabilities: An exploration of how firms renew their resource base. *British Journal of Management*, 20, S9–S24.

Argote, L. and Miron-Spektor, E. (2011). Organizational learning: From experience to knowledge. *Organization Science*, 22(5), 1123–1137.

Augier, M. and Teece, D. J. (2009). Dynamic capabilities and the role of managers in business strategy and economic performance. *Organization Science*, 20(2), 410–421.

Barley, W. C., Treem, T. W. and Kuhn, T. (2018). Valuing multiple trajectories of knowledge: A critical review and agenda for knowledge management research. *Academy of Management Annals*, 12(1), 278–317.

Barney, J. (1991). Firm resources and sustained competitive advantage. *Journal of Management*, 17(1), 99–120.

Barreto, I. (2010). Dynamic capabilities: A review of past research and an agenda for the future. *Journal of Management*, 36(1), 256–280.

Baskerville, R. and Dulipovici, A. (2006). The theoretical foundations of knowledge management. *Knowledge Management Research & Practice*, 4(2), 83–105.

Bates, R. and Khasawneh, S. (2005). Organizational learning culture, learning transfer climate and perceived innovation in Jordanian organizations. *International Journal of Training and Development*, 9(2), 96–109.

Brown, J. S. and Duguid, P. (1991). Organizational learning and communities-of-practice: Toward a unified view of working, learning and innovation. *Organization Science*, 2(1), 40–57.

Cho, H. J. and Pucik, V. (2005). Relationship between innovativeness, quality, growth, profitability and market value. *Strategic Management Journal*, 26(6), 555–575.

Choi, H. J., Ahn, J. C., Jung, S. H. and Kim, J. H. (2020). Communities of practice and knowledge management systems: Effects on knowledge management activities and innovation performance. *Knowledge Management Research & Practice*, 18(1), 53–68.

Creswell, J. W. (2002). *Research design: Qualitative, quantitative and mixed methods approaches (2nd ed.)*. California: Sage Publications.

Easterby-Smith, M., Lyles, M. A. and Peteraf, M. A. (2009). Dynamic capabilities: Current debates and future directions. *British Journal of Management*, 20, S1–S8.

Easterby-Smith, M. and Prieto, I. M. (2008). Dynamic capabilities and knowledge management: An integrative role for learning? *British Journal of Management*, 19(3), 235–249.

Edmondson, A. C. and McManus, S. E. (2007). Methodological fit in management field research. *Academy of Management Review*, 32(4), 1246–1264.

Eisenhardt, K. M. and Martin, J. A. (2000). Dynamic capabilities: What are they? *Strategic Management Journal*, 21(10/11), 1105–1121.

Eriksson, P. and Kovalainen, A. (2008). *Qualitative methods in business research*. Los Angeles: Sage Publications.

Gertler, M. S. (2003). Tacit knowledge and the economic geography of context, or the undefinable tacitness of being (there). *Journal of Economic Geography*, 3(1), 75–99.

Grant, R. M. (1996). Toward a knowledge-based theory of the firm. *Strategic Management Journal*, 17(S2), 109–122.

Helfat, C. E., Finkelstein, S., Mitchell, W., Peteraf, M. A., Singh, H., Teece, D. J. and Winter, S. G. (2007). *Dynamic capabilities: Understanding strategic change in organizations*. Oxford: Blackwell Publishing.

Helfat, C. E. and Peteraf, M. A. (2015). Managerial cognitive capabilities and the microfoundations of dynamic capabilities. *Strategic Management Journal*, 36(6), 831–850.

IBISWorld. (2011). *Snack food manufacturing in Australia (C2175)*. Retrieved from IBISWorld database.

Intan-Soraya, R. and Chew, K. (2010). A framework for human resource management in the knowledge economy: Building intellectual capital and innovative capability. *International

*Journal of Business and Management Science*, 3(2), 251–273.

Janz, B. D. and Prasarnphanich, P. (2003). Understanding the antecedents of effective knowledge management: The importance of a knowledge-centered culture. *Decision Sciences*, 34(2), 351–384.

Jung, Y. and Takeuchi, N. (2010). Performance implications for the relationships among top management leadership, organizational culture and appraisal practice: Testing two theory-based models of organizational learning theory in Japan. *The International Journal of Human Resource Management*, 21(11), 1931–1950.

Kandemir, D. and Hult, G. T. M. (2005). A conceptualisation of an organizational learning culture in international joint ventures. *Industrial Management Marketing*, 34, 430–439.

Lavie, D. (2006). The competitive advantage of interconnected firms: An extension of the resource-based view. *Academy of Management Review*, 31(3), 638–658.

Liebowitz, J. (1999). Key ingredients to the success of an organization's knowledge management strategy. Knowledge and Process Management, 6(1), 37–40.

Martelo-Landroguez, S., Cegarra Navarro, J. G. and Cepeda-Carrión, G. (2019). Uncontrolled counter-knowledge: Its effects on knowledge management corridors. *Knowledge Management Research & Practice*, 17(2), 203–212.

Mirzaie, M., Javanmard, H. A. and Hasankhani, M. R. (2019). Impact of knowledge management process on human capital improvement in Islamic Consultative Assembly. *Knowledge Management Research & Practice*, 17(3), 316–327.

Nonaka, I. (1994). A dynamic theory of organizational knowledge creation. *Organization Science*, 5(1), 14–37.

Nonaka, I. and Hirose, A. (2015). Practical strategy as co-creating collective narrative: A perspective of organizational knowledge creating theory. *Kindai Management Review*, 3, 9–24.

Nonaka, I. and Takeuchi, H. (1995). The knowledge creating company: How Japanese companies create the dynamics innovation. Oxford: Oxford University Press.

Nonaka, I. and Toyama, R. (2003). The knowledge-creating theory revisited: Knowledge creation as a synthesizing process. *Knowledge Management Research & Practice*, 1(1), 2–10.

Nonaka, I. and Toyama, R. (2005). The theory of the knowledge-creating firm: Subjectivity, objectivity and synthesis. *Industrial and Corporate Change*, 14(3), 419–436.

Nonaka, I., Toyama, R. and Hirata, T. (2008). *Managing flow: A process theory of the knowledge-based firm*. Basingstoke: Springer.

Oh, S. and Han, H. (2020). Facilitating organisational learning activities: Types of organisational culture and their influence on organisational learning and performance. *Knowledge Management Research & Practice*, 18(1), 1–15.

Pablo, A. L., Reay, T., Dewald, J. R. and Casebeer, A. L. (2007). Identifying, enabling and managing dynamic capabilities in the public sector. *Journal of Management Studies*, 44(5), 687–708.

Pavlou, P. A. and El Sawy, O. A. (2011). Understanding the elusive black box of dynamic capabilities. *Decision Sciences*, 42(1), 239–273.

Phipps, S. T. A., Prieto, L. C. and Verma, S. (2012). Holding the helm: Exploring the influence of transformational leadership on group creativity and the moderating role of organizational learning culture. *Journal of Organizational Culture, Communications and Conflict*, 16(2), 145–156.

Rosenbloom, R. S. (2000). Leadership, capabilities and technological change: The transformation of NCR in the electronic era. *Strategic Management Journal*, 21, 1083–1103.

Schilke, O., Hu, S. and Helfat, C. E. (2018). Quo Vadis, dynamic capabilities? A content-analytic review of the current state of knowledge and recommendations for future research. *Academy of Management Annals*, 12(1), 390–439.

Skerlavaj, M., Stemberger, M. I., Skrinjar, R. and Dimovski, V. (2007). Organizational learning culture - the missing link between business process change and organizational performance. *International Journal of Production Economics*, 106, 346–367.

Spender, J. C. (1996). Making knowledge the basis of a dynamic theory of the firm. *Strategic Management Journal*, 17(S2), 45–62.

Teece, D. J. (2000). Strategies for managing knowledge assets: The role of firm structure and industrial context. *Long Range Planning*, 33(1), 35–54.

Teece, D. J. (2007). Explicating dynamic capabilities: The nature and microfoundations of (sustainable) enterprise performance. *Strategic Management Journal*, 28, 1319–1350.

Teece, D. J., Pisano, G. and Shuen, A. (1997). Dynamic capabilities and strategic management. *Strategic Management Journal*, 18(7), 509–533.

Tharenou, P., Donohue, R. and Cooper, B. (2007). *Management research methods*. Port Melbourne: Cambridge University Press.

Tsoukas, H. and Vladimirou, E. (2001). What is organizational knowledge? *Journal of Management Studies*, 38(7), 973–993.

Van Wijk, R., Jansen, J. J. and Lyles, M. A. (2008). Inter- and intra-organizational knowledge transfer: A meta-analytic review and assessment of its antecedents and consequences. *Journal of Management Studies*, 45(4), 830–853.

Venkitachalam, K. and Willmott, H. (2015). Factors shaping organizational dynamics in strategic knowledge management. *Knowledge Management Research & Practice*, 13(3), 344–359.

Venkitachalam, K. and Willmott, H. (2017). Strategic knowledge management: Insights and pitfalls. *International Journal of Information Management*, 37(4), 313–316.

Verdu-Jover, A. J., Alos-Simo, L. and Gomez-Gras, J. M. (2018). Adaptive culture and product/service innovation outcomes. *European Management Journal*, 36(3), 330–340.

Von Krogh, G., Nonaka, I. and Aben, M. (2001). Making the most of your company's knowledge: A strategic framework. *Long Range Planning*, 34(4), 421–439.

Walczak, S. (2005). Organizational knowledge management structure. *The Learning Organization*, 12(4), 330–339.

Wang, C. L. and Ahmed, P. K. (2007). Dynamic capabilities: A review and research agenda. *International Journal of Management Reviews*, 9(1), 31–51.

Wells, R. (2012). Call to rein in Coles, Woolies, *The Age*. Retrieved from Factiva database.

Wilden, R., Devinney, T. M. and Dowling, G. R. (2016). The Architecture of dynamic capability research identifying the building blocks of a configurational approach. *The Academy of Management Annals*, 10(1), 997–1076.

Yin, R. K. (2003). *Case study research: Design and methods* (3rd ed.). Newbury Park, CA, USA: Sage Publications.

Zahra, S. A., Sapienza, H. J. and Davidsson, P. (2006). Entrepreneurship and dynamic capabilities: A review, model and research agenda. *Journal of Management Studies*, 43(4), 917–955.

> 第一部分
知识管理的理论观点

# 知识管理和学习型组织

*Rongbin WB Lee*

## 背景

在后工业社会或后资本社会中,知识已经成为个人、组织、社会和整个国家最宝贵的资源和资产。如何培育和发展知识?进化道路上,是什么造就了不同种类生命的差异?答案很简单,那就是学习。根据查尔斯·达尔文(Charles Darwin)的说法,不是最强壮的人才能生存,而是那些学会了适应环境不断变化的人。达尔文的丛林法则经常被错误地引用,即最强者支配最弱者。生存不是随机的,学习是使生物体改变其行为模式并对强加于它的环境变化做出反应的过程。为了生存,学习速度应该大于或至少等于环境变化速度。为了有效,学习就其本质而言应该是一个自发的、动态的和持续的过程,以应对往往是复杂的和不可预测的环境变化。

生物体是动态的、不断进化的,这体现了数百万年来适应性学习的积累。生命在不断地对其遗传密码进行重新编程。这些过程是自发的,是生物体的自我导向选择的结果。在一个生物群落(如一群植物)中,虽然个别部分有自主行为,但整体功能取决于各部分的合作和整合。它们通过复杂的信息反馈系统进行自我组织,不存在中央控制或权力等级制度。这种自我适应和自我组织的演化概念动摇了我们对牛顿科学模式的传统看法,并重新塑造了我们对经济(作为一种生态)、企业、组织和社会作为一个有机体如何运作的理解。

## 什么是组织？

细胞是有机体的组成部分，而组织则是现代社会的"建筑结构"。对组织形成和运作的理解一直是社会学、人类学、组织理论和管理科学的研究重点。需要解决的问题包括：

- 什么是组织？
- 它应该如何运行？
- 什么是一个组织的最佳结构？
- 如何衡量一个组织的绩效？
- 什么是优秀的组织？应该如何塑造它？

组织和管理是密切相关的。组织是由一群人组成的工具，帮助他们实现自己渴望或重视的目标。那什么是管理呢？简单地说，管理就是与人合作，通过其他人来实现组织的目标。组织应该是被管理的对象（而不是所属的人）。一个组织只有通过有效的管理才能实现目标。组织存在的原因很简单，那就是人们一起工作，生产更多的商品和服务，这比人们单独工作更有效，能创造更多的价值。一个组织可以有很多种形式，比如政府、医院、慈善机构、俱乐部、教堂、寺庙、学校和公司等。

公司是一种特殊形式的组织，它从事生产活动，并提供合作资源机制。早在 1938 年，切斯特·巴纳德（Chester Barnard）就指出，组织的管理者和个体成员所追求的组织观点之间存在差距，因此，成功的组织绩效需要有效的活动协调和个体成员的满意（Barnard，1938）。

在马克斯·韦伯（Max Weber）1920 年出版的经典著作《社会组织和经济组织理论》（*Theory of Social and Economic Organization*）中，"官僚体系"被描述为当时 20 世纪初新兴工业化世界的终极组织形式，其中"官员组织遵循等级制度的原则：每个低级官员都在高级官员的控制和监督之下"，该组织像一台机器一样运作。如今，技术的进步有助于让这台机器更聪明、更快速地运行。目前，官僚主义模式在许多组织（如许多政府，甚至学习机构）中仍然存在，其特点是不必要的等级制度、越来越多的特殊化，以及详尽的规则和条例。

对于组织有两个比喻：组织是一台机器或一个活的器官；组织（作为机器或发条机制）是由静态和离散的元素组成的。为了了解和优化整体性能，我们需要了解组织中的各个元素以及它们是如何运作的。这样的研究可以使元素从组织中分离出来，而组织本身不会被改变。这样的还原论观点认为系统具有层次性，并且是按照蓝图设计的。在组织中，一个系统由相互作用的元素和单位组成，这些元素和单位合作并产生了整体属性和功能，总和大于部分，我们只能通过与更大的整体之间的关系来理解部分。所有生物系统都表现出自我组织的能力。

自工业革命以来，官僚主义类的行政组织（能够实现最高程度的效率）已经成为组织人类活动的规范。具有讽刺意味的是，在从自上而下的决策规则尝试了许多其他形式的转变之后，官僚制度的许多特征都来自工业公司并得到了检验。尽管如此，韦伯所描述的官僚体系与 Frederick Taylor（1913）的科学管理模式一起，仍然深深地反映和嵌入在了许多组织和公司的管理实践中。

在许多其他目标中，公司和企业的设立是为了收益最大化，并为其利益相关者争取利益。商界中的竞争压力迫使许多公司寻找成功和盈利战略的决定因素。这些都导致了战略研究在商学院的普及。迈克尔·波特（Michael Porter）在他颇具影响力的《竞争战略》（*Competitive Strategy*）一书中，为竞争力奠定了一个概念基础，即基于对客户的增值或成本领先的差异化。后来，这些战略问题被进一步展开，试图回顾性地分析是什么让一个国家的公司和产业在全球市场上具有竞争力，这构成了他下一本书《国家竞争优势》（*The Competitive Advantage of Nations*）（Porter，1990）的主题。该书的重点是环境和外部因素以及生产力，这些是提高公司经济业绩的关键问题。然而，关于企业内部工作的问题，如企业文化或人，却很少被提及。

科学管理和工业工程之父弗雷德里克·泰勒（Frederick Taylor）是第一个研究如何将每项任务分解为各个部分、确定完成整个任务的最佳时间以系统地提高工作效率的人。泰勒在他的《科学管理原理》（The Principles of Scientific Management）一书中提出了以下一段话。

> 确定我们所有日常行为的最佳方法，今后将是专家们的工作，他们首先分析，然后在观察每件工作的各种方法时准确计时，最后根据确切的知识——而不是任何人的意见——知道哪种方法能以最短的时间完成工作。

亨利·福特（Henry Ford）在汽车生产中采用的大规模生产技术，是泰勒方法在美国管理思想中的胜利，并对西方工业化产生了广泛的影响。虽然该方法在其所属的时代是革命性的，但它对效率和测量的痴迷忽视了个人的主动性和人性。20世纪90年代流行的再造工程运动实质上只是泰勒主义的翻版，其重点是简化、消除不必要的努力和少花钱多办事。

这些思想在大多数组织以及政策制定者的思想中仍然很盛行。对理性的挑战在查尔斯·汉迪（Charles Handy）的《非理性的时代：工作与生活的未来》（The Age of Unreason）中得到了更深刻的回应，他指出，那些"非传统"和"非理性"的人将对我们的生活产生更深刻的影响，而教育将不得不彻底改变，因为只有通过革新学习才能改变人们的思维方式（Handy, 1998）。这些思想挑战了理性主义的意识形态，即宇宙有不可改变的法则，在这个法则中，所有人类问题都可以通过逻辑和理性的应用被简化为单一的答案，而这个答案几乎完全是财务术语。

荷兰皇家壳牌石油公司退休高管阿里·德赫斯（Apie de Gues）（1997）进行的一项研究（学习型组织概念的发起人之一），确定了企业长寿的特征。他发现1970年的《财富》500强公司中有三分之一在1983年之前就已经消失了，《财富》500强中公司的平均寿命不到半个世纪。许多公司都没有存在几年，为什么呢？德赫斯挑战了当今大多数的传统管理智慧，并在他的《长寿公司：商业"竞争风暴"中的生存方式》(*The Living Company*)一书中把组织看作生命体。在这本书中，他将价值观、人、学习和创新定义为一个有生命力的工作社区。他写道："公司之所以消亡，是因为它们的管理者只关注生产货物和服务的经济活动，而忘记了组织的真正性质是人类社区。一个成功的公司是一个能够有效学习的公司。学习是未来资本，学习意味着接受持续变化。

## 什么是学习？

什么是学习？这是许多学科研究的大问题，如脑科学、神经科学、计算机科学、生物学和人类学。

学习这个词既可以是动词也可以是名词。作为动词时，它指的是学习过程（例如，学习会计或学习日语）。作为名词时，它指的是学到的东西，如学习过程的结果、成果或产品。Säljö（1979）对90个具有不同背景的人进行了访谈，询问他们对单词学习的理解，并得出了五种不同的看法。这些看法是：

（1）学习是获取信息或"知道很多"，是知识量的增加。

（2）学习是记忆，是储存可以复制的信息。

（3）学习是获得技能、方法和诀窍，在必要时可以留存和重新使用。

（4）学习是理解或抽取意义，涉及连结主题的各个部分，并与现实世界联系起来。

（5）学习是指从不同角度解释和理解现实，包括通过对知识的重新解释来理解世界。

简单的学习观会认为知识是一种可以从一个人转移到另一个人的物体。学习是学习者的外部事物，我们最好通过听和看来学习。最后两个概念（iv

和 v）与前三个不同，它们着眼于学习的"内部"或个人方面，被认为是提高一个人日常能力的东西，在现实世界中寻找新的意义，或使我们能够把我们的日常看作是一种学习经验。

学习理论描述了学习如何发生以及哪些因素影响学习。有许多学习理论，其中行为主义、认知主义和建构主义是最有影响力的。对这些理论的基本认识将使我们对组织学习的设计和实践有更好的了解。在学习中，我们根据希望和愿望来组织经验以及整理记忆。心理学家在人类动机方面学到了很多东西，这些东西超越了传统的内在因素（个人做事的理由）和外在因素（如对惩罚的恐惧）。如果学习是基于经典行为主义所建议的奖励和惩罚，那么学习就永远不会深入。为什么人类要花这么多时间和精力来获取知识？学习动机的两个方面很重要，即作为驱动力的好奇心和兴趣。

对于不同的人来说，学习的含义和如何理解学习是不同的。当我们试图理解学习是如何发生的、学习的支配因素以及我们应该如何学习和为什么学习时，学习这个词变得更加复杂。基于行为主义、认知主义和建构主义等各种学习理论的发展本身就是一个很好的例子，说明我们对世界的解释在很大程度上取决于先前的知识、财富、文化、价值观和解释者的意图。你阅读本书所有内容的兴趣是由各种动机引导的，这取决于你如何理解呈现给你的信息以及你从字里行间读出的信息。

为了填补个人学习和组织学习之间理解的差异，我们需要上述所有的理论背景。目前还没有普遍接受的组织学习理论（由于组织学习具有多学科的性质，或者说根本不需要这种理论）。大多数组织学习的研究工作倾向于澄清或提出新的基本框架，以支持学习型组织概念的实施，并强调所涉及过程和学习方法的运用。有趣的是，从行为主义学派到建构主义学派的各种学习理论的发展，与从希腊时代研究原子到现在发现量子力学以打开自然界黑匣子很有一比。随着我们对现实的了解越来越多（无论是关于人类行为还是原子），它似乎越来越不"实在"了。这将给我们一个新背景来理解一个复杂组织如何工作和学习。一方面，基于认知心理学，组织由认知结构（感觉寄存器、记忆、注意力、遗忘等）组成，我们用它们来寻找组织中的等价物并据此建立模型，以研究它如何工作。另一方面，基于更复杂的建构主义模型，组织可以被视为一种文化（不比量子力学中的电子更明显），它包括与之相关的神话、故事、仪式、角色、语言和符号等。这为探索组织学习提供了另一个视角。

## 什么是学习型组织？

20世纪70年代末，行动学习的理念得到了发展，"学习型组织"运动开始加速。随着社会对学习重要性认识的提高，以及将其与社会和经济相联系（参考学习型社会和学习型经济这两个术语），组织的学习能力已成为各学科专家和学者们研究的紧迫问题。学习型组织是定义一个新管理范式的重要尝试，代表了这个框架内大约十年的研究（你可以在网站 http://www.fieldbook.com/DoC/ DOCtimeline.html 上找到"学习型组织概念年表"），这些研究建立在许多其他学者十多年的早期研究之上，例如 Argyris 和 Schon（1978）首次用"组织学习"的名字出版了图书。然而，直到彼得·圣吉（Peter Senge）具有国际影响力的《第五项修炼：学习型组织的艺术与实践》（*The Fifth Discipline: The Art and Practice of the Learning Organization*）一书于 1990 年出版后，学习型组织的概念才在学术界之外得到了大规模的普及（Senge，1990）。我们将研究什么是学习型组织并关注其特点。

不同的学科和学派都对学习型组织感兴趣，这就造成了思维的多样性，也造成了对学习型组织概念进行定义的困难。因此，我们很难找到一个普遍认同的定义。既没有关于学习的精确定义，也没有关于如何将一个组织归类为学习型组织的一致意见。Otala（1995）将学习型组织的定义分为五种类型，即哲学定义、机械定义、教育定义、适应性定义和有机定义。这些定义在表 5.1 中列出，并引用了参考文献。

表 5.1　学习型组织定义

| 定义类型 | 举例 | 参考文献 |
| --- | --- | --- |
| 哲学定义 | "在这里，人们不断扩大自己的能力来创造他们真正渴望的结果，培养新的扩张性思维模式，集体愿望得到实现，人们不断学习如何共同学习" | Senge（1990） |
| 机械定义 | "学习型组织是一个善于创造、获取和转让知识的组织，并修改其行为以反映新知识和见解" | Garwin（1993） |
| 教育定义 | "它是一个组织，编织了一种持续和增强的能力来学习、适应和改变其文化。它的价值观、政策、实践、系统和结构支撑并加速了所有员工的学习" | Bennet 和 O'Brien（1994） |
| 适应性定义 | "学习型组织是一个组织通过适应性和创新性思维不断改造自身的刻意行动" | Dixon（1994） |
| 有机定义 | "学习型组织就像一个有生命力的有机体，由有能力、有动力的员工组成，他们生活在一种清晰的共生关系中，分享共同的命运和利益，努力实现共同确定的目标，急于利用一切机会从事件、过程和竞争中学习，以便和谐地适应环境的变化，不断提高他们自己和公司的竞争绩效" | Otala（1994） |

资料来源：改编自 Otala（1995）。

还有一些研究者怀疑学习型组织的定义是否能起到作用。Smith 和 Tosey（1999）称学习型组织的概念更多是修辞上的，而不是实际的，更多地是一个集中于愿望的概念而不是某种客观状态。根据 Solomon（1994）的说法，并不存在学习型组织，反而只是一种将世界视为相互依赖和不断变化的愿景。学习型组织总是在不断发展。圣吉认为，没有人理解什么是学习型组织……任何人对学习型组织的描述，充其量都是一种限制（Abernathy，1999）。学习型组织是一个神话还是现实？Hammond 和 Wille（1994）认为，你永远无法到达……你永远无法说我们是一个学习型组织。

除了学习型组织的定义困难之外，还有其他一些问题对学习型组织概念的有效性和实用性提出了挑战。这些问题包括：

（1）怀疑学习型组织是否能带来任何富有成效和可衡量的结果。

（2）很多人在谈论学习型组织，但很少有人知道如何应用它。

（3）学习型组织的绩效预期被过分夸大。

（4）Kuchinke（1995）认为，学习型组织这一概念被夸大为解决各种组织问题的近乎万能的药方，但大多数组织的主要目的不是获取/学习知识，而是生产商品和服务。

（5）在组织基础上过度强调学习，会被组织权威所利用，以诱导下属服从和忠诚（Kunda，1992；Van Maanen，1998）。

（6）在组织环境中发生的大部分学习都是在稳定环境下进行的（如持续改进和改善），而不是在快速变化环境下进行的。这种学习型组织文化的强化可能会给组织变革带来障碍（Fiol and Lyles，1985）。

（7）当个人被迫与组织目标保持一致时，可能会产生"迷信学习"的副作用（Levitt and March，1988）。

（8）将过去的经验错误地应用于未来计划。

虽然学习型组织的概念面临着这些挑战，但仍然认为该概念是谬误的学者数量比20年前要少得多。难以得出学习型组织的确切含义并不妨碍寻找能够将这一概念转化为商业实践的方法。包括：

- 为获得学习型组织成就所要求的结果而制定的程序。
- 个人学习如何变成组织学习。
- 如何衡量学习型组织的绩效。

除了上面提到的那些，学习型组织还可以由各种属性来描述，这些属性可以是以下的组合：

- 支持工作环境的持续学习的态度。
- 沟通和开放性。
- 反馈的调查和强调。
- 对情况进行自我反思。
- 培养社区建设。
- 提高员工的能力以创造。
- 相互信任和支持而不是指责。
- 对话而不是讨论。

- 将个人绩效与组织绩效联系起来。
- 减少防御机制的使用和对负面事件的合理化。

Watkins 和 Marsick（1993）将学习型组织的特征概括为七个方面，包括持续学习、协作关系、员工之间以及组织与社区之间的联系、集体分享想法、创新精神、系统捕捉和编纂信息与知识、终身学习的能力建设。

根据一些实践者的观点，学习型组织的最佳特征是将 Senge（1990）提出的五项原则进行归纳整理。这五项原则是自我超越、改善心智模式、建立共同愿景、团体学习和系统思考。尽管 Senge 的框架是最有影响力的，也是文献中被引用最多的，但我们应该记住，还有很多其他观点讨论了学习型组织应该是什么。

如何识别一个学习型组织和组织学习已经发生？寻找全面指导方针是徒劳的。从更实际的角度出发，更重要的是看以下问题的理解是否能让我们更好地了解组织学习的概念和学习型组织的特征。

- 哪些学习型组织的特征与一个组织的高绩效最相关？
- 这些特征在不同商业环境下有多大差异？

## 组织学习和学习型组织

与学习型组织一样，人们对组织学习的定义也没有达成共识。"组织学习"是一个微妙的概念，因为它涉及社会学、心理学（包括认知和行为）、组织发展、管理科学、人类学、认识论和教育理论等多种学科和主题。图 5.1 显示了"组织学习"这个词在万维网上与各种主题和学科相关联的数量（前20），这是基于谷歌的搜索结果。你可以尝试使用谷歌或其他搜索引擎搜索"learning organization"（学习型组织）一词，再加上其他关键词，例如"学习型组织"加"第五项修炼"，与图 5.1 所示的结果进行比较。

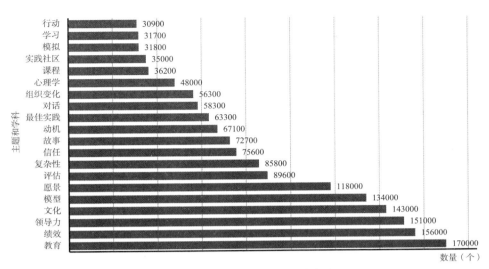

**图 5.1　"组织学习"的谷歌搜索结果**

组织学习的概念至少可以追溯到 40 年前。表 5.2 给出了活跃在该领域的各种研究人员提出的一些典型定义（按时间顺序排列）。

表 5.2　组织学习的定义

| 作者 | 年份 | 定义 |
| --- | --- | --- |
| Cyert 和 March | 1963 | 组织的目标、注意规则和搜索规则的适应是其经验的一个函数 |
| Cangelosi 和 Dil | 1965 | 通过压力刺激的个人/子群体和组织层面的适应之间的互动 |
| March 和 Olson | 1975 | 个人的信念导致个人的行动，而个人的行动又可能导致组织的行动和环境反应，而环境反应又可能导致个人信念的改善，这样的循环就会不断地重复。当更好的信念产生更好的行动时，学习就发生了 |
| Argyris | 1977 | 组织学习是一个发现和纠正错误的过程 |
| Argyris 等 | 1978 | 检测和纠正错误的能力，结果与预期不匹配 |
| Duncan 和 Weiss | 1979 | 关于行动-结果的关系和环境对这些关系的影响的知识发展过程 |
| Fiol 和 Lyles | 1985 | 组织学习是指通过更好的知识和理解来改善行动的过程。组织通过行为、认知或两者都有来改变重点学习内容的过程 |
| De Geus | 1988 | 管理团队改变他们对公司、市场和竞争对手共同心理模式的过程 |
| Levitt 和 March | 1988 | 将历史上的推论编码成指导行为的常规 |
| Senge | 1990 | 不断扩大组织能力，以创造未来 |
| Huber | 1991 | 由组织的任何单位获得它认为可能有用的知识 |

续表

| 作者 | 年份 | 定义 |
|---|---|---|
| Garvi | 1993 | 创造、获取和转让知识的技能，以及修改其行为以反映新知识和见解的技能 |
| Probst 和 Büchel | 1997 | 机构作为一个整体发现错误和纠正错误的能力，以及改变组织的知识基础和价值观，从而产生新的解决问题技能和新的行动能力 |
| DiBella 和 Nevis | 1998 | 组织内根据经验保持或提高绩效的能力或过程 |
| Huysman | 2000 | 组织学习是组织构建知识或重构现有知识的过程 |
| García 和 Vaňó | 2002 | 组织学习可以被理解为一种集体现象，在这种现象中，组织成员获得了新知识，目的是在企业中以个人学习为基本出发点巩固和发展核心能力 |

## 是什么和怎么做

组织学习和学习型组织这两个词经常被互换使用。例如，McGill 和 Slocum（1992）认为学习是一个通过积累知识、见解和经验来改善行为的过程，但不认为有必要对组织学习和学习型组织进行过多的区分，也不关心学习是由个人还是组织进行的（Fiol and Lyles，1985；Huber，1991）。

组织学习和学习型组织是密切相关的，但重点不同。Ang 和 Joseph（1996）研究了组织学习和学习型组织之间的区别。组织学习关注的是过程，而学习型组织关注的是组织获得学习并实现其目标的结构。结构指的是任务和权力关系，在这种关系中产生了沟通、决策和社会互动。根据 Marquardt 和 Reynold（1994）的观点，学习型组织关注的是组织的"是什么"（即支撑学习的系统、特征和结构），而组织学习则关注"怎么做"（即组织使用的学习方法和过程）。组织学习是一个描述组织中活动质量的概念，与组织行为有关。学习型组织是组织学习达到一定水平后的结果。

组织学习建立在个人学习之上，但不是个人学习的总和。我们不难发现，在知识的转移、分享和积累过程中，组织学习的效果和成果往往远远小于个人学习成果的总和。圣吉在他的书中对这种现象做了令人印象深刻的描述：虽然团队中每个人的智商都可能达到120，但团队作为一个整体可能表现得好像只有62的智商（Senge，1990）。

回顾之前提出的问题，组织学习意味着什么？学习的内容应该是什么？组织本身可以学习吗？如果答案是肯定的，那么组织如何学习？还是组织中的个人在学习？两者有什么区别？在试图回答这些问题之前，我们需要澄清以下问题：什么是组织知识？

有两种组织知识，一种是嵌入组织常规中的知识（既定的处理情况的方法、程序和技术），另一种是体现在无形的组织文化中的知识。组织知识通常是可以编纂的、明确的。它们可以被储存在组织或企业的记忆中。这类组织常规的例子包括技术工件（技术诀窍、设计规范、质量标准等）以及那些与组织系统和流程的实施有关的常规，如全面质量管理（TQM）、绩效测量系统（PMS）和持续改进（CI）。

组织文化与组织的思维方式、假设、管理原则、价值观等有关。这些知识往往是隐性的，但却渗透到组织的决策和行动中。隐性知识与那些容易编入组织记忆的显性知识一样重要，甚至更重要。

## 结论

学习关注的是生物系统、人类和组织的行为，以抵御外部变化。蕴含在科学的复杂性中的自适应和自组织概念对我们理解学习过程和组织进化产生了深刻的影响。可以看出，学习是所有生物系统进化的基础，组织也不例外，因为它是社会单位的最复杂形式。

组织通过获取新知识、纠正错误、预测变化和改变环境来学习的能力，被认为是其唯一的可持续竞争优势。组织如何学习，既是学术问题，也是实践问题。组织学习的研究涉及组织可以学习的理论、方法、过程和实践的组合，以提高创新能力。这样做的结果可被称为适应性组织、智能组织、优秀组织，或者只是学习型组织。这些都是本课题的重点。

从对组织学习感兴趣的专业人员（商业专家、教育心理学家、人力资源管理顾问、公共政策制定者、经济学家等）和学术人员（社会学家、行为心理学家、人类学家、组织战略家、系统思想家、传播学家等）的多样性来看，组织学习具有多学科的性质。学习是一个持续的过程，学习型组织的内容在一段时期内不断发展。

## 参考文献

Abernathy, D.(1999).Leading-edge learning, *Training and Development*, Vol. 53, No. 3, 40–42.

Argyris, C.(1977).Double loop learning in organizations, *Harvard Business Review*, 115–126.

Argyris, C. and Schon, D.(1978).*Organizational learning: A theory of action perspective*, MA: Addison Wesley.

Barnard, C.I.(1938).*The functions of the executive*, Cambridge, MA: Harvard University Press.

Bennet, J.B. and O'Brien, M.J.(1994).The building blocks of the learning organization, *Training*, Vol. 31, No. 6, 41–49.

Cangelosi, V. E. and Dill, W. R.(1965).Organizational learning: Observations towards a theory, *Administrative Science Quarterly*, Vol. 10, No. 2, 175–203.

Cyert, R.M. and March, J.G.(1963). *A behavioral theory of the firm*, Englewood Cliffs, NJ: Prentice-Hall.

De Geus, A.(1997).The living company, *Harvard Business Review*, Vol. 75, No. 2, 51–59.

De Geus, A.P.(1988).Planning as learning, *Harvard Business Review*, Vol. 66, No. 2,

70–74.

DiBella, A. J.and Nevis, E. C.(1998).*How organizations learn: An integrated strategy for building learning capability*, San Francisco: Jossey-Bass Publishers.

Dixon, N.(1994).*The organizational learning cycle*. Maidenhead: McGraw-Hill.

Duncan, R. and Weiss, A.(1979).Organizational learning: Implications for organizational design, *Research in Organizational Behavior*, Vol. 1, 75–123.

Fiol, C.M.and Lyles, M.A.(1985).Organizational learning, *Academy of Management Review*, Vol. 10, No. 4, 803–813.

García, M. Ú. and Vaňó, F. L.(2002).Organizational learning in a global market, *Human Systems Management*, Vol. 21, No. 3, 169–181.

Garwin, D.A.(1993).Building a learning organization, *Harvard Business Review*, Vol. 71, No. 4, 78–91.

Hammond, V. and Wille, E.(1994).The learning organization, *Gower Handbook of Training and Development*, 2nd ed., Toronto, ON: Brookfield.

Handy, C.(1998).*The Age of unreason*, Brighton, MA: Harvard Business School Press.

Huber, G. P.(1991).Organizational learning: The contributing processes and the literatures, *Organization Science*, Vol. 2, No. 1, 88–115.

Huysman, M.(2000).An organizational learning approach to the learning organization, *European Journal of Work and Organizational Psychology*, Vol. 9, No. 2, 133–145.

Kuchinke, K.P.(1995).Managing learning for performance, *Human Resource Development Quarterly*, Vol. 6, No. 3, 307–317.

Kunda, G.(1992).*Engineering culture: Control and commitment in a high-tech corporation*, Philadelphia, PA: Temple University Press.

Levitt, B. and March, J.G.(1988).Organizational learning, *Annual Review of Sociology*, Vol. 14, 319–340.

March, J.G. and Olson, J.P.(1975).The uncertainty of the past: organizational ambiguous learning, *European Journal of Political Research*, Vol. 3, 147–171.

Marquardt, M.and Reynolds, A.(1994).*The global learning organization: Gaining competitive advantage through continuous learning*, New York: Irwin-Burr Ridge.

McGill, M.and Slocum, J.(1992).Management practice in learning organizations, *Organizational Dynamics*, Vol. 21, No. 1, 5–14.

Otala, M.(1994).Die Lemende organization, *Office Management*, 14–22.

Otala, M.(1995).The learning organization: Theory into practice, *Industry & Higher Education*, Vol. 9, No. 3, 157–164.

Porter, M.E.(1990).*The competitive advantage of nations*, Washington, D.C.: Free Press.

Probst, G.and Büchel, B.(1997).*Organizational learning: The competitive advantage of the future*, Upper Saddle River: Prentice Hall.

Senge, P.M.(1990).*The fifth discipline: The art & practice of the learning organization*, New York: Doubleday.

Smith, P.A.C.and Tosey, P.(1999).Assessing the learning organization: Part 1-theoretical foundations, *The Learning Organization*, Vol. 6, No. 2, 70–75.

Solomon, C. M.(1994).HR facilitates the learning organization concept, *Personnel Journal*, Vol. 73, No. 11, 56–66.

Taylor, W.F.(1973).*The principles of scientific management*, Glasgow: Harper.

Van Maanen, J.(1998).Identity work: Notes on the personal identity of police officers, *The Annual Meeting of the Academy of Management*, San Diego.

Watkins, K. E.and Marsick, V. J.(1993).*Sculpting the Learning Organization*, San Francisco: Jossey-Bass.

## 关于学习型组织定义的参考文献

Ang, S. and Joseph, D.(1996).Organizational learning and learning organizations: Triggering events, processes and structures, *Proceedings of the Academy of Management Meeting*, Cincinnati, Ohio.

Argyris, C.(1977).Double loop learning in organizations, *Harvard Business Review*, Vol. 55, No. 5, 115–126.

Argyris, C.and Schön, D.A.(1978).*Organizational learning: A theory of action perspective*, Reading, MA: Addison-Wesley.

Cangelosi, V. E.and Dill, W. R.(1965).Organizational learning: Observations towards a theory, *Administrative Science Quarterly*, Vol. 10, No. 2, 175–203.

Cyert, R.M. and March, J.G.(1963).*A behavioural theory of the firm*, Englewood Cliffs, NJ: Prentice-Hall.

De Geus, A.P.(1988).Planning as learning, *Harvard Business Review*, Vol. 66, No. 2, 70–74.

DiBella, A. J. and Nevis, E. C.(1988).*How organizations learn: An integrated strategy for building learning capability*, San Fransisco: Jossey-Bass Publishers.

Duncan, R. and Weiss, A.(1979).Organizational learning: Implications for organizational design, *Research in Organizational Behavior*, Vol. 1, 75–123.

Fiol, C.M. and Lyles, M.A.(1985).Organizational learning, *Academy of Management Review*, Vol. 10, No. 4, 803–813.

García, M. Ú. and Vaňó, F. L.(2002).Organizational learning in a global market, *Human Systems Management*, Vol. 21, No. 3, 169–181.

Huber, G. P.(1991).Organizational learning: The contributing processes and the literatures, *Organization Science*, Vol. 2, No. 1, 88–115.

Huysman, M.(2000).An organizational learning approach to the learning organization, *European Journal of Work and Organizational Psychology*, Vol. 9, No. 2, 133–145.

Levitt, B. and March, J.G.(1988).Organizational learning, *Annual Review of Sociology*, Vol. 14, 319–340.

March, J.G. and Olson, J.P.(1975).The uncertainty of the past: Organizational ambiguous learning, *European Journal of Political Research*, Vol. 3, 147–171.

Marquardt, M. and Reynolds, A.(1994).*The global learning organization: Gaining com-

*petitive advantage through continuous learning*, New York: Irwin-Burr Ridge.

Probst, G. and Büchel, B.(1997).*Organizational learning: The competitive advantage of the future*, Europe: Prentice Hall.

Schiefele, U.(1999).Interest and learning from text, *Scientific Studies of Reading*, Vol. 3, No. 3, 257–279.

Säljö, R.(1979).Learning about learning, *Higher Education*, Vol. 14, 443–451.

Senge, P.M.(1990).*The fifth discipline: The art & practice of the learning organization*, New York: Doubleday.

Watkins, K. and Marsick, V. (1993). *Sculpting the learning organization: Lessons in the art and science of systematic change*, San Francisco: Jossey-Bass.

> 第一部分
> 知识管理的理论观点

# 中国知识观的演变逻辑和现代价值

从儒家的知行论到毛泽东的实践论

*Jin Chen*，*Zhen Yang* 和 *Yue-Yao Zhang*

## 前言

　　从科学发展史的角度来看，现代自然科学的概念源于西方数学、物理学和天文学理论的形成与发展，尤其西方世界一直是近代以来全球科学技术的中心。事实上在中国古代，已经有一系列重要的科学技术发展方面的辉煌成就，如世界闻名的四大发明。从科技发展和创新知识生产的角度来看，这一系列的科技成果和创新实质上是知识的发现、生产和创新。知识是人类在改造客观世界的一系列实践过程中获得的基本认知、观点、经验和模式的整合，知识既包括理解现实世界而获得的自然知识和经验知识，也包括客观世界联系人类社会而获得的规律性知识和社会知识。从世界哲学的范畴考虑，西方世界对知识的追求最早可以追溯到古希腊时期，对知识的理解有着悠久的思想传统，并形成和发展了知本论观点。知本论最早的提出和讨论可以追溯到古希腊哲学，那个时代出现了一大批追求知识方法论的哲学家，包括苏格拉底、柏拉图和亚里士多德。苏格拉底对如何追求对世界的理解正如他的"一切美德都是知识"所宣称的那样，他认为认识世界的前提是首先要了解自己，从自我理解发展到对客观世界的理解，并进行探索。知本论的逻辑是，只有那些有知识、有智慧、有理智和拥有美德的人，才能理解世界的善与恶。这就把知识生产的主观性和知识生产的过程明确区分开来，加上认识论和道德哲学的交汇与交叉，对后来理性主义主导的道德哲学、哲学认识论的发展产生了深远影响。随后，在苏格拉底的知本论的基础上，柏拉图进一步拓展了知识生产的主体化理论的哲学思想，指出知识是独立于人的主体性的外部生产，是超越认知主体的理性或感性经验，是真正反映主体的经验。在《泰阿泰德篇》（*Theaetetus*）中，柏拉图用苏格拉底的话指出，知识必须满足"真实""信念"和"判断"这三个条件，换句话说，这是对知识定义的一种暗示，即知识是合理的真实信念。随后，柏拉图围绕着知识与伦理、知识的主观性与客观性之间的关系进行了大量的辩论和研究。最后，柏拉图的学生亚里士多德再次澄清了知识的主观性，指出科学是关于起因的基本知识。

进入中世纪的近代社会后，文艺复兴运动再次引发了对人与自然、知识与科学之间关系的广泛讨论和研究，认识论在西方哲学和自然科学史上逐渐上升到重要地位。由于需要解释不同的认识论问题，如知识的起源、基本原理、定义和范围等，诞生了理性主义和经验主义两个思想流派。以笛卡尔、斯宾诺莎和莱布尼茨等为代表的理性主义主张理性演绎，认为知识的来源和获取是一种应用理性才能的演绎。以培根、霍布斯、休谟等为代表的经验主义则指出，理性演绎是一个不正确的概念，他们认为知识的来源和内容主要来自人类的感官经验。理性心态和感性心态之间的冲突是西方哲学家们不断讨论和争论的话题。随后，康德以高明的手法中和了理性与感性之间的冲突，指出只有通过"调和"才能产生真正的知识，这意味着只有通过整合人类的直觉和对客观世界的先天认知才能产生知识。相应地，知识的科学性和经验性也得到了澄清。总的来说，当代西方关于知识起源和主体的讨论，标志着科学和知识之间内部逻辑关系的研究以及科学知识研究的一个分水岭。然而，基于理性主义的西方认识论一直受到质疑，因为"高于理性"的科学知识的获得和形成只注重对纯粹客观性和真理的追求，而忽视了人类存在的更丰富和动态的意义。这就造成了"科学知识"关键特征的缺失，以及对"知识主体性"存在的丰富意义的不重视。迈克尔·波兰尼提出的"隐性知识"，正是对这种基于理性主义原则的"命题"式知识的最有力反驳。他认为：

> 人类的知识有两种。一种是可以通过书面文字、图表和数学公式表达的。与此相反，还有一种知识无法通过语言手段充分表达，例如，我们在行动中所拥有的知识。

显性知识和隐性知识在形成、获得和起源方面存在着相当大的差异。同样，超越"命题知识"的"非命题知识"也应具有合理性和正当性。

事实上，知识的起源、根本、确定性、范围以及定义一直是古今中外哲学家们认识论研究的主题。在中国，早在春秋战国时期，儒家哲学中就有大量关于知本论的研究（Cheng，2017）。先秦儒家哲学对认识论的研究与西方不同，它是以"知行合一"知本论出现的，也就是一种关于"研究自然和正道"的知识形式。先秦儒家的自然之学和正道之学是人类对世界和自身认识的一般形式。它不仅体现了外在的形式体系和内在的内容实质，而且还与认知领域有关（Ge，2001）。与西方哲学对"真理"的集中追求不同，先秦儒家更重视知识形成过程中的问题，如人的主观意识和道德实践。然而，与西方哲学的知本论相比，中国古代哲学一直主张"知"先于"行"，"知"比"行"更受重视。而且，儒家的知本论有明显的道德感，无论是孔孟的人本认识论，还是新儒家学派的思想，抑或是王阳明的"生知安行"学说，"心"在中国哲学文化中的地位都高于西方哲学文化中"思维"的地位。换句话说，在一般的中国哲学思想流派中，对道德哲学的要求高于对知识本身价值的要求，因为"心"体现的是道德知识，即"自觉性"，而不是中立的"思维"或"智慧"。

从进化论的角度来看，儒家的知本论和现代的唯物主义观的共同点是"知"与"行"的关系，焦点都是"孰轻孰重""孰先孰后""孰难孰易"以及"是分离还是统一"四个问题。本章从演化的角度，主要强调回顾和分析从中国古代先秦儒家思想到王阳明学派，再到现代毛泽东倡导的唯物主义观点的发展历程。通过对知识的基本范畴、获取知识的基本方式以及"知"与

"行"基本关系的系统回顾和梳理,我们发现,中国哲学体系下的知本论经历了一个螺旋式的迭代过程,从"知"与"行"的分离,到"知"与"行"的统一,再到"实践—知识—实践—知识"。最后,在"知"与"行"的基本关系下,本章提出了对中国在21世纪中叶建成世界科技创新强国这一目标的战略启示。这包括坚持问题导向,针对建设世界科技创新强国中出现的突出问题制定科技创新战略;强化企业在知识创新中的主导地位,不断推进企业知识管理的系统化;立足于以人为本的各种需求,进行以人为本、以意义为本的知识创新,最终实现知识、道德和价值的内在统一。

## 先秦儒家的认识论

### 孔子的人本认识论

西方的哲学体系主要回答什么可以知道和可以知道什么这两个基本问题,而先秦的儒家思想基本上关注的是后者。正如孔子所强调的:"知之为知之,不知为不知,是知也"。在孔子的认识论中,对知识的追求就是要探究自己的知识边界,知道自己不知道的东西,也就是要找到自己知识追求的边界(Cheng,2001)。在《庄子·养生主》中,庄子指出我们的生命是有限度的,但知识是没有限度的(吾生也有涯,而知也无涯)。知识的总量及其在世界范围内的分布,人类不得而知,但有一点是肯定的,那就是人的一生中对知识探索的跨度。换句话说,人类在客观现实中的主体认识必然是有限的,这也是整个认识论的基本前提。孔子所倡导的认识论的基本领域仍然是人类所处的世界,这一点在《论语·述而》中提到,孔子从不讨论奇怪的现象、神迹、混乱或鬼故事。换句话说,孔子尊重人类看不见的鬼神,对其持谨慎的看法,这也意味着孔子眼中的世界是一个知识世界,对人类的生存和发展至关重要。虽然在《论语·为政》中,孔子说他"五十而知天命",但"天命"既不是鬼也不是神,而是人类所处世界的非经验知识:难以从人类结论中抽象出来的特定经验知识。在这个意义上,孔子定义了知识获取的边界,并认为这些边界是由人类与客观现实联系的边界决定的。从价值哲学的角度来看,孔子所信奉的认识论本质上是一种"以人为本"的认识论。

就如何获得知识而言,孔子认为,学习是获得经验性和非经验性知识的唯一途径。根据孔子的观点,能够知的关键不在于知识主体是否为经验性的,而在于它是否有适当的方式与人类联系起来。也就是说,主要是通过学习来完成与人类有客观联系事物的经验性和非经验性知识的获取,而学习正是孔子认为的人类与认知对象互动并获取相关知识的主要工具。更重要的是,学习不仅仅是与客观对象打交道,还包括多种方法,如对客观现象和对象进行反思,感知它们,挖掘过去的经验。就知识的来源而言,孔子说:

> 生而知之者,上也;学而知之者,次也;困而学之,又其次也;困而不学,民斯为下矣。

《论语·季氏》

孔子将知识的来源分为四类。第一类,也就是最高的一类,指的是生来就拥有的所有知识,而不需要在以后的生活中通过任何方式获得这些知识。第二类是出生时没有知识但主要通过后天的学习来获得知识,即"学习并轻易地拥有知识"。第三类是遇到困难后有意识地学习,而现有的知识和经验不能解决这些问题,即被动学习。第四类是遇到困难也不学习,这就是自暴自弃或懒惰,这个阶层的人放弃了寻求知识的基本方式,他们不可能获得知识和产生新知识。他们被定义为"最愚蠢的人",与第一类"最聪明的人"形成对比,后者有知识天赋。孔子进一步提出:"唯上知与下愚不移。"(《论语·阳货》)也就是说,只有那些天赋异禀的"圣人"和晚年自暴自弃的"愚人"是无法去改变的,甚至不可改变的。可以改变的是主动学习或被动学习这两个中间阶层的人。

就获取知识的基本方式而言,孔子认为这两种类型都是"学而知之",不管是被动学习还是主动学习。在这个意义上,孔子认为知识主要有两个来源：生来就拥有知识和学习并拥有知识。然而，孔子本人并不十分推崇前者。尽管在孔子的评论中推崇许多历史人物，包括尧、舜、禹和周文公，但孔子仍然认为他们属于"学而知之"的范畴，即一生都在努力学习。孔子对那些"生而知之"的圣人的态度并不明确。他曾经在谈到他那个时代的人和社会状况时说："圣人，吾不得而见之矣，得见君子者，斯可矣。"

如果寻求知识的方式是学习，那么孔子认为寻求知识的目标是"仁"。因此，知识和道德之间有了联系。孔子一生都在追求一条超越"器""物"和"术"的道路，那就是"仁"。根据孔子的说法，真理是追求知识和学习的最终目标。孔子一生都在追求真理，强调"志于道，据于德，依于仁，游于艺。"（《论语·述而》）孔子的这段话清楚地表明，"道"是他一生努力学习和追求知识的目标，德、仁、艺的最终目的是实现"道"。那么，孔子倡导的"道"是什么？在《论语·里仁》中，孔子说："参乎，吾道一以贯之"。曾子回答说："唯"。孔子出去后，他的弟子向曾子询问这个原则，曾子回答说："夫子之道，忠恕而已矣"。（《论语·里仁》）因此，孔子强调的"道"是一贯的、不可违背的真理，即认识事物的本质，而"忠恕"学说本质上就是"仁"。虽然孔子没有直接提到"道"的含义，但他认为"仁"是礼乐文化的内在本质，是礼乐的超越性原则，礼乐要靠"仁"才能有真正意义。而从孔子的个人志向来看，孔子说："朝闻道，夕死可矣"。"正道"就是"仁义"的学说。什么是"仁"？樊迟问仁义，孔子说："爱人"。（《论语·颜渊》）子张问孔子关于仁的问题，孔子说："能行五者于天下为仁矣。"当子张问它们是什么时，孔子说：

　　恭、宽、信、敏、惠。恭则不侮，宽则得众，信则人任焉，敏则有功，惠则足以使人。

《论语·阳货》

我们可以看到，孔子对"仁"并没有一个标准答案，他的答案因与谁交谈而有不同的重点。

然而，孔子对"仁"的最高境界提供了一个答案。他列举了生活中的修养和求职的境界，他说：

> 吾十有五而志于学，三十而立，四十而不惑，五十而知天命，六十而耳顺，七十而从心所欲，不逾矩。
>
> 《论语·为政》

孔子认为，"仁道"是一种对人性的自我认识，达到"顺应自己内心的要求而不逾越公认的行为界限"的地步。因此，孔子认识论的最高维度是对"仁"的追求，它超越了经验和常识，是让人成长、成就和达到人类终极善的真理。最后，孔子对认识论的实践者进行了定义，他认为："君子学道则爱人，小人学道则易使也"。(《论语·阳货》)换句话说，追求"仁"的人就是有德者。子贡说："文武之道，未坠于地，在人。贤者识其大者，不贤者识其小者"。(《论语·子张》) 因此，"仁道"只能由有德之人最大程度地学习。

总之，孔子的认识论定义了知识的基本来源、获得知识的基本渠道和路径、获得知识的基本阶段和拥有知识的人。它基本解答了"人可以知道什么"和"人应该知道什么"。此外，孔子的文字充分肯定了人类认知能力的有限性，以及"仁"是人类在追求知识和创新时可以实现的最终和最高目标的概念（Feng，2015）。

### 孟子的"良能良知"理论

孟子的认识论继承了孔子以人为本的知本论，即人类可以认知、探索、学习和追求的知识边界是与人类相联系的客观世界。如果外部事物与人的存在和发展之间没有联系，那么它们就不能说成是可以认知和探索的知识，通过学习和思考，人就与人所联系的客观事物和空间相联系。在孟子的认识论中，他还相信有一个无所不知的"圣人"存在，他说：

> 可欲之谓善，有诸已之谓信，充实之谓美，充实而有光辉之谓大，大而化之之谓圣，圣而不可知之之谓神。
>
> 《孟子·尽心下》

因此，掌握了最高水平知识的人是圣人，也可以被称为"不朽"。然而，与孔子不同的是，孟子认为人可以无限接近"不朽"，可以通过智慧和德行达到"不朽"，最后，人可以根据自己的思想和意志改变"不朽"。孟子说："牺牲既成，粢盛既洁，祭祀以时，然而旱干水溢，则变置社稷。"（《孟子·尽心下》）这充分说明了"以人为本"的思想和以人为本的知识范围。宇宙的无限知识可以通过人生有限的时间来获得。孟子肯定了人的创造性，即通过人的主观能动性和智慧，人可以创造知识，理解真理，无限的真理最终会转化为有限的事物。

关于探索知识和创造知识的方式，孟子还系统地阐述和回答了"人何以知之"这一基本问题。与孔子的"生而知之"和"学而知之"的思想相比，孟子提出了"良知和良能"。他认为，"良知和良能"是人类与生俱来的，是知识探索的基石。然而，与孔子"生而知之"的论点不同，孟子认为"良知和良能"需要通过学习过程来扩展和挖掘，并需要通过系统的学习来巩固和稳定。这实质上是对知识探索方式的澄清，即"学而知之"是获得知识的唯一途径。

> 人之所不学而能者，其良能也；所不虑而知者，其良知也。孩提之童，无不知爱其亲者；及其长也，无不知敬其兄也。亲亲，仁也；敬长，义也。无他，达之天下也。
>
> 《孟子·尽心上》

儒家对伦理的理解一直是基于直觉的。它并不从伦理的认知知识中推导出伦理。在儒家的伦理哲学中，德行不是通过纯粹的知识或认知的功能获得的。同时，孟子在论证人性本善论时，不仅提出了良知和良能的理论，而且还提出了"四端"。

> 恻隐之心，仁之端也；羞恶之心，义之端也；辞让之心，礼之端也；是非之心，智之端也。
>
> 《孟子·公孙丑上》

最后，在获取知识的目的上，孟子也继承了孔子所追求的"道"。但这个"道"是追求治国平天下的，也就是说，知识最终是为国家和人民的振兴以及社会发展服务的。孟子所倡导的"道"是追求与世界的积极交往，实质上是为知识的服务范围提供对象和合法性。换句话说，人类探究知识的最终目的是为社会和国家服务，只有这样，知识才值得探索和创新。孟子向国王们呼吁："彼一时，此一时也。五百年必有王者兴，其间必有名世者。由周而来，七百有余岁矣。以其数则过矣，以其时考之则可矣。"关于他自己，孟子说："夫天，未欲平治天下也；如欲平治天下，当今之世，舍我其谁也？吾何为不豫哉？"（《孟子·公孙丑下》）这种期望反映了知识的作用是"求道"，这也是最大的真理。

## 王阳明的认识论

王阳明生活在明朝中期，这一时期的明朝政权面临着外部起义的政治冲击，而且统治者内部斗争的加剧导致了宦官专政。在这样一个混乱的时代，出现了官僚间的争斗、排挤和欺瞒。此外，藩王相继造反，如燕王朱棣、汉王朱高煦、宁王朱宸濠，他们以各种理由反叛中央政府，明朝的封建统治岌岌可危。从当时的正统观念来看，这时主要是程朱理学（新儒家的主要哲学流派之一）。当时，科举考试主要以朱熹解释的四书五经为依据。学者们除了孔子和孟子的书，不读其他书，各学派除了礼（原则），不教其他东西。程朱理学成为当时统治者招收学者的唯一标准。程朱理学的主要思想内容是通过对事物的调查获得知识的理论。也就是说，人的行为实践来自既定知识和真理的指导，并以既定的知识和经验为基础（Lu，2016a）。换句话说，知识是行动的先决条件，知识先于行动，知识比行动更重要。朱熹继承了程颐的观点，即先有知识，后有行动。但朱熹认为，行动比知识更重要，知识和实践是分开的，但又是相互依存的（Lu，2016b）。

从知识探索过程的角度来看，朱熹强调知识的延伸在于对事物的调查。换句话说，知识的深化就是要通过对事物的探究来把握本体论的终极真理。朱熹运用逻辑推理的方式，而不是实证的方式，指出事物之所以是目前的样子，是因为事物内部存在着"先天"的规则。

天道创造万物。凡是有声音、有颜色、有外表、存在于天地之间的都可以说是一种事物。既然万物都是由其他事物组成的，那么每个事物都有自己的先天规则，它们都是自然的，因此不可能是人类设计的结果。

所有的事物都是在其自然原则和原理的基础上存在的。所有的事物都受到原则约束，这也是它们存在的原因。程颐认为，行动取决于知识，而知识总是与行动相联系。其哲学指出，知识是基础，其次是行动，他不赞成讨论没有知识的行动。在知识出现之前，实践会自然而然地进行。知而不为，是为不知。如果知而不行，那么这种"知"就不是真正的知识，而只是粗浅的信息。因此，程朱理学拥护知识的客观决定论。它关于"原则"的客观性和普遍性的论述，是对"确定性"和"理性"的专门解释。作为当时封建社会的儒家正统思想，程朱理学造成了"知"与"行"的分离。知与行的分离和割裂，导致社会上出现了"知行脱节""知而不行"的现象。

王阳明认识到程朱理学所主张认识论的缺点，他在38岁时提出了"知行合一"。知行合一的主张具有丰富的内涵并且可以作为一种教学方法。从提出的那天起，它就不断受到质疑和批评，不仅程朱学者如此，王阳明的高徒和挚友也是如此。因此，王阳明主张用冥想来弥补"知行合一"的缺陷。然而，他发现许多学者在打坐时无法控制自己的思想。因此，公元1521年，50岁的王阳明在赣州时提出了"问心"，以解决知行合一的问题。在王阳明看来，知与行是统一的，从源头上就不能分离。知而不为，从根本上说就是不知道。他反对程朱理学将"知与行"视为两个独立事物的观点，认为"它们已经被个人的欲望所分离，因此不再是知与行的本质"。王阳明反对程朱理学中主观割裂知与行的观点，他不是从认识论演进或知识探究的角度，而是从道德实践的角度提出了知行合一，因为他认为德知和德行必须同时体现在具体社会实践过程中，不能相互孤立，也不存在主次之分。

此外，王阳明把知和行放在同一个领域或同一个行动过程中，放弃了程朱理学的静态知识观，强调知识本身的动态性，即需要动态地看待知和行的关系（Wang，2013）。知识或真理是过程的开始，而行动是过程的结束或最终目标。两者都是同一过程的一部分，不能以任何方式分开。具体来说，从知识探索的行为过程来看，知识能否指导实践，需要通过行动来检验和验证，而行动是获取新知识的主要形式，即对新知识的创造和探索。行动是最终的实践，是知识的终章。因此，从动态的角度来看，这两者代表了同一过程的不同方面。

王阳明仍然把重点放在行动上，即知识的实践。他主张知行合一的目的是要改变社会上不健康的学风和做法，而这些正是因为在程朱理学中知与行是对立的，是脱节的。王阳明主张知行合一，至少把行动放在与知识同等重要的地位，甚至使其比知识更重要。他说："知而不行，只是未知"（Wang，2013）。然而，对于要把自己的所知付诸行动、把知识付诸实践的人们来说，实际过程中更多的是对知识的实践，这是行为的基础。从知行合一的角度看，知识可以作为客观规律或经验的总结，但知识本身并不是静止不变的，而是需要在动态的实践中演变和发展；知识指导实践发展，实践是实现知识深化的途径。

因此，实践是强化知识的主要过程，是检验知识的主要途径，最后反过来促进知识的创新和发展。就王阳明认识论的现实意义而言，他主张学以致用的理论，这也是早期实践理论的雏形。王阳明强调知行合一，揭示了当今社会人们应该把学术知识和理论与实践结合起来，特别是在学术研究和知识探索的过程中应把理论付诸实践。要以知识指导实践，在实践中推翻过时的知识或伪命题，获取新知识，升华原有知识，最终形成"知—行—知"的动态螺旋式进化过程，实现两者的有机统一。这样一来，知与行就可以相互促进，动态融合。

## 明清之交时期王夫之的认识论

王夫之比王阳明晚了约150年,是明清之交时期的一位哲学家。他批评并发展了朱熹和王阳明的客观唯心主义认识论,并融合了佛教的"去被动、入主动"的说法。他强调行动是知识的基础,并建立了粗略的唯物主义认识论。

关于知识的来源,王夫之认为"形、神、物"是认识的三个主要原因,即"形也,神也,物也,三相遇而知觉乃发"。(Wang,1988)凭借自己的有形感觉器官,通过与物体的接触形成对物体的认识,这就是"摄物"的过程。在对"形"的理解上,王夫之继承了张载"气"的思想,认为人体、可见可观的物象都是由"气"产生的、以"气"为基础的实物。作为感知的第二个原因,"神"和"形"一样,具有多重含义,不仅包括运动和变化的规律,也包括人类的思维能力和精神意识。在王夫之看来,神是"气"自身的形态,它不是无迹可寻的,而是理性的、必然的、可信的。"物"一词指的是实物,它不以人的意志为转移,不受人的思想影响。因此,王夫之也否定了世界是虚无的观点,认为世界是客观真实的。

关于知与行关系的理解,王夫之认为:

> 知行相资以为用,唯其各有致功,而亦各有其效,故相资以互用。则于其相互,益知其必分矣。

《礼记章句·中庸衍》

也就是说,"知行有别",各有各的功能,不能相互替代。在知与行的互动和转化过程中,二者的关系既不是朱熹的"先知后行",将知与行割裂开来的观点,也不是王阳明"知行合一"中对行的第一性认识不足。王夫之的知行观是辩证的,强调行动可以与知识相结合,知与行是相辅相成的,关注这两者就能获得成功。他坚决斥责王阳明将知与行混为一谈的"知行合一",也驳斥唯心主义"知行分离"。同时,他也没有否认"知"在"行"中的作用。

王夫之的知识观是知行的辩证统一，强调行动是知识的目的，又在知识中具有决定性作用，而知识可以作用于行动，其目的是"实践"（Zhu，2008）。"由知而知所行，由行而行所知之，亦可云并进而有功"。王夫之强调人在这个过程中的主体性。他认为这种主体性不仅是少数圣人所拥有的，也存在于每一个普通人身上。他反对"顺其自然"的观点，认为"如果一个人什么都不做就顺其自然，就不能算是一个人"。正确的态度应该是充分发挥人在知识和实践世界中的主观能动性。无论是"穷其器"的感性知识和智力知识，还是"尽其道"的理性知识和理论知识，其最终目的都是实现"德"（Wu，2015）。这也是王夫之强调的"仁"，即"心之本"。

## 基于毛泽东实践论的当代知本论

毛泽东是在"旧中国"长大的，在那个时期，中国处于西方帝国主义国家的侵略之下，当时社会的主要形式是半殖民地半封建社会。由于受到封建文化的影响，当时中国的社会经济发展远远落后于西方国家。从这一时期的教育状况来看，"旧中国"的教育仍然依赖于旧式的私塾教育体系加上相对先进的课堂教学，学生仍然在学习过时的八股文。大多数学生来自地主家庭和上层社会，而当时的社会条件使得相对低阶层的农民和工人很难受到教育。清末的洋务运动掀起了学习西方先进技术的热潮，这在一定程度上改变了全面闭关锁国政策造成的不利局面，然而，这只是停留在技术层面，而不是知识层面，因此，科学和文化的学习并没有对半殖民地半封建社会的落后形势和状况产生任何转变。1911年辛亥革命后，资产阶级被推到了台前。在知识和文化领域，新文化运动采取了大胆的措施，铲除了原有的文化体系，这为毛泽东的知本论观点提供了发芽的土壤。

在毛泽东青年时期，他的知本论仍然表现出一些主观主义的特征。青年毛泽东于上学初期在阅读弗里德里希·包尔生（Friedrich Paulsen）的《伦理学体系》(A System of Ethics)时写了一篇批注。他说,夫知者信之,先有一种之知识,即建为一种之信仰,既建一种信仰,即发为一种之行为。知也,信也,行也,为吾人精神活动之三步骤。在青年毛泽东的知本论中,"知"(知识、真理)在先,"行"(学习和实践)在后。"知"作为人脑中的恒定知识,被用来构建一种信念,然后启动某种行为。换句话说,"知"决定"行",而"行"是"知"的结果。五四运动后,毛泽东目睹了知识的地位和功能的过度夸大。在民主革命的实践中,先知后行的知本论理论成为主观主义、教条主义和经验主义萌发并蔓延的根源,实际上对中国革命造成了巨大的危害。1919年,毛泽东参加了轰轰烈烈的五四运动,在开展革命活动的同时,年轻的毛泽东意识到自己的知本论中蕴含着非理性因素,因此开始了对唯物主义的探索,并逐步消除了唯心主义的消极影响。1919年9月1日,毛泽东在《问题研究会章程》草案中指出:"问题之研究,有须实地调查者,须实地调查之,如华工问题之类。无须实地调查,及一时不能实地调查者,则从书册、杂志、新闻纸三项着手研究"。在这里,毛泽东解读了问题的来源、解决问题的方法和获取知识的渠道,提出了调查、研究和实践是定位问题与解决问题的基本路径。从此,毛泽东的知本论逐渐走向成熟。1930年5月,毛泽东写了《反对本本主义》,提出了"没有调查,就没有发言权"和"一切结论产生于调查情况的末尾,而不是在它的先头"的名言,科学地解释了"发言权""结论"和调查之间的辩证关系,把调查和实践提高到最高位置。

1937年7月,毛泽东写下了著名的哲学作品《实践论》,他从对人类认知发展过程的科学分析和知识运动的特点,指出了三个方面(Mao,1991a)。第一,"一切真知都是从直接经验发源的"。第二,"就知识的总体来说,无论何种知识都是离不开直接经验的"。第三,实践是知识产生的基础,它对知识的形成和发展有决定性的影响,因为如果要直接地认识某种或某些事物,便只有亲身参加于变革现实、变革某种或某些事物的实践的斗争中，才能触到那种或那些事物的现象，也只有在亲身参加变革现实的实践的斗争中，才能暴露那种或那些事物的本质而理解它们。实践是知识发展的动力，由于人们的社会实践是自下而上不断发展的，因此，知识也会随着实践的发展而向上推进。因为知识是认识的产物，从浅层向深层、从零散向完整、从局部向整体推进，它包括对自然的认识和对人类社会的认识。实践是验证知识是否为真理的唯一标准。对于任何一种知识，只有当它经历了实践的检验，被证明是科学地反映了相关客观事物，这种知识才能被视为准确和值得信赖的。一旦知识产生并系统地演化为理论，如能"解决问题的本质"，那么这种知识就能反过来影响人们的社会实践，并对指导未来实践产生巨大作用。在这个意义上，知识蕴含着动态增长的特点，知识来源于实践，而新知识又通过实践产生，形成了知识的创新和迭代。最终，这种知识和实践的重复循环超越了人类知识的极限和认知领域的边界。

因此，毛泽东的知本论系统地阐述了知识的范围和来源，以及知识创新的过程和目的。关于知识的范围，在唯心主义者看来，"知"的概念是指先验的理性原则，或人们头脑中某种固有的经验。但对毛泽东来说，由于他的唯物主义信念，认识被解释为感性知识和理性知识的辩证统一，并在实际中表现为显性知识和隐性知识的辩证统一。关于知识的来源，1963年5月，毛泽东在《人的正确思想是从哪里来的》中明确指出："人的正确思想是从哪里来的？是从天上掉下来的吗？不是。是自己头脑里固有的吗？不是。人的正确思想，只能从社会实践中来，只能从社会的生产斗争、阶级斗争和科学实验这三项实践中来"。在这里，毛泽东特别定义了知识不属于任何个人或组织，相反，它来自社会实践。从获得知识和实现知识创新的过程来看，知识获得和知识创新的过程实际上是一个复杂的运动过程，是一个升华的过程，将感性知识提升到经验知识，最后提升到理性知识（Mao，1991b）。

然而，这也是一个受到各种条件限制的过程，一方面是科学和技术，另一方面是客观过程的发展和呈现程度（认知目标的性质尚未暴露）。因此，毛泽东强调的知识范畴是建立在科学经验之上的可转化知识，而知识的性质和获得知识的过程是动态的。从知识获取和知识创新的最终目的来看，归根结底，知识要付诸实践，要为正在进行的实践服务，实现知行合一的辩证法。知识的真实性要在客观现实中得到检验和体现。毛泽东区分了知识和真理，强调真理只能存在于经过实践检验的知识中，以确立其正确性、整体性和科学性。因此，真理的有效性取决于它是否能经受住实践的考验，然后才能在实践过程中应用于指导实践。最后，真正的知识可以上升到指导层面，能够改造人类社会的客观现实，促进人类历史的发展。

## 从技术创新"知"与"行"的关系中得到的启示

### "知"与"行"关系的重新理解

从中国传统文化和哲学对"知"与"行"关系的认定来看，说传统儒家知行观的演变过程和规律为王阳明"知行合一"的理论观点提供了基本定位，一点也不为过。中国传统儒家知行观的演变历史，大致可分为六个重要阶段。第一个阶段是以春秋时期的子产为代表的认识阶段。子产说："非知之实难，将在行之"，因为"说起来容易做起来难，把已知的东西付诸实践很难"。第二阶段是孔子的道德修养理论和认识论并存的时期。孔子在《论语·季氏》中指出：

> 生而知之者，上也；学而知之者，次也；困而学之，又其次也；困而不学，民斯为下矣。

暗示了知识获取的两种类型，即"生而知之"和"学而知之"。圣人可以"生而知之"，这里的知识不仅指可以通过日常听和看获得的知识，更指的是道德知识。由于"生而知之"是一种先天的、与生俱来的认知，而"学而知之"和"困而学之"是获得知识的次要途径，这在一定程度上维护了真理只掌握在少数人（圣人）手中的观念。

第三阶段发生在魏晋时期，当时知行合一论被否定。在以"外事用道，内事用儒"为特征的魏晋玄学思维下，这一阶段的知行论是在特定思想背景下的非典型性呈现。第四阶段，以王通为标志，是一个转折点，认识论完全转为道德修养论。王通认为，获取知识不应仅仅停留在世代口口相传的终生背诵形式上，而应作为实践与行动相结合。知与行的统一也要在德的带领下进行，它相当于一种自觉的状态，即知行合一，知识的实践保持在德的范围内，结果是"自得其乐"的和平、安宁。第五阶段是以北宋时期的程朱理学为代表，主张原则导向。知为先，特别是道德认知，并把先验性作为前提条件，提出"先知后行"的理论。紧随其后的是王阳明的"知行合一"理论，这是中国传统儒家知行观发展中的一个重要部分。第六阶段是西方的知本论被纳入清代主体理论的时期，在这个阶段，人们试图将知行论转化为纯粹的认识论。

总的来说，中国传统儒家思想所主导的知本论，从知行分离逐渐转到知为先理论，最后到知行合一。毛泽东的《实践论》更清楚地指出了知行合一的现代意义。毛泽东的知本论显示出强烈的唯物辩证法意识。从认识论的维度看，毛泽东把解决知识和实践的重点放在"物质第一性，意识第二性"的基础上，形成了实践是知识源泉的思维模式。从认识到实践，再从实践到认识，认识和实践相互制约，相互作用，循环往复，不断前进，每一次循环都在进步。最终，"知"与"行"坚实的历史性统一得以实现，知识与实践达到了动态演进的终点，推动了知识的发展，形成了知识创新最终有利于人类实践和发展的基本论断。

## "知"与"行"关系对建设技术创新型国家的战略价值

**坚持以问题为导向，制定科技创新战略，以解决建设世界科技创新强国中出现的突出问题**

自中国共产党第十八次全国代表大会以来，建设世界科技创新强国已成为中国科技创新战略的主题和宗旨。中国提出了2030年进入创新型国家行列，2050年实现科技创新强国建设的最终目标。从认识论的角度看，科技创新本质上是一个以知识、技术、制度和文化为基础的系统化、集成化创新过程。科学技术的研究过程本质上是基于科学问题、实际需求和未来预测的现有知识的获取、吸收、共享和创新的过程。无论是王阳明的"知行合一"还是毛泽东的"实践论"，都隐含着知识与实践相互统一的思想。也就是说，知识是为了解决现实中的重大问题和可能遇到的潜在问题。中国要建设世界科技创新强国，无论是科技创新还是技术突破，本质上都是知识的创新和迭代。这个过程需要改变科学研究和技术突破长期以来与现实需求、国家战略规划和企业管理实践相脱节的现象。科技创新的体制机制和支撑要素需要从理论导向型向"实践导向型"转变，并以知识为基础。科学技术创新包括三个方面的基本知识，它们分别是隐性知识和显性知识，系统知识和自主知识，简单知识和复杂知识。科学研究的目标首先不是理论上的，而是要解决目前企业、行业和国家发展中遇到的与学科发展相关的一系列重大问题。这些问题大多来自研究和产业发展的客观需要，而科学实践和技术发展过程中所面临的客观实际问题则有赖于系统的科学知识探索和技术创新。

因此，系统建设世界科技创新强国，无疑需要坚定不移地实施全面自主创新战略，而这一过程的关键是构建以问题为导向的战略推进体系。从阻碍科技创新强国建设的现实问题来看，主要是科技体制机制中的"市场失灵"和"行政失灵"并存、产业关键核心技术的"瓶颈"问题以及我国大多数企业系统性缺乏创新动力和能力的问题，导致对规模和市场的重视不平衡，忽视技术创新、基础研究等现实问题（Chen and Yang，2021）。因此，从"知行合一"的角度来看，我们需要继续攻克未来制约我国重点企业与关键产业跨越全球价值链中低端地位的重大障碍和核心问题。我们需要用科技战略中新的"全面自主创新战略"来引领国家创新体系、区域创新体系、产业创新体系和企业创新体系。其战略落脚点是系统地提升产业和企业的技术创新能力，把建设全面自主创新能力作为建设世界科技创新强国的突出导向。

**加强企业在知识创新中的主导地位并不断推进企业知识管理的系统化**

企业不仅是市场的核心，也是创造知识、完成知识转移、知识共享和知识创新的关键实体。改革开放四十多年来，无论是国有企业还是民营企业，中国企业的创新能力有了明显的提高。企业研发投入占全部研发投入的70%，超过40%的规模以上企业开展了技术创新项目。但是，与西方发达国家相比，中国企业在知识创新中的主体地位还不够突出，企业在创新中的枢纽作用还没有完全释放出来，特别是在突破关键和核心技术所需的综合知识和复合知识方面。这些情况表现在企业对创新研发的投入不足，企业有很大的改进空间，特别是在基础研究的投入方面。据统计，企业对基础研究的投资不到3%，远远低于美国和日本等发达国家的20%。此外，企业在创新中的作用薄弱，也明确反映在中国科技公司的规模小、分散和地位无足轻重上。虽然有相当数量的科技企业，但总体上创新质量不高，突破性和颠覆性的技术创新仍非常不足。一些企业的规模、技术基础和能力相对较弱，无法持续开展大规模、长期、具有技术难度和高市场风险的原始创新。因此，在建设世界科技创新强国的道路上，必须坚定不移地坚持提高企业作为知识创新和技术创新主体的地位。

在技术创新方面，一方面，需要加强以企业为主体的基础研究平台和技术创新应用平台的协同建设。要加强对企业市场应用研究、技术创新、前沿科技和战略性新兴产业的支持，鼓励企业面向突破关键产业核心技术来建设基础研究平台，全面提升企业的科技创新地位。另一方面，要完善企业创新政策的配套发展，强化科技企业家的战略地位和社会政策支持，增强科技企业家的社会成就感。此外，在科技创新要素的配置过程中，要把更多的创新要素分配给科技创业者，增强他们获得科技创新资源的能力，包括政策资源和社会资源，让更多的企业通过加大研发力度来增强创新能力。这将有利于加强大、中、小企业之间以及国有企业和民营企业之间的资金整合与各种创新要素的共享，从而实现真正意义上的全面融合和联动发展。

**基于各种人本需求建立和加强以人为本和以意义为导向的知识创新**

知识的获取和创新总是以人为本的，无论是先秦儒家哲学的知本论、王阳明的"知行合一"论，还是毛泽东的"实践论"。孔子和孟子所倡导的知识获取和创新的界限是围绕着生活世界展开的，知识的主题主要是对自我和生活世界之间关系的揭示，而与自我无关的一般世界则可以保持距离。孔子的知本论本质上是对人类存在意义的洞察和理解。王阳明的"知行合一"思想也是如此，人是合一的主体，他否定了先知后行的观点，因为唯一的钥匙，是在实践中"揭开面具"，发现"良知"，由此衍生出孝道等伦理知识和伦理行为。王阳明在这个意义上揭示了知识的以人为本的价值，这是对人类内在"良知"、社会和道德秩序的回归。毛泽东的"实践论"也坚持人民群众是先锋的基本观点，指出知识必须经过实践的检验，才能确立其正确性、整体性和科学性，才能算是真理。真理能够有效指导人类的实践活动，改造客观实践，促进人类历史发展。就此而言，知识的价值目标是最终升华为真理，这个目标也是为以人为本的发展服务，以对人类有意义回归为核心。因此，这与西方学者熊彼特的经济和市场逻辑导向的创新理论不同，中国传统的知本论和毛泽东的"实践论"都坚持知识创新的社会价值和人文价值。

事实上，如果知识的价值和知识创新的最终价值目标体现在不以任何私利为目的、不以单纯的经济利益为目标，那么人们以自我利益为中心、以实用为中心的生活方式和习惯、社会心态、思想和价值观就可以得到纠正。在一个知识型社会，逐利取向不是主流，而应该是物质与精神平衡取向，或者更佳的是精神价值主导取向，才是主流价值。要做到这一点，在建立科技创新国家的道路上必须建立以人为本、以意义为导向的知识创新新模式。在意义层面上，知识创新的意义在于创新主体对经济意义、社会意义、战略意义和未来意义的认识和转化能力。从这点来看，在以人为本、以意义为导向的知识创新新模式下，科技兴国的进步和发展需要在以下三个方面做出努力。

第一，加强企业以经济意义为导向的技术创新能力，在技术创新的基础上进一步提升企业的市场竞争力。第二，推动以责任为导向的社会创新和互利创新，使企业的创新超越财务价值的界限，获得公共价值。第三，加强人类发展的前瞻性，对未来发展的技术组合和知识创新的布局采取有效措施，重新应对人类发展过程中可能出现的重大社会风险和隐患。

## 参考文献

Chen，J，Yang，Z. (2021).Industrial technology policy in the new development pattern: Theoretical logic，outstanding problems and optimization. *Economist (Chinese Journal)*，(2): 33–42.

Cheng，S. (2017).*Collected Interpretations of the Analects – Part II*. Beijing: Zhonghua Book Company.

Cheng，Z. Y. (2001).*Combining the External and Internal Ways – Confucian Philosophical Theories*. Beijing: China Social Science Press.

Feng，Y. L. (2015). *A Short History of Chinese Philosophy*. Beijing: SDX Joint Publishing Company.

Ge，Y. G. (2001). *An Intellectual History of China，Volume Two*. Shanghai: Fudan University Press.

Lu，Y.S. (2016a).*Mind – Academia – Governance: Research on the Thoughts of Wang Yangming in Central Guizhou during Ming Dynasty*. Beijing: Zhonghua Book Company.

Lu，Y.S. (2016b).*Theoretical Effects and Practical Capacity of Wang Yangming's Unity of Knowledge and Action*. Beijing: Zhonghua Book Company.

Mao，Z.D. (1991a).*Early Manuscripts of Mao Zedong*. Changsha: Hunan Publishing House.

Mao，Z.D. (1991b).*Selected Works of Mao Zedong (Vol. 1)*. Beijing: People's Publishing House.

Mao, Z.D. (1991c).*Selected Works of Mao Zedong (Vol. 3)*. Beijing: People's Publishing House.

Wang, F.Z. (1988).*The Complete Works of Chuanshan*. Changsha: Yuelu Book Society.

Wang, Y.M. (2013).*The Complete Works of Wang Yangming*. Kunming: Yunnan People's Publishing House, 143.

Wu, G Y. (2015).*Re-discussing Wang Fuzhi's View of "knowledge and doing"*. Academic Monthly (Chinese journal), 47(3):44–54.

Zhu, X. (2008).*Collective Annotations for the Four Books*. Changsha: Yuelu Publishing House.

# 日本哲学与知识

了解生趣和侘寂

*Sanjay Kumar*

## 第一部分

### 简介

近年来，人们对与日本哲学相关的概念越来越感兴趣，这些概念跨越了多个领域，无论是个人层面还是组织层面。在个人层面上，日本哲学被用来帮助改变人们对生活的看法和态度，而在组织层面上，越来越多的部门出现了极简主义的趋势。虽然日本哲学可能不会完全改变日常生活，但它们肯定有助于人们掌握生活所需的见解，提供稳定感并在看似无尽的黑暗中给予光明。然而，像大多数哲学工具一样，其影响在很大程度上取决于如何解释，以及我们如何利用自身思想的力量。

日本哲学并不局限于自身，而是吸收学习和影响了其他一些文化，包括亚洲文化和其他文化。因此，从这种哲学中产生的观点非常细致入微，并且也认识到了与文化关系、相似性和对比有关的复杂性。从历史角度看，由于缺少明显的外来思想对本土思想的影响，日本思想家在完全接受或完全拒绝的二元对立之外，还有其他选择（Kasulis，2019）。他们尝试国外的新理论，在接受之前对其进行实践性修改，然后融入日本哲学当中。因此，随着这些哲学的发展，它们在各种背景下的应用也在发展，这是因为它们比其他一些更本土的哲学分支更具有亲和力。

本章的目的并不是说日本哲学的特定理论可以被视为解决困扰个人、专业或组织层面问题和挑战的必要方案。相反，本章的目的是提供一些背景和替代性观点，以帮助我们重新认识问题和挑战，有助于使它们更容易被接受，并将它们视为成长机会而不是表面上的痛苦来源。然而，这很难做到，因为如果没有能力明确识别压力和痛苦来源，人们就很难补救。压力往往来自看似理想的命题和属性，这些命题和属性可能不会让我们觉得它们在本质上是有害的，因此，它们可能继续潜伏而不被发现，例如我们对完美的追求。

完美主义被个人和组织都称赞为一种理想的个人特质。渴望在任何时候都能有完美的结果，虽然听起来很积极，但慢慢地却演变成了对犯错的蔑视，并造成无法处理的后果。这里的悖论是，当我们追求完美时（无论是作为个人还是组织），我们在身体、经济和社会心理方面付出了巨大的、无形的代价。因此，完美主义可能会产生令人难以置信的反作用，因为它灌输了对失败的盲目关注，而不允许庆祝成就。

这种心态对我们的心理健康和幸福感也有潜在的破坏作用，现有的证据和文献表明，完美主义可以从我们相当年轻的时候就开始导致抑郁和焦虑、疲惫、情绪低落、自我伤害倾向增加，以及产生各种相关疾病，包括饮食失调、创伤后应激障碍和强迫症（Accordino，2000）。数据还表明，压力下精神健康失调的增加与包括自杀在内的自我伤害率的增加之间有很强的相关性。严峻的是，这种相关性跨越了年龄，也包括年轻人（Flett and Hewitt，2014）。

随着心理健康问题被吹嘘为下一个世界性的大流行病（Heale，2020），有一些非常有能力的个人和机构正在努力寻找各种补救措施来帮助处理这个问题。然而，一个具有如此根深蒂固因果关系且跨越了社会中个人、职业和组织结构等多个领域的问题，肯定需要一个多层面方法来充分处理它，而这正是哲学可以发挥关键作用的时候。日本哲学在这方面有很好的平衡性，它发展了一个民族，更重要的是发展了一个与完美有关的文化，它鼓励且庆祝不完美，把它们看作是带有明显修复痕迹的美（Buetow and Wallis，2017），这就是金继<sup>①</sup>（kintsugi）艺术的基础——用粉状或混有贵金属粉末的漆来修复破碎陶器的艺术。

日本通过将其视为一种艺术形式来庆祝不完美，并让旁观者看清不完美的真正含义：它是学习和改进的机会，并将最终产品提升为绝对独特的事物，同时承认现实旅程不乏艰辛，并强调毅力、适应性，以及尊重我们无法控制的因素。因此，日本哲学的魅力在于它倾向于从显而易见中寻找意义，通过这种方式，它力求使最抽象的概念也能与日常场景相联系并能应用。金继可以应用于努力追求卓越而带来压力的生活和组织，并协助灌输一种文化，在这种文化中，错误（如果可能的话仍然要避免）不被视为罪恶，而在事实上被视为学习和改进的机会。

培养这样的人生观需要一定程度的意识和心态，这不容易磨炼，但由于这种思想的简单性，一旦形成就可能会持续下去。在这里，关注侘寂<sup>②</sup>（Wabi-Sabi）的概念是很合适的，这是一种来自日本的非常有存在感的原始哲学。它指的是一种对美学的清新态度，关注自然、无常和不完美。侘寂起源于中国哲学，然后在日本作为一种有用的生活方式生根发芽，在日本仍然很难为这个概念确定一个具体的定义，大多数人把它当作一种单纯的思想状态（Juniper，2003）。

对于那些将侘寂概念纳入生活的人来说，你会发现他们在一件事上是一致的，那就是欣赏每个生命周期（包括出生和死亡）。地球上的所有事物最终都会走向衰败，人类也不能幸免。在生与死之间，侘寂迫使我们优雅地老去，享受生命的旅程，并且在接受老去的同时意识到生命本身是短暂和不完美的。

---

① 金缮，中国传统技艺，源自中国，经过时代变迁和发扬，在海外有各自的流派，在日本金缮一词称作金继。——编者注

② 侘寂描绘的是残缺之美，包括不完善的、不圆满的、不恒久的，现今也可指朴素、寂静、谦逊等。——编者注

在这个世界上，只有一件事是永恒的，那就是变化。一些人对此感到恐惧和焦虑。人类害怕变化，因为我们失去了对情况的掌控，我们感到无能为力，最终阻碍了我们的自主决定。侘寂原则使我们更容易接受变化，特别是在处理我们无法控制的事情时，通过这种方式，我们学会接受这种永恒的现象，让我们能够在个人和组织层面上，以更有成效的方式预测变化。

因此，侘寂可以被看作是一种高层次的心智状态，而生趣[①]（Ikigai）则有助于给我们提供存在的理由。这个原则意味着追求一个存在的深刻而个人化的目的，也就是说，有一些事物或人激励你继续生活下去。你的生趣是你早上起床、穿衣、走向世界的根本原因。生趣迫使我们踏上寻找我们真正目的的旅程，即我们的使命。因此，这给我们带来了幸福和满足。

大多数人认为，有目的的生活等于长寿，有许多研究将长寿与生趣联系起来。特别的是，日本的冲绳群岛是少数几个长寿的地方之一，尤其是女性长寿率高于平均水平。秘密是什么？饮食、基因、社会保障，当然还有生趣（Yildirim，2020）。

以下部分我们将更深入地探讨这些概念。

## 第二部分

### 生趣

时间可能是世界上最昂贵的货币。生趣教导我们通过避免三个常见错误来明智地使用时间。首先，作为人类，我们有纠缠于一件事的倾向，这浪费了我们可以用在其他地方的宝贵时间。其次，我们把时间浪费在几件不必要的、肤浅的事情上。最后，我们的时间用得不够好，做得太少（Yildirim，2020）。

---

[①] 生趣即生命的意义，活着的价值，是一个代表个人生活价值、满足感、幸福感和意义感的概念。——编者注

那么这意味着什么呢？我们有选择生活中我们想关注事物的自由。它不必只是单个事物，我们也绝对不需要把自己的精力分散得太厉害。生趣敦促我们从事我们感兴趣的、使我们真正快乐、有创造力和有成就感的活动（Yildirim，2020）。

生趣鼓励我们利用自己的优势来找到生活目标。虽然天赋是与生俱来的，但技能是可以学习的。所以我们都可以从学习开始，建立自己的优势。一旦我们建立了自己的优势，我们就会在如何生活和如何发现我们的目标上有更多的选择，这就是我们的生趣（Yildirim，2020）。

将我们的时间投入我们擅长的技能上，最终会使我们从事我们喜欢的工作，为我们提供经济保障，让我们为社会做出贡献。这些都是生趣的基本面。

生趣是找到你所热衷的事物、你所选择的人生使命、你的天赋和职业的汇合点或中心。换句话说，就是找到你喜欢做的事、你擅长的事、你能得到报酬的事和世界需要的事之间的重合点。

事实是，不是所有的人都能向中心努力靠近；然而，在向我们的"生活"迈进的过程中，我们会感到充实。这正是说我们应该成为乐观主义者。所有这些都是为了找到健康的方法来实现我们的目标，在这个过程中，要立足于现实。

生活为我们提供了大量的机会，这取决于我们如何选择生活。总是会有障碍，但也有一些方法可以绕过它。侘寂和生趣只是提供指导和平衡的生活哲学例子。

我们并不完美，我们很容易被生活压倒，但这完全是可以接受的。生活的教员一直都在，并为你提供必要的工具来发展你自己，帮助你释放潜力，并过上充实的生活。在所有美丽、疯狂和复杂的生活中，现在的问题是：你是如何选择生活的？

因此，生趣是确定生命意义的艺术。通常情况下，在你找到自己内心的"目的"感之前，这种内在旅程需要大量的耐心和时间。它关乎如何在你热衷的、世界需要的（无论大小）、你擅长的以及财务可行之间建立一种平衡。当然，有无数的方法来解释生趣；尽管众多的思想家已经提出了他们关于如何在生活中找到最高成就感的理念，生趣这个词在解释方面仍然有很大空间。

赫克托·加西亚（Héctor García）和弗朗西斯科·米拉莱斯（Francesc Miralles）出版了一本名为《生趣：日本人长寿和幸福的秘密》（*Ikigai: The Japanese Secret to a Long and Happy Life*）的书。该书探讨了冲绳人的生活方式如何与他们的长寿直接相关，这反过来又将"宜居"从一个概念提升为一种生活方式。该书将冲绳人的长寿原因归结为以下几点（García and Miralles，2018）。

（1）只吃到八成饱。

（2）保持活跃，不要退休。

（3）与好朋友为伍。

（4）保持身材。

（5）回归自然。

（6）活在当下。

（7）感恩。

（8）慢慢来。

（9）微笑并感谢你周围的人。

（10）追随你的"生趣"。

你可能已经听说过这些秘诀中的大多数，但加西亚和米拉莱斯点燃了人们对日本生趣哲学的进一步兴趣，这激发了一些主题为"寻找你的生趣"的TED演讲。对于大城市的日本打工人来说，一个典型的工作日以一种寿司的状态开始，这个术语把挤在拥挤的地铁车车厢里的通勤者比作寿司中紧紧挤在一起的米粒。

然而，压力并不止于此。这个国家对坚持不懈的工作文化的痴迷，确保了大多数人在办公室的工作时间很长，受到严格等级制度的约束。过劳并不罕见，工作日午夜时分回家的最后一班地铁上坐满了穿西装的人。然而，这已经成为文化的一个根深蒂固的方面，这就提出了一个问题，为什么人们选择日复一日地工作，而不顾随之而来的压力？这正是生趣能帮助解释的地方，因为生趣是我们早上起床的根本原因。

对于那些更熟悉生趣概念的西方人来说，它通常与四种重叠的品质有关：你喜欢什么，你擅长什么，世界需要什么，以及你能得到什么报酬（Mitsuhashi，2017）。

然而，日本人的想法略有不同。一个人的生趣可能与收入没有关系。事实上，在日本中央调查社（Central Research Services）2010年对共2000名日本男性和女性进行的问卷调查中，只有31%的受访者认为工作是他们的生趣（Central Research Services，2010）。一个人的人生价值可以是工作，但肯定不限于此。

在日本，有许多专门讨论生趣的书籍，但有一本1966年出版的书尤其被认为是具有权威性的：《关于生趣》（*Ikigai-ni-tsuite*）。这本书的作者，精神病学家神谷美惠子（Mieko Kamiya）解释说，生趣作为一个词类似于"幸福"，但在细节上有些微区别。生趣使你能够展望，即使你现在很痛苦（Kamiya，1966）。

在2001年的一篇关于生趣的研究论文中，共同作者长谷川明博（Akihiro Hasegawa），临床心理学家、东洋英和女学院大学副教授，把生趣这个词作为日常日语的一部分。它由两个词组成：iki的意思是生命，gai描述价值。据长谷川介绍，生趣这个词的起源可以追溯到日本平安时代（794年—1185年）。gai来自kai（日语中的"贝壳"）这个词，它被认为是非常有价值的，而从那里衍生出了表示生活价值的词：ikigai（Mitsuhashi，2017）。

长谷川指出，在英语中，life这个词既意味着一生，也意味着日常生活。所以，生趣翻译成生活的目的听起来非常宏大。"但在日本，我们有jinsei，意思是一生；也有seikatsu，意思是日常生活"，他说到。生趣的概念更符合seikatsu，通过他的研究，长谷川发现日本人相信日常生活小乐趣的总和会导致生活整体更加充实（Mitsuhashi，2017）。

根据日本厚生劳动省（Ministry of Health，Labour and Welfare，2019）的数据，日本居民是世界上最长寿的，女性为 87 岁，男性为 81 岁。这种生趣的概念是否有助于长寿？丹·布特纳（Dan Buettner）认为是的，他是《蓝色地带：向最长寿的老人学长寿》（*Blue Zones: Lessons on Living Longer from the People Who've Lived the Longest*，2010）一书的作者，他走遍了全球，探索世界各地的长寿社区。

其中一个地区是冲绳，一个偏远的岛屿，其百岁老人的数量非常多。虽然独特的饮食习惯可能与居民的长寿有很大关系，但布特纳说生趣也起到了一定作用。他说："年长的人是受到赞誉的，他们觉得有义务将他们的智慧传给年轻一代"。这使他们有了自身之外的生活目标，那就是为社区服务（Buettner，2010）。根据布特纳的说法，生趣的概念并不是冲绳人独有的："可能没有一个词来形容它，但在所有长寿地区中，如撒丁岛和尼科亚半岛，长寿的人有同样的概念"。布特纳建议列出三张清单：价值观、喜欢做的事和擅长的事（Buettner，2010）。这三张清单的交叉部分就是你的生趣（Mitsuhashi，2017）。但是，仅仅知道你的生趣是不够的。简单地说，你需要一个出口。生趣是"行动的目的"，他说到。

Jinzai Kenkyusho 公司的首席执行官曾和利光（Toshimitsu Sowa）说，在一个团队价值高于个人价值的文化中，日本上班族的动力来自对他人有用、被感谢，以及被同事尊重（Mitsuhashi，2017）。Probity Global Search 公司的首席执行官高远由子（Yuko Takato）每天都与高素质的人在一起，他们把工作当作生趣，据高远说，他们都有一个共同点：有动力且行动迅速（Mitsuhashi，2017）。

然而，这并不是说更努力和更长时间地工作是生趣哲学的关键原则，近四分之一的日本雇员每月加班超过 80 小时，而且结果很悲惨：过劳死现象每年夺去 2000 多人的生命。

相反，生趣是觉得你的工作对人们的生活产生了影响。人们如何在他们的工作中找到意义是管理专家非常感兴趣的话题。沃顿商学院管理学教授亚当·格兰特（Adam Grant）的一篇研究论文解释到，激励员工的正是"做影响他人福祉的工作"和"看到或遇到受其工作影响的人"（Grant，2013）。在一个实验中，与那些仅仅使用电话工作的人相比，密歇根大学的奖学金筹款者花时间与受益学生相处并使得带来的资金增加了171%。与受益学生见面的简单行为给筹款者带来了意义，并提高了业绩。这适用于普通生活，与其试图解决世界饥饿问题，不如从小事做起，帮助你身边的人，比如当地志愿服务团体（Mitsuhashi，2017）。

## 第三部分

### 侘寂

日本文化传统有两个观察视角。第一个观察视角是，日本古典哲学将现实理解为不断变化，或（用佛教的说法）无常。

无常（mujō）的思想在13世纪的禅宗大师道元（Dōgen）的著作和言论中得到了最有力的表达，他可以说是日本最深刻的哲学家，但后来的和尚吉田兼好（Yoshida Kenkō）也有很好的表达，他的作品《徒然草》（*Essays in Idleness*）彰显着美学见解（Parkes and Loughnane，2018）。

无论你多么年轻或强壮，死亡的时刻都会比你预期的更快到来。你能逃到今天是一个非凡的奇迹，你认为你有哪怕是最短暂的喘息机会来放松自己吗（Brownlee and Keene，1968）？在日本佛教传统中，对存在的基本情况的认识不是虚无绝望的理由，而是对当下生命活动的呼唤，以及对我们所拥有的下一个时刻的感激（Parkes and Loughnane，2018）。

第二个观察视角是，日本的艺术往往与儒家的自我修养实践密切相关，这体现在"生活方式"上：茶道、茶艺、书道、书法，等等。由于中国的学者和官员被要求精通"六艺"：礼、乐、射、御、书、数，文化和艺术往往比西方传统中的智力和心灵与生活联系得更紧密。时至今日，在日本，学者除了拥有相关的知识能力，还是一位优秀的书法家和有成就的诗人，这并不罕见（Parkes and Loughnane，2018）。

在前面提到的《徒然草》中，吉田问道："我们是否只看盛开的樱花，只看无云的月亮？"（Brownlee and Keene，1968）如果对佛教徒来说，修行的基本条件是无常，那么只把永恒变化中的某些时刻作为圆满的特权，可能意味着拒绝接受这一基本条件。吉田继续说："望着雨，渴望着月亮，放下百叶窗，不知道春天的流逝，这些都是更深的感动。即将开花的树枝或散落着凋零花朵的花园更值得我们赞叹"。这是侘（wabi）概念的一个例子，低调的美，在诗歌中表达时，得到了区分和赞美。但正是在茶的艺术中，以及在禅宗的背景下，侘的概念得到了最充分的发展（Parkes and Loughnane，2018）。

寂（sabi）这个词经常出现在佚名所作的《万叶集》（*Manyōshū*）中，它有荒凉的含义（sabireru 意为"变得荒凉"），后来它有了某种已经老化、生锈的东西的含义（另一个发音为 sabi 的词意为"生锈"），或者获得了使其美丽的铜锈（Parkes and Loughnane，2018）。

寂对茶道的重要性得到了 15 世纪伟大的茶师修功（Shukō）的肯定，他是最早的茶道流派的创始人之一。正如一位杰出的评论家所说："寂的概念不仅有'老'的意思（在'成熟的经验和见解'的意义上，以及在'注入了赋予旧事物以美感的铜锈'的意义上），而且还有宁静、孤独、深深的孤独的意思"（Hammitzsch，1993）。

17 世纪著名诗人松尾芭蕉（Matsuo Bashō）的俳句中也唤起了寂的感觉，强调了它与 sabishi（孤独、寂寞）一词的联系。下面这首俳句是 sabi(shi) 的经典，它传达了一种孤独或寂寞的氛围，像日本诗歌通常所做的那样，削弱了主观和客观之间的区别（Parkes and Loughnane，2018）。

> 孤独的现在
>
> 站在花丛中的
>
> 是一棵柏树

与花朵的多彩之美形成对比的是柏树更低调的优雅（无疑比看到它的人更老，但也同样孤独），它代表了寂的诗情画意（Parkes and Loughnane，2018）。

作为一种极其复杂的审美价值，很难在外语中为侘寂找到一个相应的词。因此，当日本人向日本以外的世界介绍侘寂时，经常使用一系列短句和短语来进行广泛、多重和灵活的描述。雷纳德·科伦（Leonard Koren）用混合体的概念来介绍侘寂："是一种不完美、无常的、不完整的事物之美。它是一种谦虚和谦逊的事物之美，它是一种非传统的事物之美"。简而言之，侘寂是指不完整、不完美、自然、简单、安静、谦逊之美。

侘寂指的是一种应用于物体的审美哲学和观点，它暗指不完美中的美和时间流逝的价值，并接受人类和物质存在的恶化和短暂性。例如，一个好看的瓷器茶杯已经使用了很多年，它因使用而出现裂痕和划痕，但因其丰富的历史而获得了价值和美丽。但是，除了审美，侘寂还对我们的日常行为以及我们对世界和生活本身的构想有借鉴意义。

理查德·鲍威尔（Richard Powell）指出："没有什么是持久的，没有什么是完整的，没有什么是完美的"（Powell，2005），对此我想补充一点，我们有必要学习，我们可以在不完美中找到美，我们必须通过品味和活在当下来尊重经验和存在本身的短暂性，生活不是也不会是完美的，但它是美丽的，没有什么是永恒的，这就是为什么每一刻都是神圣的。

我们可能感到沮丧，我们可能觉得事情不如我们所愿，我们可能希望有些事情持续得更久，有些事情早点结束。当我们的计划没有按照我们的预期进行时，或者当一段经历没有像我们希望的那样完美时，我们会感到痛苦。

侘寂可以帮助我们以健康的方式适应生命的变化和无尽的循环。正如达尔文所写的，生存下来的不是最强壮或最聪明的物种，而是最灵活和最能适应的物种。在这段时间里，我们呼吁并提醒回归本质：生命的简单和神奇。我们可以学习识别美，欣赏不完美和无常，将其作为成长和最充分生活的机会。

我们如何才能开始实践侘寂？这里有四种将这种哲学带入日常生活的方法。

### 品味当下

对于正念（活在当下的艺术）的练习，以及如何训练我们的意识以便能够享受每一天的积极时刻，已经说了很多也写了很多。我们可以从每天花几分钟时间专注于呼吸、体感或情绪开始。正念练习使我们在一天中都能感受当下：享受早晨的第一杯咖啡，惊奇地思考云彩和它们的运动，更深入地倾听，以及（当我们能安全地这样做时）用心彼此拥抱。

### 拥抱个人经历

反思你走过的路，反思所有起伏，并注意你随着时间的推移所经历的快乐、学习和转变（包括外部和内部）的过程。每个人都有独特的经历，有其真实和特殊的美。反思和写下这些时刻让我们得以养成不同的视角，感受成就感和力量。同样重要的是，对那些在我们生活中留下痕迹的伤疤给予爱；我们不能忘记，每一个伤疤都为我们的个人经历增添了价值。

### 萃取学习

当事情不像我们所期望的那样发展，或者我们惊讶于改变我们生活秩序的事件，我们可以从这种情况中学习什么？学习使我们从受害者转变为创造者，使我们能够适应并培养一种对变化、损失和过渡的弹性态度。

### 简约中寻找美

我们可以学着重新定义美，扩大我们的视线，并将引起快乐和赞赏的元素纳入焦点。我们可以通过收集我们周围的物品、与我们遇到的人或与我们生活在一起的人的日常互动，以及与大自然的互动来做到这一点。你可以尝试把你每天观察到的美景拍下来，并创建一个侘寂相册。

现在是拥抱变化、转瞬即逝和不完美的时候了，这是美丽、智慧和成长的源泉。我们经常谈到"时间的摧残"；我们习惯于抵制衰老，并寻求永恒的美丽和青春。时间不会造成破坏，时间塑造了艺术作品，赋予物体和人以价值。能够讲述经历，并且有皱纹和疤痕（内部和外部）来标志着一生的道路，这是多么美妙的事情啊！

有些时候，生活的展开方式与我们所希望或想象的截然不同，存在我们无法控制而被迫面对不完美的情况。正是在这样的时刻，我们可以回到简单而深刻的侘寂哲学，这是日本的幸福生活秘诀之一。

## 第四部分

### 日本哲学、生活和知识

生趣作为一种理念在日本以外越来越流行，成为一种生活得更长寿和更美好的方式。它不仅有助于人们找到他们的生活目标，而且还为他们提供了整合压力事件的能力，会引导他们在心理和身体压力下减少焦虑和降低交感神经系统活动。

### 平衡工作与生活

工作与生活的平衡是现代人生活的一个重要方面。尽管它很重要，但"工作与生活平衡"的概念或短语已被过度使用，而人们并未真正理解其实际含义。从理论上讲，平衡可能意味着 50/50 的拆分，但通常情况并非如此。根据紧急情况，重点和优先级不断在家庭和工作之间移动。然而，考虑到人们花在工作上的时间，在工作中寻找生趣是值得的，利于维持长期与工作相关的自我激励。

将追求生趣作为其坚定的战略的组织可以成功地在其团队中灌输目标感和快乐感，这尤其会带来积极的组织成果。在 2016 年进行的一项调查中，

82% 的日本男性和女性做出了回应，他们认为需要在工作中感到快乐才能获得满足感。

### 组织目标

当今社会正在越来越多地具有世俗色彩，这反过来又引导人们在工作生活中寻找目标和意义（Taylor，2019）。渐渐地，员工越来越不关心金钱上的成就，而更多地关心他们的工作如何寻求实现更大的目标。LinkedIn 最近的一项研究发现，74% 的求职者想要在工作时感到愉悦以获得满足（LinkedIn，2019）。

当一个组织及其员工能识别并培养集体目标时，工作场所文化就会蓬勃发展。在工作场所，集体目标象征着组织及其员工的共同目标和价值观。共同目标是员工背后的驱动力，鼓励他们以明确的方向感和相互认可的目标前行（Taylor，2019）。

### 工作塑造

工作塑造是塑造工作的过程，以更好地符合个人的动机、优势和激情。它是一种精心设计自己工作的行为，而不是被动地接受分配的工作（Berg，Dutton and Wrzesniewski，2007）。"工作塑造"这个词是由 Jane Dutton 和 Amy Wrzesniewski（2001）创造的。Dutton 教授说，工作塑造的想法已经持续了很多年。她发现近 75% 的工作者已经自发地改变或调整了他们的工作，以满足他们的个人需求，使他们的工作更加充实。在工作中寻找生趣往往需要我们进行某种形式的工作塑造，使工作有更高的吸引力和回报。

### 流程的力量

美国前总统肯尼迪第一次访问美国国家航空航天局（NASA）时，遇到了一个正在拖地的看门人，肯尼迪问他在 NASA 做什么。看门人回答说："我在帮助把人送上月球！"看门人对 NASA 的宗旨有清晰的认识，NASA 的宗旨指导他的行动，他向肯尼迪展示了他的工作有多么重要，这就是参与。在整个组织中，这将产生连锁反应：高度参与的团队有更好的客户参与度、更高的生产力、更少的事故，以及更高的利润。参与的员工也有较低的缺勤率和较高的士气（Harter，2018）。

提供有意义和有目标的工作的公司不仅有更高的利润，而且能使员工感到有所作为。员工对公司有情感投入，对他们来说，这不仅仅是一份谋生的工作，而是一个有重要意义的工作机会。参与其中的员工自然倾向于学习和寻求新的挑战，不断投资于他们的工作，在技能和角色之间建立明确的联系，并致力于改进和符合公司的目标。

因此很明显，有必要保持工作和生活的平衡，这意味着我们的职业和个人生活之间需要保持平衡。我们在组织中花费了大量的时间和精力，投入关键的时间来执行规定任务和履行职责；组织必须认识到工作与生活平衡的必要性，例如，在工作和从中获得的乐趣之间保持平衡，在杂务和与同事保持有意义的联系之间保持平衡。

组织和员工的需求是相辅相成的。我们已经研究过，组织目标和个人目标是相互吻合的，满足这两者是非常重要的。想想看，如果一个员工不喜欢他的工作而一直不满意和不快乐，他将不会充分发挥潜力，而是维持低效率水平。这将导致公司的衰落，因为员工的效率直接关系到公司的发展。而一个欣赏自己工作并对其感到满意的员工将保持自我激励，没有人需要浪费时间来鼓励他，他将以最佳水平工作。这将促使公司进步。

### 建立一个强大的工作场所社区

我们都知道，一个组织不过是一群人在一起工作的集合体。如果组织的员工对自己的工作感到满意，并为之兴奋，那么他们就会与同事保持良好积极的关系，这势必会增加公司人员的归属感和团队精神，这有助于管理层的工作。

组织可以开展各种互动会议、游戏和有趣的活动，以增加员工的团队凝聚力。组织还可以提供大量的激励和奖励，无论是货币还是非货币，以表示对员工的工作给予认可。例如，Engagedly 软件公司为那些在培训和发展课程中表现出色的员工提供古鲁徽章；谷歌为员工提供员工股票期权计划，给员工创造了一种所有权意识；最近 Zomato 为他们的女员工制定了"经期假"政策。这只是一些例子，可以确保员工不仅在更多的个人层面上保持参与，而且试图让员工的目标与组织的目标一致。

另外，在招聘或录用过程中，招聘人员可以问应聘者一些问题，如"你的优势是什么？你擅长的是什么？你知道公司需要我们做什么吗？"通过回答这些问题，面试官将了解应聘者的心理，这可以帮助做出正确的决定。例如，如果公司想要一个有良好技术能力的人，但应聘者并不擅长，他只是为了申请而申请，不过仍被聘用了。我们的想法是，首先应聘者需要了解该技能的基础知识，然后需要掌握它或已经很熟练。如果应聘者意识到自己不适合这份工作，他可能会对工作感到烦躁，并对自己的入职决定感到后悔。为了避免这种情况，人事部门和个人都应该注意。

## 可持续、正念和不完美艺术

完美主义美学也影响着人们的消费，从服装到科技产品的淘汰速度加快了（Saito，1997）。这种由完美主义美学推动的消费行为是造成资源枯竭、环境恶化、垃圾增加的原因。不完美主义美学有助于应对这些完美主义的环境后果（Haeg，2010）。

在消费品的问题上，人们对修补的兴趣越来越大。在完美主义下，修补是负面的，因为它与损坏有关。然而，在因提倡快消而臭名昭著的服装行业，一些设计师开始在他们的设计中加入修补的迹象和潜力。

侘寂鼓励我们满足于我们所拥有的东西，并抵制不断地更新或刷新家和衣柜以跟上时代的冲动。储蓄和投资于有质量的、有可能代代相传的物品，可以有助于最大限度地减少对环境的影响，并帮助你找到对你所拥有事物的感激之情。升级改造或采取"缝缝补补"的态度也是拥抱侘寂和延长我们财产寿命的另一种方式。

侘寂是承认新的并不总是比旧的更美丽，并反过来质疑要求不断消费和升级的社会压力。不断发展的技术和我们需要新手机、平板电脑或电脑的想法可能会加速这种情况，因为我们的手机、平板电脑或电脑很快就会过时。我们需要意识到消费对环境的影响。

侘寂也鼓励放下过去。侘寂，特别是金继，强调你在生活中的位置。一个美丽的新碗出现裂纹并被金子修复，并不代表它是受损的；相反，它变得比以前更有意义。也就是说，它永远不可能回到它原来的样子。侘寂是与变化和腐烂和平相处，并将这些视为进步，也从自然和季节的周期变化中学习。因此，侘寂鼓励正念以及与当下的紧密联系。

侘寂这一概念提供了有效的智慧，它是对包括我们自己在内的一切事物的无常、不完美和不完整等本质的接受和欣赏。当你真正思考这个问题时，你会感到轻松。我们不应该是完美的。我们都是正在进行时，正如我们的事业、关系和生活一样。当事情不成功时，我们可以暂停、反思和悲伤，然后转变、创新或发展，或者干脆再次尝试。

侘寂的基本原则可以教给我们关于放下感情和接受自己的生活经验。它为我们提供了逃离现代生活的混乱和物质压力的工具，因此我们可以接受"更少"。它提醒我们在日常生活中寻找美，让自己被它感动，并在这样做的过程中对生活本身感到感激。侘寂的秘密在于不是用逻辑思维而是通过感觉的心来看待世界，也许这就是驾驭"现代病"的方法。

## 结论

VUCA[①]时代描述了个人、社会和企业发现自己处于不断变化的状态。这种表现也可以被称为"加速时代"，所有类型的商品都可以在网上订购，并在数小时内送达。人们依靠应用程序来访问和下载日常活动（如运动和冥想）的教学视频。然后，还有从各种餐馆和食品自动售货商店在线订餐的应用程

---

① VUCA 是 volatility（易变性）、uncertainty（不确定性）、complexity（复杂性）和 ambiguity（模糊性）的缩写。——编者注

序。这种不断增长的技术进步和社会变革的后果是加快了商业和生活本身的步伐，从而使我们大多数人变得时间匮乏，一天 24 小时是不够的。使情况更加恶化的是，今天的人们面临着成为"完美工作者"的巨大压力：完全投入他们的工作中，并且总是随叫随到。作为一个自然推论，世界正在遭受全球化生活方式带来的后果，这种生活方式要求人们不断调整自己的工作时间表，以适应各大洲的不同时区，这使人们的生物钟紊乱，并遭受睡眠障碍和相关健康问题。随着问题愈发严重，人们开始意识到，应该让社会系统通过放慢生活节奏来自动修复问题，使我们每个人都能注意到轻松的生活、健康和经得住时间考验的饮食习惯。

21 世纪初，世界范围内出现了心理健康问题和相关疾病的流行。到 2030 年，所有心理健康问题给全球经济造成的损失可能达到 16 万亿美元。"世界如何面对心理健康的挑战，这些挑战严重影响了更多人的生活，也是一种经济负担"，在达沃斯举行的 2019 世界经济论坛年会就将心理问题造成的经济负担纳入议程（Fleming，2019）。简洁和满足感是慢生活心态的核心。但是，就像许多伦理学一样，慢生活从古老的哲学中获得灵感，这些哲学经历了几个世纪和几代智者与博学的哲学家的时间考验。在世界各地的人们中，日本人已经完善了将古代哲学融入其日常实践的艺术。似乎总有一种日本哲学可以适应生活中的压力或斗争。神道教、佛教和主张身心合一的"气"，对日本的生命哲学做出了贡献。心身医学的实践强调身心之间的联系，并结合心理疗法（针对心灵）和放松技术（针对身体）来实现压力管理。参加宗教活动，如布道、祈祷和冥想，有助于实现心灵和身体的放松。

日本哲学教导我们如何对自己和他人更温和、更善良、更有思想。对于一个高度重视尊重他人的文化来说，这些哲学是如此重要。日本有悠久而丰富的养生历史，这得益于佛教的传入，也得益于几个世纪以来传统的演变。养生和健康背后的哲学与实践已经深深地交织在日本文化的结构中。塑造现代日本的事件带来了这些养生理念，并最终创造了一个健康的社会。就像在传统印度的治愈系统中一样,哲学是日式健康(J-Wellness)的核心所在。

世界已经意识到日式健康的力量,日式健康是由生趣推动的。生趣是一个神秘的内在平衡空间,在这里,需求、欲望、野心和满足感汇聚在一起。然后是金继:修复破损陶器的艺术,以及拥抱缺陷或不完美的侘寂:物体的使用标志着它的价值,因为它的破损部分、裂缝和修理反映了它的存在,类似于人类的生命历程。

正如《2020年全球健康峰会报告》所指出的:"日本并没有停滞不前,而是在其传统的信任文化、对所有事务的严格质量要求以及对自然的深深敬畏的基础上执行令人兴奋的创新。"日本古老而神秘的治愈和健康文化正在吸引着不断寻找新奇迹疗法的世界的想象力。日式健康是一种心理、身体和灵魂的平衡状态,以达到完美的宁静和生活质量。日本将受人尊敬的传统与创新技术巧妙地结合在一起,主张一种全面的健康文化,并鼓励世界效仿。

总而言之,我们的生命只有一次,因此只有一次机会,可以充分地、有意义地、有目的地生活。

## 参考文献

Accordino, D.B., Accordino, M.P. and Slaney, R.B. (2000). An investigation of perfectionism, mental health, achievement, and achievement motivation in adolescents. *Psychology in the Schools*, 37(6), 535–545.

Berg, J.M., Dutton, J.E., and Wrzesniewski, A. (2007). What is job crafting and why does it matter? *Positive Organisational Scholarship*, Michigan Ross School of Business [online] Available at: https:// positiveorgs.bus.umich.edu/wp-content/uploads/What-is-Job-Crafting-and-Why-Does-it- Matter1.pdf.[Accessed 30 Aug.2021].

Brownlee, J.S. and Keene, D. (1968). Essays in idleness: The "Tsurezuregusa" of Kenkō. *Books Abroad*, 42(3), 491.

Buetow, S. and Wallis, K. (2017). The beauty in perfect imperfection. *Journal of Medical Humanities*, 40(3), 389–394.

Buettner, D. (2010). *The blue zones: Lessons for living longer from the people who've lived the longest.* Washington, D.C.: National Geographic Society.

Central Research Services. (2010). Central research report (No. 636), [online] Available at: https:// www.crs.or.jp/backno/No636/6362.htm.[Accessed 30 Aug.2021].

Fleming, S. (2019). *This is the world's biggest mental health problem - and you might not have heard of it.* [online] World Economic Forum. Available at: https://www.weforum.org/agenda/2019/01/ this-is-the-worlds-biggest-mental-health-problem/.[Accessed 30 Aug.2021].

Flett, G.L. and Hewitt, P.L. (2014). A proposed framework for preventing perfectionism and promoting resilience and mental health among vulnerable children and adolescents. *Psychology in the Schools*, 51(9), 899–912.

Garcia, H. and Miralles, F. (2018). *Ikigai: The Japanese Secret to a Long and Happy Life.* Thorndike Press.

Grant, A.M. (2013). Outsource inspiration in Dutton, J.E. and Spreitzer, G. (Eds.), *Putting Positive Leadership in Action*, [online] Available at: https://faculty.wharton.upenn.edu/wp-content/uploads/2013/12/Grant_OutsourceInspiration.pdf.[Accessed 30 Aug.2021].

Haeg, F. (2010). *Edible estates: Attack on the front lawn: A project by Fritz Haeg.* Editorial: New York: Metropolis Books.

Harter, J. (2018). *Employee Engagement on the Rise in the U.S.* [online] Gallup.com. Available at: https://news.gallup.com/poll/241649/employee-engagement-rise.aspx.[Accessed 30 Aug.2021].

Heale, R. (2020). *Is a Crisis in Mental Health the Next Pandemic?* [online] Evidence-Based Nursing blog. Available at: https://blogs.bmj.com/ebn/2020/10/04/is-a-crisis-in-mental-health-the-next- pandemic/.[Accessed 30 Aug.2021].

Horst Hammitzsch. (1993). *Zen in the art of the tea ceremony.* New York: Arkana.

Juniper, A. (2003). *Wabi sabi: The Japanese art of impermanence.* Boston: Tuttle Pub.

Kasulis, T. (2019). *Japanese Philosophy*. Summer 2019 ed. [online] Stanford Encyclopedia of Philosophy. Available at: https://plato.stanford.edu/entries/japanese-philosophy/.[Accessed 30 Aug.2021].

Kamiya, M. (1966). 生きがいについて / *Ikigai ni tsuite*. みすず書房, Tokyo: Misuzu Shobo.

LinkedIn. (2019). Global Talent Trends 2019, [online] LinkedIn. Available at: https://business.linke- din.com/talent-solutions/resources/talent-strategy/global-talent-trends-2019#formone. [Accessed 30 Aug.2021].

Mihaly Csikszentmihalyi. (1990). *Flow: The psychology of optimal experience*. New York: Harper & Row.

Ministry of Health, Labour and Welfare. (2019). Handbook of health and welfare statistics 2019, [online] Available at: https://www.mhlw.go.jp/english/database/db-hh/1-2.html.[Accessed 30 Aug.2021].

Mitsuhashi, Y. (2017). *Ikigai: A Japanese concept to improve work and life*. [online] www.bbc.com. Available at: https://www.bbc.com/worklife/article/20170807-ikigai-a-japanese-concept-to-improve- work-and-life.[Accessed 30 Aug.2021].

Parkes, G. and Loughnane, A. (2018). *Japanese aesthetics (Stanford encyclopedia of philosophy)*. [online] Stanford.edu. Available at: https://plato.stanford.edu/entries/japanese-aesthetics/.[Accessed 30 Aug.2021].

Powell, R.R. (2005). *Wabi sabi simple: Create beauty, value imperfection, live deeply*. Avon, Ma: Adams Media.

Saito, Y. (1997). The role of imperfection in everyday aesthetics. *Contemporary Aesthetics*. [online] Available at: https://contempaesthetics.org/newvolume/pages/article.php?articleID=797. [Accessed 30 Aug.2021].

Taylor, S. (2019). *Finding your Ikigai: How to drive organisational purpose and engagement*. [online] Inside HR. Available at: https://www.insidehr.com.au/ikigai-organisational-purpose-engagement/.[Accessed 30 Aug.2021].

Wrzesniewski, A. and Dutton, J.E. (2001). Crafting a job: Revisioning employees as active crafters of their work. *Academy of Management Review*, 26(2), 179–201.

Yildirim, E. (2020). *Lessons to learn from Wabi-Sabi & Ikigai*. [online] Available at: https://unlocked-potentials.com/lessons-to-learn-from-wabi-sabi-ikigai/ [Accessed 30 Aug. 2021].

第二部分

# 数字经济和新经济时代的知识管理

# 数字经济时代的知识管理

挑战与趋势

*Xiaoying Dong* 和 *Yan Yu*

1996 年，唐·塔斯考特（Don Tapscott）提出了数字经济的概念。在 20 世纪 90 年代末，分析主要集中在互联网的应用以及其对经济的影响方面（当时称为"互联网经济"）（Brynjolfsson and Kahin，2002）。最近关于数字经济的讨论集中在"数字化"上，它被定义为企业通过使用数字技术、产品和服务来进行转型（Brennen and Kreiss，2014）。在美国，人们认为数字经济依赖于电子商务和信息技术（IT）产业，它由基础设施、电子商务流程和电子商务贸易组成（Henry et al.，1999）。在 2016 年举行的 G20 峰会上，中国政府强调了数字经济，并认为它是中国创新和经济增长的最重要动力（国家统计局，2016）。"数字经济"是指以数字知识和信息为关键生产要素，以信息网络为重要载体，以有效利用信息通信技术（ICT）作为经济活动效率提升和经济结构优化的重要推动力的体系。数字经济的定义已经发生了变化，反映了技术的快速变化以及企业和消费者对技术的使用（Barefoot et al.，2018）。

随着信息通信技术的发展，数字经济已经成为继农业经济和工业经济之后的新经济形态。数字经济是经济增长的新引擎，它大大降低了社会成员在交易活动中的信息搜索和信息共享成本，提高了产出效率。在数字经济的新形势下，在推动组织绩效方面，知识将继续成为关键的差异化竞争因素。如何在数字经济时代有效地生产和管理知识，给研究人员和从业人员带来了新的挑战。

根据联合国贸易和发展会议（UNCTAD）关于2019年数字经济的报告，数字经济继续以惊人的速度发展，其驱动力是收集、使用和分析关于几乎每件事情的大量机器可读信息（数字数据）的能力。这些数字数据产生于各种数字平台上个人、社会和商业活动的数字足迹。这伴随着大数据分析、人工智能（AI）、云计算和新的商业模式（如数字平台）的出现。随着越来越多的设备接入互联网，越来越多的人使用数字服务，越来越多的价值链被数字连接，数字数据和技术的作用将进一步扩大。因此，获取数据和将数据转化为数字智能的能力已成为组织获得和维持其竞争力的关键。

数字经济的扩展创造了许多新的经济机会。数字数据可用于实现发展目标和解决社会问题，包括与SDGs（Sustainable Development Goals，可持续发展目标）相关的问题。因此，数据可以帮助改善经济和社会成果，并成为创新和生产力增长的力量。从商业角度来看，通过数字化改造所有部门和市场，可以促进以更低的成本生产更高质量的商品和服务。此外，数字化正在以不同的方式改变价值链，并为增值和更广泛的结构性变化开辟新的渠道。

在数字化和超级连接的时代，各组织正在收集和产生大量的数据，但很少有人能够充分利用其潜力。技术也催生了新的工作方式，使知识管理的转型变得更加紧迫。随着数字协作工具上劳动力对话的爆炸式增长，知识不再停留在数据库中等待被访问，而是在数字通信渠道中动态流动，现在这些渠道定义了工作关系。为了适应这些变化，企业需要重新定义如何促进知识管理，以帮助在工作中最大限度地发挥人的潜力。数据已经成为创造和获取价值的新经济资源。学习将永远在工作的流程中进行。组织应该利用新的技术，不仅可以将信息情境化，而且可以通过组织的系统将信息推送给团队，以支持问题的解决，并帮助员工创新和释放新的见解（Volini et al.，2020）。因此，旨在将数据转化为数字智能并为组织带来战略价值的知识发现，是组织成功的关键。例如，为了改善司机的体验，本田公司在2019年投入精力进行研究，以更好地了解司机的行为。通过使用IBM Watson的人工智能工具

Watson Discovery，本田公司从分析司机的投诉模式中创造出新的知识，使工程师能够更有效地应对车辆的质量挑战。这不仅改善了本田公司自己的工作经验，也改善了本田公司客户的体验（Anderson，2019）。此外，人和机器一起工作的力量为知识创造提供了机会。

## 技术驱动的知识管理范式转变

### 传统的知识管理技术和系统

根据 Nonaka（1994）的观点，知识是动态的，因为它是在个人和组织的社会互动中创造的。Nonaka 和 Takeuchi(1995) 对日本领先企业的动态知识创造竞争进行了多项有影响的研究。知识也是有背景的，因为它取决于一个特定的时间和空间。因此，知识管理一般被定义为执行发现、获取、分享和应用知识的活动，以加强知识对组织目标实现的影响（Becerra-Fernandez et al.，2003）。技术无疑是越来越需要更有效的知识管理的一个重要领域。先进的技术、新的工作方式和劳动力组成的转变，正在使知识管理的传统观点变得过时。

知识管理系统利用各种知识管理机制和技术来支持知识管理过程（Alavi and Leidner，2001；Dong et al.，2016）。支持知识管理的技术包括数据挖掘和人工智能技术，包括那些用于知识获取和基于案例的推理系统、在线论坛、基于计算机的模拟、数据库、决策支持系统、企业资源规划系统、专家系统、管理信息系统、专业知识定位系统、视频会议和信息库，包括最佳实践数据库和经验总结系统。

根据知识流程，知识管理系统可以分为知识发现系统、知识获取系统、知识共享系统和知识应用系统（Becerra-Fernandez et al.，2003）。知识发现系统支持从数据和信息中或从先前的知识综合中提取新的隐性或显性知识的过程。知识获取系统支持检索存在于人、人工制品或组织机构中的显性或隐性知识的过程。知识共享系统支持将显性或隐性知识传达给其他个人的过程。

讨论组或聊天组通过让个人向小组其他成员解释他们的知识，促进了知识共享。知识应用系统支持一些个人利用其他个人拥有的知识的过程，而不需要实际获得这些知识。

知识管理系统也与基于功能的信息系统有关，这些系统专注于管理组织的知识资源和过程（Alavi and Leidner，2001）。组织知识的来源可以是外部和内部的。外部来源包括组织间流程、竞争者、供应商/合作伙伴、客户和竞争者，而主要的内部知识则来自员工。因此，知识管理系统被嵌入不同的信息系统中，如竞争情报系统（competitive intelligence system，CIS）、供应链管理系统（supply chain management system，SCMS）、客户关系管理系统（customer relationship management system，CRMS）和企业门户网站。这些系统与四个重要的组织功能有关，包括竞争情报、供应链管理、客户关系管理和内部知识共享，它们集中于不同的知识来源。知识管理被嵌入组织功能中，而不是孤立于它们之外。这些系统掌握了通用的知识管理流程，如知识的创建、存储、检索和表示，因此可以用于组织知识的管理，尽管它们中的每一个都有自己的功能特性，用于某些业务。

CIS 支持对来自竞争对手、政府和其他公共知识领域的知识管理，并且包括针对竞争信息的获取、分析、交互和利用的系统化过程。它通过系统地管理竞争情报和跟踪市场的快速变化来支持创新过程（Lemos and Porto，1998）。同样，SCMS 和 CRMS 也支持对嵌入组织间流程以及与公司合作伙伴交流的知识的管理。SCMS 使组织间的合作更加紧密，促进了供应伙伴之间的知识创造和共享，并随后提高了创新能力。CRMS 通过在企业和客户之间建立更紧密的联系，并促进客户与企业的互动，为产品或服务创新做出贡献。CIS、SCMS 和 CRMS 是获取和管理外部知识的有效渠道，而企业门户则专注于内部知识。企业门户整合了来自多个职能部门或系统的知识，提供对知识库的访问，并促进整个组织的沟通，从而支持组织内重要的知识管理过程，如促进新想法的产生。适当地使用这些知识管理系统可以提高组织的创新能力（Yu et al.，2013）。

## CPS 重新定义知识管理系统

近年来，信息技术的发展，如云计算、大数据、物联网、移动互联网和人工智能，完善了知识管理系统和应用。网络物理系统（cyber physical systems，CPS）有助于分析在数字经济时代，企业的知识管理系统应该如何重新配置（Dai et al., 2018）。CPS 是一个由算法支持的系统，其中物理和虚拟组件紧密地交织在一起，能够在不同的空间和时间尺度上运行，并根据不断变化的环境相互影响。CPS 的架构包括五个层次。不同的层由不同的技术来支持，从而实现了将数据转化为知识和不同能力的价值链（见图 8.1）。

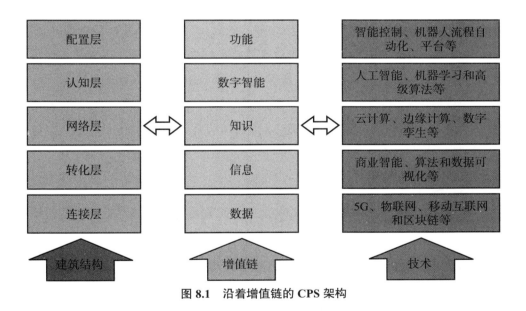

图 8.1 沿着增值链的 CPS 架构

（1）**连接层**将物理空间的要素（如传感器、设备、工厂、流程、服务等）数字化，带动物理空间的要素和流程的数字化，使其在互联互通的网络空间中具有自由流动和交换的能力。连接层与 5G、物联网、区块链等的发展密切相关。它与数据的采集和存储紧密相关，并进一步建立了大规模数据之间的联系。

（2）**转化层**是在连接层中大量元素和流程的基础上，进一步实现数据的增量。数据增量是指利用计算工具和算法，从连接层收集数据。整合、处理、分析和挖掘有助于实现从数据的转化到信息的转化。因此，转化层与数据挖掘和知识发现密切相关。

（3）**网络层**在云计算、移动互联网和其他计算技术的支持下，收集和整合网络空间中各种类型和来源的大量数据。异构的数字资源通过标准化的连接和异构的计算方式相互作用，形成一个广域的数据分析基础。大数据在网络层的聚集打破了实体对象之间的信息隔离，成为构建数字平台的重要基础。在网络层中，知识而非数据被创造和连接。知识图谱技术的出现，为大规模的知识网络的发展提供了动力。

（4）**认知层**使用人工智能和先进的算法来开发智能机器，可以像人类智能一样做出反应，包括自然语言处理（natural language processing，NLP）、图像识别、专家系统和深度学习。认知层可以处理多源的异质数据（如交易数据、用户生成的数据和传感器捕获的数据）以及知识（如业务规则、经验和商业知识）。先进的算法，如机器学习和深度学习，旨在产生数字智能，从而为用户提供高度个性化的服务。

（5）**配置层**需要将网络空间的信息反馈给物理空间，并对系统进行指导控制，包括虚拟世界和物理世界之间的双向互动，指向最终的演示市场。通过使用预设规则和语义规范等控制技术，将认知层做出的纠正和预防决策应用到被监督的系统中，驱动知识资源灵活、动态地分配和控制底层工业设备和机器部件，使整个系统具有自我适应和自我配置的能力。配置层使组织能够对干扰进行自我优化，对变化进行自我调整，并对弹性进行自我配置。这与知识的能力观是一致的（Grant，1996）。

**专栏 8.1 促进数字经济发展的先进技术**

**物联网（IoT）**是指越来越多的互联网连接设备，如传感器、仪表、射频识别（RFID）芯片和其他设备，被嵌入各种日常物品中，使它们能够发送和接收各种数据。

**第五代（5G）移动通信技术**由于其处理大量数据的能力更强，预计将成为物联网的关键。5G 网络可以处理比今天的系统多 1000 倍左右的数据（Afolabi et al., 2018）。特别是，它提供了连接更多设备（例如，传感器和智能设备）的可能性。

**区块链技术**是分布式账本技术的一种形式，允许多方在没有任何中介的情况下进行安全、可信的交易。

**云计算**是由更高的互联网速度促成的，它极大地降低了用户和远处数据中心之间的延迟。云服务正在改变着商业模式，因为它减少了对内部 IT 专业知识的需求，提供了扩展的灵活性，以及一致的应用推广和维护（Yu et al., 2018）。

**自动化和机器人技术**越来越多地应用于制造业，这可能对就业产生重大影响。有人担心，这些技术可能会限制发展中国家采用出口导向型制造业作为工业化道路的范围，而较发达的经济体可能会越来越多地使用机器人来"转移"制造业工作。

**人工智能（AI）和数据分析**是由大量的数字数据促成的，这些数据可以通过算法进行分析以产生洞察力并预测行为，也可以通过先进的计算机处理能力进行分析。人工智能已经在语音识别和商业产品（如 IBM 的 Watson）等领域得到了应用。

**数字孪生**包括三个不同的组成部分，即物理产品、数字或虚拟产品以及这两种产品之间的连接。物理产品和数字或虚拟产品之间的连接是指从物理产品流向数字或虚拟产品的数据以及从数字或虚拟产品到物理环境的信息。

# 数字经济时代传统知识管理的挑战

传统的知识管理强调知识的利用过程,即从数据到信息,再到知识。其主要活动体现在知识的获取、处理、整合、分析、应用和共享。然而,在数字经济时代,组织的战略、重点、竞争方式、增值活动和核心知识都出现了较大的变化。传统知识管理以组织或个人为核心,重点解决知识获取、知识整合、知识应用、知识共享、知识创造等问题。其中,如何将个人隐性知识转化为团队和组织层面的隐性和显性知识,从而提高组织知识创造能力是战略目标。传统的知识管理活动强调领导者、战略、文化、激励机制对知识管理效果的影响,计算机技术起辅助作用。然而,在数字经济时代,海量异构数据和人工智能技术的出现使传统知识管理遇到了多重挑战。数字数据是所有快速兴起的数字技术的核心,如数据分析、人工智能、区块链、物联网、云计算,以及所有基于互联网的服务。以数据为中心的商业模式不仅被数字平台采用,而且越来越多地被各行业的领先组织采用。

## 对数据驱动价值创造的需求

知识管理实践有望提高生产力,改善客户和员工满意度,增加收入,为人工智能做好准备,以及有效的远程工作。开发明确的商业价值对于知识管理举措至关重要。特别是,在全球疫情大流行和经济不确定的时候,证明知识管理提供的明确价值比以往任何时候都更重要。对一个组织来说,正确的知识管理努力将帮助组织更灵活、更有效地运作。

商业逻辑已经从产品主导逻辑转变为服务主导逻辑(Vargo and Lusch, 2008; Vargo et al., 2010; Lusch and Nambisan, 2015; Vargo and Lusch, 2015)。在产品主导逻辑中,企业通过一系列的生产活动将价值强加给商品,然后进入市场与消费者互动以实现产品的改进。相应的知识管理实践集中在生产过程和内部组织。在服务主导的逻辑中,服务被定义为"为了另一个实体和实体本身的利益,通过行为、过程和表演对专业化能力(知识和技能）加以应用"（Vargo and Lusch，2004）。价值创造是通过产品/服务供应商和消费者之间的积极互动产生和完成的。

互动服务塑造了一个价值共同创造的过程。价值共同创造是指行为人通过与其他合作者的活动和互动，从资源整合中实现的利益。服务提供者提供价值主张，作为对利益相关者参与服务的承诺。价值是由服务受益者根据他们的经验独特地、从现象学上确定的。从消费者数据中挖掘相关知识，并将其作为产品/服务创新的源泉，对于价值共同创造至关重要。因此，知识管理实践应该扩展到通过数据驱动的方法来发现用户在特定情况下的潜在需求。

**对异质性资源整合的需求**

在服务主导逻辑中，资源分为对象性资源和操作性资源。对象性资源是指人类可以利用的资源（如土地和矿产），其特点是有形、静态和有限的。对象性资源可以被液化、拆分或重新捆绑。而操作性资源是指能够影响其他资源的资源（Vargo and Lusch，2004；2008）。操作性资源是无形的、动态的和无限的。传统经济模式强调开发土地和物质资源等自然资源。在数字经济时代，处理网络空间多源异构数据的能力成为组织的核心竞争力。Barrett 等（2015）强调 IT 作为操作性资源来赋能服务创新。先进的 IT 技术可以提高数字化程度并释放创造力，从而实现资源整合并提供共同创造价值的新机会（Akaka and Vargo，2014；Lusch and Nambisan，2015）。

当现有的资源被重新捆绑或新的资源被捆绑，形成新的价值共同创造方式，开发新的价值时，服务创新就出现了（Lusch and Nambisan，2015；Vargo and Lusch，2015）。因此，在产品/服务创新过程中，资源整合是最重要的。在网络空间中，来自不同来源、结构和特征的知识的整合将成为知识管理的重点。在 CPS 的网络层中，大量的物理资产可以反映和投射到网络空间，即所谓的"数字孪生"。这些资源是大量的、多样化的、易变的、异质的，等等。领先的组织可以在网络空间对这些资源进行大规模的有效整合和利用。资源整合能力越强，就能更大范围地、更深入地、更快地整合资源，资源密度就越高，受益者之间产生的价值共同创造的机会就越多。基于以往管理信息系统的知识管理实践是不充分的，也是不合格的。人工智能和机器学习技术的进步被要求应用于知识管理实践。

对了解知识生态系统和多模式数据分析的需求

越来越多的多源异质数据要求提高对知识生态系统的理解，包括所有类型的知识、信息和数据。组织要求能够有效地捕捉、管理和寻找所有的东西。因此，知识管理应该帮助组织整合、展示、寻找、发现和联系所有不同类型的内容（包括文件、数据、知识、合作材料，甚至人）。这就实现了发现的路径，最终用户可以穿越内容、数据和人，找到所有可以帮助他们完成当前任务和发展长期知识的内容。对数字资产的分析和解释有助于人们理解、分析和做出前瞻性的准确决策。在实施知识管理实践时，组织更加关注如何利用它们所拥有的一切，使人们更容易和直观地获取，与知识连接，并给人们赋能从而根据发现的知识采取行动。

随着数据的整合和快速增长，知识分析和发现的能力也需要进一步提高。在 CPS 的连接层，技术应用实现了全面的连接，包括人与人之间通过社交网络的连接，人与物之间通过电子商务平台的连接，物与物之间通过物联网、车联网、航空发动机数据网络等的连接，以及人与物和过程之间通过物流平台的连接。安装在实物上的传感器可以收集产品及其生产过程中的大量数据，将实物资产投射到网络空间，形成数字孪生，并实时、准确地呈现实物、属性和状态的镜像，包括形状、位置、状态和运动。对网络空间中的多源、多模式数据进行分析的进展，以及动态和实时数字模拟模型的创建，对知识的获取和发现提出了挑战。

## 利用数字经济发展知识管理的趋势

在数字经济时代，知识管理的重要性和战略意义已经得到了极大的认可。技术对知识管理产生了巨大的影响，激发了利用知识管理战略的强大平台的发展。知识管理技术和工具不断发展，以应对新的需求和挑战。下文我们提出了新时代知识管理发展的趋势。

### 从数据挖掘到实时决策的转变

知识管理工作的重点是启动和实现数据驱动的价值创造和共同创造。知识管理的发展是为了给组织提供决策支持。先进的知识管理工具，如动态数字仪表板、数字面板和各种可视化工具，帮助员工判断、决策，并采取对策解决问题。知识管理需要帮助组织实现其战略目标并更好地服务于社会。例如，政府可以通过电子政务系统和智慧城市系统有效地提供便民服务以及进行危机管理和社会资源协调；企业可以准确地提供定制的产品和服务，满足客户的需求。为了实现这些目标，组织应该将数据驱动的决策发展为组织文化。

### 从本地知识管理到全球知识管理的转变

从架构的角度来看，知识管理正在从本地知识管理转变为不同颗粒度的全球知识管理。以前在孤岛上发展的知识管理活动，包括企业战略、研发、营销或生产，被要求沿着整个业务流程和价值链扩展。另外，嵌入在人员、设备、流程和活动中的知识，可以在更细的颗粒度上被捕捉和分析。因此，组织需要更新过往的知识本体，重新定义组织的内部和外部知识。知识本体可以作为蓝图来定义组织中每个代理人的属性和关系。

### 价值共同创造使组织的高效创新成为可能

知识创造是一个持续的、自我超越的过程，在这个过程中，人们通过获得新的环境、新的世界观和新的知识，超越了旧的自我边界，成为一个新的自我（Nonaka，1994）。传统组织中的纵向和横向分工，形成了大量的信息孤岛。这些孤岛阻碍了知识的传播和交流，降低了知识共享的效率，从而导致了组织的创造力和环境适应能力的降低。网络空间的数字连接为知识的无障碍流动和共享提供了前所未有的机会，并为激活组织的创造力创造了坚实的基础。从数据挖掘和场景追踪中获得的商业洞察力可以帮助组织快速试错,将新的想法转化为商业价值,从而不断适应变化的环境。尤其是基于数字平台的大型组织,如阿里巴巴、腾讯、Tiktok 等,能够将数据挖掘和大规模用户行为的知识发现所带来的创意紧密地聚合在一起,并将产品制造商、服务提供商、金融机构、信息提供商等相关利益方的需求聚合在一起。价值是通过消费者和相关利益方之间的联系和互动,以及供应方和需求方之间的匹配来共同创造的。

### 自动化非结构化内容分析以推动知识发现

组织正日益受洞察力驱动。一方面,物联网、移动互联网、人工智能等技术的发展带来了数据的爆炸式增长;另一方面,这种发展增加了数据的复杂性,削弱了信息的可靠性,也提高了提取有价值知识的难度。新出现的知识碎片化要求更强大的知识管理(Gray and Meister,2003)。与结构化数据(表格、表单、日志文件)不同,从非结构化数据中搜索和分析有意义的信息是很困难的。知识管理技术的开发是为了获取、处理和标记大量的非结构化内容,并使其可用于搜索和分析。人工智能技术的快速发展,如机器学习和自然语言处理,使非结构化内容分析的自动化过程得以实现,包括提取实体(人、地点、公司等),识别情感,并将主题分类。因此,对人工智能搜索和分析解决方案的需求将在组织中变得更加普遍。

### 为组织的智能建立一个大规模的企业知识图谱

我们有必要了解本体论和知识图谱赋予企业人工智能的能力。知识图谱的概念在 2000 年首次被提出,并在 2012 年由谷歌发展。知识图谱代表了实体相互联系的描述集合,包括对象、事件或概念。知识图谱通过连接语义元数据将数据放在上下文中,并以这种方式为数据整合、统一、分析和共享提供一个框架。基础知识管理活动,如分类和标签、内容类型和内容清理、内容管理和隐性知识捕获,对于一个企业连接知识、内容和数据的目标,以及将知识自动推送给正确的用户,并将知识集合起来以获得更大的价值和行动,都是至关重要的。企业知识图谱正在成为导航系统的基础,以代表不同领域的组织知识资产，如市场营销、组织结构、创新和人力资源。

传统的知识管理强调宏观层面的知识图谱和审计，如开发组织知识图谱和能力图谱来反映知识资产。知识对象仅限于文件和技能，而知识发现通常是基于规则的。在拥有海量数据的数字经济时代，组织可以利用知识图谱技术建立一个大规模、精细化、高质量的知识库。知识图谱通过综合运用算法、机器学习、图形、信息可视化技术、信息检索、图像识别、语音识别等技术，可以揭示人员、设备、产品、流程的结构关系，并为重要决策提供所需的支持。

知识图谱可以作为一种隐性知识的激发和表示技术，并进一步建立不同领域知识之间的动态关系。知识图谱有助于将专家的隐性知识外部化，并将其转化为组织的知识资源，从而帮助组织发掘其知识资产的价值。知识图谱还可以丰富用户的知识搜索体验。谷歌开创了问答功能，努力通过谷歌知识图谱将"搜索引擎"转变为"知识引擎"。企业知识图谱的发展，加上自然语言处理技术的快速发展，使企业能够发展知识驱动的智能业务，如更快、更准确地回答高度复杂的问题，提供创新的客户服务，识别解决问题型员工，以及预测市场趋势。

### 协调人类和机器智能之间的相互作用

隐性知识一直是知识管理的难点和关键。Nonaka 和其他学者（Nonaka，1994；Nonaka and Takeuchi，1995；Nonaka et al., 2000）提出了一个由三个要素组成的知识创造模型。第一，SECI 过程，包括社会化、外部化、组合化、内部化，通过隐性知识和显性知识之间的连接创造知识；第二，知识创造的共享环境；第三，知识资产：知识创造过程的输入、输出和调节器。知识创造的这三个要素必须相互作用，形成创造知识的知识螺旋。SECI 模型强调的是隐性知识和显性知识在社会交流群体和情境中的转化螺旋，可以促进知识创造。隐性知识是由领导者的生产经验、专业洞察力和实践智慧形成的。隐性知识也是由个体员工或群体之间的相互交流和碰撞产生的。隐性知识决定了组织对周围环境变化的解释。

在数字经济时代，隐性知识的来源被进一步扩展到人机互动。数字孪生是利用物理数据、虚拟数据和它们之间的交互数据对产品生命周期中的所有组件进行的真实映射（Tao et al., 2019）。数字孪生将物联网、人工智能、机器学习和软件分析与空间网络图整合在一起，创造出活生生的数字模拟模型，随着物理对应物的变化而更新和变化。数字孪生不断从多个来源学习和更新自己，以代表其近乎实时的状态、工作条件或位置。这个学习系统从自身学习，使用传感器数据传达其工作状态的各个方面；从人类专家，如具有深刻和相关领域知识的工程师中学习；从其他类似的机器中学习；以及从它可能是其中一部分的更大的系统和环境中学习。数字孪生还整合了来自过去机器的历史数据，将其纳入自己的数字模型。因此，数字孪生促进了丰富的人机互动。由此，隐性知识以更快、更动态的方式产生，这就要求强大的知识管理来促进和协调人类与自我强化的机器之间的工作。

此外，全球性疫情大大加快了远程工人和分布式员工的使用。知识管理应该推动远程工人团队之间更有效地协作，以及工人和智能机器之间的协作。

## 结语

在数字经济时代，知识作为最重要的操纵性资源，已经成为组织创造竞争优势的核心资产。同时，我们对数字经济时代知识管理在理念、制度、技术、方法等方面的挑战还只是处于初步认识阶段。一方面，知识管理的难度在增加，用户的要求也在增加。海量数据的增长和动态变化对数据的获取和整合提出了更高的要求。异构整合和数据挖掘成为关键，同时对数据到信息再到知识的准确性、实时性、精确性要求更高。另一方面，原有的知识管理在技术手段上需要不断更新，也需要积极探索人机交互和人工智能的作用。为了应对数字经济时代知识管理的挑战，需要投入更多的人力和物力；需要整合多学科的专家进行协作探索；需要构建符合数字经济时代要求的知识管理体系和方法。

因此，组织采用强调迭代、协作、自组织和以客户为中心的设计的知识管理非常重要。组织被要求应对业务和运营绩效的挑战，以及在新时代制定和实施基于知识管理的战略。

## 鸣谢

作者感谢国家自然科学基金项目"科技企业的组织灵巧性，战略领导力和组织学习的影响"（项目批准号：71371017）以及国家自然科学基金（项目批准号：72172155，91846204）和北京市社会科学基金（项目批准号：17GLC056）的部分支持。Yan Yu 博士将作为本章的通讯作者。

## 参考文献

Afolabi, I., Taleb, T., Samdanis, K., Ksentini, A. and Flinck, H. (2018), Network slicing and soft warization: A survey on principles, enabling technologies, and solutions, *IEEE Communications Surveys & Tutorials*, Vol. 20 No. 3, 2429–2453.

Akaka, M.A. and Vargo, S.L. (2014), "Technology as an operant resource in service (eco) systems, *Information Systems and e-Business Management*, Vol. 12 No. 3, 367–384.

Alavi, M. and Leidner, D.E. (2001), Review: Knowledge management and knowledge management systems: Conceptual foundations and research issues, *MIS Quarterly*, Vol. 25 No. 1, 107–136.

Anderson, P. (2019), IBM announces new industry-leading NLP features inside Watson Discovery, IBM.

Barefoot, K., Curtis, D., Jolliff, W., Nicholson, J.R. and Omohundro, R. (2018), Defining and measuring the digital economy. *Bureau of Economic Analysis*, United States Department of Commerce, Washington, DC.

Barrett, M., Davidson, E., Prabhu, J. and Vargo, S.L. (2015), Service innovation in the digital age: Key contributions and future directions, *MIS Quarterly*, Vol. 39 No. 1, 135–154.

Becerra-Fernandz, I., Gonzalez, A. and Sabherwal, R. (2003), *Knowledge Management: Challenges, Solutions and Technologies*, Prentice Hall, USA.

Brennen, S. and Kreiss, D. (2014), Digitalization and digitization. Culture Digitally. [online]. Available at: http://culturedigitally. org/2014/09/digitalization-and-digitization/.[Accessed 18 June, 2023].

Brynjolfsson, E. and Kahin, B. (2002), Understanding the digital economy [electronic resource]: Data, tools, and research, Presidents & Prime Ministers.

Dai, Y.S., Ye, L.S., Dong, X.Y. and Hu, Y.N. (2018), CPS and the future development of manufacturing industry: A comparative study of policies and capacity building between China, Germany and the United States, *China Soft Science*, No. 02, 11–20.

Dong, X.Y., Yu, Y. and Zhang, N. (2016), Evolution and coevolution: Dynamic knowledge capability building for catching-up in emerging economies, *Management and Organization Review*, Vol. 12 No. 4, 717–745.

Grant, G.M. (1996), Prospering in dynamically-competitive environments: Organizational capability as knowledge integration, *Organization Science*, Vol. 7. No. 4, 375–387.

Gray, P.H. and Meister, D.B. (2003), Introduction: Fragmentation and integration in knowledge management research, *Information Technology & People*, Vol. 16 No. 3, 259–265.

Henry, D.K., Buckley, P. and Gill, G. (1999), *The emerging digital economy II*, Washington, DC: US Department of Commerce.

Lemos, A.D. and Porto, A.C. (1998), Technological forecasting techniques and competitive intelligence: Tools for improving the innovation process, *Industrial Management & Data Systems*, Vol. 98 No. 7, 330–337.

Lusch, R.F. and Nambisan, S. (2015), Service innovation: A service-dominant logic perspective, *MIS Quarterly*, Vol. 39 No. 1, 155–175.

Nonaka, I. (1994), A dynamic theory of organizational knowledge creation, *Organiza-*

*tion Science*, Vol. 5 No. 1, 14–37.

Nonaka, I. and Takeuchi, H. (1995), *The knowledge-creating company: How Japanese companies create the dynamics of innovation*, Oxford University Press.

Nonaka, I., Toyama, R. and Konno, N. (2000) SECI, BA and leadership: A unified model of dynamic knowledge creation, *Long Range Planning*, Vol. 33, 5–34.

National Bureau of Statistics.(2016).Office of the network security and information leading group of the CPC central committee. G20 digital economy development and cooperation initiative.

Tao, F., Sui, F., Liu, A., et al.(2019), Digital twin-driven product design framework, *International Journal of Production Research*, Vol. 57 No. 12, 3935–3953.

Tapscott, D. (1996), *The digital economy: Promise and peril in the age of networked intelligence*, McGraw-Hill.

Vargo, S.L. and Lusch, R.F. (2004), Evolving to a new dominant logic for marketing, *Journal of Marketing*, Vol. 68 No. 1, 1–17.

Vargo, S.L. and Lusch, R.F. (2008), From goods to service(s): Divergences and convergences of logics, *Industrial Marketing Management*, Vol. 37 No. 3, 254–259.

Vargo, S.L. and Lusch, R.F. (2015), Institutions and axioms: An extension and update of service- dominant logic, Journal of the Academy of Marketing Science, Vol. 44 No. 1, 5–23.

Vargo, S.L., Lusch, R.F. and Akaka, M.A. (2010), Advancing service science with service-dominant logic, *Handbook of Service Science*. Springer US.

Volini, E., Schwartz, J., Denny, B., et al.(2020), Knowledge management: Creating context for a connected world. *Deloitte Insights*.

Yu, Y., Dong, X.Y., Shen, K.N., et al.(2013), Strategies, technologies, and organizational learning for developing organizational innovativeness in emerging economies, *Journal of Business Research*, Vol. 66 No. 12, 2507–2514.

Yu, Y., Li, M., Li, X., et al.(2018), Effects of entrepreneurship and IT fashion on SMES' transformation toward cloud service through mediation of trust, *Information & Management*, Vol. 55 No. 2, 245–257.

# 揭秘大数据与知识管理之间的联系

*Krishna Venkitachalam* 和 *Rachelle Bosua*

## 引言

在过去的30年里,知识管理学科已经非常成熟了。这方面的证据包括知识的各种模型、类型和观点,即隐性与显性、客观主义与基于实践的知识(Jasimuddin, Klein and Connell, 2005;Hislop et al., 2018;Marabelli and Newell, 2014);知识的性质,即包含的、收录的、嵌入的、编码的和培养的(Blackler, 1995);知识创造,即SECI模型(Nonaka, 1991a, 1991b;Nonaka and Hirose, 2015;Nonaka and Toyama, 2005;Nonaka and Toyama, 2003);知识战略(Bosua and Venkitachalam, 2013;Hansen, Nohria and Tierney, 1999);战略知识管理的动态(Venkitachalam and Willmott, 2015);知识的战略转移(Venkitachalam and Willmott, 2016);网络的社会视角以及知识在团队、社会网络和跨文化中的流动和使用(Adler and Kwon, 2002;Bosua and Scheepers, 2007;Cross et al., 2001;Nahapiet and Ghoshal, 1998)。

相比之下,大数据和商业分析[1](business analytics,BA)领域的出现将分析作为从历史数据中收集资料以制定可操作决策或行动建议的过程(Chen et al., 2012;Sharda et al., 2018)。因此,在过去的10年中,人们对大数据有了很大的兴趣。对数据作为重要组织资源的日益关注并不新鲜,因为自20世纪70年代以来,数据一直是传统业务处理应用程序和系统的支柱。随着2005年

Web 2.0 和 Hadoop 的引入，技术的新发展（如数字平台、云计算、人工智能和机器学习）伴随着收集和处理大量结构化和非结构化数据的工具，造就了"数据化"的新时代。数据化被描述为一种技术趋势，即商业和人类生活的每一个可能的方面都被改变为数字形式，以便增加价值（Lycett，2013；Sadowski，2019）。

从计算的角度来看，近年来对大数据和 BA 的关注（Chen and Zhang，2016；Lycett，2013）引发了对数据分析的日益增长的需求，以获得对业务需求、趋势和客户要求的更深层次的理解。在过去 20 年里，新的学科"数据科学"得到了长足的发展，其作为大数据的补充，使数据化具有意义（Lycett，2013；Stodden，2020）。作为一个不断发展的跨领域学科，数据科学借鉴了计算方法、流程、统计学算法、数据挖掘技术、机器学习以及 IT 平台和系统，从大量的结构化和非结构化数据中提取"知识"和"洞察力"。据预测，未来的数字业务将极大地利用数据科学来支持 BA，这可能为创造商业价值提供无限的可能性（Gartner，2020；Hernán et al.，2019；Vicario and Coleman，2020）。

对知识管理文献的回顾表明，知识仍将是 21 世纪最重要的资源之一（Litvaj and Stancekova，2015；Razzaq et al.，2019）。在 Heisig 等（2016）最近的一项全球研究中，作者强调了能够影响组织多方面的知识管理未来研究领域，包括知识创造和共享、创新、知识工作者的生产率和绩效、决策和竞争优势。其中一个具有特殊重要性的领域是决策和知识管理。由于知识管理具有独特的跨学科性质，人们对知识管理背景下的组织决策是如何通过数据化来实现的了解还很不够。虽然数据化在竞争格局中具有很强的特点，但是大数据和知识管理领域之间还没有明确的联系。本章的目的是通过文献来探索这种联系，以确定如何在组织决策的大数据和知识管理这两个领域建立起桥梁。因此，要研究的问题是，用于组织决策的大数据和知识管理之间的桥梁纽带是什么。

在分析这个问题时，我们关注的是关于大数据和知识管理的洞察力与先前的文献，重点是组织决策。作为研究洞察力的一部分，我们引入了"情境知识专家"的概念，并将其定义为"具备特定情境（依赖性或约束性）的知识和技能的人，其专长对于组织不同方面所需的决策至关重要"。

本章的结构如下：首先描述文献审查方法；其次，"文献背景"部分重点介绍了基于文献综述得出的一些重要主题，这些主题与组织决策中的大数据和知识管理相关。再次，提出一个概念模型，代表了大数据、知识管理、决策，以及相关讨论和见解之间的联系；最后，结论描述本研究的局限性、对学术界和实践的影响以及后续研究。

## 文献审查方法

### 文献选择

我们采用了一种系统化的方法来寻找、过滤和分析相关文献，综合使用了 Wolfswinkel 等（2013），以及 Webster 和 Watson（2002）提出的方法。最初的论文搜索首先限定了研究领域，将搜索范围限定在两个学科领域：大数据和知识管理。考虑到在撰写本文时，知识管理学科在框架、方法、流程和模型方面比大数据学科更加成熟，此外，大数据和知识管理之间的联系是一个新兴的领域，因此我们在自己对这两个领域的见解指导下，进一步完善了搜索关键词。在对文献的解释过程中，我们发现了通过人的智力能力进行组织决策的重要性。因此，我们确定了最终用于搜索相关文献的一组关键词：数据化、智力能力、BA、决策和大数据，并将它们与关键词知识、知识管理、知识管理流程、隐性知识和显性知识，进行了一个或多个"AND"和"OR"组合。

我们使用 EBSCO 和 Web of Science 数据库进行搜索，并使用谷歌学术和 Open University 搜索引擎得出的论文。此外，我们还专注于自己研究中熟悉的知识管理期刊，并基于 Serenko 和 Bontis（2022）的前三大知识管理期刊的排名表，即《知识管理杂志》（*Journal of Knowledge Management*）、《知识管理研究与实践》(*Knowledge Management Research & Practice*)和《知识与流程管理》(*Knowledge and Process Management*)来展开研究。我们细化的搜索标准进一步将论文范围缩小到 2014 年至 2021 年的同行评议的英文论文，也包括早年被认为是热门的高被引论文。我们的多方法搜索首先根据标题进行过滤得到了论文，然后根据其摘要与论文研究问题的一致性进行最终选择。在我们的分析和解释中使用了 62 篇概念性和经验性的论文，以形成本章的成果。

文献分析

在分析最后确定的这组论文时，我们采用了 Wolfswinkel 等（2013）提出的 3× 步骤编码过程，Strauss 和 Corbin（1998）在定性研究中使用了该方法。首先确定了描述大数据、知识管理和决策之间联系的开放性主题。此后，我们根据 Gioia 和 Hamilton（2013），以及 Strauss 和 Corbin（1998）建议的，将开放性主题归类为有意义的类别。在接下来的部分，我们将所解释的主题分为五个相关的小节进行介绍。

## 文献背景

知识管理学科的发展

知识管理文献的核心是对组织中隐性知识和显性知识的重要区分，以及其与商业战略、组织发展、信息和通信技术的使用、知识保护和组织决策等的关系（Alavi and Leidner，2001；Hislop et al.，2018；Jasimuddin et al.，2005；Venkitachalam and Busch，2012）。在知识管理文献中，由信息通信技术和人类视角促成的跨企业边界或实体内的知识共享与转移是研究最多的知识过程。与知识共享相关的是个人吸收新知识进行决策和创造新知识的能力（Malhotra et al.，2005；Martin-de Castro et al.，2015）。

自 20 世纪 90 年代初以来，知识管理已经发展成为一个重要的管理领域，提高了我们对知识作为组织资产的重要作用的认识（Alavi and Leidner，

2001；Ruggles，1998）。自从 Nonaka 的知识创造理论（1991a；1991b；1994）以及 Spender 和 Grant（1996）将知识视为战略决策的关键资源观点（Barney，1991）提出以来，知识管理学科已经贡献了一些与识别、捕获、共享、评估、检索和重新使用组织的知识资产有关的理论和模型（Alavi and Leidner，2001；Watson and Hewett，2006）。通过应用和使用这些基于知识的理论，结合信息和通信技术以及管理文献，知识管理试图在解释知识对组织决策的重要性方面发挥关键作用。

在 21 世纪，知识管理学科强调知识是一种关键资产，它使企业有能力通过产品和服务创新保持竞争优势（Grant，1996）。Subramaniam 和 Youndt（2005）指出，组织有效利用知识资源的能力，是与其及时做出战略决策以便在运营环境中创造价值的能力密切相关的。更具体地说，组织决策与组织集体知识、利用知识资源创造和开发新业务模式、惯例和战略的能力，以及适应环境并通过产品和服务创造价值的能力有关。

组织专有技术的固有本质包括人类的隐性知识，这些知识难以表达，但却是决策过程中创造市场价值的个人和集体行动的一部分。随着时间的推移，嵌入和编码在常规与程序中的制度化知识作为显性知识驻留在 ICTs 中（Jasimuddin et al.，2005；Schneider，2018）。显性知识对于人类回忆以前的知识经验和行动是很有用的，可以重现和重建对组织决策有价值的经验。一般来说，组织知识是企业最宝贵的资产，集体存在于企业员工及其互动中的技术诀窍构成了独特的知识和能力，组织应用这些知识和能力来解决独特的问题，使企业能够实现和保持其竞争力（Bontis，2001；Campos，Dias Teixeira and Correia，2020）。

## 数据和大数据的处理

数据，无论是有限的数据集还是大数据，都被加工成信息。数据由纯粹的事实、字符或符号组成，一旦被计算机处理，就会变成信息。数据可以是结构化的（高度具体，以预定格式存储）或非结构化的（由各种类型的数据组成，如文本、图像、音频和网络内容）(Sharda et al.，2018）。几十年来，将数据处理成信息已经发展成许多不同的工具、技术和方法。这些工具已经进一步发展到专门支持大数据的预处理，以便为处理成信息做好准备，如包括整合、清理、转换和减少数据的工具（所谓的数据"生命周期"，见Sharda et al.，2018）。数学和统计技术作为识别大量数据中特有模式和解决特定业务问题的有力工具获得了广泛认可。目前，三种主要的商业分析类型是描述性的、预测性的和规范性的，每种类型都借鉴了不同的统计方法来处理大数据（Acht et al.，2019；Sharda et al.，2018）（见图9.1）。

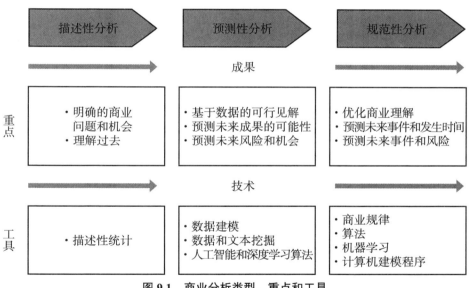

图9.1 商业分析类型、重点和工具

描述性分析由商业报告、商业智能仪表盘、记分卡和来自数据仓库的大型数据集促成，用于解决"每个家庭的平均支出是多少"和"两个数据集的平均值如何比较"这类问题。结果是数据集的平均数、平均值或标准偏差，用来解决定义明确的商业问题。预测性分析是由数据和文本挖掘及数据建模促成的更复杂的统计方法，如线性和复杂的回归、因素分析和预测模型，被用来预测未来事件，例如"下个月我将得到多少个销售推荐"和"明天我将拿到多少个电话号码"。规范性分析可以通过商业规律、算法、机器学习和计算机建模来实现，所解决的问题是"我们应如何避免……""我们应如何计划……"以及"我们必须考虑......"。规范性分析处理的问题是提出需要或不需要采取的行动，什么是正确或错误的行动，或者在特定情况下的好或坏。

在知识管理、组织发展和管理文献中，数据、信息和知识的层次结构被频繁描述。与其关注这个层次结构，不如描述大数据在这个层次结构中的作用，这样更有意义。在对大数据进行概念化时，大数据的三个 $V^2$ 特性（即数量、种类和速度）被区分开来（Akter et al., 2019; Chen, Chiang and Storey, 2012; Sharda et al., 2018）。数量指的是全世界每天创造的大量数据。种类指的是正在创建的不同类型的数据，即传统形式的数据（在数据库中），以及非传统形式的数据（通过社交媒体、物联网设备和可穿戴设备创建的数据，其数据形式为视频、文本、音频和图形）。速度指的是数据产生的速度，有些数据是实时产生的（如 Twitter 或 Facebook），需要分布式处理，而其他数据的产生频率较低。因此，将大数据处理成信息，可以对过去的经验和趋势有更多的了解，特别是当这些数据以可视化方式呈现时。

## 从大数据到知识

尽管从知识管理的角度来看，大数据和知识管理的联系还没有完全建立起来，但最近的文献承认了大数据在有效决策和改善业务运营方面的价值，例如在营销和供应链方面（Chen et al., 2012; Davenport, 2013）。处理来自社交媒体渠道的数据可以为营销人员提供许多新的见解，比如不同的客户对特定广告的反应，他们喜欢看什么等，这使得营销公司能够针对特定客户定制广告。因此，大数据和商业分析可以通过数据挖掘和机器学习，提供许多以前无法实现的新见解。这些新见解使许多组织能够做出更明智的决定，并有助于进一步发展价值和竞争优势。基于平台的商业模式的出现和商业分析的应用帮助组织改善他们对客户或顾客的服务。亚马逊就是一个例子，它的目标是有效地服务于客户，同时也了解客户对未来产品和服务的需求。

与知识管理领域相比，大数据和商业分析对知识有不同的看法。Blackler（1995）将知识定位为嵌入人的头脑并体现在行动中，以区分隐性知识和显性知识。隐性知识植根于行动和经验，难以模仿，存在于人的头脑中，并具有认知和技术元素（Nonaka，1994）。隐性知识是通过广泛的专业知识获得的，包括知与行之间的互动（Jasimuddin et al.，2005；Schultze and Stabell，2004）。因此，隐性知识是一种独特的智力能力，是有助于创新的重要认知资源。与此相反，显性知识可以用书面语言、符号或自然语言来表述、说出、编纂和交流（Alavi and Leidner，2001）。例如，以数字形式记录的例程、经验法则、启发式方法、实践指南或任何其他可以被他人获取或使用的形式（如数字人工制品）。显性知识是陈述性知识，它可以单独存在或集体存在，例如，在一个团队或一个小组中，人们一起工作并分享经验，显性知识就作为一个团队长期以来解决复杂问题的结果存在。

显性知识是创造新知识的基础，借鉴 SECI 模型（Nonaka，1994），可以将隐性知识衔接成数字显性形式，通过 ICTs 向组织中的其他人提供显性知识，使显性知识得以获取并内化。显性知识不被认为是信息本身，而是可操作的知识，使其接受者能够通过认识和行动创造新的知识。显性知识的内化也可以刺激在一个完全不同的知识环境中创造新的知识。因此，知识是动态的（Venkitachalam and Willmott，2015），将隐性知识显性化的过程，也是在新的场景中综合、纳入和应用知识的过程。因此，在大数据和商业分析的背景下，计算机有能力自行创造新知识（Muller et al.，2019），而商业分析可以通过数据挖掘算法、模式匹配和机器学习从大数据中"发现"和"提取"知识（Sharda et al.，2018）。

考虑到知识管理文献中发现的知识的定义、维度和性质，大数据和商业分析中的知识概念化与知识管理学科中的知识含义之间存在巨大差异（Tian，2017）。大数据和商业分析中的知识是算法模式匹配和数据挖掘的结果，使组织能够更好地理解数据中的模式。因此，面临的挑战是如何辨别这种"知识"确实是显性知识还是隐性知识，即是不是可操作的见解，这会影响对一个情境到另一个情境的深入理解，以及影响知识情境中决策的有效程度。在这个语境转换和去伪存真的时刻，从实证（大数据）的角度来看，这种以语境为基础的知识是否能被清楚地理解，还没有明确的说法。

## 知识的背景

知识最重要的特征之一是它具有黏性，并与特定的背景相联系（Meacham，1983；Tsoukas，1996）。脱离了背景，知识就没有意义，也就失去了其独特的价值。以纤维肌痛慢性病社区为例，该社区经常在 Reddit 在线社交媒体群中进行互动。这种疾病有独特的症状、特征和特定的标签，例如，慢性病社区用"勺子"这个标签来解释一个人的精力不足。一天中上午花费了太多的精力，可能会使一个人在下午/晚上的能量水平有限（"勺子"少）。勺子这个词脱离这样的情境单独使用时没有任何意义，但在慢性病的情境下，这个词有非常特定的背景和意义。

因此，知识背景的重要性体现在它是数据－信息－知识层次结构的核心支撑。Tsoukas (1996) 将一个组织描述为一个分布式的知识系统，在这个系统中，知识的使用并不是由一个单独的代理人负责。一个组织需要利用的知识是不确定的，并且不断涌现（Venkitachalam and Willmott，2016）。因此，知识不是自成一体的，而是由以下存量组成：（1）与角色相关的规范性预期；（2）因社会网络而形成的处置方式，以及（3）与特定情况有关或与基于时间和地点的环境有关的本地知识。在这种情况下，Tsoukas（1996）强调了四种类型的组织知识：（1）个人有意识的显性知识；（2）客观化的知识，它是明确的，并由组织持有（如在组织记忆中）；（3）无意识的个人前意识知识；（4）高度依赖背景的集体知识，它存在于一个组织的实践中。因此，重要的是在一个组织中个人持有或集体分享的关于特定背景的知识，这是通过学习长期获得的共同实践和技术的结果。

**人类和组织的决策**

现有的商业分析文献表达了从业人员对统计方法、模式、工具和技术的需求，以改善决策（Muller et al., 2019）。决策是一个植根于心理学的复杂概念，涉及人类智力能力的高阶思维（Pohl, 2008）。智力是个体的特殊能力，通过一系列的认知过程演变，即发现和解决问题的能力、推理（包括空间推理）、记忆的使用和回忆、操作抽象概念和建立联系的能力（Jaques, 1986）。随着时间的推移，智力随着个人在特定知识领域的学习和经验的速度而演变，因此，人类的认知往往与特定的知识背景联系在一起，这些知识背景是在长期接触解决问题的行动与学习中产生的（Pohl, 2008）。

智力表现为个人通过计划和执行目标导向的活动来解决复杂问题的认知过程。因此，组织决策需要结合多种知识来源（包括隐性和显性）的智力能力。在一个竞争更加激烈的时代，组织解决问题的性质变得更加复杂，因此大数据时代的决策需要将机器知识与人类的智力能力相结合的机制。Kurzweil 用 Brockman（2002）的话阐述了这种需求，他认为我们正在进入一个新的时代，它合并了人类智能和机器智能。随着商业分析的出现，在解释大数据如何从组织决策的角度与知识管理相联系方面仍存在着文献空白。

## 概念模型——大数据、知识管理和组织决策

基于前面的讨论，图 9.2 中的概念模型试图说明商业分析知识发现和模式匹配活动的成果，这些活动解释了大型数据集，并从这些数据中产生可操作的见解。商业分析越来越多地被用来支持组织决策（Akter et al., 2019）。如前所述，商业分析过程的"机器知识"的成果被用于组织的决策过程。这种知识还不是代表特定知识背景的知识管理的显性知识。

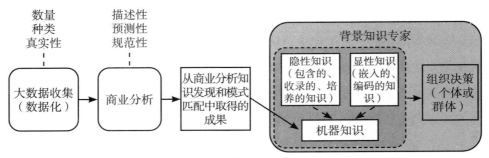

图 9.2　大数据、知识管理和组织决策之间的联系

基于我们对文献的分析，在理解大数据和知识管理之间的联系方面存在差距，我们的模型说明，机器智能和人类智能之间的联系需要通过背景知识专家的专业技术和知识来实现。他们的专业知识对于连接大数据和知识管理，以及解决组织决策的复杂商业问题至关重要。为了进一步解释这一差距，我们从文献中得出了以下五个观点，并在接下来的内容中讨论。

举例来说，O'Connor 和 Kelly（2017）以及 Sumbal 等（2017）的研究，还有 Pauleen（2017）对知识管理领域的全球专家之一戴维·斯诺登（David Snowden）的采访提醒到，在理解大数据和知识管理在决策中的联系时，不能忽视人类的知识／判断的作用。斯诺登以招聘为例，发现越来越多的证据表明企业在使用商业分析算法／大数据工具来决定哪个候选人应该参加工作面试，对此，斯诺登认为：

> 现在的人实际上是在使用算法来决定哪些简历可以被推荐给面试官。你现在可以购买一种算法来改进你的简历，这样它就更有可能被接受。这简直是无稽之谈，而且它把人类的判断从简历筛选过程中移除。如果知识管理是关于一件事的，那就是强调人类判断和人类感觉的价值。

(Pauleen，2017)

特定情境中的人类判断和感觉可以由"背景知识专家"有效管理。因此，

**观点 1**：背景知识专家对于弥合大数据和知识管理的差距，促进组织的

决策至关重要。

在考虑商业分析过程中产生的原始数据源/机器知识的局限性时（O'Connor and Kelly，2017；Sumbal et al.，2017），考虑水利工程师监测水库水泵的案例（Pauleen，2017），斯诺登解释说：

> 水利工程师被允许报告他们看到的任何微小的异常情况——传统上他们不会报告。他们可以拍一张照片，并将报告解释为三个原因，其中有"味道不对，感觉不对，看起来不对……"他们被允许在报告的解释中有一定的模糊性，这大大增加了有关微小事故报告的数量。
>
> （Pauleen，2017）

作为相关的证据（故意的模糊解释），这个例子说明水利工程师是如何利用他们多年的经验以及与背景相关的显性知识和隐性知识来做出关于"微小异常"或水泵运行中不寻常的发展和变化的决定。为了进一步说明，水利工程师作为背景知识专家被允许超越从商业分析中产生的机器知识，来做出与水质和水泵运行有关的决策。因此，

**观点 2**：人的判断作为可操作的知识存在于背景知识专家的头脑中，这很难被编纂，但对于提高组织决策的结果是必要的。

**观点 3**：从商业分析过程中产生的机器知识本身不足以用于组织决策。

基于以上强调背景知识重要性的例子，无论是简历筛选还是水泵操作，在决策过程中，作为"招聘专家"和"水利工程师"的背景知识专家，必须要有人类的经验和判断力，这是人类知识的嵌入和包含的性质。也许，决策并不完全基于一个人的背景知识，而是基于许多背景知识专家的分布式知识，以帮助组织做出更好的决策。因此，

**观点 4**：知识的分布式性质，即在不同的背景知识专家之间划分的智力能力，对于改善组织决策是必要的。

**观点 5**：机器知识与背景知识专家的知识和技能（即包含的、收录的、嵌入的、编码的和培养的知识）相结合，可以大大提高组织决策水平。

## 结论

本章旨在解释大数据和知识管理之间的联系,并提出了以背景知识专家形式出现的人类智能的核心作用,以弥补大数据和知识管理之间的差距。基于从文献中得出的概念模型,本章提出了五个观点,解释了如何弥合这一差距。

本章的不足之处在于这项研究刚刚起步,有必要进一步发展和测试所提出的概念模型。这可以分两个阶段解决,第一阶段是通过定性研究,对全球不同文化背景的竞争性组织的关键决策者进行一系列访谈,进一步的研究可以完善和/或扩展概念模型。第二阶段是通过一个更大的定量研究来进一步测试和发展新的观点。这样一来,在未来的研究中,就可以更深入地涵盖目前本章内范围有限的决策学科的错综复杂的内容。

从研究的角度来看,提出的概念模型和五个观点对学术界和从业人员都有意义。对于研究人员来说,商业分析和知识管理之间的联系特别值得研究,以确定改善和影响商业分析所促成的决策质量的关键机制。此外,可以确定机器知识的局限性,以便开发一个决策模型,弥补大数据与知识管理之间的差距。对于实践者来说,这项工作的意义在于,需要确定背景知识专家,以塑造和框定大数据-知识管理过程,并确认他们在组织决策过程中的积极作用。这些学术和实践意义都为进一步研究提供了途径。

## 注释

1. 商业分析涉及对数据的分析,以便在一个组织中做出关键的商业决策。
2. 数据的另外三个V(真实性、价值和可变性)经常被添加到数量、种类和速度上。

## 参考文献

Adler, P. S. and Kwon, S. W. (2002). Social capital: Prospects for a new concept. *Academy of Management Review*, 27(1), 17–40.

Akter, S., Bandara, R. and Hani, U., et al. (2019). Analytics-based decision-making for service systems: A qualitative study and agenda for future research. *International Journal of Information Management*, 48, 85–95.

Alavi, M. and Leidner, D. E. (2001). Knowledge management and knowledge management systems: Conceptual foundations and research issues. *MIS Quarterly*, 107–136.

Barney, J. (1991). Firm resources and sustained competitive advantage. *Journal of Management*, 17(1), 99–120.

Blackler, F. (1995). Knowledge, knowledge work and organizations: An overview and interpretation. *Organization Studies*, 16(6), 1021–1046.

Bontis, N. (2001). Assessing knowledge assets: A review of the models used to measure intellectual capital. *International Journal of Management Reviews*, 3(1), 41–60.

Bosua, R. and Scheepers, R. (2007). Towards a model to explain knowledge sharing in complex organisational environments. *Knowledge Management Research & Practice*, 5(2), 93–109.

Bosua, R. and Venkitachalam, K. (2013). Aligning strategies and processes in knowledge management: A framework. *Journal of Knowledge Management*, 17(3), 331–346.

Brockman, J. (2002). The singularity: A talk with Ray Kurzweil, Edge 99-March 25. 2022, Edge Foundation, http://www.edge.org

Campos, S., Dias, J.G. and Correia, R.J. (2020). The link between intellectual capital and business performance: A mediation chain approach. *Journal of Intellectual Capital*, DOI 10.1108/JIC-12-2019-0302.

Chen, H., Chiang, R. H., & Storey, V. C. (2012). Business intelligence and analytics: From big data to big impact. *MIS Quarterly*, 36, 1165–1188.

Chen, C.L. Philip and Zhang, C-Y. (2016) Data-intensive applications, challenges, techniques and technologies: A survey on big data. *Information Sciences*, Accessed on 15 Dec 2022, http://dx.doi.org/10.1016/j. ins.2014.01.015

Cross, R., Parker, A., Prusak, L et al. (2001). Knowing what we know: Supporting knowledge creation and sharing in social networks. *Organizational Dynamics*, 30(2), 100–120.

Davenport, T. H. (2013). Analytics 3.0. *Harvard Business Review*, 91(12), 64–72.

Gartner (2020). 100 data and analytics predictions through 2024, Accessed on 15 Dec 2020, https://www.gartner.com/en/information-technology/trends/100-data-and-analytics-predictions-through-2024pd?utm_source=google&utm_medium=cpc&utm_campaign=RM_EMEA_2020_ITTRND_CPC_LG1_H2-GTS-AOC&utm_adgroup=113671253751&utm_term=data%20 analytics&ad=476738599130&gclid=CjwKCAiA_eb-BRB2EiwAGBnXXu-LbRLjzHZn1DaV-ZiRm19Z3EJR-NMl55bf1ksIGa97rGx5DwZmXyhoC-w8QAvD_BwE

Gioia, D.A. and Hamilton, A.L. (2013). Seeking qualitative rigor in inductive research: Notes on the gioia methodology. *Organizational Research Methods*, 16(1), 15–31.

Grant, R. M. (1996). Toward a knowledge-based theory of the firm. *Strategic Management Journal*, 17(S2), 109–122.

Hansen, M. T., Nohria, N. and Tierney, T. (1999). What's your strategy for managing knowledge. *The Knowledge Management Yearbook 2000–2001*, 77(2), 106–116.

Heisig, P., Suraj, O.A., Kianto, A et al. (2016). Knowledge management and business performance: Global experts' views on future research needs, *Journal of Knowledge Management*, 20(6), 1169–1198.

Hernán, M. A., Hsu, J. and Healy, B. (2019). A second chance to get causal inference right: A classification of data science tasks. *Chance*, 32(1), 42–49.

Hislop, D., Bosua, R. and Helms, R. (2018). Knowledge management in organisations: A critical introduction. Oxford: Oxford University Press.

Jasimuddin, S. M., Klein, J. H. and Connell, C. (2005). The paradox of using tacit and explicit knowledge: Strategies to face dilemmas. *Management Decision*, 43(1), 102–112.

Jaques, E. (1986). The development of intellectual capability: A discussion of stratified systems theory. *The Journal of Applied Behavioral Science*, 22(4), 361–383.

Kurzweil, R. (1999). Spiritual machines: The merging of man and machine. *The Futurist*, 33(9), 16–21.

Litvaj, I. and Stancekova, D. (2015). Decision-making, and their relation to the knowledge management, use of knowledge management in decision-making. *Procedia Economics and Finance*, 23, 467–472.

Lycett, M. (2013). Datafication: Making sense of (big) data in a complex world. *European Journal of Information Systems*, 22(4), 1–7.

Malhotra, A., Gosain, S. and Sawy, O. A. E. (2005). Absorptive capacity configurations in supply chains: Gearing for partner-enabled market knowledge creation. *MIS Quarterly*, 29(1), 145–187.

Marabelli, M. and Newell, S. (2014). Knowing, power and materiality: A critical review and reconceptualization of absorptive capacity. *International Journal of Management Reviews*, 16(4), 479–499.

Martín-de Castro, G et al. (2015). Knowledge management and innovation in knowledge-based and high-tech industrial markets: The role of openness and absorptive capacity. *Industrial Marketing Management*, 47, 143–146.

Meacham, J. A. (1983). Wisdom and the context of knowledge: Knowing that one doesn't know. *Development of Developmental Psychology*, 8, 111–134.

Muller, M., Lange, I., Wang, D et al. (2019). How data science workers work with data: Discovery, capture, curation, design, creation. In CHI 2019, 4–9 May, Glasgow, Scotland, U.K. DOI: https://doi.org/10.11

Nahapiet, J. and Ghoshal, S. (1998). Social capital, intellectual capital, and the organizational advantage. *The Academy of Management Review*, 23(2), 242–266.

Nonaka, I. (1991a). The knowledge-creating company. *Harvard Business Review*, November–December, 96–104.

Nonaka, I. (1991b). Managing the firm as an information creation process. In Meindl, J.R., Cary, R.L., & Puffer, S.M. (Eds), *Advances in information processing in organizations*. Greenwich, CT, London: JAI Press Inc., 239–275.

Nonaka, I. (1994). A dynamic theory of organizational knowledge creation. *Organization Science*, 5(1), 14–37.

Nonaka, I. (2007). The knowledge-creating company. Managing for the long term, Best of HBR, July–August, 162–171.

Nonaka, I. and Hirose, A. (2015). Practical strategy as co-creating collective narrative: A perspective of organizational knowledge creating theory. *Kindai Management Review*, 3, 9–24.

Nonaka, I. and Toyama, R. (2003). The knowledge-creating theory revisited: Knowledge creation as a synthesizing process. *Knowledge Management Research & Practice*, 1(1), 2–10.

Nonaka, I. and Toyama, R. (2005). The theory of the knowledge-creating firm: Subjectivity, objectivity and synthesis. *Industrial and Corporate Change*, 14(3), 419–436.

O'Connor and Kelly, S. (2017). Facilitating knowledge management through filtered big data: SME competitiveness in an agri-food sector. *Journal of Knowledge Management*, 21(1), 156–179.

Pauleen, D. (2017). Dave snowden on KM and big data/analytics: Interview with David J. Pauleen. *Journal of Knowledge Management*, 21(1), 12–17.

Pohl, J. (2008). Cognitive elements of human decision-making. *Studies in Computational Intelligence (SCI)*, 97, 41–76.

Razzaq, S., Shujahat, M., Hussain, S et al.(2019). Knowledge management, organizational commitment and knowledge-worker performance: The neglected role of knowledge management in the public sector. *Business Process Management Journal*, 25(5), 923–947.

Ruggles, R. (1998). The state of the notion: Knowledge management in practice. *California Management Review*, 40(3), 80–89.

Sadowski, J. (2019). When data is capital: Datafication, accumulation, and extraction.

*Big Data & Society*, 6(1), 1–12.

Schneider, M. (2018). Digitalization of production, human capital, and organizational capital. *In The Impact of Digitalization in the Workplace*. Cham: Springer.

Schultze, U. and Stabell, C. (2004). Knowing what you don't know? Discourses and contradictions in knowledge management research. *Journal of Management Studies*, 41(4), 549–573.

Serenko, A. and Bontis, N. (2022). Global ranking of knowledge management and intellectual capital academic journals: A 2021 update. *Journal of Knowledge Management*. 26(1), 126–145.

Sharda, R., Delen, D. and Turban, E. (2018). Business intelligence, analytics and data science: A managerial perspective. 4th edition, *Pearson Global Edition*, 512.

Spender, J. C. and Grant, R. M. (1996). Knowledge and the firm: Overview. *Strategic Management Journal*, 17(S2), 5–9.

Stodden, V. (2020). The data science life cycle: A disciplined approach to advancing data science as a science. *Communications of the ACM*, 63(7), 58–65.

Strauss, A. and Corbin, J. M. (1997). Grounded theory in practice. *Thousand Oaks*, CA: Sage Publications.

Subramaniam, M., & Youndt, M. A. (2005). The influence of intellectual capital on the types of innovative capabilities. *Academy of Management Journal*, 48(3), 450–463.

Sumbal, M., Tsui, E. and See-to, E. (2017). Interrelationship between big data and knowledge management: An exploratory study in the oil and gas sector. *Journal of Knowledge Management*, 21(1), 180–196.

Tian, X. (2017). Big data and knowledge management: A case of Déjà Vu or back to the future? *Journal of Knowledge Management*, 21(1), 113–131.

Tsoukas, H. (1996). The firm as a distributed knowledge system: A constructionist approach. *Strategic Management Journal*, 17(S2), 11–25.

Venkitachalam, K. and Busch, P. (2012). Tacit knowledge: Review and possible research directions. *Journal of Knowledge Management*, 16(2), 357–372.

Venkitachalam, K. and Willmott, H. (2015). Factors shaping organizational dynamics in strategic knowledge management. *Knowledge Management Research & Practice*, 13(3), 344–359.

Venkitachalam, K. and Willmott, H. (2016). Determining strategic shifts between codification and personalization in operational environments. *Journal of Strategy and Management*, 9(1), 2–14.

Vicario, G. and Coleman, S. (2020). A review of data science in business and industry and a future view. *Applied Stochastic Models in Business and Industry*, 36(1), 6–18.

Watson, S. and Hewett, K. (2006). A multi-theoretical model of knowledge transfer in organizations: Determinants of knowledge contribution and knowledge reuse. *Journal of Management Studies*, 43(2), 141–173.

Webster, J. and Watson, R. T. (2002). Analyzing the past to prepare for the future: Writing a literature review. *MIS Quarterly*, 26(2), xiii–xxiii.

Wolfswinkel, J. F., Furtmueller, E. and Wilderom, C. P. (2013). Using grounded theory as a method for rigorously reviewing literature. *European Journal of Information Systems*, 22(1), 45–55.

# 人类知识创造和人工智能的综合

SECI 螺旋的演变

*Kazuo Ichijo*

## 引言 人类知识创造的新维度

人工智能（AI）正在经历第三次热潮。尽管人工智能的起源可以追溯到 20 世纪 20 年代，但今天的繁荣是由计算机能力（速度和容量）的革命性进步、数据数量和类型的巨大增长、机器学习（包括多年来一直在研究的深度学习技术），以及遗传算法等支持的。人工智能的实验性使用，尤其是其相对于人类的竞争优势首先出现在游戏中。2011 年，IBM 的超级电脑 Watson 在流行的问答节目"Jeopardy"[1]中击败了两位人类冠军，这加速了人工智能的繁荣[2]。人工智能还相继在象棋（AI Shogi）和围棋（AlphaGo）中战胜了人类。人类对人工智能在智力领域的能力远远超过人类的表现感到吃惊。因此，在 Watson 获胜之后不久，许多公司、医院、大学和其他机构都试图将其用于工作和业务。在医学和保险等多个行业应用 Watson 的试验项目后，IBM 决定将其商业化。IBM 在 2014 年 1 月创建了 IBM Watson 业务部门（Kelly III et al., 2013）。在经历了数据处理机时代，然后是可编程系统的时代之后，我们现在正处于一个新时代的开端，人工智能学习系统将在各个领域积极工作，如医药、保险、医疗保健，甚至烹饪，这也有助于拓展人类的能力。在克服了物理、信息传输和生产力的限制后，人类现在正在摆脱各类难题的约束。凭借人工智能，人类的认知能力正在迅速增长和扩大。

在游戏以外的领域，人工智能正在挑战人类的创造力。人工智能已经开始在人类擅长的创造性活动中取代人类。人工智能已经在美国创作了一篇报纸文章（Finley，2015），它还被用来写小说（Kastrenakes，2016）、绘画（Gershgorn，2015）和作曲（Moss，2015）。它正在推翻创造力只属于人类的传统观念，这一趋势没有停止的迹象。科学家们预测，人工智能有可能在各个领域取代人类。该领域的一项著名研究是野村综合研究所（Nomura Research Institute）和牛津大学副教授迈克尔·奥斯本（Michael Osborne）的合作研究。这项研究表明日本近49%的劳动力可以被人工智能取代（NRI，2015）。在对日本601种工作的相关数据进行量化分析后，该研究认为，从事以下这类工作的人被取代的风险很高，即不需要特殊的知识或技能，或者涉及数据分析以及有序、系统操作的工作。研究还显示，人工智能将难以取代从事文科的人，如艺术、历史、考古、哲学和神学，以及需要合作、理解他人、说服或谈判或者以服务为导向的工作。

各种研究开始对人工智能取代人类的问题做出惊人的预测。一些人指出，银行中的大部分常规工作都可以委托给人工智能。还有人预测，只要自动驾驶技术不断发展，行政程序不断改革，人类将进入无需驾驶汽车的时代。授权和其他"任何人都可以做"的工作，迟早会由人工智能来完成。在未来，引入人工智能的公司可能不得不考虑如何处理因人工智能而失去工作的人，这成为人力资源管理的重要问题。此外，在制定人力资源招聘计划时，可能也有必要考虑到引进人工智能的问题。即使人们成功地避免了被替代，但随着人工智能的发展，也有可能出现工资的减少。公司需要利用人工智能建立商业模式，同时也要为人工智能和人类的共存创造新的业务流程和管理。

如果一家公司确实考虑使用人工智能，其管理层和其他负责人必须探索新的商业模式，以使人工智能能够与人类共存和协作。这可能还需要对整个公司进行彻底的改革，包括文化的改变。因此，毫不夸张地说，人工智能正迅速成为公司的最大问题之一。在强调人工智能可能造成的社会影响的专家中，也有人认为人工智能时代的到来将是日本自第二次世界大战失败以来最大的变化，并影响到国家的命运[3]。在这个不依赖人类的知识创造活动就迅速发展的新世界里，人类的知识创造应该以何种方式改变？人类知识创造的哪一部分不能被人工智能取代？本章探讨了在人工智能时代人类知识创造活动的理想形式。

## 重新审视知识创造理论

知识创造理论的先驱野中郁次郎教授指出，人类的主观能动性和知识创造活动是创造未来的根本源泉。被定义为"合理的真实信念"的知识表明，当人类对自己的经验拥有强烈的信念时，他们的知识创造活动就开始了。人类在组织中的知识创造，开始时是个人的主观看法，然后通过与他人的互动而动态地发展。组织的知识创造是一个基于人际关系的社会动态过程，通过这个过程，个人的思想在组织中变得合理（Nonaka and Takeuchi，1995；2019）。

在组织活动中，知识是竞争优势的一个来源。如果以企业为例，那么知识是以各种形式创造的，并且可以在价值链的任何一点出现。知识也可以作为新技术被研究和开发部门创造出来。新技术的创造是保持和进一步发展公司竞争优势的有效举措。知识也可以在其他职能部门创造。例如，由于在物流功能方面的知识创造，亚马逊可以成为世界上第一大电子商务公司。当亚马逊Prime服务的用户订购带有Prime标签的热门产品时，他们可以在当天收到产品。如果没有亚马逊在物流方面的新知识创造，这是不可能实现的。丰田公司在制造业务中创造了一个独特的制造系统，称为丰田生产体系（Toyota Production System，TPS）。这使该公司能够以最低的成本生产出质量最好的汽车。以前如果生产线停止就会失去工作的工人，现在如果发现哪里有问题，就可以按下工位上的按钮来停止生产线，并通过系统及时反映到主机，通知其他部门解决。这种可视化的信号系统叫做安东（ANDON）系统，现在被广泛用于丰田公司以外的世界各地的制造公司。赋予工厂工人权力是全世界制造业公司的一个范式转变，这否定了制造业的传统。在销售领域，Seven-Eleven 公司提出了一个新的单店管理制度。通过为每家商店下单独的订单，Seven-Eleven 公司能够创造一种新的零售形式，称为便利店，在这种情况下，顾客寻找的产品总是有库存，没有任何浪费。通过发展这种新的零售形式，Seven-Eleven 一直是行业的领导者。

亚马逊的优势在于物流，丰田公司的优势在于制造，Seven-Eleven 公司的优势在于单店管理。这些公司之所以能够在各自的领域获得并保持领先的竞争优势，是因为每个公司都在其核心业务中创造了新的方法、结构和系统，或知识。因此，知识创造是 21 世纪竞争优势的来源，其特点是一个以知识和信息为基础的社会（Drucker，1993）。

在组织的知识创造中，知识最初是作为隐性知识被创造的。人类通过自己的直接经验，以直观的隐性方式产生知识。正如"我无法用语言正确表达，但是……"这样的常用表达方式所表明的那样，人们往往无法清楚地谈论自己的想法。人类的知识中存在着强烈的隐性因素。隐性知识是人类知识的本质。人的思想比他们能说得更多。用口头或书面语言表达的知识被称为显性知识。它是客观的，在许多群体之间共享，与隐性知识相对。隐性知识是主观的，基于个人经验。显性知识的背后是更丰富的隐性知识。

组织知识创造的另一个本质是，它是在一个"Ba"，或知识创造的背景下创造的。这个环境可以由物理空间、时间或其中的人际关系来定义。丰田公司从解决与故障有关的问题中获得了竞争优势，它认为解决问题的措施在于 Ba，即故障发生的生产现场。因此，该公司给予位于生产线上的工人停止生产线的权力，并提倡通过与上级反复讨论"为什么"来探索解决实际问题。同样，Seven-Eleven 公司也认为对某种产品的需求只能由 Ba，或每个单独的商店决定。由于总部远离 Ba，它没有能力指导各个商店的产品库存。因此，每个商店试图确定关于客户对特定产品需求的隐性知识。这意味着商店的工作人员，包括兼职人员，根据他们自己在商店的观察、最近的销售趋势，以及从同一商店的其他工作人员那里得到的信息，将他们关于顾客对某些产品需求的隐性知识外化（也就是说，将隐性知识变成显性知识，即每种产品需要的数量），并据此下订单。然而，人类并不完美，错误的订单经常发生。POS 系统的数据揭示了所下的订单是否合适，数据结果在下一次订购时被参考（争取一个理想的产品订单，既不缺货也不过剩）。丰田公司和 Seven-Eleven 公司的共同点是建立了一个基于人类思考和知识创造能力的核心运作模式。

如果知识仍然是隐性知识，那么它只能在少数人的范围内分享，与其他人分享将需要更多的时间。知识的隐蔽性使得分析变得困难。这就造成了一个错误，那就是把过去在某个特定的 Ba 中的知识照搬到其他的 Ba 中。这意味着过去的经验（无论是成功还是失败）被误解为永恒和普遍的真理。当时代发生巨大的变化时，成功的公司逐渐消失，创新者失去竞争优势（所谓的"创新者的窘境"）（Christensen，1997），这是由于没有经过客观分析就把以前 Ba 的隐性知识应用到另一个 Ba 中（Tobe et al.，1991）。因此，组织中知识创造的关键是将隐性知识正式化，将从个人观点出发的隐性知识转变为组织知识，同时对其进行客观的批评和验证，以实现知识创造。

野中郁次郎提出的组织知识创造的 SECI 模型清楚地表明了知识如何在组织内被创造。组织知识来源于个人的实际经验，通过四个过程被创造，即（1）社会化；（2）外部化；（3）组合化；（4）内部化（见图 10.1）。

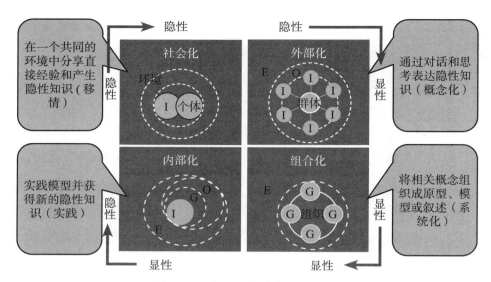

图 10.1 组织知识创造的 SECI 模型

注：I= 个体，G= 群体，O= 组织，E= 环境。
资料来源：Nonaka I. (1994).A dynamic theory of organizational knowledge creation，*Organizational Science Vol.5*，No.1，February 1994，pp:14-37；Nonaka，I.，Toyama，R.，and Hirata，T. (2008).Managing flow：A process theory of the knowledge-based firm，*Palgrave Macmilla*，New York。

社会化是指通过自己的经验产生隐性知识的过程。因此，应用于组织的新知识的原型是通过一个人基于自身经验的直觉而产生的新技术、商业模式或商业运作。当许多人分享一个 Ba 时，新的组织知识也可以在一个群体中产生。然而，只要它仍然是隐性的，分享的范围就很有限。因此，在外部化过程中，它必须通过文字、句子、图表和其他表达形式与更多的人分享。外部化允许更广泛的组织分享存在于个人或有限人群中的知识。因此，隐性知识的外部化是知识创造的下一个过程组合化的必要条件。各种可视化工具，例如原型，必须被用来阐述隐性知识。并且创造一个心理上安全的环境是这种表达的必要条件，这样人们才愿意将他们的隐性知识外化，和其他人分享。

为了将新的知识转化为新的产品或服务，有必要将在各种 Ba 中被创造的知识结合起来。例如，要使用新技术制造产品并提供给客户，在生产中使用新技术的新知识将是不可或缺的。此外，如果产品极具创新性，但没有关于有效营销的新知识来向市场（包括客户在内的利益相关者）传递知识的新价值，产品可能不会被市场接受。组织综合了不同部门的知识创造活动，从而产生了新的产品和服务。

组织知识始于个人的经验，只有在社会化、外部化和组合化之后才会产生。然而，重要的一点是，组织活动不能止步于此。参与知识创造活动的人对其进行反思，并使其成为自己知识的一部分。这有助于个人将一系列组织知识创造活动的成果内部化，增加每个人的知识。这些以这种方式增加知识的人，会参与到新的知识创造活动中，而组织的知识创造则通过不断地创新而发展。因此，组织内的知识创造是通过SECI活动的螺旋式上升发展起来的（见图10.2）。

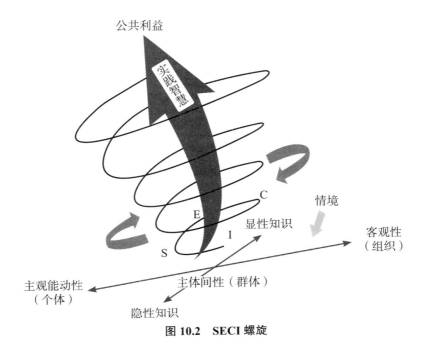

图 10.2 SECI 螺旋

资料来源：Nonaka I and Takeuchi H.(2019).The wise company: How companies create continuous innovation. Cambridge: Oxford University press。

然而，将组织知识创造概念化的 SECI 模型是在第三次人工智能热潮之前制定的。知识创造理论的基础是，创造力是人类的特征。人们普遍认为，只有人类才会写作、绘画和创作音乐。然而，能够写作、绘画和创作音乐的人工智能的出现表明，人类的创造力只是在与动物的对比中被理解的。如果人工智能进一步进入人类的日常生活和工作场所，那么人类的组织知识创造必须改变。在这种情况下，我们必须考虑这种变化的方向是什么。组织知识创造中的这一重要问题将在 IBM Watson 在烹饪界的案例中进行研究。

## Watson 厨师项目

在尝试将人工智能应用于迄今为止的各种人类行为中时，Watson 厨师项目（IBM and ICE，2015）为思考人类应该如何进行增值和知识创造活动提供了重要建议。专业烹饪界的普遍看法是，学徒通过与厨师或主厨一起工作接受培训和并且边工作边学习。经过多年的经验积累，他们逐渐学会了师傅的"味道"（这或许可以称为嵌入厨师身心的隐性知识）。厨师或主厨向学徒传授烹饪的隐性知识是东西方的共同传统。因此，成为学徒是成为一名独立厨师的必要过程。然而，令人惊讶的是，Watson 厨师能在短时间内创造出 100 种新的、以前无法想象的食谱。是什么过程使这成为可能？

Watson 厨师项目开始于 2011 年。它诞生于备受赞誉的美国烹饪教育学院（AICE）和美国烹饪杂志 *Bon Appétit* 之间的合作。负责 IBM Watson 厨师项目的人输入了 AICE 的 35 000 份食谱和 *Bon Appétit*[4] 读者的 9 000 份食谱，并使用了深度学习技术，输入食材、口味、保存方法、菜谱类别、颜色、食材组合、营养成分、保质期、食材的分子结构、每个国家和地区的食品相关文化特征以及其他数据。Waston 厨师利用所有信息进行学习，从而能够利用一系列基于各种数据集（如食材、文化知识和食品项目组合理论）的算法产生新的食材组合。食物的组合，或称菜谱，是由于关注惊喜、愉悦和搭配而产生的。Watson 厨师创造了大约 100 个人类没有想到的菜谱。这些菜谱产生的角度、内容和构成与人类厨师不同（见图 10.3）。

图 10.3 Watson 厨师项目

资料来源：Watson 厨师项目官网，https://www.ibmchefwatson.com/community，访问时间：2024-02-01。

Watson 厨师的菜谱已经通过专业厨师进入餐厅，并通过家庭主妇进入家庭。当用户在菜谱中输入他们想要的主要食材、烹饪方法和地区风味等信息时，Watson 厨师会建议补充食材以及组合的新颖性、食材之间的兼容性、味道和香味。菜谱开发被认为是"艺术"的一部分。利用 Watson 厨师的这种新尝试在专业领域是被接受的。[5] 在日本，Cook Pad，一个基于 Wastor 厨师的菜谱网站也在创造菜单，其中新的菜肴和食材组合，是食品专家到现在都没有想到的。[6]

但 Watson 厨师的菜谱有局限性。菜谱只提出了食材的独特组合，厨师必须自己决定每种食材的数量。[7] 菜谱没有提供任何关于食材数量或烹饪程序的信息。因此，是专业厨师通过决定食材数量来最终创造菜谱。换句话说，尽管有 Watson 厨师在场，但最后的决定仍然是由人类做出的。这就是为什么 Watson 厨师被定位为副厨,而不是直接取代人类。除非首先将现有的菜谱输入程序,否则 Watson 厨师根本无法发挥作用。它的目的是通过建议专业厨师无法想象的食材组合来提高人类的创造力。

Watson 也被用于烹饪以外的领域。但在这些领域,认知价值获取(cognitive value access,CVA)是其商业化的一个必要程序。CVA 是指在研究一个公司的愿景、战略方向、管理政策、内容和商业运作的基础上,确定使用人工智能带来最大投资效果的方法过程。一个公司的愿景和战略方向包含了领导人员的想法。换句话说,如果没有公司领导人员的智慧和思想,人工智能是没有用的。在人工智能出现之前,计算的目的是支持人类。计算机不能离开人类而工作,也不比人类优越。这是因为计算机目前无法进入非认知的思维世界,也无法处理对知识创造和创新至关重要的非理性因素。

## 知识创造中非理性的意义

人工智能对人类的支持预计分为以下四个阶段。第一个阶段是由人工智能获得的百科全书式的专业知识提供支持(通过人工智能支持人类知识创造),第二个阶段是对新发现的模式和联系的可视化(通过人工智能支持理解),第三个阶段是对竞争性观点的分析(通过人工智能支持决策),第四个阶段是创造新知识和发现新价值(通过人工智能支持发现)。[8] 然而,在这一系列支持性活动中,人工智能显然缺乏常识。据说,机器大脑没有人类通过经验获得的丰富常识。人工智能不具备人类在长期进化中获得的常识。[9] 这将在解释语言和把握形势方面带来障碍。其中一个例子是 Tay,微软正在开发和测试的人工智能,它赞同希特勒,并在 Twitter 上发表歧视性评论。微软透露,已决定在一段时间内停止其实验。[10] 任何有常识的人都不可能出现这种行为。因此,人工智能中缺乏的常识必须由人类来弥补。

常识是指通过实践获得的隐性知识。现实世界中大多数人类的决定和行为都依赖于常识。那么，什么是常识呢？经典的著作为这个问题提供了一些答案。

福泽谕吉是明治时期的日本思想家，他说常识必须包括智力和道德。[11]在《文明论纲》(An Outline of a Theory of Civilization)中，他认为文明的进步与普通人的智力和道德的提高有关，因此认为这是支持文明进步的两个车轮。此外，他认为智力和道德必须有私人和公共两个方面。福泽谕吉强调公共智力高于一切，这绝不意味着他无视道德。他更重视公共智力，因为他担心日本人有一种强烈的倾向，即用道德来解释社会问题（Maruyama，1986）。[12] "大知识"（Great knowledge）是指根据事物的重要性来区分它们，并根据时间和地点来判断什么应该被优先考虑（Fukuzawa, 1995）。这显然不同于私人或"创造性知识"，后者被定义为理解事物背后的原理并采取相应行动。"大知识"意味着区分大事件和小事件，优先考虑重要的事情而不是令人震惊的事情，并为共同的利益采取适合时间和地点的行动。换句话说，通过"大知识"，福泽谕吉指的是在判断每种情况下什么是重要的、什么应该得到优先考虑的公共智慧（见表10.1）。

表10.1 智力和道德

|  | 私人的 | 公共的 |
|---|---|---|
| 智力 | 理解事物背后的道理并采取相应的行动（发明的知识） | 根据事物的重要性来区分它们，并根据时间和地点来判断什么是应该优先考虑的（"大知识"） |
| 道德 | 正直和纯真 | 公平和勇气 |

顺便说一句，福泽谕吉的"大知识"概念与亚里士多德的"大知识"有一些相似之处。亚里士多德说，实践智慧是指在有一个以上正确答案的情况下确定真理的知识。它指的是在一个每时每刻都在变化的世界中，为了共同的利益，在"此时此地"做出最佳判断的知识。这需要冷静地判断自己

所处的情况，并将普遍原则应用于个别情况。亚里士多德称这种实践智慧为 phronesis。Phronesis 在英语中是"谨慎"的意思，可以翻译成"谨慎"和"慎重"（Nonaka et al.，2008，Nonaka and Takeuchi，2011）。[13] Phronesis 是以一种全面宏大的方式考虑个人的美德和优点的能力，而不是部分地思考。它与基于假设和验证的学术或技术不同，后者可以从逻辑上学习，或者用福泽谕吉的话来说就是"发明的知识"。Phronesis 的基础是关于个人与普遍的知识，因此，它是通过对许多情况的理解而完善的。经验是培养这种源于实践智慧的知识的机制，其中年龄成为重要因素。实践智慧是随着经验的积累而完善的。

对计算和人工智能热潮的关注可能表明，理性的智力是知识创造的核心。然而，如果我们看得更深，就会注意到非理性在这个世界上扮演着极其重要的角色。现实世界和理性不一定一一对应。例如，"布里丹之驴"中的故事[14] 揭示了寻求一元化理性的愚蠢之处。这个故事表明，过多的理性会使人类瘫痪，使他们无法行动。同样，著名的"囚徒困境"告诉我们，包含极度非理性因素的信任概念可以使参与的各方相互受益（Poundstone，1992）。在不同的牢房里被审问的两个囚犯不知道对方会说什么，而双方都能受益的唯一方法就是信任对方并守口如瓶。只考虑自我利益就等于背叛了伙伴，坦白有助于使自己逃离最坏的情况，然而如果伙伴也是理性地行事，那么双方坦白反而均造成最坏的结果。不过，信任对方并相信对方不会做出伤害自己的事情，可以帮助实现双赢的局面，即双方都不坦白。理性选择在这里不会产生帕累托最优。囚徒困境告诉我们，信任他人，可以被视为非理性的信仰，对所有参与方都有利。同样地，为了人类社会的进步，在某些时候保持理性的同时做出决定是很重要的。然而，这个决定必须超越自我利益，为整个社会的共同利益做出贡献。出于这个原因，即使人工智能处于进化之中，人类也有必要根据福泽谕吉所说的"大知识"和亚里士多德所说的 Phronesis 做出判断。人工智能可以提供"发明的知识"，而人类将不得不靠自己获得"大知识"。我们绝不能忘记"大知识"和 Phronesis 的非认知能力的意义。即使这是一个人工智能的时代，人们也必须避免过于重视认知知识。分享非认知知识并且实践人类的理解，在现在和以前一样重要。

## 人工智能时代知识创造的 SECI 模式的演变

当人们思考人工智能的制约因素以及大知识和 Phronesis 的意义时，有趣的是，在努力利用人工智能或数字技术建立新的商业模式的公司中，人们对"信念"的兴趣越来越大。通用电气的董事长兼首席执行官杰夫·伊梅尔特（Jeffrey Immelt）放弃了他的前任杰克·韦尔奇（Jack Welch）建立的管理结构，该结构通过共同的价值观（员工行为原则）统一了这个多样化的全球公司。伊梅尔特决定在"信念"而不是"价值"的基础上统一公司。这意味着他开始了一场革命，从根本上改变了通用电气 20 多年来遵循的机制，因为正是通用电气教会了全世界的公司，原始的共同价值观可以有效地统一一个随着全球化而变得多样化和更加复杂的组织。

在伊梅尔特试图将多样化的通用电气统一在"信念"之下的背景下，通用电气正处于向一个使用数字技术的互联工业公司转型的时期。为了建立工业互联网或利用互联网的新商业模式，以及实现新的增长，就必须从根本上改变员工的思维过程和行为。为此，通用电气认为"信念"这个词比"价值"更合适（Krishnamoorthy，2015）。就像被定义为"合理的真实信念"的知识一样，创新源于基于经验的坚定信念。鼓励员工带着强烈的信念参与创新，用信念而不是价值来统一他们，以达到这个目的——这是通用电气管理层转型的原因。

此外，也要否定用过去的信念进行创新。人们认为，公司能否成功地利用数字技术建立新的商业模式，取决于它能否否定自己过去的信念（de Jong and van Dijk，2015）。正如关于创新困境的辩论所显示的那样，坚持从过去存在的特定 Ba 中获得的信念，是无法创造新知识的。

当人们对数字化和人工智能等显性知识的兴趣上升时，也不能忽视企业界对隐性知识的兴趣上升。始于硅谷的设计思维，尤其以 IDEO 公司为中心，近年来已经扩展到其他地区和地域。IDEO 公司被认为是世界上最具创造性的工业设计公司。设计思维是指雇用设计师从用户的人性角度来开发新产品和服务。事实上，设计思维只不过是将隐性知识显性化。在本质上，它是可视化的。IDEO 公司一直在开发这方面的知识，比如一种叫作 Deep Dive 的头脑风暴法和利用了原型设计（Kelly and Littman, 2001）。这方面的知识已经跨越设计领域的界限，开始被用于咨询领域。2015 年 5 月，麦肯锡收购了美国设计咨询公司 Lunar。Lunar 成立于 1984 年，是一家顶级设计公司，拥有苹果、惠普和 SanDisk 等客户。咨询公司收购设计公司的原因是，设计思维已经超越了设计领域，正在为确定和寻求公司问题的解决方案做出贡献（Brown, 2019）。

这种在数字和人工智能时代对隐性知识、信念和设计思维的兴趣的增加表明，即使在当前的数字时代，人类也必须在知识创造中扮演角色。如果回到知识创造的 SECI 模型，人类在社会化过程中发挥的主观作用仍然是一样的。因为人们对数字技术和人工智能等显性知识的兴趣上升，增加隐性知识在社会化过程中变得更加重要。

然而，通过使用人工智能大幅减少人类创造知识的时间的前景正在扩大，这可以加快 SECI 进程本身。一家米其林二星级餐厅的主厨对 Watson 厨师评论说，创新需要时间。在菜单上增加一道新菜（如果只有一个人在工作）很可能需要一年半的时间。[15] 选择和安排食材本身就很困难，然后还要反复试吃，直到厨师满意为止。人工智能的使用可以在很大程度上缩减这种耗时。这一点已经在菜谱开发中得到了验证，在其他领域也是如此。在贝勒医学院的一个联合项目中，人工智能仅在几周内就发现了六种影响 p53 的新蛋白质，这种蛋白质与癌症有很大关系。在过去的 30 年里，整个世界每年大约只发现一种新蛋白质。一所医学院在短短几周内发现六种蛋白质，这是一个惊人的成就。据说 Watson 使用了超过 7 万项研究作为数据库来达成这一发现，而人类不可能在几周内完成这么多的研究。这个过程需要时间。然而，计算机的能力和知识的爆炸有可能从根本上改变这一过程和它的速度。知识创造的 SECI 模型中的 E（外部化）和 C（组合化）过程可以变得比现在更快、更准确。

IBM 商业价值研究院指出，Watson 在逻辑分析方面很强，这是人类左脑处理的功能。未来的挑战涉及找到使用计算机系统处理右脑功能的方法，如艺术、直觉和图像处理。为了解决这个问题，研究人员正试图开发一种带有人类大脑神经中发现的突触和神经元的电子电路的大脑芯片，以创造一个全新的计算机系统。神经科学家池谷裕二（Yuji Ikegaya）说，大脑反射性地提供了人类行为的理由，并且有一个内在的反射过程，是在无意识中进行的。这被称为直觉。[16] 因此，人工智能研究的一个重要问题是计算机是否能够处理这种直觉。然而，在目前阶段，即使是 IBM 的认知计算也肯定不是以优于人类为目标的。相反，它被定位为一种辅助工具。如前所述，人工智能可以提供福泽谕吉所说的"发明的知识"。它可以做人类不擅长的事情——计算和记忆，可以快速分析人类不可能处理的数据。通过学习功能，人工智能可以进一步提高分析和解释的准确性。这将使人类能够以更快的速度获得"发明的知识"。人工智能的目的不应该是取代人类的判断力和创造力，而是提供一个更快地获取知识的工具。人类在主观上以"大知识"参与知识创造是非常重要的。世界期待着人类和人工智能的合作所带来的新的知识创造。

## 注释

1. Jeopardy 是一个在美国播放了 50 多年的流行的问答节目。它在每周一到周五的晚上播出，时间为 30 分钟。一个面板显示 30 个问题，分为六个领域和五个等级。三位参赛者在一轮快速答题中尝试回答问题。如果答案正确，该问题的奖金就会加到参赛者的分数上。最后得分最高的选手获胜。Watson 与 74 场比赛的冠军 Ken Jennings 和获得 3 亿日元奖金的 Brad Rutter 进行了竞争，并击败了他们两人。Jeopardy 不重复提问，因此再多的记忆也无法帮助回答。Watson 使用高级自然语言处理来分析问题，并从其 2 亿页的文本数据库中找到正确答案。这 2 亿页文本包括各种数据，例如维基百科、报纸、《圣经》和其他材料。

2. IBM 并没有将 Watson 定位为人工智能。该公司称其为认知计算，旨在对该技术进行更实际的应用。然而，这项研究在广义上使用了人工智能这一通用术语。关于 Watson 在 IBM 的发展细节参阅：Kelly III, John E. and Hamm Steve. (2013). *Smart Machines: IBM's Watson and the Era of Cognitive Computing*，Columbia Business School Publishing。

3. 例如，Noriko Arai（2016）*A Place Necessary for People Rendered Unemployed*，*Warning from a Mathematician*，The Nikkei。

4. 关于 Watson 厨师的信息是基于 2016 年 4 月 15 日、5 月 17 日和 5 月 27 日对 Kazushi Kuse 先生的采访以及以下材料：http://www.ibm.com/systems/be/inspire/ interview-sous-chef-watson-ajb1x；https://www-03.ibm.com/press/is/en/presskit/46500.wss。

5. IBM 相关网页：http://www.ibm.com/systems/be/inspire/interview-sous-chef-watson-ajb1x。

6. Cook Pad 相关网页：http://cookpad.com/pr/tieup/index/694。

7. 在 Bon Appétit 和 Cook Pad 中，烹饪方法和数量是由厨师提供的。

8. 源自 2016 年 5 月 17 日在 IBM 总部的采访。

9. "AI, Jakuten ha Joshiki Shirazu（AI 的弱点是缺乏常识）"，《日经新闻》，2016 年 2 月 21 日。

10. 源自《朝日新闻》，2016 年 3 月 25 日。

11. 关于福泽谕吉对智力和道德的看法的信息是根据猪木武德（Takenori Inoki）教授 2016 年 6 月 11 日在知识论坛上的演讲。

12. 福泽谕吉关于在明治时代更重视私人方面智力和道德而相对不重视公共方面的担心，即使在今天，鉴于政治家的丑闻，似乎也有所呼应。

13. 亚里士多德的《尼各马可伦理学》对实践智慧进行了总结，而第一个真正的管理实践研究来自：Nonaka, Ikujiro, Toyama, Ryoko, Hirata, Toru. (2008). *Managing Flow: A Process Theory of the Knowledge-based Firm*，Palgrave Macmillan, New York。另一篇文章

将实践智慧的发展定义为知识创造型领导者的重要能力。Nonaka，Ikujiro and Takeuchi，Hirotaka. (2011).*The Wise Leader*，Harvard Business Review，2–11。

14. 故事说，把一头驴子放在两堆一模一样的干草之间，这头驴子就犯难了，摇摆不定，最后竟然被饿死了。

15. IBM 相关网页，http://www.ibm.com/systems/be/inspire/interview-sous-chef-watson-ajb1x。

16. 池谷裕二（Yuji Ikegaya）教授 2016 年 4 月 9 日在日本东京的知识论坛上的演讲。

## 参考文献

IBM and institute of culinary educaton. (2015). *Cognitive cooking with chef Watson: Recipes for innovation from IBM and the institute of culinary education*，SourceBooks，Naperville，IL.

Brown，T. (2019). *Change by design，revised and updated*，Harper Business，New York.

Christensen，C. (1997). *The innovator's dilemma: When new technologies cause great firms to fail*，Harvard Business Review Press，Boston.

de jong，Marc and van Dijk，Menno. (2015). *Disrupting beliefs: A new approach to business-model innovation*，McKinsey Quarterly.

Drucker，P. F. (1993). *Post-capitalist society*，Harper Business，New York.

Finley，K. (2015). *This news-writing bot is now free for everyone*，Wired，Accessed on October 20，https://www.wired.com/2015/10/this-news-writing-bot-is-now-free-for-everyone/

Fukuzawa，Y. (1995). *Bunmeiron no Gairyaku (An outline of a theory of civilization)*，Iwanami Bunko，page 120.

Gershgorn，D. (2015). *These are what the Google artificial intelligence's dreams look like*，Popular Science，Accessed on Jun 20，http://www.popsci.com/these-are-what-google-artificial-intelligences-dreams-look

Kastrenakes，J. (2016). *Google has AI writing "rather dramatic" fiction as it learns to speak naturally*，Accessed on July 20，http://www.theverge.com/2016/5/15/11678142/googleai-writes-fiction- natural-language-neural-network

Kelly, T. and Littman, J. (2001).*The art of innovation: Lessons in creativity from IDEO*, America's Leading Design Firm, Currency, New York.

Kelly III, John E. and Hamm, S. (2013).*Smart machines: IBM's Watson and the era of cognitive computing*, Columbia Business School Publishing, New York.

Krishnamoorthy, R. (2015). *GE's culture challenge after welch and immelt*, Harvard Business Review, Accessed on January 25, https://hbr.org/2015/01/ges-culture-challenge-after-welch-and-immelt

Maruyama, M. (1986). *Reading an outline of a theory of civilization*, Part 2, Iwanami Shinsho, page 138.

Moss, R. (2015). *Creative AI: Computer composers are changing how music is made*, NEW ATLAS, Accessed on January 26, http://www.gizmag.com/creative-artificial- intelligence-computer-algorithmic-music/35764/

Nomura Research Institute, Ltd (NRI), (2015).*49% of Japan's working population can be replaced* by artificial intelligence and robots, Nomura Research Institute News Release, Accessed on December 2, https://www.nri.com/jp/news/2015/151202_1.aspx

Nonaka, I., Toyama, R., and Hirata, T. (2008). *Managing flow: A process theory of the knowledge-based firm*, Palgrave Macmillan, New York.

Nonaka, I. and Takeuchi, H. (1995).*The knowledge creating company: How Japanese companies create the dynamics of innovation*, Oxford University Press, New York.

Nonaka, I. and Takeuchi, H. (2011).*The wise leader*. Harvard Business Review, Boston.

Nonaka, I. and Takeuchi, H. (2019).*The wise company: How companies create continuous innovation*, Oxford University Press, New York.

Poundstone, W. (1992). *Prisoner's dilemma: John von Neumann, game theory, and the puzzle of the bomb*, Oxford University Press, New York.

Tobe, R., Teramoto, Y., Suginoo, Y., Murai, T., and Nonaka, I. (1991). *The Essence of Failure*, Chuokoronsha. First edition published in 1984.

# 人工智能驱动的知识管理

*Xuyan Wang，Xi Zhang，Yihang Cheng，Fangqing Tian，Kai Chen* 和 *Patricia Ordóñez de Pablos*

## 引言

由于类似人类的思维和行动，人工智能已经使生产和生活的各个方面都发生了巨大的变化，包括知识管理。知识管理作为一种探索组织内或组织间知识活动原理的活动，被世界各地的组织广泛认可，它有助于全面管理组织知识（Alavi and Leidner，2001；Nonaka and Peltokorpi，2006）。随着人工智能的发展，获取知识、控制知识活动，甚至识别潜在需求似乎都非常容易了（Faraj et al.，2018；2016）。此外，人工智能有助于处理数据，如文本、图像和视频，使其能够不受干扰和阻碍地分享和交流知识（Yan et al.，2018）。人工智能还可以适应新情况，如检测和推断模型。

关注人工智能驱动的知识管理（AI-enabled KM）有重大意义。例如，在数字时代有很多具有高价值的非结构化数据，在传统的知识管理中很难识别（Khan and Vorley，2017）。随着人工智能的突破，组织甚至可以准确量化知识创造的各个阶段，从而深入分析组织知识创造的现状，为未来做好准备。此外，人工智能具有学习、推理、记忆和决策的能力（Andersen and Ingram Bogusz，2019；Leicht-Deobald et al.，2019）。它将扩大知识管理过程中的知识再利用和创新（Huang and Zhang，2016）。

本章的内容结构如下。首先，我们会描述人工智能和知识管理的相关背景，包括人工智能的相关概念、知识管理的发展阶段以及人工智能驱动的知识管理这一新现象。其次，我们将解释人工智能对知识管理的双重影响，包括人工智能对知识管理的积极影响和消极影响。再次，我们会指出人工智能驱动的知识管理的未来研究趋势，包括对新问题、新技术／新机制和新理论的研究。最后是本章的结论。

## 人工智能和知识管理

### 人工智能和算法技术

人工智能的概念于 1955 年被首次提出，这意味着学习的所有方面或智能的任何其他特征在原则上都可以被准确描述，因此，机器可以对其进行模拟（McCarthy et al., 2006）。如今，来自企业、政府和社会的海量数据使数据无处不在，机器的自学能力（如深度学习）不断增强，因此，人工智能的能力也在不断提高。这三种力量相互促进，推动了人工智能的快速发展（Anthes, 2017）。

人工智能是一个跨学科的科学领域，与管理学、心理学、语言学、数学方法和计算机科学相交融（Bobrow and Stefik, 1986; Sokolov, 2019）。因此，人工智能在不同的学科领域有不同的定义。例如，在管理学研究中，人工智能被视为新一代的技术，可以通过以下方式与环境互动：（1）从外部（包括自然语言）或其他计算机系统收集信息；（2）解释信息，识别模式，总结规则，或预测事件；（3）产生结果，回答问题，或向其他系统发出指令；（4）评估行动的结果，改善决策系统以实现特定目标（Ferras-Hernandez, 2018）。由于激发人工智能功能的环境通常是高度复杂和部分随机的，所以人工智能的行为是不确定和复杂的，并且有多个层次（Glikson and Woolley, 2020）。人工智能的决策过程通常是不透明的（Danks and London, 2017）。这意味着人工智能做出的决定可能难以预测，而每个决定背后的逻辑往往难以理解。

人工智能有三种方式呈现给人类，分别是人工智能驱动的机器人、人工智能驱动的虚拟代理和嵌入式人工智能（Glikson and Woolley，2020）。首先，人工智能驱动的机器人具有多种功能，具有不同的机械或类似人类的表现形式，而且它们可以有序地执行面向社会的任务。其次，人工智能驱动的虚拟代理是一种不以物理形式存在，而是以独特的身份存在的人工智能，如聊天机器人（Ben Mimoun et al.，2012）。这种虚拟代理可以存在于任何电子设备上，并且可以有一些特征，比如脸部、身体、声音或文字能力。此外，这种类型的人工智能如今已被商业化使用，并且有很多关于界面设计的经验性研究。最后，嵌入式人工智能对用户来说是不可见的，这意味着它没有视觉表现或独特的身份。它可以被嵌入不同类型的应用中，如搜索引擎或 GPS 地图，人们可能感知不到它的存在。

**知识管理的发展趋向**

目前，知识管理发展过程的三个阶段及比较见表 11.1。

表 11.1 知识管理发展过程的三个阶段及比较

| 知识管理的发展过程 | 特征 | 背景 | 研究重点 |
| --- | --- | --- | --- |
| 知识管理 1.0 | 组织内的知识管理 | 欧洲、美国和日本著名公司的知识创造理论 | 组织内的知识创造、共享和存储过程 |
| 知识管理 2.0 | 全球知识转移 | 互联网与全球化 | 通过信息技术提高全球知识转让和合作的效率 |
| 知识管理 3.0 | 人工智能支持的知识管理 | 数字化转型，逆全球化趋势 | 深度挖掘和人工智能驱动下的知识创造过程的微观机制 |

在知识管理 1.0 时代，大多数组织的知识资源都很丰富，所以知识管理的重点主要是如何有效地管理知识资源和促进知识创造（Nonaka，1994）。随着互联网技术和全球化的快速发展，知识管理进入 2.0 时代。仅仅关注组织

内部的知识管理已经不够了，也有必要使用互联网技术来有效利用组织外的全球知识（Bell and Loane，2010；Provost and Fawcett，2013）。近年来，大数据给全球经济带来了新的趋势，那就是数字化转型。传统的知识和创新活动已经发生了重大变化，知识管理已经进入3.0时代。随着人工智能技术的发展，获取和利用不同类型数据中隐含的知识开始成为研究热点（Jin et al.，2015）。知识管理3.0时代有很多不确定因素，例如，知识创造过程的不确定性、知识获取渠道的不确定性、知识合作伙伴和机制的不确定性（Wang et al.，2020）。人工智能的出现将使最好的现代技术融入知识管理过程中，并协助其发展（Ordóñez de Pablos and Lytras，2018）。因此，这个时代的主要特征是人工智能驱动的知识管理。

人工智能为解决知识管理3.0时代所面临的问题带来了巨大的可能性（Wang et al.，2020），具体如下。

**人工智能推动知识创造过程**。在这个阶段的知识管理中，人们必须不断搜索他们想要的知识，因为简单地分享现有的知识可能不再满足知识管理的需要。只有结合先进的人工智能技术方法，才能有效地预测和管理知识创造的各种过程。

**人工智能促进了知识获取平台的发展**。在知识管理3.0时代，逆全球化的趋势使得跨国公司之间的知识转移更加困难（Kuang et al.，2019）。然而从另一个角度看，人工智能促进了人们对大量开放社区和交流平台的使用，并提供了丰富的知识获取平台（Eseryel，2014）。世界上的发展中国家，尤其是中国，已经开始考虑大力发展众包或其他开放式创新模式，以刺激未来的知识创新。

**人工智能有助于建立知识合作机制，识别知识伙伴**。在知识管理3.0时代，准确找到分布在世界各地的知识伙伴至关重要。然而，大多数小微企业无法获得必要的信息支持，这使得它们无法准确地匹配知识伙伴，不利于其进一步发展。由于人工智能技术的低成本特点，它可以帮助这些处境不利的公司建立良好和高效的模式来开展知识共享活动（Teodoridis，2018）。

**人工智能加速了数字化转型**。大数据的出现有效改善了企业知识管理的现状。但目前企业仍面临着许多不可避免的问题，如整体经济增长放缓、客户需求更加个性化、行业竞争加剧等（Wang et al.，2020）。数字化转型可以有效缓解这些棘手的问题（Bharadwaj et al.，2013；Khanagha et al.，2014）。数字化转型的本质是，企业需要根据自身的设备、资金等情况进行业务转型（Vial，2019）。人工智能可以帮助企业实现智能化，并在大数据背景下具备对其他企业的核心竞争力，从而实现数字化转型的加速（Magistretti et al.，2019）。

### 人工智能驱动的知识管理中的新现象

在人工智能驱动的知识管理中产生了许多新现象。例如，不仅传统的知识管理场景在组织内部发生变化，而且在组织外部也产生了新的知识场景（Chae，2019）。随着人工智能时代的到来，许多公司正在遵循数字化转型的战略，同时提出了许多人工智能平台，如数字社区、智能人才管理系统和智能招聘系统（Yablonsky，2020）。许多智能系统和人工智能技术已经改变了组织的内部环境。它将对知识管理的过程和效果产生巨大影响。在数字时代，组织内部的知识具有丰富的大数据特征。有大量的组织知识，而且数据的增长是指数级的。此外，还有各种形式的组织知识，如半结构化和非结构化的文本与图像。组织知识的变化是迅速的，新知识的产生可以在很短的时间内完成。通过加强企业的知识搜索和知识再利用，人工智能驱动的知识管理有利于企业的创新绩效（Ruan and Chen，2017）。

在人工智能时代，许多先进的信息和通信技术在企业外部得到了发展，形成了许多新的虚拟互动社区，如社交问答网站、数字企业社交媒体和具有人工智能功能的在线社区（Barker，2015；Kaba and Ramaiah，2017）。这些在线社区可能包含高质量的群体隐性知识。一旦它们被转化为组织知识，将有利于组织的发展（Erden et al.，2008）。在一个特殊的动态环境中，知识可以被创造并提炼成智慧（Nonaka and Toyama，2007；Nonaka et al.，2018）。而资源整合能力越强，组织就越有机会获得核心竞争优势（Nonaka et al.，1996）。在这些新的互动活动的影响下，知识创造会有一定程度的变化。

由于知识创造的重大影响，知识创造一直是人工智能驱动的知识管理研究的主要议题，然而，在人工智能驱动的知识创造方面仍然存在差距（Alavi and Leidner，2001；Eseryel，2014；Kane et al.，2014；Nonaka and Peltokorpi，2006）。例如，对人工智能赋能的知识管理的理论需要改进。在野中郁次郎提出知识创造理论中的 SECI 模型后，他提出了知识创造场景的概念——"Ba"。他认为隐性知识需要在特定的社会场景中不断互动，以创造新的知识（Corno et al.，1999；Nonaka and Konno，1998；Nonaka et al.，2000；Peltokorpi et al.，2007）。后来，一些学者发现，Ba 可以存在于虚拟团队或社区中，为知识创造提供一个社会场景（Martin-Niemi and Greatbanks，2010）。然而，在不同的社会场景中，知识创造过程可能是不同的（Nonaka et al.，2014；Nonaka and Krogh，2009；Nonaka et al.，2006；Zhao et al.，2018）。然而，目前的研究还没有扩展到知识创造理论的变化，对人工智能促成的知识管理的理解还需要改进。目前注重管理显性数据和信息技术的知识管理实践是不够的，还必须考虑隐性知识，如主观见解或情感（Nonaka et al.，1998）。然而，通过传统的手工方式和组织中的简单管理系统是很难实现的。因此，一些学者转到了新的方向，如基于社区的知识创造或在开放源码中学习（Hemetsberger and Reinhardt，2006；Lee and Cole，2003）。从参与者的角度，学者们还研究了沟通行为、个人特征、反馈特征，以及其他许多行为，如营业额对虚拟环境中知识创造的影响（Majchrzak and Malhotra，2016；Ransbotham and Kane，2011）。然而，这些研究只揭示了虚拟环境中知识创造的社会性和再实践，在解释人工智能环境中的具体知识创造过程方面仍有不足。

# 人工智能对知识管理的双重影响

人工智能对知识管理有双重影响。一方面，由于基于大数据的数据挖掘和神经网络技术的成熟，人工智能可以帮助人们更有效地搜索知识，提高知识管理的效率。例如，星巴克开发了一款智能手机应用，其本质是一个回答问题的机器人，可以有效提高柜台服务人员的效率，并通过节省顾客的等待时间来提高顾客对公司的满意度（Warnick，2020）。另一方面，由于人工智能所涉及的算法系统大多被视为专有技术产权，人工智能无法解释，也不透明，这进一步带来令人费解的道德和伦理问题。例如，ProPublica（一家美国权威的非营利性新闻机构）曾经分析过一个可以预测罪犯再次犯罪可能性的系统，但发现该系统在帮助法官做出更正确的判断的同时，却歧视了黑人（Larson et al.，2016）。

## 人工智能提高了知识管理的效率

人工智能可以有效整合显性知识，提高知识的利用率。这是因为人工智能不仅可以准确识别静态特征，如文字和图片，它还可以准确识别和捕捉动态特征，如身体语言。通过数据挖掘技术，人们可以找到并有效整合其相关的显性知识（Dick Stenmark，2015）。而人工智能技术，如机器学习，可以有效地处理和分析显性知识并产生新的知识（Peltokorpi et al.，2007）。

人工智能还可以帮助分析大规模和多维度的数据，挖掘潜在的知识优势。在获得数据后，人们面临的主要问题是如何分析这些海量的数据并获得结果以帮助决策。因此，整个过程的准确性和时效性是至关重要的。传统的数据分析技术已经无法满足大量的数据分析要求。然而，自然语言处理、深度学习或其他人工智能相关技术可以简化数据，从多个维度有效处理数据，并对数据进行预测分析。人工智能将数据转化为信息，再转化为知识，成为企业必不可少的核心竞争力（Hu et al.，2018）。换句话说，人工智能提高了发现隐性知识的可能性和效率，为知识管理奠定了知识基础，构建了多种知识获取渠道，并最终促进了组织间的知识交流。例如，基于神经网络和其他人工智能技术的专家系统可以有效地将隐性知识转化为显性知识（Tan et al.，2010）。

### 与人工智能驱动的知识管理有关的社会和道德问题

虽然人工智能提高了效率和效益，但它也消除了机器行为的透明度、可预测性、可教育性和可审计性，在不透明和无法解释的算法中将机器行为隐藏起来（van der Waa et al.，2020）。不仅参与者不知道程序的逻辑，甚至程序的创造者也不知道。当人和算法作为不同的决策机构参与知识管理过程时，算法作为决策机构也必须遵守一些道德规则（Martin，2019）。道德指的是处理人类价值观、对错行为，以及好坏动机的哲学（Leicht-Deobald et al.，2019）。管理伦理是指在与社会伦理高度一致的情况下，积极履行对投资者、员工、客户、政府和社会等利益相关者的义务和责任的管理运作（Woods and Lamond，2011）。人工智能和算法技术的伦理风险主要体现在：人工智能在提高效率和改善结果的同时，也引发了隐私和解释方面的问题（Mujtaba and Mahapatra，2019）。随着人工智能和算法技术为人类做出越来越多的重要决定，决策的透明度和可预测性可能会更低。此外，基于数据驱动学习算法的智能机器很容易做出有偏见和歧视性的决策，这违反了人类的伦理和价值观（Leicht-Deobald et al.，2019）。因此，一旦人类失去对人工智能的控制，会造成严重的后果，如大规模的社会问题（Mujtaba and Mahapatra，2019）。

## 人工智能驱动的知识管理的未来研究趋势

基于上述对人工智能驱动知识管理的介绍和讨论，本节将概述未来可能的研究趋势。首先，我们提出了在三个方面需要迫切关注的问题：隐性知识、知识网络和个性化知识。其次，我们会描述几个新技术或新机制，从技术角度回应这些问题。最后，我们提出了新的理论方向，并试图从理论的启发式角度来研究这些问题。也就是说，应该从技术角度建立人类—人工智能协作知识管理系统（knowledge management systems，KMS），并从管理角度建立人工智能驱动的知识创造理论。

## 新的研究问题

### 问题1：如何促进隐性知识管理？

显性知识是指由人类充分表达的知识（如语言、数学公式）。人们知道自己的隐性知识，但要通过个人经验来描述它并不容易（Q. Huang et al., 2011；P. M. Leonardi and Bailey, 2008）。过去，人们对企业知识的关注主要集中在显性知识上。实际上，隐性知识在保持企业竞争优势和持续知识创造方面发挥着重要作用（Chen et al., 2021）。根据SECI理论，隐性知识和显性知识的相互转换可以创造新的知识（Nonaka, 1994）。而且，通过适当的管理和领导方法，隐性知识可以转化为有价值的知识资产（von Krogh et al., 2012）。许多文献都强调，隐性知识不仅可以使创新成功，还可以带来新的科学发现，支持战略决策（Nonaka and von Krogh, 2009）。因此，如何准确获取知识并将隐性知识转化以供组织所用，是一个关键的挑战（Kawamura and Nonaka, 2016）。

如何利用人工智能的优势来处理和分析问题，识别和挖掘隐性知识是一个重要问题。隐性知识是很难被捕捉到的，所以有些学者认为只有把它展示出来才能更好地发现、保存和传播它（Erden et al., 2008；Nonaka and von Krogh, 2009）。但是在这个过程中，失败的可能性非常大，而且不容易实现。Nonaka和Takeuchi（2011）认为，通过社会互动中的类比和隐喻，隐性知识可以通过外部化的过程被人们逐渐熟悉。隐性知识只有在这个过程之后才能被使用，设计者之间的实验性合作通常与隐性知识的出现和解除有关（Nonaka, 1994）。在数字时代，组织内部的知识具有丰富的大数据特征。有大量的组织知识，而且数据的增长是指数级的（Ruan and Chen, 2017）。因此，人工智能环境下隐性知识的外部化变得很明显，知识的类型不断增加，出现在各种数字平台上。例如，当人们在组织内部或组织之间找到具有特定领域专业知识的专家时，人工智能技术可以记录这些专家的经验和想法，从而形成一个知识库。当人们下次遇到类似的问题时，人工智能技术可以使用对应的解决方案来更快地解决问题。因此，隐性知识被转化为显性知识，可以很容易地进行管理。

**问题 2：如何建立一个智能知识网络？**

野中郁次郎的 SECI 理论从创造信息和知识的角度解释了如何整合内部知识资源的过程（Corno et al.，1999；Krogh et al.，1997；Nonaka and Yamanouchi，1989）。这种知识可以被看作是领域知识（domain knowledge）的范畴。还有一种知识，在知识管理中也发挥着重要作用，这就是元知识（meta-knowledge）（Engelbrecht et al.，2019）。早期的研究并没有形成元知识的统一定义，但一般认为，元知识是关于知识的知识，它描述了已知知识的内容、结构和一般特征。元知识是带有其他成员的位置和标签信息的记忆（Ren et al.，2011）。后来，根据 Leonardi（2015）的说法，元知识被定义为谁知道谁以及谁知道什么的准确性。此后，元知识的定义逐渐清晰，其内涵和外延也基本确定。

元知识是个人非常重要的知识结构（Engelbrecht et al.，2019）。许多研究表明，像职业经理人这样的个体的元知识通常是不完整的（Foss and Jensen，2019）。元知识的增加可以帮助提高他们对团队成员知识和技能的理解，从而以更合理的方式向团队成员分配任务。因此，团队成员可以履行他们各自的责任，提高远程办公和协作学习的效率。

在人工智能环境中，社会网络的扩展得到了极大的改善。因此，知识网络变得交错、分散和复杂，元知识的识别和测量变得更加困难。许多公司鼓励员工在较难与他人接触时使用在线社交平台，这可以增强员工之间的相互了解（Engelbrecht et al.，2019）。与不同知识能力的人互动，可以提高个人界定情况或问题的能力，并将自己的知识应用于所需的行动和解决具体问题（Ikujiro

Nonaka et al.，2006）。此外，人工智能技术的使用可以捕捉人们在数字社交平台上的使用轨迹，并通过挖掘人与人之间的交流网络来识别和改善元知识网络。由此，它将有助于管理人们的碎片化知识，建立有效的知识网络。

**问题3：如何设计个性化的知识推荐系统？**

差异化知识指的是个人或组织所拥有的专业化知识（Barley et al.，2018）。在组织中保持差异化知识的主要目标是使组织能够保留更广泛的知识，保护不同形式的知识，为组织提供竞争优势。它可以促进重要的组织进程，如协调行动、支持组织学习和适应，并刺激创新（Barley et al.，2018）。创造差异化知识的过程也是一个组织突出其特殊性和专业化的过程。属于组织或个人的差异化知识是从组织共享的知识中提取出来的，以完成特定的任务。个人或组织会以新颖的方式运用或开发这些知识，以从事其他特定的任务，即生产新知识和创造价值。所以，创造差异化知识是知识管理的最终目标（Barley et al.，2018）。

过去，就企业而言，差异化知识的管理过程主要是处理员工之间的个体知识冲突（Barley et al.，2018；Faraj and Xiao，2006）。虽然企业中存在多种知识，但缺乏对差异化知识的发现，而且很难实现差异化知识的有效利用。然而，差异化知识在人工智能环境中变得可以衡量了。这与个性化知识推荐系统的出现和广泛应用密切相关。这种系统具有主动性和及时性的特点，涉及多种技术，其中数据挖掘技术和协同过滤技术的应用相对较多。例如，这类系统将根据协同过滤技术和基于内容的技术进行开发，不仅可以为用户提供匹配的文档，还可以与相关的知识所有者建立密切的联系，从而实现长期发展（Wang and Chang，2007）。个性化的知识推荐系统不仅可以收集个人表现、个人特征等知识，还可以根据这些数据调整推荐，从而实现高效的知识管理。对于企业来说，差异化知识的管理不仅要处理个人知识的难题，即满足个人的需求；还需要从组织层面考虑，如组织战略目标。因此，如何从多主体需求的角度进行个性化的知识推荐是一个重要的问题（Wang et al.，2020）。

## 新技术和新机制

### 新技术——知识追踪

最初,知识追踪是指根据学习者过去的回答情况对学习者的知识库进行建模,从而获得学生当前知识状态的技术(Corbett and Anderson,1994)。它的目的是准确预测学习者对各种知识概念的掌握情况和学习者在未来的学习行为表现。在进一步的抽象表达中,知识追踪是指基于过去行为的经验统计模型(Romer,1990)。通过对模型的广泛训练,它可以清楚地显示出对象的当前状态,从而为预测具体的分类内容和推断未来的行为表现提供部分依据。更重要的是,这是一个动态互动的过程。该模型从被测试者那里获得信息并组成自己的预测机制,然后通过预测机制推断出被测试者的发展状况,在分析现有信息后又对被测试者试产生影响。

知识追踪可以帮助改善隐性知识和差异化知识。例如,面对不断增长的学习者群体,要追踪每个学习者的知识状况是很困难的。也就是说,对于知识提供者来说,不可能确定知识需求者的需求状况,因此在提供知识培训和指导方面存在困难。目前,知识追踪被广泛用于在线学习系统中,以准确预测学习者的表现和评估能力水平。同样地,这种技术也可以应用于员工培训,这是员工个人知识管理的一个重要部分。

在企业中,当借助于知识管理系统培训员工时,可以利用知识追踪技术来评估员工的学习能力水平,从而提高员工的差异化知识水平。换句话说,基于人工智能的知识追踪技术可以自动追踪学习者的知识掌握情况,追踪学习者隐性知识的实时状态和变化。这样就能挖掘出学习规律,从而更好地提供个性化的知识推荐。一方面,知识管理系统可以提供基于模型构建的知识掌握情况分析,使教育提供者或系统本身对每个学习者有更全面的了解。因此,企业可以根据这种分析判断学习者的知识弱点,并提供更有效的学习路径和资源反馈。另一方面,学习者也可以依托系统进行有针对性的培训,从而深入挖掘资源库，充分安排系统中的资源，实现学习者的特殊知识需求。

## 新技术——知识图谱

知识图谱在2012年首次作为一个概念被正式提出，旨在改善搜索引擎的功能（Nickel，Murphy，et al.，2016）。虽然定义存在争议，但知识图谱可以被视为基于实体语义数据库构建的知识网络（Qi et al.，2017）。而语义数据库本质上是一种基于图的数据结构，用于存储知识。

与早期的语义网络相比，知识图谱有其自身的特点（Nickel，Rosasco，et al.，2016；Qi et al.，2017）。最重要的是，知识图谱专注于实体和其属性值之间的关系。首先，知识图谱有概念上的层次关系，但这些关系的数量要比实体之间的关系数量小很多。其次，知识图谱的一个重要来源是百科全书，特别是百科全书中的半结构化数据提取。百科全书将获得的高价值知识作为内核知识，利用知识挖掘工具快速构建大规模、高价值的知识图谱。最后，知识图谱的构建重点是解决不同来源的知识融合和数据清理技术。

利用知识图谱技术的优势，可以帮助提取零散的知识，挖掘隐性知识，并发现各种知识来源之间的联系。基于上述特点，知识图谱可以通过机器学习等人工智能技术，从异质多层结构的数据和信息中提炼出知识，建立一个图形化的知识库（Nickel，Murphy，et al.，2016）。可见，知识图谱的一个重要价值就是从海量的数据中提取有用的信息，将分散的信息碎片聚合起来，以图谱的形式组织在一起，成为有关的参考信息和有洞察力的知识，辅助决策。因此，对于知识管理来说，知识图谱可以更好地挖掘出知识的显性和隐性价值。例如，它可以用于知识搜索、知识问答、知识推荐等。

## 新机制——知识溢出

知识溢出是知识扩散的一种方式（Feldman and Kelley，2006）。Romer（1990）提出了一个知识溢出模型，用来解释任何制造商所生产的知识可以提高整个社会的生产力。模型表明，任何个体知识的变化都会增加整体知识的规模，这是通过个体知识对整体知识变化的影响而实现的。从广义上讲，知识溢出可以表现为一个产品自身的产出导致周围环境的变化，而这种环境的变化又反映在其他同类产品产出的相应增加上，即产品促进同种不同属的产品规模的变化。Jaffe（1986）最初将知识溢出过程引入知识过程，并将这一过程与企业知识对其行业可能产生的影响联系起来。知识溢出促进了知识的传播和再创造。

知识溢出在日常生活中具有较高的自发性，所以不需要相关方在更大程度上进行推广。但要解构这种效应，可以发现知识溢出效应实质上是受环境影响下的间接促进。下面的例子可以帮助理解知识溢出的过程。一些地区的政府可能会设立研发补贴，鼓励市场上不同行业的企业促进研发，增强市场活力，加快技术进步。当一些公司获奖后，行业内其他没有获得资助的公司也会从其他渠道增加研发资金（Feldman and Kelley，2006）。这些资金是公司寻求突破的表现。换句话说，获得政府补贴的公司对行业内的其他公司有知识溢出效应。可见，知识溢出不仅促进了知识的扩散，也有助于促进组织创新活动的发展。

人工智能技术的发展使知识溢出效应更加明显和可衡量。随着社会网络大规模的普及，知识网络的规模也在扩大。在这种情况下，知识溢出效应将变得更加明显。此外，由于机器人等虚拟人工智能的发展，知识溢出的载体不再局限于人与人之间的交流，也可以通过显性的机器语言进行传播（Gu and Li，2020）。更重要的是，人工智能可以加速企业知识创造和技术的溢出，提高企业的学习能力和知识吸收能力，并为企业带来技术创新（Liu et al.，2020）。因此，即使人工智能应用于少数企业，无疑也会促进整个行业的知识管理水平提高。

## 新理论

### 技术角度：人机协作的知识管理系统

从技术角度看，为了更好地推广隐性知识，构建智能知识网络，推广差异化知识，可以构建人机协作的知识管理系统。企业通常使用知识管理系统来挖掘和管理用户知识，而人工智能的出现使知识管理系统更加智能化。它可以通过逻辑算法在人和机器智能之间传递信息，并转化知识（Alavi and Leidner, 2001）。这种人机协作的知识管理系统不仅可以存储大量的数据，还可以进行高效的计算、逻辑预测、调整和优化决策，满足当前知识管理的要求。然而，在数字时代，知识管理系统的设计变得越来越复杂。由于人工智能的不透明性和其他特点，系统很容易超出人类的推理和分析能力而失去控制，例如算法伦理问题。因此，如何从设计科学的角度建立一个基于人机协作的知识管理系统已经变得非常重要。

设计科学的目标是通过塑造信息系统解决方案来改善人类状况（Gregor and Hevner, 2013）。人工智能在社会技术系统设计中的应用往往会创造出复杂（不透明）的解决方案来应对重要的研究挑战。智能控制意味着了解所有用例中系统行为的所有层面。因此，不仅要根据人工智能的发展规律和演化特点来设计知识管理系统中的人机共同行为规则，而且要满足人类和社会的需求。另外，在发现系统问题和不足后，要不断迭代更新，这样才能有效设计出基于人机协作的知识管理系统。

### 管理学的角度：人工智能驱动的知识创造理论

第一，可以建立新的理论来进一步探讨知识创造的问题，因为人工智能正在改变知识创造的变量、机制和边界（Avdeenko et al., 2016；Fowler, 2000；Pee et al., 2019）。在人工智能时代，隐性知识不再只是一个概念，它也可能成为可以被识别和测量的变量，并且不断被探索和扩展。知识创造过程的本质是人们与他人互动时不同种类知识的相互转化（Nonaka and

Toyama，2003）。算法技术的快速发展无疑为挖掘数据中的深层次信息和有效利用知识提供了很好的工具。如上所述，隐性知识可以通过知识图谱技术实现可视化，隐性知识的实时变化也可以通过知识追踪来测量。Stenmark（2000）的研究就是一个很好的例子，他试图利用推荐系统来开发隐性知识。元知识也能在一定程度上反映隐性知识的水平。因此，知识创造理论可以在隐性知识建构的测量和可视化方向上进一步探索。

第二，可以探索新的机制来建立人工智能驱动的知识创造过程。鉴于知识创造的过程将变得更加快速，甚至可预测，其发展可能会有飞跃和突变的状态。例如，无处不在的社交网络使得知识创造的每一个阶段都具有社会特征。在算法工具的帮助下，我们可以准确识别各种信息，量化知识创造的各个阶段，更好地把握知识创造的进程。例如，人工智能技术可以通过重构知识网络加速知识创造的进程，从而实现创新的突破（Kneeland et al.，2020）。

第三，可以在不同的场景中探索知识创造的边界，原因是多种人工智能驱动的知识场景的产生，使得知识创造的边界已经变得模糊不清。例如，一些拥有大规模用户的开放式创新平台正在利用数字技术来收集集体智慧，实现知识创造和创新（Germonprez et al.，2017；Yan et al.，2018）。换句话说，大规模的知识创造已经成为可能。此外，数字化转型使组织变得更加虚拟，组织内知识创造的界限也因人工智能的引入而变得模糊。这使得知识管理过程成为一个动态的过程，这与动态能力的创造性和适应性相匹配，包括随着时间的推移而不断更新的知识（Nonaka et al.，2016）。因此，未来的研究还可以探索数字化等新场景下的组织知识创造的过程。

## 结论

本章回顾了人工智能和知识管理的背景，并阐述了在人工智能的影响下，知识管理过程中发生了什么。本章还阐述了人工智能驱动的知识管理的未来研究方向。可以看出，由于人工智能技术的影响，知识管理已经发生了巨大的变化。这意味着，无论是在知识管理的实践还是研究中，人工智能在知识管理中的作用都不应被忽视。而人工智能驱动的知识管理将成为未来知识管理研究的重点。

## 鸣谢

本研究得到了国家重点研发计划（项目批准号：2020YFA0908600）、国家自然科学基金（项目批准号：71722005、项目批准号：71571133、项目批准号：71790590和项目批准号：71790594）和天津市自然科学基金（项目批准号：18JCJQ JC45900）的资助。

## 参考文献

Alavi，M.，and Leidner，D. E. (2001). Review: Knowledge Management and Knowledge Management Systems: Conceptual Foundations and Research Issues. Mis Quarterly，25(1)，107–136. doi:10.2307/3250961

Andersen，J. V.，and Ingram Bogusz，C. (2019). Self-Organizing in Blockchain Infrastructures: Generativity Through Shifting Objectives and Forking. Journal of the Association for Information Systems，20(9)，1242–1273. doi:10.17705/1jais.00566

Anthes，G. (2017). Artificial Intelligence Poised to Ride a New Wave. Communications of the ACM，60(7)，19–21. doi:10.1145/3088342

Avdeenko，T. V.，Makarova，E. S.，and Klavsuts，I. L. (2016). Artificial Intelligence Support of Knowledge Transformation in Knowledge Management Systems. 2016 13th International Scientific-Technical Conference on Actual Problems of Electronic Instrument Engineering (Apeie)，Vol 3，195–201.

Barker, R. (2015). Management of Knowledge Creation and Sharing to Create Virtual Knowledge Sharing Communities: A Tracking Study. Journal of Knowledge Management, 19(2), 334–350. doi:10.1108/jkm-06-2014-0229

Barley, W. C., Treem, J. W., and Kuhn, T. (2018). Valuing Multiple Trajectories of Knowledge: A Critical Review and Agenda for Knowledge Management Research. Academy of Management Annals, 12(1), 278–317. doi:10.5465/annals.2016.0041

Bell, J., and Loane, S. (2010). New-wave Global Firms: Web 2.0 and SME Internationalisation. Journal of Marketing Management, 26(3–4), 213–229. doi:10.1080/02672571003594648

Ben Mimoun, M. S., Poncin, I., and Garnier, M. (2012). Case study—Embodied virtual agents: An analysis on reasons for failure. Journal of Retailing and Consumer Services, 19(6), 605–612. https://doi.org/10.1016/J.JRETCONSER.2012.07.006

Bharadwaj, A., El Sawy, O. A., Pavlou, P. A., and Venkatraman, N. (2013). Digital Business Strategy: Toward a Next Generation of Insights. MIS Quarterly, 471–482.

Bobrow, D. G., and Stefik, M. J. (1986). Perspectives on Artificial-Intelligence Programming. Science, 231(4741), 951–957. doi:10.1126/science.231.4741.951

Chae, B. K. (2019). A General Framework for Studying the Evolution of the Digital Innovation Ecosystem: The Case of Big Data. International Journal of Information Management, 45, 83–94.

Chen, J., Wang, L., and Qu, G. (2021). Explicating the Business Model from a Knowledge-Based View: Nature, Structure, Imitability and Competitive Advantage Erosion. Journal of Knowledge Management, 25(1), 23–47. doi:10.1108/jkm-02-2020-0159

Corbett, A. T., and Anderson, J. R. (1994). Knowledge Tracing Modeling the Acquisition of Procedural Knowledge. User Modeling and User-Adapted Interaction, 4(4), 253–278.

Corno, F., Reinmoeller, P., and Nonaka, I. (1999). Knowledge Creation within Industrial Systems.Journal of Management and Governance, 3, 379–394.

Danks, D., and London, A. J. (2017). Algorithmic Bias in Autonomous Systems. Paper presented at the Proceedings of the 26th International Joint Conference on Artificial Intelligence.

Engelbrecht, A., Gerlach, J. P., Benlian, A., and Buxmann, P. (2019). How Employees Gain Meta- Knowledge Using Enterprise Social Networks: A Validation and Extension of Communication Visibility Theory. The Journal of Strategic Information Systems, 28(3), 292–309.

Erden, Z., von Krogh, G., and Nonaka, I. (2008). The Quality of Group Tacit Knowledge. Journal of Strategic Information Systems, 17(1), 4–18. doi:10.1016/j.jsis.2008.02.002

Eseryel, U. Y. (2014). IT-Enabled Knowledge Creation for Open Innovation. Journal of the Association for Information Systems, 15(11), 805–834. doi:10.17705/1jais.00378

Faraj, S., Pachidi, S., and Sayegh, K. (2018). Working and Organizing in the Age of the Learning Algorithm. Information and Organization, 28(1), 62–70. doi:10.1016/j.infoandorg.2018.02.005

Faraj, S., von Krogh, G., Monteiro, E., and Lakhani, K. R. (2016). Special Section Introduction On line Community as Space for Knowledge Flows. Information Systems Research, 27(4), 668–684. doi:10.1287/isre.2016.0682

Faraj, S., and Xiao, Y. (2006). Coordination in Fast-Response Organizations. Management Science, 52(8), 1155–1169. doi:10.1287/mnsc.1060.0526

Feldman, M. P., and Kelley, M. R. (2006). The Ex Ante Assessment of Knowledge Spillovers: Government R&D Policy, Economic Incentives and Private Firm Behavior. Research Policy, 35(10), 1509–1521. doi:10.1016/j.respol.2006.09.019

Ferras-Hernandez, X. (2018). The Future of Management in a World of Electronic Brains. Journal of Management Inquiry, 27(2), 260–263. doi:10.1177/1056492617724973

Foss, N. J., and Jensen, H. (2019). Managerial Meta-Knowledge and Adaptation: Governance choice when firms don't know their capabilities. Strategic Organization, 17(2), 153–176. doi:10.1177/1476127018778717

Fowler, A. (2000). The Role of AI-Based Technology in Support of the Knowledge Management Value Activity Cycle. Journal of Strategic Information Systems, 9(2–3), 107–128. doi:10.1016/ s0963–8687(00)00041-x

Germonprez, M., Kendall, J. E., Kendall, K. E., Mathiassen, L., Young, B., and Warner, B. (2017). A Theory of Responsive Design: A Field Study of Corporate Engagement with Open Source Communities. Information Systems Research, 28(1), 64–83. doi:10.1287/isre.2016.0662

Glikson, E., and Woolley, A. W. (2020). Human Trust in Artificial Intelligence: Review of Empirical Research. Academy of Management Annals, 14(2), 627–660. doi:10.5465/annals.2018.0057

Gregor, S., and Hevner, A. R. (2013). Positioning and Presenting Design Science Research for Maximum Impact. MIS Quarterly, 37(2), 337–355.

Gu, L., and Li, J. (2020). Research on the Influence of Artificial Intelligence on Enterprise Knowledge Management. Academia Bimestrie(06), 39–44. doi:10.16091/j.cnki.cn32–1308/c.2020.06.008

Hemetsberger, A., and Reinhardt, C. (2006). Learning and Knowledge-Building in Open-Source Communities: A Social-Experiential Approach. Management Learning, 37(2), 187–214. doi:10.1177/1350507606063442

Hu, S., Zou, L., Yu, J. X., Wang, H. X., and Zhao, D. Y. (2018). Answering Natural Language Questions by Subgraph Matching over Knowledge Graphs. IEEE Transactions on Knowledge and Data Engineering, 30(5), 824–837. doi:10.1109/tkde.2017.2766634

Huang, P., and Zhang, Z. (2016). Participation in Open Knowledge Communities and Job-Hopping: Evidence from Enterprise Software. MIS Quarterly, 40(3), 785–806. doi:10.25300/misq/2016/40.3.13

Huang, Q., Davison, R. M., and Gu, J. (2011). The Impact of Trust, Guanxi Orientation and Face on the Intention of Chinese Employees and Managers to Engage in Peer-To-Peer Tacit and Explicit Knowledge Sharing. Information Systems Journal, 21(6), 557–577. doi:10.1111/j.1365–2575.2010.00361.x

Jaffe, A. (1986). Technological Opportunity and Spillovers of R&D: Evidence from Firms' Patents, Profits and Market Value. American Economic Review, 76(5), 984–1001.

Jin, X., Wah, B. W., Cheng, X., and Wang, Y. (2015). Significance and Challenges of Big Data Research. Big Data Research, 2(2), 59–64. doi:10.1016/j.bdr.2015.01.006

Kaba, A., and Ramaiah, C. K. (2017). Demographic Differences in Using Knowledge Creation Tools among Faculty Members. Journal of Knowledge Management, 21(4), 857–871. doi:10.1108/ jkm-09–2016–0379

Kane, G. C., Johnson, J., and Majchrzak, A. (2014). Emergent Life Cycle: The Tension Between Knowledge Change and Knowledge Retention in Open Online Coproduction Communities. Management Science, 60(12), 3026–3048. doi:10.1287/mnsc.2013.1855

Kawamura, K. M., and Nonaka, I. (2016). Kristine Marin Kawamura, PhD interviews Ikujiro Nonaka, PhD Preface. Cross Cultural & Strategic Management, 23(4), 637–656. doi:10.1108/ccsm-06-2014-0056

Khan, Z., and Vorley, T. (2017). Big Data Text Analytics: An Enabler of Knowledge Management. Journal of Knowledge Management, 21(1), 18–34.

Khanagha, S., Volberda, H., and Oshri, I. (2014). Business Model Renewal and Ambidexterity: Structural Alteration and Strategy Formation Process during Transition to a Cloud Business Model. R&D Management, 44(3), 322–340.

Kneeland, M. K., Schilling, M. A., and Aharonson, B. S. (2020). Exploring Uncharted Territory: Knowledge Search Processes in the Origination of Outlier Innovation. Organization Science, 31(3), 535–557. doi:10.1287/orsc.2019.1328

Krogh, G., Nonaka, I., and Ichijo, K. (1997). Develop Knowledge Activists. European Management Journal, 15, 475–483.

Kuang, L., Huang, N., Hong, Y., and Yan, Z. (2019). Spillover Effects of Financial Incentives on Non-Incentivized User Engagement: Evidence from an Online Knowledge Exchange Platform. Journal of Management Information Systems, 36(1), 289–320. doi:10.1080/07421222.2018.1550564

Larson, J., Mattu, S., Kirchner, L., and Angwin, J. (2016). How We Analyzed the COMPAS Recidivism Algorithm. Accessed on April 26, 2024, https://www.propublica.org/article/ how-we-analyzed-the-compas-recidivism-algorithm

Lee, G. K., and Cole, R. E. (2003). From a Firm-based to a Community-Based Model of Knowl- edge Creation: The Case of the Linux Kernel Development. Organization Science, 14(6), 633–649. doi:10.1287/orsc.14.6.633.24866

Leicht-Deobald, U., Busch, T., Schank, C., Weibel, A., Schafheitle, S., Wildhaber, I., and Kasper, G. (2019). The Challenges of Algorithm-Based HR Decision-Making for Personal Integrity. Journal of Business Ethics, 160(2), 377–392. doi:10.1007/s10551-019-04204-w

Leonardi, P. (2015). Ambient Awareness and Knowledge Acquisition: Using Social Media to Learn"Who Knows What" and "Who Knows Whom". MIS Quarterly, 39, 747–762.

Leonardi, P. M., and Bailey, D. E. (2008). Transformational Technologies and the Creation of New Work Practices: Making Implicit Knowledge Explicit in Task-Based Offshoring. MIS Quarterly, 32(2), 411–436.

Liu, J., Chang, H., Forrest, J., and Yang, B. (2020). Influence of Artificial Intelligence on Technological Innovation: Evidence from the Panel Data of China's Manufacturing Sectors. Technological Forecasting and Social Change, 158.

Magistretti, S., Dell'Era, C., and Petruzzelli, A. M. (2019). How Intelligent is Watson? Enabling Digital Transformation Through Artificial Intelligence. Business Horizons, 62(6), 819–829.

Majchrzak, A., and Malhotra, A. (2016). Effect of Knowledge-Sharing Trajectories on Innovative Out- comes in Temporary Online Crowds. Information Systems Research, 27(4), 685–703. doi:10.1287/ isre.2016.0669

Martin-Niemi, F., and Greatbanks, R. (2010). The BA of Blogs: Enabling Conditions for Knowledge Conversion in Blog Communities. Vine, 40, 7–23.

Martin, K. (2019). Designing Ethical Algorithms. Mis Quarterly Executive, 18(2), 129–142. doi:10.17705/2msqe.00012

McCarthy, J., Minsky, M. L., Rochester, N., and Shannon, C. E. (2006). A Proposal for the Dartmouth Summer Research Project on Artificial Intelligence, August 31, 1955. AI Magazine, 27(4), 12-12.

Mujtaba, D. F., and Mahapatra, N. R. (2019). Ethical Considerations in AI-Based Recruitment. In M. Cunningham & P. Cunningham (Eds.), 2019 IEEE International Symposium on Technology and Society.

Nickel, M., Murphy, K., Tresp, V., and Gabrilovich, E. (2016). A Review of Relational Machine Learning for Knowledge Graphs. Proceedings of the IEEE, 104(1), 11–33. doi:10.1109/jproc.2015.2483592

Nickel, M., Rosasco, L., Poggio, T., and Aaai. (2016). Holographic Embeddings of Knowledge Graphs. AAAI'16: Proceedings of the Thirtieth AAAI Conference on Artificial Intelligence, February 2016, 1955–1961.

Nonaka, I. (1994). A Dynamic Theory of Organizational Knowledge Creation. Organization Science, 5(1), 14–37. doi:10.1287/orsc.5.1.14

Nonaka, I., Hirose, A., and Takeda, Y. (2016). Meso-Foundations of Dynamic Capabilities: Team- Level Synthesis and Distributed Leadership as the Source of Dynamic Creativity. Global Strategy Journal, 6(3), 168 – 182. doi:10.1002/gsj.1125

Nonaka, I., Kodama, M., Hirose, A., and Kohlbacher, F. (2014). Dynamic Fractal Organizations for Promoting Knowledge-Based Transformation- A New Paradigm for Organizational Theory. European Management Journal, 32, 137–146.

Nonaka, I., and Konno, N. (1998). The Concept of "Ba": Building a Foundation for Knowledge Creation. California Management Review, 40(3), 40–54.

Nonaka, I., and Krogh, G. (2009). Perspective - Tacit Knowledge and Knowledge Conversion: Con- troversy and Advancement in Organizational Knowledge Creation Theory. Organization Science, 20, 635–652.

Nonaka, I., Krogh, G. V., and Voelpel, S. (2006). Organizational Knowledge Creation Theory: Evolutionary Paths and Future Advances. Organization Studies, 27, 1179–1208.

Nonaka, I., and Peltokorpi, V. (2006). Objectivity and Subjectivity in Knowledge Management: A Review of 20 Top Articles. Knowledge and Process Management, 13(2), 73–82. doi:10.1002/kpm.251

Nonaka, I., Reinmoeller, P., and Senoo, D. (1998). The 'ART' of Knowledge: Systems to Capitalize on Market Knowledge. European Management Journal, 16, 673–684.

Nonaka, I., and Takeuchi, H. (2011). The Wise Leader. Harvard Business Review, 89(5), 58.

Nonaka, I., and Toyama, R. (2003). The Knowledge-Creating Theory Revisited: Knowledge Creation as a Synthesizing Process. Knowledge Management Research & Practice, 1, 2–10.

Nonaka, I., and Toyama, R. (2007). Strategic Management as Distributed Practical Wisdom (Phronesis). Industrial and Corporate Change, 16(3), 371–394. doi:10.1093/icc/dtm014

Nonaka, I., Toyama, R., and Konno, N. (2000). SECI, Ba and Leadership: A Unified Model of Dynamic Knowledge Creation. Long Range Planning, 33(1), 5–34.

Nonaka, I., Umemoto, K., and Senoo, D. (1996). From Information Processing to Knowledge Creation: A Paradigm Shift in Business Management. Technology in Society, 18, 203–218.

Nonaka, I., and von Krogh, G. (2009). Tacit Knowledge and Knowledge Conversion: Controversy and Advancement in Organizational Knowledge Creation Theory. Organization Science, 20(3), 635–652. doi:10.1287/orsc.1080.0412

Nonaka, I., von Krogh, G., and Voelpel, S. (2006). Organizational Knowledge Creation Theory: Evolutionary Paths and Future Advances. Organization Studies, 27(8), 1179–1208. doi:10.1177/0170840606066312

Nonaka, I., and Yamanouchi, T. (1989). Managing Innovation as a Self-Renewing Process. Journal of Business Venturing, 4, 299–315.

Nonaka, I., Yokomichi, K., and Nishihara, A. H. (2018). Unleashing the Knowledge Potential of the Community for Co-creation of Values in Society.

Ordóñez de Pablos, P., and Lytras, M. (2018). Knowledge Management, Innovation and Big Data: Implications for Sustainability, Policy Making and Competitiveness. Sustainability,

10(6), 2073. doi:10.3390/su10062073

Pee, L. G., Pan, S. L., and Cui, L. L. (2019). Artificial Intelligence in Healthcare Robots: A Social Informatics Study of Knowledge Embodiment. Journal of the Association for Information Science and Technology, 70(4), 351–369. doi:10.1002/asi.24145

Peltokorpi, V., Nonaka, I., and Kodama, M. (2007). NTT DoCoMo's Launch of i-mode in the Japanese Mobile Phone Market: A Knowledge Creation Perspective. Journal of Management Studies, 44(1), 50–72. doi:10.1111/j.1467–6486.2007.00664.x

Provost, F., and Fawcett, T. (2013). Data Science and its Relationship to Big Data and Data-Driven Decision Making. Big Data, 1(1), 51–59. doi:10.1089/big.2013.1508

Qi, G., Gao, H., and Wu, T. (2017). The Research Advances of Knowledge Graph. Technology Intelligence Engineering, 3(1), 4–25. doi:10.3772/j.issn.2095–915x.2017.01.002

Ransbotham, S., and Kane, G. C. (2011). Membership Turnover and Collaboration Success in Online Communities: Explaining Rises and Falls from Grace in Wikipedia. Mis Quarterly, 35(3), 613–627.

Ren, Y., Harper, F. M., Drenner, S., Terveen, L., Kiesler, S., Riedl, J., and Kraut, R. E. (2011). Building Member Attachment in Online Communities: Applying Theories of Group Identity and Interpersonal Bonds. MIS Quarterly, 36(3), 841–864.

Romer, P. M. (1990). Endogenous Technological-Change. Journal of Political Economy, 98(5), S71-S102. doi:10.1086/261725

Ruan, A., and Chen, J. (2017). Does Formal Knowledge Search Depth Benefit Chinese Firms' Inno- vation Performance? Effects of Network Centrality, Structural Holes, and Knowledge Tacitness. Asian Journal of Technology Innovation, 25(1), 79–97. doi:10.1080/19761597.2017.1302546

Sokolov, I. A. (2019). Theory and Practice of Application of Artificial Intelligence Methods. Herald of the Russian Academy of Sciences, 89(2), 115–119. doi:10.1134/S1019331619020205

Stenmark, D. (2015). Leveraging Tacit Organizational Knowledge. Journal of Management

Information Systems, 17(3), 9–24. doi:10.1080/07421222.2000.11045655

Tan, K., Baxter, G., Newell, S., Smye, S., Dear, P., Brownlee, K., and Darling, J. (2010). Knowledge Elicitation for Validation of a Neonatal Ventilation Expert System Utilising Modified Delphi and Focus Group Techniques. International Journal of Human-Computer Studies, 68(6), 344–354. doi:10.1016/j.ijhcs.2009.08.003

Teodoridis, F. (2018). Understanding Team Knowledge Production: The Interrelated Roles of Technology and Expertise. Management Science, 64(8), 3625–3648. doi:10.1287/mnsc.2017.2789

van der Waa, J., Schoonderwoerd, T., van Diggelen, J., and Neerincx, M. (2020). Interpretable Confidence Measures for Decision Support Systems. International Journal of Human-Computer Studies, 144, 102493.

Vial, G. (2019). Understanding Digital Transformation: A Review and a Research Agenda. The Journal of Strategic Information Systems, 28(2), 118–144.

von Krogh, G., Nonaka, I., and Rechsteiner, L. (2012). Leadership in Organizational Knowl- edge Creation: A Review and Framework. Journal of Management Studies, 49(1), 240–277. doi:10.1111/j.1467–6486.2010.00978.x

Wang, C., Zhu, H., Zhu, C., Zhang, X., Chen, E., & Xiong, H. (2020). Personalized Employee Training Course Recommendation with Career Development Awareness. Paper presented at the Proceedings of The Web Conference 2020, Taipei, Taiwan. https://doi.org/10.1145/3366423.3380236

Wang, H. C., and Chang, Y. L. (2007). PKR: A Personalized Knowledge Recommendation System for Virtual Research Communities. Journal of Computer Information Systems, 48(1), 31–41.

Wang, X., Zhang, X., Xiong, H., and de Pablos, P. O. (2020). KM 3.0: Knowledge Management Computing Under Digital Economy. 207–217. doi:10.1007/978-3-030-40390-4_13

Warnick, J. (2020). AI for Humanity: How Starbucks Plans to Use Technology to Nurture the Human Spirit. Retrieved from https://stories.starbucks.com/stories/2020/ how-starbucks-plansto-use-technology-to-nurture-the-human-spirit/

Woods, P. R., and Lamond, D. A. (2011). What Would Confucius do? Confucian Ethics and Self- Regulation in Management. Journal of Business Ethics, 102(4), 669–683.

Yablonsky, S. A. (2020). AI-Driven Digital Platform Innovation. Technology Innovation Management Review, 10(10).

Yan, J., Leidner, D. E., and Benbya, H. (2018). Differential Innovativeness Outcomes of User and Employee Participation in an Online User Innovation Community. Journal of Management Information Systems, 35(3), 900–933. doi:10.1080/07421222.2018.1481669

Zhao, Y., Liu, Z., and Song, S. (2018). Why Should I Pay for the Knowledge in Social Q&A Platforms? Paper presented at the International Conference on Information.

# 工业 4.0 中不断发展的知识动态

*Nikolina Dragičević*，*André Ullrich*，*Eric Tsui* 和 *Norbert Gronau*

## 引言和概要

数字技术（即信息、通信、计算和连接技术的组合，Bharadwaj et al.，2013）的进步、数字转型（即涉及技术和人员的一套综合变革和战略举措，Nadkarni and Prügl，2020）的普遍性，以及大量数据的可用性正在彻底改变社会、组织和产业。大数据——越来越多地由数据传感物联网智能设备收集——是 21 世纪最关键的资源，其重要性可与古代的土地、19 和 20 世纪的机器及工厂相媲美（World Economic Forum，2018）。在这些技术进步的推动下，第四次工业革命（即工业 4.0）出现，并推动各行业的创新，如制造、医疗、电力和物流。

前三次工业革命都是事后宣布的革命，而第四次工业革命则是事前宣布的革命，这形成了对工业 4.0 概念的大量不同理解和特征描述（Kagermann et al.，2013；Drath and Horch，2014；Lasi et al.，2014；Pfeiffer，2017）（见图 12.1）。在 18 世纪，第一次工业革命是改变经济格局的革命。它的特点是流程的机械化、蒸汽动力的使用和织布机的出现。通过安装装配线和使用电能进行大规模生产，标志着 19 世纪末的第二次工业革命的到来。第三次工业革命（20 世纪 70 年代）是由使用计算机技术和电子技术的流程自动化驱动的。信息技术的使用促成了新的服务、制造、物流和营销的自动化控制，使企业、供应商和客户之间的信息收集和交流广泛起来。

图 12.1　工业发展的各个阶段

工业 4.0 的核心是从自动化工业系统——根据中央生产计划生产大量类似产品——向自组织工业系统的转变（Lee，2015），其中智能和半自主对象自适应（Gronau，2019），并使个性化的产品具备大规模生产的优势（Kagermann et al.，2013）。工业 4.0 的主要基础技术包括信息物理系统（cyber-physical systems，CPS）——由协作的计算实体组成的系统，与周围的物理世界及其正在进行的过程紧密相连，同时提供和使用互联网上可用的数据访问与数据处理服务（Monostori，2014）。CPS 被嵌入智能物体（smart objects，SOs）中，即联网的嵌入式设备，如工厂的机器和家庭的电表，以及日常使用的物体，如冰箱和空调。嵌入 SOs 的分布式人工智能允许它们集体自组织、自学习和自修复，并形成越来越多的分散和复杂的工业系统（Lasi et al.，2014；Monostori，2014）。工业 4.0 场景的例子包括智能电网、智能物流、智能医疗和智能制造（Alahakoon and Yu，2016；Leitao et al.，2016）。工业 4.0 的数字赋能技术正在改变知识的动态。

通过 CPS 的传感和通信能力，整个工业系统可以获得大量的数据。由于人工智能和分析技术嵌入分布在整个生态系统的 SOs 中，决策在很大程度上可以自动处理。例如，在智能电网场景中，智能电表收集实时的家庭消费数据，提供相关信息，定制消费行为报告，并实现空调或冰箱等电器的自动开启和关闭。然而，工业4.0是一个社会技术系统，SOs寻求客户的互动反馈。客户或员工通过用户界面与SOs互动，对传入的数据进行理解，并做出反映其隐性知识——个人需求、偏好和判断——的能源消耗决策。

工业4.0的大部分知识管理研究工作在很大程度上分析大数据和人工智能驱动对未来工业系统的重要作用（Lugmayr et al., 2017；Pauleen and Wang, 2017；Sumbal et al., 2017）。然而，人在其中的作用，即与SOs互动的人的作用，作为释放大数据潜在价值的关键载体，没有得到充分考虑（Dragičević et al., 2020）。因此，工业4.0愿景提出了几个重要的问题，涉及人与技术的关系，以及知识在支持价值共同创造方面的作用。从人机回圈的角度来看，主要问题是利用SOs通过用户界面以数据和信息的形式提供资源和功能，来充分利用他们的知识和能力，并支持他们的决策。

本章将讨论以下问题：

（1）讨论数据、信息和知识在工业4.0中的作用是什么。

（2）展示人类和机器基于知识的活动如何在不同的工业4.0场景中形成价值的共同创造。

为了实现上述目标，本章将阐述知识的性质，讨论工业4.0中的知识动态，概述不同工业4.0场景中人类和机器基于知识的互动实例，并得出采用基于知识的观点对新生态系统的发展的启示。结语部分得出的结论对该领域未来的研究和发展进行了讨论。

## 对工业4.0概念的理解

研究人员和从业人员对工业4.0概念及其主要特征的理解仍在不断发展。首次描述工业4.0的报告（Kagermann et al., 2013）将CPS和物联网及服务作为其核心驱动力。然而，重点并不是描述工业4.0是什么以及它是如何实现的，而是它可以做什么或带来什么——满足客户的个性化需求、灵活的业务和工程流程、优化决策、资源生产率和效率、新的商业模式。在另一篇开创性的论文中，Lasi等（2014）确定了工业4.0的两个发展方向。根据这些作者的观点，工业4.0的第一个驱动力是相当大的应用拉动，它引发了诸如开发周期短、需求个性化、灵活性、分散化和资源效率等变化。工业4.0的第二个驱动力是巨大的技术推动力，其特点是机械化和自动化、数字化和网络化以及小型化。

文献描述了工业4.0的以下共同特征：（1）工业背景下CPS的技术整合；（2）通过价值网络的横向整合；（3）跨价值链工程的端到端数字集成；（4）垂直整合和网络化工业系统（Kagermann et al., 2013；Wang et al., 2018）。在最近的文献中，Beier等（2020）根据三个类别综合了工业4.0的主要特征：（1）人类，强调了新技术如何影响未来的工作和工作设计，并讨论了人类和机器互动的一些特征；（2）组织，通过分散化和灵活性等来确定工业4.0系统的主要特征；(3) 技术，自动化和大数据是关键因素。Beier等（2020）与其他研究类似，通过互联、整合、定制、物联网和CPS关键词讨论了工业4.0的一些共同特征。

在接下来的内容中，我们将解释上述提到的工业4.0的几个主要特征。在工业4.0中，纵向和横向的整合是由CPS以及连接它们的物联网和服务网络促成的。CPS将物理功能与数字世界中代表物理部分的数字表示相整合，使其表现出同时满足确定性和概率性的优化行为（Leitao et al., 2016）。通过虚拟化监控流程可以为跨域的用户（运营、管理、客户）提供许多帮助。新一代的CPS集成了面向服务的架构原则，已经嵌入了智能逻辑控制，在独立模式下作为服务提供给其他CPS或云系统中的第三方应用（Karnouskos et al., 2012；Leitao et al., 2016）。物联网和服务是一个自配置、自适应、复杂的业务网络（Minerva et al., 2015），它连接了支持CPS的$SO_S$、客户和供应商——以提供服务（Hermann et al., 2016）。

**数智时代的知识管理**
➤➤➤ 工业 4.0 中不断发展的知识动态

在工业 4.0 中，CPS 和 SOs 的整合使工业系统中经典的自动化测试金字塔瓦解（Salazar et al.，2019）。在这个金字塔中，数据和信息从设备与传感器向上流动。它们先利用可编程逻辑控制器（programmable logic controller，PLC）通过控制层，再使用监督控制和数据采集（supervisory control and data acquisition，SCADA）系统通过过程控制层，到达工厂管理层和制造执行系统（manufacturing execution system，MES）。从那里，数据走向企业资源规划（enterprise resource plarning，ERP）层面，并从那里再次向下延伸。

相反，在工业 4.0 环境中，存在实体（人和 SOs，如机器、设备和工件）的网络化结构，数据直接从传感器中获得，而传感器进一步分享数据，没有严格的等级秩序（见图 12.2）。以前由人和信息系统组成的决策层，在很大程度上被参与实体之间的直接协调和沟通所取代。例如，在智能制造场景中，设备仓库、供应商和总装部门之间的直接沟通可以大大缩短冻结区（frozen zone），否则，几周内都无法实现产品配置的变化。

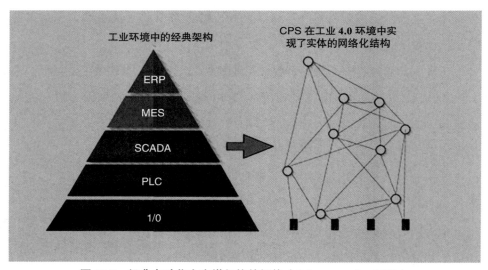

图 12.2　经典自动化金字塔架构的解体（Salazar et al.，2019）

这种新的网络化结构引起了工业 4.0 中知识动态的一些关键变化。例如，可以使用现场的实时数据来重新调整 SOs（智能电表或智能机器）的行动。通过对客户消费行为的大数据分析获得的客户偏好的变化，可以用来重新计算不同产品替代品的产量。例如，美国汽车制造商利用社交媒体分析，找出人们最想要的汽车颜色组合，并将这一信息直接转移到涂装车间的工作安排中（Boler-Davis，2016）。所有这些基于数据的反馈都可以直接传达给目标对象（员工或其他 SOs），而不需要通过信息系统的层层传递。此外，在新的工业系统中，通常只为满足可追溯性要求而存储的数据可以被分析并与其他内部或外部来源的数据相结合。

从前面的讨论可以看出，组织层次结构的减少使得基于复杂大数据的决策更加快速且实时，这些大数据由工业 4.0 生态系统中分散的 SOs 和大数据分析工具生成（Lasi et al., 2014）。然而，正如已经强调的，工业 4.0 是一个社会技术系统。因此，大数据的潜在价值只有在被用来支持基于知识的人类活动时才能充分实现，这些人类活动通过嵌入 SOs 或第三方应用程序的用户界面与这些数据进行互动。用户界面发挥着重要作用，因为它们是人类和机器生成的智能之间的调解人。在工业 4.0 中，用户界面变得智能化，即动态的、上下文感知的，并且还具备眼动追踪和物体检测等功能（Sonntag et al., 2017）。

关于人类在新的数字化系统中的作用，已经有了一些研究。这些文献主要集中在新能力的发展和相应的资格评估方面。例如，Morrar 等（2017）指出，雇员需要新的知识、技能和资格来有目的地使用与应用正在改变他们工作流程的最新技术。Gronau 等（2017）强调，在工业 4.0 的环境中，组织、流程以及人类和技术实体之间互动的能力变得相关。Grzybowska 和 Łupicka（2017）进一步指出，创造力、效率导向、研究技能、分析技能和创业思维是新工作环境下的相关管理技能。

然而，正如 Beier 等（2020）所强调的，目前的工业 4.0 研究大多关注技术方面，而人的因素和对人的工作和知识的影响仍未得到充分研究。本章的创作动机主要来自知识动态领域所发现的差距，因此，我们将致力于提供一种关于人类和机器（SOs 和各种计算实体）基于知识的活动之间的互动的整体观点，以此来作出贡献。但是，首先我们将讨论知识的本质以及大数据、信息和知识之间的动态关系。我们将以此为起点，因为我们相信"方法的问题相比于范式的问题来说是次要的，我们把范式定义为指导研究者的基本信念系统或世界观，不仅在方法的选择上，而且在本体论和认识论的基本方式上"（Guba and Lincoln，1994）。

## 知识动态：一个概念的背景

### 知识的双重性：以钢琴家为例

50 多年前，科学家和哲学家 Polanyi（1966）开始从双重性的角度思考知识，他认为隐性知识和显性知识是不可分割且相互构成的。这种建构主义的认识论立场与植根于实证主义的认识论立场形成鲜明对比。实证主义采用隐性—显性二元论的观点，即知识可以被划分为两种具有不同特征的类型。二元论暗示着非此即彼的思维，并与分类和分类法相关联；但双重性意味着同时兼具的思维，与实践的认识论相关联（Schultze and Stabell，2004）。这里有一个关键的区别：实证主义的基本前提是，知识被认为是人或机器可以拥有的人工制品，它可以被解构为离散的单位（Hansen，1999；Kogut and Zander，1992）。相反，建构主义的前提是，知识是嵌入的（不存在于认识者之外），是社会建构的（由参与互动的个人和社会群体共同创造），与实践相联系（与人类所进行的活动密不可分），并且在文化上被嵌入（在某种程度上被人类行动的社会文化背景的价值观和信仰所塑造）（Brown and Duguid，1991；Lave and Wenger，1991；Hislop，2002）。

让我们来说明迈克尔·波兰尼所想象的知识假设的双重性，因为我们将在讨论工业 4.0 中知识的作用时遵循它。一个简单的例子就能说明问题。

想象一下，一位钢琴家，他有弹钢琴的能力，他的隐性知识使他能够完成弹钢琴的动作。然而，钢琴家只是在表层意识到这种知识——实际上他所知道的比他所能说的还要多（Polanyi，1966）。钢琴家的焦点意识的对象是音乐本身，专注于技术能力，例如，如何移动他的手指，会使他的"表演笨拙到瘫痪的地步"（Tsoukas，2005），也就是说，这种专注会剥夺隐性知识的意义（Polanyi and Prosch，1977）。正如Polanyi（1958）所指出的，如果一位钢琴家把注意力从他正在弹奏的乐曲转移到观察他在弹奏乐曲时用手指做什么，他就会感到困惑，可能不得不停下来。因此，钢琴家为了使他的演奏正常进行，不关注隐性成分，而只是辅助性地依赖它们（关注它们），并将他的焦点意识（关注）转向其他东西——音乐本身（Polanyi，1966；Tsoukas，2005）。因此，在隐性认识中有两种意识——附属意识和焦点意识。

由于附属意识与焦点意识的整合依赖于内部隐性行为，因此隐性知识本质上是不可言传的（Polanyi and Prosch，1977）。它们衔接的结果是一个新的人脑产物，它与隐性知识相互构成。但是，它本身并不是明确的隐性知识。正如Polanyi（1966）所说的，即使是通常被认为是独立的、客观的知识，如音符，也只能依靠事先的隐性知识来构建，并且只能在隐性知识的行为中作为一种理论发挥作用。Polanyi（1967）对隐性知识和显性知识之间互动的描述有效地概括了知识的双重性：

> 所有的知识都属于这两类中的一类：它要么是隐性的，要么是根植于隐性知识的。显性知识的概念确实是自相矛盾的，如果剥夺了它们的隐性关系，所有的口语、所有的公式、所有的地图和图表都毫无意义。

因此，形式化的知识不可能是一个完全形式化的系统（Tsoukas，2005），因为它不可能独立于隐性知识。所有的知识都是个人的知识——通过个人的内在而参与（Polanyi and Prosch，1977）。

因此，在钢琴家的例子中，对他的音乐的理解将取决于有知识的听众所处的背景，也就是说，音乐在亚马逊丛林中和音乐厅中的"听觉"是不同的，每个人的"听觉"也不同，这取决于各自的隐性知识（Stenmark，2002）。同样，钢琴家对音符的感觉也会因为他的隐性知识，包括个人情感和判断而与其他钢琴家不同。钢琴家的决策，例如，关于曲目的选择，将依赖于同样的因素。我们所知道的正式的、显性的和阐明的知识，不能与它所基于的未明确的文化、社会、认知和情感背景分开来考虑（Tuomi，1999；Stenmark，2000；Tsoukas，2005）。Polanyi（1969）强调的另一个关键论点是，认识不仅仅是一个认知过程，相反，它是一个涉及我们感官的全身活动（Hislop，2002；Tsoukas，2005）。Polanyi（1969）指出，身体参与感知行为的方式可以进一步概括为包括所有知识和思想的身体根源。我们身体的某些部分充当观察外界物体和操纵它们的工具。

因此，跟随那些呼吁关注"认识"活动而不是"知识"的研究者可能更有成效，因为前一个术语更有助于表达基础建构的涌现和动态性质（Thompson and Walsham，2004）。正如 Cook 和 Brown（1999）所指出的，"知识"是关于占有，而"认识"是关于关系：它是关于认识者与社会和物理世界之间的互动。因此，"认识"是关系的行为（Stacey，2000），是一种与"做"密不可分的动态能力。摒弃认识的认知基础，挑战心身二分法，会导致将认识的概念局限于发生在人类持续进行的活动和任务中（Hislop，2002）。

### 区分（大）数据、信息和知识

在知识管理研究中，当讨论知识与技术之间的关系时，人们经常强调区分数据、信息和知识的重要性（Tuomi，1999；Stenmark，2002）。然而，这些术语的定义和它们之间的关系在不同的作者之间有所不同，有时甚至被替换使用（Stenmark，2002）。

在理解这些术语时，我们需要提醒自己注意前面讨论过的实证主义和建构主义的知识观之间的重要区别。实证主义者认为，人类的知识可以被客观化和编码化，并且可以通过技术率处理这些知识表征。相反，建构主义者认为，人类的知识不能与认识者分离，正式和明确的知识形式只能作为数据和信息存在（Stenmark，2002）。换句话说，人类处理的是知识，而机器携带的只是知识的表现形式或表征，这些表现形式或表征在从现实中抽象出来的链条中至少低了一级（Spiegler，2003）。

建构主义者进一步认为，由机器处理的数据和信息不仅需要隐性知识来理解，而且需要隐性知识来创造。需要隐性知识来定义嵌入在仪器中的数据结构，仪器被用来收集从环境中感受到的现象，并明确用来定义数据含义的关系（Tuomi，1999）。因此，"原始数据"这个词是一个矛盾的说法（Bowker，2005；Gitelman，2013），其本质可能被 Geertz（1973）很好地描绘出来了：我们所谓的数据实际上是我们自己对他人及其同胞所做的事情的建构。

按照建构主义的原理，我们提供了对相关术语的理解。表 12.1 展示了机器和人类知识相关的定义、属性与活动（Dragičević et al.，2020）。我们将数据定义为代表物体和事件属性的符号（Ackoff，1989）。那么，大数据是指频繁产生的大量不同类型的数据。大数据具有数量、种类、速度和真实性等特征，分别标志着数据的规模、结构的异质性、数据产生的速度和数据的不可靠性（Gandomi and Haider，2015）。信息是指将数据处理成可用的形式或描述，与数据有功能上的区别（非结构上的）（Ackoff，1989）。智能物体的知识是机器知识，其逻辑可以被阐明，因此可以被编程和自动化（Ackoff，1989）。在工业 4.0 的背景下，SOs 具有基于人工智能领域的应用学习能力，如监督和无监督的机器学习。大数据分析和人工智能的应用使机器具有更高层次的学习能力，用于识别大数据中非显而易见的隐藏关系和模式（Sumbal et al.，2017）。SOs 也表现出深度学习能力，指的是利用神经网络，旨在模仿人类的思维和决策过程（Lee et al.，2016；Sonntag et al.，2017）。

表 12.1　机器和人类知识：定义、属性与活动

| 机器领域（数据空间） | | | 人类领域（经验空间） |
|---|---|---|---|
| 数据 | 信息 | 机器知识和智能 | 隐性知识 |
| **数据**：代表物体和事件属性的符号 | 将数据处理成可用的形式或描述 | 应用算法、学习和预测的能力 | 关联的行为，动态的能力 |
| **大数据**：频繁产生的大量不同类型的数据 | | | |
| 大数据传感（基于嵌入传感器的预定义数据结构） | 大数据管理（处理、整合和汇总数据以创造信息） | 大数据分析（建模和分析；包括人工智能领域的应用，如有监督和无监督的机器学习；深度学习） | 与数据对话，感知和决策（涉及个人需求、信仰、价值观、知识和情感） |
| 基于可自动化的逻辑 | | | 自然产生的 |

双重性的知识观对感知人类知识、SOs 生成的数据和信息，以及 SOs 知识之间的关系具有重要意义。由于"个人洞察力的行为"是隐性的，也就是说，它是由认识者以及个人和社会环境的属性所决定的，因此，对 SOs 通过用户界面提供的数据和信息的感知与解释，需要人类的积极参与。因此，在数据处理过程中，洞察力是由数据引发的，而不是从数据中阐明的（Bryant and Raja, 2014）。图 12.3 描述了根据实证主义和建构主义的观点，对如何在"大数据环境"中获得洞察力和创造价值的不同看法（Dragičević et al., 2020）。

在工业 4.0 中，SOs 具有自我学习和自组织等能力。然而，人类作为工业 4.0 环境中的主要利益相关者，对 SOs 智能提供的数据和信息的理解是漠不关心的。这可能包括测试假设、追溯分析、丢弃数据的某些方面而专注于其他方面、收集更多的数据，并进行分析以支持最初的洞察力（Labrinidis and Jagadish, 2012）。同样地，SOs 只能收集和学习环境中孤立的特征。因此，更广泛的背景，包括人类因素和他们的隐性知识，他们的具体需求、判断和价值观，都不在智能物体的能力范围内，需要人类参与。

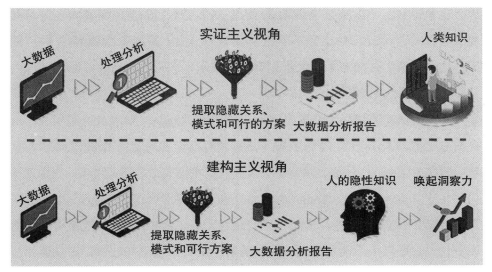

图 12.3　实证主义和建构主义对获得洞察力的不同看法（Dragičević et al.，2020）

## 知识动态模型和 Ba

在工业 4.0 的背景下，我们将知识动态定义为由社会技术世界的多种参与者（包括 SOs、计算实体和人类）所进行的相互依赖的知识活动，这些活动形成了价值的共同创造（Dragičević et al.，2020），如表 12.1 所示。知识管理研究提供了几个知识动态模型，这些模型要么植根于实证主义，要么植根于建构主义。基于笛卡尔心物二元论或牛顿定律的实证主义研究者提出了感知知识动态的模型，通过流动（Nissen，2002）、存量和流动（Bolisani and Oltramari，2012）的隐喻，或作为一个过程来阐述模型（Gronau et al.，2016）。这种对知识理解的一个明显特征是，隐性知识可以被阐述、操作或转移（Ambrosini and Bowman，2001；Hansen，1999）。根据这一特征，一些作者思考了数字或技术媒介环境下的知识动态（Alavi and Tiwana，2002；Faraj et al.，2016；Pan and Leidner，2003）。例如，Faraj 等（2016）提出，在网络社区中，知识的社会化（隐性到显性的转换）是以数字手段为中介的，也就是说，在没有实体存在的情况下，通过反复的在线互动（提出问题、验证答案、提出观点等）实现知识的社会化。然而，正如前文所讨论的，这样的概念化忽略了隐性知识本身的暗示性和不可表达性，隐性知识决定了在虚拟空间中分享什么以及如何解释。

建构主义逻辑指导一些研究者通过构思知识的关系来解决这些问题，反对笛卡尔主客体分裂的哲学家已经提出了相关观点。例如，Heidegger（1962）用"此在"（Dasein）①的概念解释了人类的存在模式，也就是在此，其特点是强调与环境的内在关系。Kimura（1988）引入了一个类似的概念"Aida"，即"介于两者之间"的空间。为了强调涌现性，Bratianu等（2019）提出用能量比喻，即知识是一个能量场，其特点是持续的关系互动和转化，以及认知、情感和精神层面的并存。

基于对知识本质的动态和关系的理解，在日本哲学家西田几多郎（Kitaro Nishida）和清水宏（Hiroshi Shimizu）的理论之上，Nonaka和Konno（1998）提出了Ba的概念，作为新兴关系和知识创造的共享空间。根据这些学者的观点，Ba可以被理解为一种"框架"（由空间和时间的边界组成），在这个框架中，知识作为一种创造的资源被激活（Nonaka and Konno，1998）。如果知识脱离了Ba，它就变成了信息，可以独立于Ba进行交流。信息存在于媒体和网络中，它是有形的。与此相反，知识存在于Ba中，它是无形的（Nonaka and Konno，1998）。Ba的概念基于以下的观点，即组织或工业生态系统等系统不只是处理信息，而是通过行动和互动创造知识（Nonaka et al.，2000）。

因为Ba可以反映知识的关系性，所以在这个意义上与波兰尼的知识假设的双重性概念有关联（Grant，2007）。Dragičević等（2020）将Ba作为核心构建部分，开发了智能电网中知识动态的概念模型，本章将以这些观点为

---

① 此在（Dasein），德国哲学家马丁·海德格尔（Martion Heidegger）提出的哲学概念，指人在某一有限时间内的个人存在。——编者注

基础。特别是，我们遵循这些作者的观点，即 Ba′ 有三种相互关联的描述：① 发生基于知识的交互的地点，涉及精神（如价值观、情绪、需求）、虚拟（如网络）和实体（如工厂、家庭）组件；② 一个存在的空间，在这个空间里，人类通过时间和空间的独特的互动（Nonaka and Toyama，2003）来唤起洞察力，并从数据和信息中创造意义，例如，大数据分析报告；③ 人类的互动和知识创造的有利环境或条件（Wei Choo and Correa Drummond de Alvarenga Neto，2010）。

利用 Ba 作为构建组件，对描述工业 4.0 中的知识动态很有意义。基于此，我们利用 Ba 来解释"人机回圈"及其隐性贡献：在工业 4.0 场景中，它是价值共同创造的必要组成部分，也是产生新（隐性）知识和见解的前提条件。大数据分析和人工智能被应用于解决工业 4.0 的具体目标，并在生态系统的各部分利用大数据创造价值。然而，如图 12.4 所示，虽然大数据和信息是自动处理的，并可以在虚拟和物理系统中以数字方式流动，但洞察力只有通过人类在精神空间的默契参与才会产生。

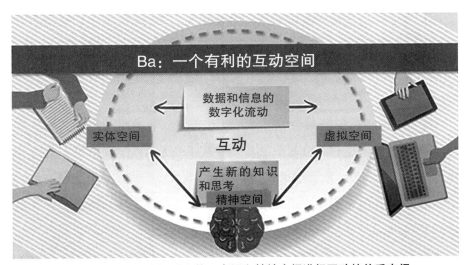

图 12.4　Ba：一个通过实体、虚拟和精神空间进行互动的关系空间

# 工业 4.0 场景下的知识动态建模

## 参与者

在本节中，我们将工业 4.0 的主要参与者定义为执行基于知识的活动的实体——人类、SOs 以及嵌入在基于云的物联网中的计算系统（Dragičević et al.，2020）。工业 4.0 生态系统既有技术参与者，也有社会参与者。SOs 通过嵌入式多模式用户界面与人类交互，允许复杂的人机交互方式，例如通过不同类型的提示和手势（Beverungen et al.，2019）。因此，SOs 通过其数据传感、分析和学习能力，以及附加值与互动的人类参与者共同创造价值，例如，当 SOs 通过用户界面寻求人类参与者的知识输入时。在接下来的内容中，我们将介绍主要的参与者。

SOs 是物质世界的联网嵌入式设备，如具有嵌入式学习算法（基于规则或统计）的智能机器或智能电表，使其能够感知和分析数据，并根据这些算法规定的规则和限制采取行动。例如，SOs 嵌入了先进的大数据挖掘和机器学习算法，包括监督和无监督的机器学习与深度学习。嵌入 SOs 的极大改进的机器算法被用来从海量的异质大数据集中"学习"，从而创建优先的个性化服务（Allmendinger and Lombreglia，2005；Kagermann et al.，2014）。SOs 形成了一个高度可配置的物联网和服务网络，它们是这个网络的基石（Hermann et al.，2016）。

工业 4.0 生态系统的其他重要参与者是基于云的物联网和服务的计算系统。物联网作为参与者组合的促进者，连接了 SOs、人类和系统，允许建立价值网络和价值配置（Kagermann et al.，2014）。执行基于知识活动的参与者是嵌入物联网的计算实体，如大数据分析块、可视化工具和集成的面向服务的体系架构（SOA）（Dragičević et al.，2020）。

在工业 4.0 生态系统中，参与者可以是员工或用户（产品和服务的生产者或消费者）。工业 4.0 生态系统使用户能够监测他们的服务和产品并做出决定，甚至是个体产品，从而更好地了解他们的消费行为，此外服务提供商可以更好地了解他们的客户，并为他们提供有针对性的服务和更高的忠诚度。因此，设计工业 4.0 场景的一个关键是了解客户和他们的需求。这种理解越来越依赖于嵌入 SOs 的传感器所收集的客户消费和行为数据（Lim et al.，2018）。支持循环中整合的设计取决于应用领域、执行的操作类型以及人与系统之间要交换的数据种类（Leitao et al.，2016）。

### 知识动态的不同层级

工业 4.0 生态系统可被视为一个双循环系统：一个循环涉及实体层（SOs）和虚拟层（基于云的物联网），另一个循环涉及接口层和虚拟层（基于云的物联网）（Dragičević et al.，2020）（见图 12.5）。工业 4.0 生态系统是动态的和不断发展的。参与者的交互性使数据和信息在实体层与虚拟层流动，并在接口层激活 Ba 和参与（隐性）知识。

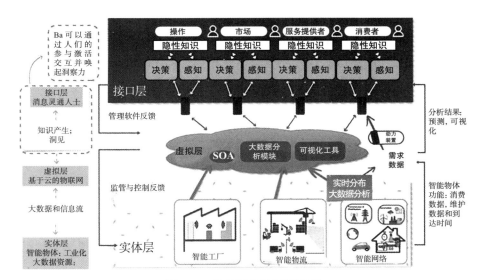

图 12.5 知识动态的不同层级

在实体层中嵌入了 CPS 组件的 SOs 可以感知周围的环境，允许实时收集数据。例如，工厂里的智能机器、家庭里的智能电表或自动驾驶汽车。它们以独立模式或通过第三方应用程序分析数据并提供其功能服务，实现持续通信和交互。

虚拟层的计算系统收集和分析来自实体层 SOs 的大量数据和来自系统分布点的其他数据。虚拟层还生成定制的统计报告（信息）反馈到上游，并传递给各种基于网络或移动的应用设备（如用户应用程序、监管系统），并由人类通过嵌入在家庭显示器或其他网络应用程序的用户界面访问。

接口层的人类执行基于隐性知识的活动——他们通过用户界面理解传入的数据和信息，并就工业 4.0 生态系统的各个方面做出决策，如平衡电网的需求和供应、工厂中的故障排除或决定路线优化的备选方案（见图 12.6）。用户界面表示人类和机器之间的接触点；在用户界面，人类和机器之间发生了基于知识的交互，并与数据和信息进行了对话（涉及隐性知识）。在感知过程中，人类将接收到的数据和信息组织、和过滤成一个有凝聚力的结构，从而产生洞察力。人类的感觉与感官、技能、行动、触觉体验、直觉、未阐明的心理模型或隐含的经验法则有关（Nonaka et al.，2000；Nonaka and Von Krogh，2009）。

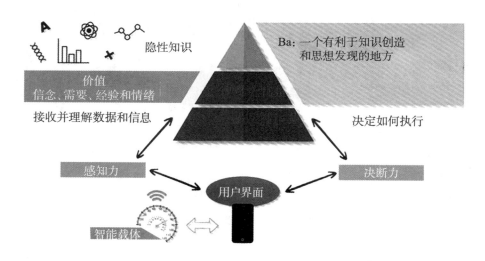

图 12.6　通过用户界面进行的基于人类隐性知识的活动

在交互过程中，人类的隐性知识塑造了数据的意义（即为数据增加意义），但同时也被新数据所塑造（Tuomi，1999）。工业4.0场景使人类与实体层中产生的数据有了更直接和可见的物理连接，这为他们在生态系统的分散部分增加与这些数据的接触提供了机会。

模型中使用的实体层—虚拟层—接口层的概念化与系统理论方法有关，根据该方法，任何复杂的系统都由三个子系统组成：物理子系统、决策子系统和信息子系统（Romero and Vernadat，2016）。然而，通过承认知识的双重性以及基于Nonaka和Konno（1998）的Ba的概念，我们的概念化的主要区别在于强调工业4.0中的不同层次是如何合并的，以及只有通过这种共生和默契的参与，才能唤起接口层中人的洞察力。正如我们接下来将通过各种工业4.0场景说明的，价值是不同参与者在实体层—虚拟层—接口层中基于共生的知识活动共同创造的。

## 工业4.0场景——示例

### 智能电网场景

描述知识动态的第一个场景是智能电网服务生态系统。工业4.0智能电网场景提供了一个智能能源系统的愿景，将能源生产者、能源设施、智能电网管理和能源消费者在一个复杂的系统中相互连接起来（Greer et al.，2014）。智能电网是由"智能"技术促成的电力网络，允许参与方之间进行双向通信（Alahakoon and Yu，2016）。先进的计量基础设施是智能电网的核心组成部分，由一个智能电表系统和其他SOs（如智能冰箱和空调）组成。它们被用于智能电网设施，如智能家居，允许收集和分析来自家庭成员的背景消费数据（在实体层）。在智能电网服务生态系统中，能源生产者和SOs相互作用，为能源消费者送去支持。

在典型的智能电网场景中，使用智能计量的一些优势包括自动读表、数据处理、早期欺诈检测、实时定价方案和客户分析（Alahakoon and Yu，2016）。此外，补充嵌入云中的人工智能（虚拟层中的计算实体）进一步增强了它们的能力。例如，在智能家居中收集的颗粒化消费数据可以与环境和财务数据合并，以计算业务流程的能源影响，从而实现全系统的优化（Karnouskos，2014）。

CPS 提供的实体世界和虚拟世界的共生关系，能源消费者可以获得关于能源使用的数据，甚至可以到单独的设备级别，从而树立了更好的消费意识。在动态的工业 4.0 场景中，数据的感知和广域监测是关键功能，对有效决策至关重要。例如，客户的可持续能源使用高度依赖于他们对许多相互关联和不断变化的因素的评估，如系统中的能源供应和需求、能源价格、环境条件和家庭能源消耗。

为了举例说明智能电网场景中的知识动态，想象一个家庭，能源消费者（在接口层）需要利用集成在家庭显示屏或手机中的用户界面提供的报告（例如，消费数据分析与能源价格或天气状况等其他数据合并）来决定每天使用多少能源。虽然消费数据和其他数据的分析可以通过使用大数据分析工具在很大程度上实现自动化（例如，能够生成消费数据的颗粒化趋势和周期分析，Alahakoon and Yu，2016），但能源消费者的隐性知识——如个人需求、信仰和价值观——将决定他们从分析报告中获得什么，以及将做出什么样的决定。

能源消费者（不同的家庭成员）在其个人需求、目的和知识的驱动下，以不同的方式理解获取的信息，并相应地以其独特的方式利用家庭显示器和移动应用程序所提供的数据。他们可以下载消费数据或地理信息系统数据，以更好地了解他们的消费行为，改进并实现节约能源。在试图理解现有数据时，他们将注意到其他家庭成员的需求，以及个人和家庭收入。因此，他们可能会根据这些具体的消费模式、特定的生活方式和偏好设置自动警报，以跟踪监控消费进度。换句话说，能源消费者和用户界面提供的信息之间的对话活动——由于其中包含了隐性的个人和社会成分——在本质上是不确定的，而且不可避免地具有局部性（Tsoukas，1996）。由于能源消费者的隐性背景，能源消费者的意义构建活动使通过用户界面接收到的报告与具体的环境相关。也就是说，能源消费者的活动是社会环境的一部分，其细节不能被事先完全描述（Tsoukas，1996）。

通过用户界面向能源消费者开放数据和分析，智能电网生态系统为能源消费者提供了一个机会，使能源消费者成为服务的共同创造者，从而发挥更积极的作用。由于能源消费者拥有授权的地位，他们有机会参与管理他们的能源使用，并更积极地表达他们对单个电器的偏好。能源生产者与能源消费者实时联系，更好地了解他们的消费行为和需求。基于实时消费数据和高科技智能（Allmendinger and Lombreglia，2005）的数据分析使能源消费者能够了解消费使用模式，提供新的账单和支付选项以及自动化服务，例如预测下一次账单的使用情况、了解家庭用电分布，以及与邻居的消费情况进行比较，提供新的定制价格方案和服务，以及与生活方式选择相匹配的节能提示。

**智能工厂场景**

描述知识动态的第二个场景是智能工厂生态系统。信息物理系统的成功整合为制造业带来了巨大的利益，并被广泛应用于智能工厂中（Lee，2015）。智能工厂可以处理"复杂性流程，不容易受到干扰，可以更有效率地制造产品"（Kagermann et al.，2013）。与传统工厂相比，智能工厂的机械和设备配备了传感器、处理单元和执行器，从环境中收集数据，通过控制器分析和传输这些数据；基于 SOs 上的 CPS 功能，生产系统在很大程度上能够自我配置、维护和组织（Lee，2015）。例如，已经针对单独的机器设备建立了预测系统，使设备具备了自我感知能力（Lee，2015）。如果设定的参数偏离参考值，条件监测系统会进行干预（Guillén et al.，2016）。偶尔的人为干预是必要的。例如，如果一个研磨工厂通知工人需要补充润滑剂或更换研磨头，可能需要机器设置工人与其他流程员工之间的协调和口头协商以便快速介入处理。

举个例子，假设在一个智能工厂里生产股骨假体，通常是少量生产，但有一系列的变体，比如偶尔有必要进行后期调整，也有可能需要完成一个紧急订单，将其新纳入生产计划。在智能工厂的方案中，假体订单通过标准化的电子数据接口（EDI）（接口层）进来，销售代表在 ERP 系统中检查生产计划是否有一些余量空出以及何时会出现，并通过 ERP 系统向负责生产粉末涂层变体的生产领班发送有关说明。由各种信息系统（虚拟层的计算实体）组成的云解决方案连接了从工厂（实体层）收集的不同机器设备（SOs）的数据并对其进行分析（Lee et al.，2015；Wang et al.，2016）。其中，来自所有机器部件的历史数据与比较数据是预测分析和维护技术的基础（Lee et al.，2015；Wang et al.，2016）。此外，实施决策系统和可视化应用，可以通过用户界面支持人机互动（Lee，2015）。

例如，工长的 AR 眼镜上会出现优先批次的顺序，以及产品规格、交货日期和必要的制造工艺变更说明。根据产品规格，需要生产一小批带粉末涂层的产品变体。此外，也会显示这批产品必须在何时生产。工长考虑当前的生产计划和到期日期，决定何时加入生产批次。工长基于他的经验和知识（隐性知识），评估可行性并对生产方案进行模拟。虽然他的决策越来越得到数据分析的支持，但最后的决定仍然取决于隐性知识，也就是他对当前工作的机器和员工的经验认知。之后，工长通过平板电脑将任务交给现场的机器调试员。机器调试员必须通过平板电脑校准 CPS，并在当前的工艺流程中触发并实施。当开始工作时，机器调试员直接在 AR 眼镜上收到通知。当需要做出进一步的决定时，工长通过嵌入在平板电脑上的生产支持应用程序重新获得分析结果，有各种信息可以帮助做出决定，如交货日期的变化、占用时间、用工人数、关于卸下旧生产批次的最佳时间，以及整体设备效率。如果机器调试员需要帮助来做决定，他将通过平板电脑与工长联系。口头咨询后，机器调试员会发出执行提示。

在执行干预的触发下，一组工件显示在工长的 AR 眼镜上通知工人执行计划。工人通过平板电脑检查机器的使用计划，并将计划发送给控制工件的生产软件。在产品通过传感器进行的质量控制后，它们被快速调试，之后被迅速派送至客户处。

价值是在工厂不同层面和参与者的共生中共同创造的。纵向整合（制造商和客户通过接口层的连接）和横向整合（关于特殊事件的信息交换）允许通过大数据分析提供信息，并支持员工的决策。通过连接的信息系统和虚拟平台，价值链的纵向整合使产品的后期修改成为可能，从而为客户创造了额外的价值。

**智能物流场景**

描述知识动态的第三个场景是智能物流生态系统。在这种场景里，所有成员和组件都通过有线或无线数字网络连接起来（Oh and Jeong，2019），创建一个合作伙伴的数字社区，并在分布式数据和快速信息交流的基础上实现更协调的操作。关键技术是物联网、CPS、云计算、大数据分析、传感器、人工智能和机器人技术（Merlino and Sproġe，2017；Oh and Jeong，2019）。智能物流生态系统中的主要利益相关者是负责供应链内物流运营的分销商和批发商，他们的主要活动包括订单管理、仓库管理、运输，以及货物管理（McFarlane et al.，2016；Lee et al.，2018），零售商作为下游站点的最后一部分将成品卖给客户——客户是最重要的利益相关者，整个网络就是为他们创建的。零售商主要做订单管理，包括订单接收、分配、调度、订单执行和跟踪（McFarlane et al.，2016）。在销售站点，智能物流生态系统可以收集和分析关于客户及其需求的特定技术数据，为零售商和生产商以及客户提供信息。

今天的供应链和分销系统正面临着技术进步带来的变革。所有供应链成员之间的接近实时甚至就是实时的数据和信息流是由物联网和服务网络保障的（Kagermann et al.，2014）。制造商可以获得"准确可靠的数据"（Lee et al.，2015），例如，通过工厂（实体层中的 SOs）设置的传感器，了解生产的当前状态，或机器和设备的必要维护措施，并将其传送给分销商、批发商或直接给客户。这些数字网络（虚拟层）中的计算设备使用大数据技术并分析数据。产品（SOs）配备了射频识别（RFID）以及用于通信、识别和跟踪目的的 GPS 标签（Abdel-Basset，2018）。仓库管理，特别是库存管理随着 RFID 等识别系统的引入而被彻底改变，例如，可以更有效地指定存储位置上的货物。对于供应链中不同参与者之间的货物转运和订单跟踪，采用了大数据分析（Rozados and Tjahjono，2014）。在此基础上，利益相关者了解当前的交付状态，从而可以更好地计划生产。

技术的进步可以解决不同的供应链现象。例如，CPS 在供应链中的应用为缓解牛鞭效应提供了可能的解决方案，允许参与者之间的实时数据和信息流动。牛鞭效应是指从下游站点（零售商）到上游站点（工厂）的需求增加（Shukla et al.，2009），即"给供应商的订单往往比给买方的订单有更大的方差（即需求失真），而这种失真以放大的形式向上游传播（即方差放大）"（Lee et al.，1997）。在传统的供应链中，主要的问题是参与者之间没有直接的沟通，因为数据和信息不能在他们之间自由流动。反过来，这也导致了有关供应链参与者需求的定量信息不足，从而导致了局部最优决策，最终导致牛鞭效应。

然而，在智能物流场景中，在供应链的不同阶段（如生产或分销）使用 CPS 以及通过技术接口连接各种系统带来了相关的变化（Geisberger and Broy，2012）。所有成员和组件都通过无线数字网络连接起来，使利益相关者之间的操作和协作更加协调。CPS 组件能够实现更有效的操作，更好地利用仓库容量，更准确的实时库存管理和更少的运输时间。这种能力可以帮助解决牛鞭效应。从不同来源收集的大量数据可以在计算系统中被转化为接近实时，甚至是实时的信息。所有的参与者和销售系统都是通过云服务连接起来的，因此可以更好地和及时地获取订单的可用信息，不同的供应链单元实现了横向和纵向整合（Kagermann et al.，2013）。供应链中的利益相关者不依赖于前一个供应链成员的订单信息，并能理解这些信息，从而更准确地完成生产和订单决策。

然而，虽然 CPS 解决了实时数据和信息流以及可视性问题，但是，当决策者隐藏了他所知道的信息或有决策偏见时，仍然存在决策问题。因此，隐性知识的作用再次成为关键。一个简单的例子可以说明这个问题。想象一下，一个零售商根据经验和不同信息的背景（感觉）拥有关于客户的独家知识，这些知识不容易在整个数据系统中传递给其他人。例如，零售商可以利用在不同季节的产品周转率的知识了解库存，但有可能隐藏这些信息以获得对其他人的竞争优势，如谈判更好的购买价格。

此外，不同的研究认为，牛鞭效应不能仅仅通过对技术问题的修正来缓解，而忽视人类行为的作用。Nienhaus 等（2006）认为，即使在没有价格变化和瓶颈的情况下，人类也倾向于采用"安全港"和"恐慌"的策略，这会造成订单的增加。此外，他们认为，人类倾向于低估他们收到的信息，并成为信息流动的障碍。Haines 等（2017）还发现，在预测供应链的绩效时，信息的使用比其可用性更重要。决策的成功取决于所选信息的相关性，以及如何有效地将这些信息转化为决策。

## 讨论工业 4.0 中的知识动态并得出启示

知识动态工业 4.0 方案提供了一个新的视角，即如何通过参与者的互动（人、SOs 和计算系统），在新的工业生态系统中纵向实现价值的共同创造，即在实体层、虚拟层和接口层内的跨层，以及横向实现价值网络的跨领域。

由于先进的 CPS 和计算方法的广泛使用，工业 4.0 允许各种参与者之间的组合以及跨越实体层、虚拟层和接口层的价值网络，可以是二元组合，如机器对机器；也可以是三位一体，如（人对人）对机器；或作为网络，如许多人对机器。实体层和虚拟层的对称性实现了参与实体之间的双向互动。这有望使物理资源具备社会和生物系统通常具有的适应性突发能力（Leitao et al.，2016）。重要的是，工业 4.0 通过允许用机器对机器和机器对云的互动越来越多地取代基于人类的互动，重新塑造了参与者之间的互动。异构的 SOs 表现出自组织行为，并从这种互动中学习。自主和实时决策是可以实现的，不需要明显的外部干预。云（由参与者的计算实体和信息系统组成）成为人类和机器之间互动的中介。

正如图 12.6 所示，在实体层中大量使用 SOs 会导致工业生态系统分散部分的数据和信息，当利用这些数据和信息来支持决策或创造额外效益时，其潜在价值就会实现。云中的 SOs 和计算实体处理数据的生成、传输、处理、基于机器的分析和学习。然而，人类在接口层的默契作用是机器无法取代的。虽然 SOs 处理自动化活动（数据、信息处理和分析），但是更广泛的背景，包括人的因素及其隐性知识，他们的具体需求、判断、价值和情感，都不在 SOs 的拓展范围内。提供智能服务的生态系统是社会技术系统，它在很大程度上依赖于机器学习能力。例如，我们通过三个场景的经验，显示了学习算法如何利用传感器数据，例如智能电表允许基于 SOs 收集的数据颗粒度进行客户分析。然而，我们的认识论假设指导着我们的结论，即工业 4.0 生态系统，如同任何社会技术系统一样，需要人类的参与来确定价值和共同创造价值。

与嵌入用户界面的数据和信息不同，隐性知识是由价值、信仰和判断形成的。亚里士多德关于"智慧"的概念很有指导意义，即一种真实而理性的能力状态。Nonaka 和 Takeuchi（2011）在智慧的基础上，提出了"实践智慧"的概念，即从经验中获得的隐性知识，使人们能够在价值观和道德的指导下，根据实际情况做出审慎的判断并采取行动。因此，正是隐性知识指导着工业 4.0 中人们的决策。尽管技术和人工智能在工业 4.0 中发挥了决定性的作用，但根据世界经济论坛（Tasaka，2020）的说法，诸如对客户表现出深刻的同情的能力、在组织中实现新想法的能力，以及进行集体管理的能力，永远不可能被人工智能取代。

这对工业 4.0 中的知识动态研究有以下影响。从建构主义的原理出发，我们提出了这样的论点：与其试图将隐性知识操作化或形式化，知识动态模型应该作为第一步，说明人机互动的空间并确定其有利条件。因此，我们提出了 Ba 的概念，作为理解和管理知识动态的关键分析单位，它表明只有通过人类的参与，即他们的关系行为，例如，人类在用户界面互动和在分析报告中理解信息时，才能获得洞察力。为了促进人类在工业 4.0 生态系统中的隐性参与，我们特别需要考虑如何设计支持这一目标的有利环境——Ba（Dragičević et al.，2020）。

因此，工业 4.0 生态系统中的价值创造源自多个 Ba（Nonaka and Toyama，2003）之间的有机配置互动，这些互动源自多种具有时间敏感性的人类与非人类参与者之间的互动组合，也就是说，互动来自于"加入到面向其他参与者的（或其他系统的）持续、非线性且流畅的互动过程"（Kakihara and Sørensen，2002）。

### 对研究的影响

本章对学术研究的贡献主要涉及两个方面。第一，我们展示了基于不同传统认识论的不同构造如何对研究知识动态产生重要的理论意义。这项研究基于一个假设：对于形成整体知识动态的整体看法以及提出支持底层知识活动的适当策略来说，清晰地了解知识的本质是必要的。也就是说，实证主义认识论假设的拥护者认为知识可以形式化，这可能会导致将工业系统理解为信息处理的人工制品，这取决于数据的可用性和分析工具从数据中提取价值的能力。相反，建构主义假设的拥护者则认为知识是动态和新兴认知过程的结果，这必然导致在建立知识动态模型时考虑人的作用。虽然机器可以执行自动化的知识活动（例如数据处理和分析），但人类将执行新兴的知识活动，例如通过人物传记和事件来龙去脉来进行感知和决策。

第二，通过从理论上讨论知识动态的基本结构，学术界和实践者都可以识别和研究工业生态系统中的这些结构及其相关结构，以提高未来理论和实证工作的可比性。从这个意义上说，已确定的知识动态基本结构有助于在工业 4.0 领域中创建基于理论的知识。在这一项工作中，我们特别致力于弥合主要依靠基于系统文献分析的相关概念识别方法与仅仅关注实践经验来描述知识动态现象的方法之间的差距。

必须强调的是，工业 4.0 仍在发展中，尽管已成功实施，但它在全球众多行业中仍处于早期发展阶段（Wilkesmann and Wilkesmann，2018）。包括本文在内的许多研究旨在强调战略选择的重要性，这将使组织将工业 4.0 的设想带入现实世界。这些研究展示了现有工业 4.0 应用程序是如何应用于不同类型组织的。比如，有一个支持高素质人才的工作环境，具有广泛的自由度和高度的自主权，这对于实现设计和创新必不可少。而与该工作环境相反，是一个自由度狭窄、自主权很少、控制权自上而下的由数字应用程序预先设定的工作环境。这些类似的研究均表明，对于不同决策实施后果的理论和实践解释都是必要的。

### 对实践的影响

虽然算法可以自动执行许多常规任务，但数据驱动的人工智能狭隘性意味着许多其他任务仍需要人类的参与。新的智能服务生态系统（Kagermann et al.，2014）可以满足个人客户的需求，这不仅是因为智能地使用分析，还因为该架构为人类在产品或服务设计和执行中的隐性参与以及更可靠的意义构建提供了更多机会。这允许更有目的地满足独特和多变的个人需求。该视角告诉我们，尽管智能技术具有命题价值，但它们的成功实施和使用价值的创造仍然需要了解使用者的隐性需求和行为，无论使用者是客户、服务提供商还是其他人。由于智能技术及其属性本身不具有价值，而只能根据参与者由其独特知识驱动的解释来使用，因此需要将它们很好地融入到社会实体实践当中，即与之互动的人类中。

例如，客户有自己的需求，而这些需求在大多数情况下无法由商品生产者或服务提供商控制；尝试智能服务可能会遭到客户的拒绝。换句话说，服务提供的效果将由客户的实践决定，他们将通过实践确定其价值。为了设计或选择员工或客户访问其功能的这些 SOs 和基于平台的应用程序（例如 UI、移动应用程序）的属性，生产者或服务提供商需要关注产品的技术方面以及智能传感器运行的社会环境。将技术产品与技术使用联系起来，有助于理解为什么某些技术在某些情况下会成功，而其他技术则不会（Akaka and Vargo，2014）。

基于对数字化环境中知识动态的初步分析，我们提出了释放知识动态潜力以指导从业者活动的指导方针（如表 12.2 所示）。

表 12.2　在工业 4.0 生态系统中支持价值共同创造的准则

| 元素 | 准则 |
| --- | --- |
| 人类参与者 | 考虑引入激励或奖励制度，以支持员工和客户的有效参与<br>考虑创建不同类型的培训，以支持员工、客户和服务提供商使用智能技术支持对人类参与者——员工、客户和服务提供者的需求的征询，以及在持续的服务实践中对这些需求进行持续学习<br>根据员工或客户的需求设计界面，注重高可用性，只提供必要的信息 |
| 技术参与者（智能对象） | 设计或选择智能对象和应用程序（例如，嵌入用户界面的功能支持），员工或客户将通过这种方式访问其功能，以支持使用、参与和投入。<br>有意识地考虑和决定应该收集哪些数据，以及如何分析、应用和展示这些数据，以支持员工和更可持续的消费行为 |
| 活动 | 设计通过用户界面执行的活动和任务流程，使员工或客户的个人需求和角色能够显现<br>将智能对象整合到社会实体的实践中——考虑不同的（隐性的）个人和社会特征，以及与它们互动的人<br>激励人类参与者对数字平台发表意见 |
| 组织机构 | 为隐性参与和知识的出现创造有利的空间<br>允许信息流动，交流思想和解决方案<br>利用技术来收集数据和传播信息 |

尽管如此，技术和非人类参与者在工业生态系统中的作用仍然至关重要，推动效率的提高。物联网平台通过连接各种参与者（超越传统的供应商和客户鸿沟）来建立价值网络，并允许在不同环境中共享信息和创造知识。

非人类参与者促使人类参与者加入其中，并可以影响参与者（日常）行为的变化。从这个意义上讲，技术应用可以创造差异化价值（Bharadwaj et al.，2013），并改变企业的组织逻辑和创新（Yoo et al.，2010）。该领域的一些主要问题涉及，例如，处理多个来源（比如来自于不同类型的传感器）的异构数据集，而这个过程需要标准化大数据格式、其内容的语义描述（元数据）以及模型和架构（Dragičević et al.，2020）。

## 结语

数字连接的爆炸式增长和信息通信技术的进步正在彻底改变工业部门。第四次工业革命带来了一个价值生态系统，它代表了一种巨大的推动力，以更高质量的产品和服务、更高效的流程和更低的成本来推动工业的发展。

尽管在工业4.0场景中，利用技术进行价值共同创造至关重要，但必须记住，当代工业价值生态系统具有社会和技术层面。鉴于知识的无形性、关联性和连续性（Kakihara and Sørensen，2002；Tsoukas，2005），在本章中，我们同意对工业4.0的研究应考虑到社会和技术实体的复杂性。本章假设新的工业生态系统（与任何其他社会技术系统一样）不能被简化为大数据、算法转换和智能技术的学习能力。技术只要能达到造福人类的目的就很重要。

我们对数字工业生态系统的未来研究和发展提出了一些看法。工业能够从大数据分析中获得的价值，取决于使用适当的工具将分析过程传达给决策人员。因此，如何设计人类与数据的交互，以及如何表示数据分析以允许其最有目的性的使用是需要解决的问题。这个问题的进一步发展将体现在可视化表示上，它有望成为支持复杂工业4.0生态系统中推理（包括感知和分析）的有用工具。对以人为本的设计过程的价值的研究可能有助于确定人类执行的任务和他们在工作的整体环境中的决策。这包括观察和采访场景中涉及的关键决策者，并使用预定义的"认知"调查来确定发展态势和所需的信息，进而就具体任务做出决策（Fioratou et al., 2016）。随后，这些见解可以用来创建数据和信息的可视化表示，帮助人类看到和解释与他们的思维方式相似的数据和信息，更好地满足他们的需求（Sultanow et al., 2017）。

在工业 4.0 中，通过用户界面进行的人机互动将被进一步研究，重新考虑人类认知的具身性。也就是说，认知是有意图的、情境性的活动，因为大部分的思考和行动都发生在一个特定的、通常是复杂的环境中，有一个实际的目的（Anderson, 2003）。人类是身体的代理人，认知存在于身体、社会和文化背景的相互作用中。从这个意义上说，虚拟现实和增强现实技术在可视化表示的实施方面是有潜力的。决策者沉浸在真实的操作和管理环境的虚拟模型中，可以实时了解人类感知到的所有维度的数据。这将支持他们进入心流状态，在这种状态下，他们将完全沉浸在虚拟的模型中进行活动，并在其中做出选择。

在数字工业环境中，增强现实和虚拟现实技术以及基于穿戴设备和音频的辅助系统为员工提供了工作流程中的支持性的或者是必要的信息。这些变化促使信息系统、计算机科学和工程学科在能力培养、岗位设计和任职要求等领域进行研究和开发，使员工能够适应新环境（Enke et al., 2018；Pfeiffer, 2017；Prifti et al., 2017）。

最后，我们想强调的是，智能生态系统是在我们人类的积极塑造下展开的。这给了我们一个独特的机会，以确保智能生态系统是"有掌控力和以人为本的，而不是分裂和非人性化"（Schwab, 2017）的系统。我们对世界的假设塑造了我们的研究兴趣，并引导我们走向具体问题和调查类型。这项研究的个人动机源于认识到人类对智能生态系统的重要需求以及在学术理论和实践中有所作为的机会。在今天的数字经济中，创造使人们能够更好地生活的生态系统也变得至关重要。

## 注释

1. Nonaka 等（2000）区分了四种类型的 Ba 以及它们对应不同类型的互动。由于这一思路在知识转换方面有其合理性（例如，隐性知识可以转换为显性知识），这与波兰尼的知识二重性概念不一致，至少在本章中，我们不试图将这一框架用于描述工业 4.0 的知识动态。
2. 为了描述本章中的知识动态，我们只考虑了通过用户界面进行的人机互动，而没有考虑人与人的互动。因此，我们把它称为接口层，而不是心理层。

## 参考文献

Abdel-Basset, M., Manogaran, G., and Mohamed, M. (2018). Internet of Things (IoT) and its impact on supply chain: A framework for building smart, secure and efficient systems. Future Generation Computer Systems, 86, 614–628

Ackoff, R. L. (1989). From data to wisdom. Journal of Applied Systems Analysis, 16(1), 3–9.

Akaka, M. A., and Vargo, S. L. (2014). Technology as an operant resource in service (eco) systems. Information Systems and E-Business Management, 12(3), 367–384.

Alahakoon, D., and Yu, X. (2016). Smart electricity meter data intelligence for future energy systems: A survey. IEEE Transactions on Industrial Informatics, 12(1), 425–436.

Alavi, M., and Tiwana, A. (2002). Knowledge integration in virtual teams: The potential role of KMS. Journal of the American Society for Information Science and Technology, 53(12), 1029–1037.

Allmendinger, G., and Lombreglia, R. (2005). Four strategies for the age of smart services. Harvard Business Review, 83(10), 131.

Ambrosini, V., and Bowman, C. (2001). Tacit knowledge: Some suggestions for operationalization. Journal of Management Studies, 38(6), 811–829.

Anderson, M. L. (2003). Embodied cognition: A field guide. Artificial Intelligence, 149(1), 91–130.

Beier, G., Ullrich, A., Niehoff, S., et al. (2020). Industry 4.0: How it is defined from a sociotechnical perspective and how much sustainability it includes–A literature review. Journal of Cleaner Production, 259, 120856. Accessed on 13 Dec, 2020. https://doi.org/10.1016/j.jclepro.2020.120856

Beverungen, D., Müller, O., Matzner, M., et al.(2019). Conceptualizing smart service systems. Electronic Markets, 29(1), 7–18. Accessed on 13 Dec, 2020. https://doi.org/10.1007/s12525-017-0270-5

Bharadwaj, A., El Sawy, O. A., Pavlou, P. A., et al.(2013). Digital business strategy: Toward a next generation of insights. MIS Quarterly, 37(2), 471–482.

Boler-Davis, A. (2016). How GM uses social media to improve cars and customer service. Harvard Business Review, Accessed on 13 Dec, 2020.https://hbr.org/2016/02/how-gm-uses-social-media-to-improve-cars- and-customer-service

Bolisani, E., and Oltramari, A. (2012). Knowledge as a measurable object in business contexts: A stock- and-flow approach. Knowledge Management Research & Practice, 10(3), 275–286.

Bowker, G. C. (2005). Memory practices in the sciences (Vol. 205). Cambridge: MIT Press.

Bratianu, C., and Bejinaru, R. (2019). Knowledge dynamics: A thermodynamics approach. Kybernetes, 49(1), 6–21.

Brown, J. S., and Duguid, P. (1991). Organizational learning and communities-of-practice: Toward a unified view of working, learning, and innovation. Organization Science, 2(1), 40–57.

Bryant, A., and Raja, U. (2014). In the realm of big data. First Monday, 19(2). doi: 10.5210/fm.v19i2.4991.

Cook, S. D., and Brown, J. S. (1999). Bridging epistemologies: The generative dance between organizational knowledge and organizational knowing. Organization Science, 10(4), 381–400.

Dragicevic, N., Ullrich, A., Tsui, E., et al. (2020). A conceptual model of knowledge dynamics in the industry 4.0 smart grid scenario. Knowledge Management Research & Practice, 18(2), 199–213.

Drath, R., and Horch, A. (2014). Industrie 4.0: Hit or hype?. IEEE industrial Electronics Magazine, 8(2), 56–58.

Enke, J., Glass, R., Kreß, A., et al. (2018). Industrie 4.0–Competencies for a modern production system: A curriculum for learning factories. Procedia Manufacturing, 23, 267–272.

Faraj, S., von Krogh, G., Monteiro, E., et al. (2016). Special section introduction–Online community as space for knowledge flows. Information Systems Research, 27(4), 668–684. https://doi.org/10.1287/isre.2016.0682

Fioratou, E., Chatzimichailidou, M. M., Grant, S., et al. (2016). Beyond monitors: Distributed situation awareness in anaesthesia management. Theoretical Issues in Ergonomics Science, 17(1), 104–124. Accessed on 12 Feb, 2020. https://doi.org/10.1080/1463922X.2015.1106620

Gandomi, A., and Haider, M. (2015). Beyond the hype: Big data concepts, methods, and analytics. International Journal of Information Management, 35(4), 137–144.

Geertz, C. (1973). The interpretation of cultures (Vol. 5019). New York: Basic Books.

Geisberger, E., and Broy, M. (2012). AgendaCPS. Berlin Heidelberg: Springer.

Gitelman, L. (2013). Raw data is an oxymoron. Cambridge: MIT Press.

Grant, K. A. (2007). Tacit knowledge revisited–We can still learn from Polanyi. The Electronic Journal of Knowledge Management, 5(2), 173–180.

Greer, C., Wollman, D. A., Prochaska, D. E., et al. (2014). NIST framework and roadmap for smart grid interoperability standards, release 3.0. No. Special Publication (NIST SP)–1108r3.

Gronau, N. (2019). Determining the appropriate degree of autonomy in cyber-physical production systems. CIRP Journal of Manufacturing Science and Technology, 26, 70–80.

Gronau, N., Thim, C., Ullrich, A., et al. (2016). A proposal to model knowledge in knowledge-intensive business processes. BMSD, 16, 98–103.

Gronau, N., Ullrich, A., and Teichmann, M. (2017). Development of the industrial IoT competences in the areas of organization, process, and interaction based on the learning factory concept. Procedia Manufacturing, 9, 254–261.

Grzybowska, K., and Łupicka, A. (2017). Key competencies for Industry 4.0. Economics & Management Innovations, 1(1), 250–253.

Guba, E. G., and Lincoln, Y. S. (1994). Competing paradigms in qualitative research. Handbook of Qual- itative Research, 2(2), 105.

Guillén, A. J., Crespo, A., Macchi, M., et al. (2016). On the role of prognostics and health management in advanced maintenance systems. Production Planning and Control, 27(12), 991–1004.

Haines, R., Hough, J., and Haines, D. (2017). A metacognitive perspective on decision making in supply chains: Revisiting the behavioral causes of the bullwhip effect. International Journal of Production Economics, 184, 7–20. Accessed on 28 Apr, 2020. https://doi.org/10.1016/j.ijpe.2016.11.006

Hansen, M. T. (1999). The search-transfer problem: The role of weak ties in sharing knowledge across organization subunits. Administrative Science Quarterly, 44(1), 82. Accessed on 28 Apr, 2020. https://doi.org/10.2307/2667032

Heidegger, M. (1962). Being and time. UK: Basil Blackwell.

Hermann, M., Pentek, T., and Otto, B. (2016). Design principles for industrie 4.0 scenarios. In 2016 49th Hawaii International Conference on System Sciences (HICSS). Koloa, HI: IEEE, 3928–3937.

Hislop, D. (2002). Mission impossible? Communicating and sharing knowledge via information technology. Journal of Information Technology, 17(3), 165–177.

Kagermann, H., Riemensperger, F., Hoke, D., et al.(2014). Smart service welt recommendations for the strategic initiative web-based services for businesses.

Kagermann, H., Wahlster, W., and Helbig J. (2013). Recommendations for implementing the strategic initiative industrie 4.0: Securing the future of German manufacturing industry; final report of the industrie 4.0 working group. Forschungsunion.

Kakihara, M., and Sørensen, C. (2002). Exploring knowledge emergence: From chaos to organizational knowledge. Journal of Global Information Technology Management, 5(3), 48–66.

Karnouskos, S. (2014). The cloud of things empowered smart grid cities. In G. Fortino & P. Trunfio (Eds.), Internet of things based on smart objects. Switzerland: Springer, 129–142.

Karnouskos, S., Colombo, A. W., Bangemann, T., et al. (2012). A SOA-based architecture for empowering future collaborative cloud-based industrial automation. In IECON 2012-38th Annual Conference on IEEE Industrial Electronics Society, 5766–5772.

Kimura, B. (1988). Aida (in-between). Japanese, Kobundo.

Kogut, B., and Zander, U. (1992). Knowledge of the firm, combinative capabilities, and the replication of technology. Organization Science, 3(3), 383–397.

Labrinidis, A., and Jagadish, H. V. (2012). Challenges and opportunities with big data. Proceedings VLDB Endowment, 5(12), 2032–2033.

Lasi, H., Fettke, P., Kemper, H.-G., et al. (2014). Industry 4.0. Business and Information Systems Engineering, 6(4), 239–242.

Lave, J., and Wenger, E. (1991). Situated learning: Legitimate peripheral participation. Cambridge: Cambridge University Press.

Lee, H. L., Padmanabhan, V., and Whang, S. (1997). Information distortion in a supply chain: The bullwhip effect. Management Science, 43(4), 546–558.

Lee, J. (2015). Smart factory systems. Informatik-Spektrum, 38(3), 230–235.

Lee, J., Bagheri, B., and Jin, C. (2016). Introduction to cyber manufacturing. Manufacturing Letters, 8, 11–15.

Lee, J., Bagheri, B., and Kao, H.-A. (2015). A cyber-physical systems architecture for

Industry 4.0-based manufacturing systems. Manufacturing Letters, 3, 18–23.

Lee, C., Lv, Y., Ng, K., et al.(2018). Design and application of internet of things-based warehouse management system for smart logistics. International Journal of Production Research, 56(8), 2753–2768.

Leitao, P., Karnouskos, S., Ribeiro, L., et al. (2016). Smart agents in industrial cyber–physical systems. Proceedings of the IEEE, 104(5), 1086–1101.

Lim, C., Kim, M.-J., Kim, K.-H., et al. (2018). Using data to advance service: Managerial issues and theoretical implications from action research. Journal of Service Theory and Practice, 28(1), 99–128. Accessed on 29 Aug, 2020. https://doi.org/10.1108/JSTP-08-2016-0141

Lugmayr, A., Stockleben, B., Scheib, C., (2017). Cognitive big data: Survey and review on big data research and its implications. What is really new in big data? Journal of Knowledge Management, 21(1), 197–212.

McFarlane, D., Giannikas, V., and Lu, W. (2016). Intelligent logistics: Involving the customer. Computers in Industry, 81, 105–115.

Merlino, M., and Sproġe, I. (2017). The augmented supply chain. Procedia Engineering, 178, 308–318.

Minerva, R., Biru, A., and Rotondi, D. (2015). Towards a definition of the internet of things (IoT). IEEE Internet Initiative, 1, 1–86.

Monostori, L. (2014). Cyber-physical production systems: Roots, expectations and R&D challenges. Procedia CIRP, 17, 9–13.

Morrar, R., Arman, H., and Mousa, S. (2017). The fourth industrial revolution (Industry 4.0): A social innovation perspective. Technology Innovation Management Review, 7(11), 12–20.

Nadkarni, S., and Prügl, R. (2020). Digital transformation: A review, synthesis and opportunities for future research. Management Review Quarterly. Accessed on 23 Jun, 2020. https://doi.org/10.1007/s11301-020-00185-7

Nienhaus, J., Ziegenbein, A., and Schoensleben, P. (2006). How human behaviour amplifies the bullwhip effect. A study based on the beer distribution game online. Production Planning and Control, 17(6), 547–557. Accessed on 23 Jun, 2020. https://doi.org/10.1080/09537280600866587

Nissen, M. E. (2002). An extended model of knowledge flow dynamics. Communications of the Association for Information Systems, 8(1), 18.

Nonaka, I., and Konno, N. (1998). The concept of "ba": Building a foundation for knowledge creation. California Management Review, 40(3), 40–54.

Nonaka, I., and Takeuchi, H. (2011). The wise leader. Harvard Business Review, 89(5), 58–67.

Nonaka, I., and Toyama, R. (2003). The knowledge-creating theory revisited: Knowledge creation as a synthesizing process. Knowledge Management Research & Practice, 1(1), 2–10.

Nonaka, I., Toyama, R., and Konno, N. (2000). SECI, Ba and leadership: A unified model of dynamic knowledge creation. Long Range Planning, 33(1), 5–34.

Nonaka, I., and Von Krogh, G. (2009). Perspective–Tacit knowledge and knowledge conversion: Controversy and advancement in organizational knowledge creation theory. Organization Science, 20(3), 635–652.

Oh, J., and Jeong, B. (2019). Tactical supply planning in smart manufacturing supply chain. Robotics and Computer-Integrated Manufacturing, 55, 217–233.

Pan, S. L., and Leidner, D. E. (2003). Bridging communities of practice with information technology in pursuit of global knowledge sharing. The Journal of Strategic Information Systems, 12(1), 71–88.

Pauleen, D. J., and Wang, W. Y. C. (2017). Does big data mean big knowledge? KM perspectives on big data and analytics. Journal of Knowledge Management, 21(1), 1–6.

Pfeiffer, S. (2017). The vision of "Industrie 4.0" in the making–A case of future told, tamed, and traded. Nanoethics, 11(1), 107–121.

Polanyi, M. (1958). Personal knowledge. Towards apostcritical philosophy. London: University of Chicago Press.

Polanyi, M. (1967). Sense-giving and sense-reading. Philosophy, 42(162), 301–325.

Polanyi, M. (1966). The tacit dimension. New York: Doubleday & Company.

Polanyi, M., and Prosch, H. (1977). Meaning. London: University of Chicago Press.

Prifti, L., Knigge, M., Kienegger, H., and (2017). A competency model for "Industrie 4.0" employees.

Romero, D., and Vernadat, F. (2016). Enterprise information systems state of the art: Past, present and future trends. Computers in Industry, 79(Supplement C), 3–13.

Rozados, I. V., and Tjahjono, B. (2014). Big data analytics in supply chain management: Trends and related research. 6th International Conference on Operations and Supply Chain Management.

Salazar, L. A. C., Ryashentseva, D., Lüder, A., et al. (2019). Cyber-physical production systems architecture based on multi-agent's design pattern–comparison of selected approaches mapping four agent patterns. The International Journal of Advanced Manufacturing Technology, 105(9), 4005–4034.

Shukla, V., Naim, M. M., and Yaseen, E. A. (2009). "Bullwhip" and "backlash" in supply pipelines. International Journal of Production Research, 47(23), 6477–6497.

Schultze, U., and Stabell, C. (2004). Knowing what you don't know? Discourses and contradictions in knowledge management research. Journal of Management Studies, 41(4), 549–573.

Schwab, K. (2017). The fourth industrial revolution. New York: Crown Business.

Sonntag, D., Zillner, S., van der Smagt, P., et al. (2017). Overview of the CPS for smart factories project: Deep learning, knowledge acquisition, anomaly detection and intelligent user interfaces. Switzerland: Springer.

Spiegler, I. (2003). Technology and knowledge: Bridging a "generating" gap. Information & Management, 40(6), 533–539.

Stacey, R. (2000). The emergence of knowledge in organization. A Journal of Complexity Issues in Organizations and Management, 2(4), 23–39.

Stenmark, D. (2000). Leveraging tacit organizational knowledge. Journal of Management Information Systems, 17(3), 9–24.

Stenmark, D. (2002). Information vs. knowledge: The role of intranets in knowledge management. In System sciences. HICSS. Proceedings of the 35th Annual Hawaii International Conference on Big Island, HI, 928–937.

Sultanow, E., Tobolla, M., Ullrich, A., et al. (2017). Visual analytics supporting knowledge management. In i-KNOW. Accessed on 12 Jul, 2020. http://ceur-ws.org/Vol-2025/paper_hci_1.pdf

Sumbal, M. S., Tsui, E., and See-to, E. W. (2017). Interrelationship between big data and knowledge management: An exploratory study in the oil and gas sector. Journal of Knowledge Management, 21(1), 180–196.

Tasaka, H. (2020). These 6 skills cannot be replicated by artificial intelligence. World Economic Forum. Accessed on 12 Feb, 2022, https://www.weforum.org/agenda/2020/10/these-6-skills-cannot-be-replicated- by-artificial-intelligence/

Thompson, M. P. A., and Walsham, G. (2004). Placing knowledge management in context. Journal of Management Studies, 41(5), 725–747.

Tsoukas, H. (1996). The firm as a distributed knowledge system: A constructionist approach. Strategic Management Journal, 17(S2), 11–25.

Tsoukas, H. (2005). Do we really understand tacit knowledge? In S. Little & T. Ray (Eds.), Managing knowledge: An essential reader . Thousand Oaks: SAGE Publications Ltd.

Tuomi, I. (1999). Data is more than knowledge: Implications of the reversed knowledge hierarchy for knowledge management and organizational memory. In Systems sciences, HICSS-32. Proceedings of the 32nd Annual Hawaii International Conference on Hawaii, USA.

Wang, S., Wan, J., Di Li, and Zhang, C. (2016). Implementing smart factory of Industrie 4.0: An outlook. International Journal of Distributed Sensor Networks, 12(1), 1–10.

Wang, Y., Chen, Q., Gan, D., et al. (2018). Deep learning-based socio-demographic information identification from smart meter data. IEEE Transactions on Smart Grid, 10(3), 1.

Wei Choo, C., and Correa Drummond de Alvarenga Neto, R. (2010). Beyond the BA: Managing enabling contexts in knowledge organizations. Journal of Knowledge Management, 14(4), 592–610.

Wilkesmann, M., and Wilkesmann, U. (2018). Industry 4.0–organizing routines or innovations? VINE Journal of Information and Knowledge Management Systems, 48(2) 238–254.

World Economic Forum. (2018). Will the future be human? Yuval Noah Harari. Accessed on 22 Dec, 2020. https://www.youtube.com/watch?v=hL9uk4hKyg4

Yoo, Y., Henfridsson, O., and Lyytinen, K. (2010). Research commentary—The new organizing logic of digital innovation: An agenda for information systems research. Information Systems Research, 21(4), 724–735.

# 基于 SECI 框架的企业知识生成系统动态研究

*Xirong Gao*

## 背景

正如 Nonaka 和 Takeuchi（1995）所认为的，影响企业成功的因素有很多，而太多的因素往往使企业迷失在其中。在这种情况下，这两位学者提出，知识是企业获得竞争优势的最终资源，而知识创造是决定企业能否实现卓越的首要因素。因此，追求这一目标的公司应该而且必须创造知识，最终成为"创造知识的公司"。

问题是，公司如何去创造知识？Nonaka 和 Takeuchi（1995）根据日本企业创新和转型的经验，构建了企业创造知识的 SECI 框架，并论证了通过隐性知识和显性知识的相互转化来创造新知识的原理与机制，从而为企业如何创造知识提供了一个概念模型。然而，SECI 框架只是一个定性的概念模型，两位作者主要通过案例说明来论证，未能将其转化为一个可以独立运行的动态模型，这无疑是 SECI 框架的一个缺陷。

基于上述背景，我们借助风暴生成原理，将 SECI 知识螺旋系统重构为一个类似于"风暴之眼"的知识生成系统动态模型，并对其进行动态模拟企业知识生成机制的训练。这将有助于把 SECI 框架从一个黑箱式的定性概念模型转变为一个可以窥视内部结构并模拟其运行的数学模型，从而在更微妙的层面上解释企业创造知识的机制。

## 文献回顾

关于知识的价值和效用,学术界一致认为,知识是企业最重要的无形资源,它根植于企业组织系统的各个环节,难以模仿,具有社会复杂性,因此能给企业带来持续的竞争优势。企业知识的主流观点认为,企业有效利用其知识的能力是比其拥有的知识更重要的资源,特别是利用现有知识创造新知识的能力。因此,如何提高企业的知识创造能力已成为学术界广泛关注的一个重要课题。

最近,系统动力学被越来越多地应用于知识管理研究(Alavi and Leidner,2001)。Xiaolan He 和 Xianyu Wang(2012)将组织的隐性知识管理任务分为三个部分,并据此设计了一个系统动力学模型,模拟分析了各因素之间的逻辑因果和反馈关系,提出了帮助组织提高隐性知识管理效率的若干措施。Yumei Wang 和 Jing Zhang(2009)采用系统动力学方法分析了组织知识创新的内外部支持子系统,研究了组织知识创新的促成因素及其运行机制,并得到了可借鉴的结果。Xiuhong Wang 和 Yuan Liu(2006)建立了主观隐性知识转化的系统动力学模型,从定量角度描述了各因素对企业知识存量的影响;Xin Wang 和 Bing Sun(2012)建立了企业内部知识转移的系统动力学模型,并进行了因果关系分析,为企业制定有效的知识转移策略提供了理论基础。

众所周知,现代社会实际上是一个知识爆炸的社会,新知识出现的速度越来越快。然而,目前很少有文献从知识爆炸的角度系统地研究和描绘现代社会知识创造的动态轨迹。这也正是本章希望探讨的话题。

## 基于 SECI 框架的企业知识生成的"风暴之眼"模型

### 企业知识生成的"风暴之眼"模型

对于 SECI 知识螺旋系统,我们可以借用风暴生成的概念来系统地描述其内在的运行机制。在风暴的发展过程中有三个决定性因素：巨大的水蒸气供应源——海水，巨大的能量源——太阳辐射，以及平稳广阔的空间舞台——海洋表面。同样，知识的产生过程也需要三大要素：第一，企业要有足够大的知识存量；第二，企业要有足够的知识转化激励；第三，企业要有足够宽松的知识转化环境空间。基于这些理由，我们可以建立企业知识生成的"风暴之眼"模型。如图13.1所示，外圈的四类知识代表企业的知识存量；四类知识中的社会化、外部化、组合化、内部化等四个过程代表企业的知识转化动态以及四类知识之间的顺畅连接；四个过程和新知识代表知识转化的环境空间。该模型的运行原理是：四类知识通过四个过程的相互转化产生新的知识；产生的新知识回到四类知识中，参与下一轮的知识转化过程；循环往复，产生的新知识越来越多，储备的知识越来越多，知识转化的动力越来越大，直到形成一个超大规模的新知识风暴。此外，图13.1中的外部知识库也是企业知识存量的重要来源，随着新知识风暴的不断加强，外部知识库中的知识将以更快的速度流向企业。当然，如果企业的知识存量急剧下降，或者企业的知识转化动力大幅减弱，或者企业与外部知识库的联系中

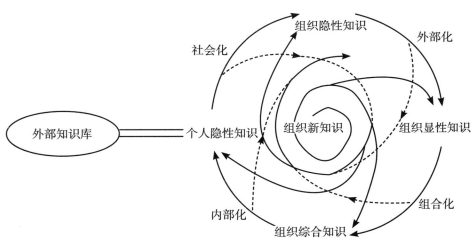

图13.1　组织产生新知识的"风暴之眼"模型

断,企业的新知识生成过程就会发生逆转,最终趋于停滞。上述分岔过程如图 13.2 所示。

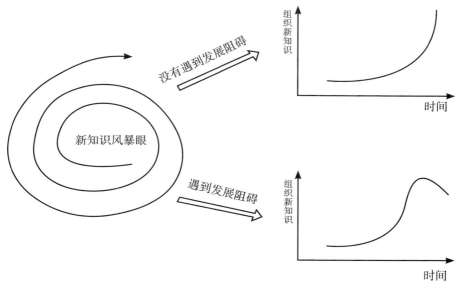

图 13.2　知识生成过程的进化路径分岔图

## 企业知识生成模型的系统动力学表达

为了模拟图 13.2 所示的企业知识生成模型,需要将图 13.1 转化为一个系统动力学模型。图 13.3 显示了企业知识生成模型的系统动力学表达。在图 13.3 中,四种知识的转化过程,即社会化、外部化、组合化和内部化,分别由社会化乘数、外部化乘数、组合化乘数和内部化乘数正向促进,并由社会化摩擦系数、外部化摩擦系数、组合化摩擦系数和内部化摩擦系数负向抑制。为了反映组织与环境之间的知识流动情况,图 13.3 中还设置了外部知识获取率、个人隐性知识流失率、组织隐性知识流失率、组织显性知识流失率、组织综合知识流失率等变量。关于这些变量之间的定量关系，请参考本文后的附录1。

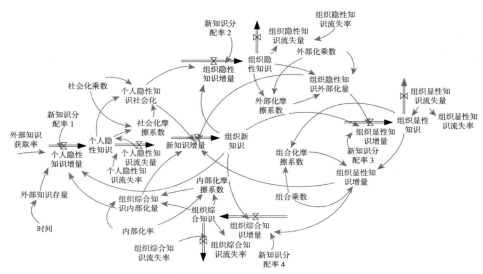

图 13.3 企业知识生成模型的系统动力学表达

## 企业知识生成模型的系统动力学模拟

### 模型校准

为了检验图 13.3 中企业知识生成的系统动力学模型的模拟效果，可以用有代表性的企业的真实数据来代入模型。考虑到贸易保密和数据可用性的问题，国家公开数据可以作为模拟校准的数据。在本章中，我们建议使用 2002—2011 年期间在中国收集的实际数据来校准模型（来源：《中国统计年鉴 2002—2011》），其中外部知识存量由全球专利申请数量代表，个人隐性知识由中国企业员工的教育水平和年龄结构代表，组织隐性知识由中国企业的组织数量和规模代表，组织显性知识由中国企业的职业培训人员数量代表，组织综合知识由中国企业的新产品项目、研发项目和人员数量代表，组织新知识由中国企业获得的专利数量代表。代表关系方程见附录2。

就模型中的外生变量而言，要赋予以下初始值：（1）社会化乘数、外部化乘数、组合化乘数和内部化乘数，它们的定义范围为 [0,1]，其初始值可设为中值 0.5；（2）个人隐性知识流失率、组织隐性知识流失率、组织显性知识流失率和组织综合知识流失率，它们的定义范围是 [0,1]，其初始值可设为中值 0.5；（3）新知识分配率 1、2、3、4，它们的定义范围是 [0,1]，但四者之和完全等于 1，所以它们的初始值可以设置为同一个值 0.25；（4）外部知识获取率，定义在 [0,1] 的范围内，由于其复杂性，初始值可设为足够小的初始值 0.001。

基于上述数据，对外部知识存量、个人隐性知识、组织隐性知识、组织显性知识、组织综合知识和组织新知识等六个状态变量进行系统动力学仿真校准，最后当六个状态变量的仿真值与真实值充分接近时，校准结束。图 13.4 显示了六个状态变量的最终模拟结果。

由图 13.4 可见，外部知识存量、个人隐性知识、组织隐性知识、组织显性知识、组织综合知识和组织新知识的模拟值（图 13.4 中的虚线）与实际值（图 13.4 中的实线）足够接近，说明模型的拟合度足够高，可以用于下一步的仿真分析。

### 企业知识生成风暴形成过程的仿真分析

当企业拥有足够大的知识存量、足够强的知识转化动力和足够宽松的知识转化环境空间时，个人隐性知识、组织隐性知识、组织显性知识和组织综合知识这四类知识将通过社会化、外部化、组合化和内部化这四个过程的相互转化产生新的组织知识。由此产生的新的组织知识将回到这四种类型的知识中，参与下一轮的知识转化过程。随着上述循环的无限重复，新的组织知识将呈现爆炸式增长。

利用图 13.4 中校准的企业知识生成的系统动力学模型，在 2002—2022

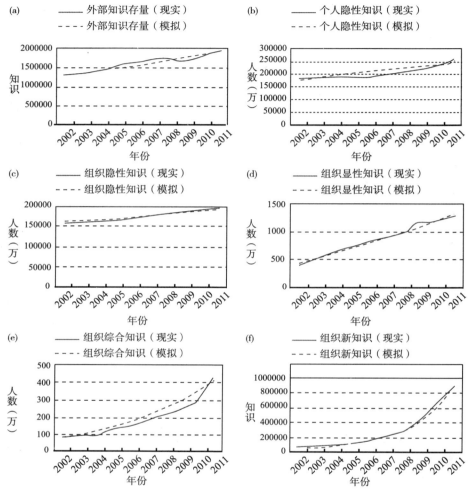

图 13.4 六个状态变量的系统动力学仿真校准效果

年的时间跨度中模拟新的组织知识的增长过程，得到企业知识风暴的生成轨迹，如图 13.5a 所示。图 13.5a 所示的结果是当企业没有遇到发展阻碍时的知识生成过程的演化路径。

对图 13.5a 所示的组织新知识增长曲线进行数学拟合，可以得到该曲线的数学表达式，如式（1）所示：

$$y = 44821 e^{0.4855t} \tag{1}$$

其中新的组织知识 $\gamma$ 以指数函数的形式爆发,每单位时间 $t$ 的增长率接近 50%。如果一个公司在 2002 年有一个单位的新知识,按照这个增长速度,到 2022 年就会有 3 300 个单位的新知识,即在 20 年内扩大 3 300 倍,类似于爆炸。

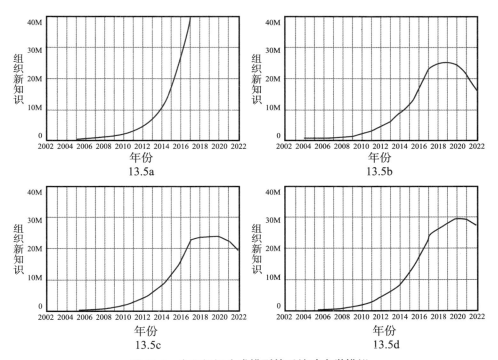

图 13.5　企业知识生成模型的系统动力学模拟

注:M 表示百万单位量。

## 企业知识生成风暴消退过程的模拟图

图 13.5b、13.5c 和 13.5d 表明,当企业遇到发展阻碍时,其新知识生成过程会发生逆转,最终停滞。

这些发展障碍包括企业的知识存量急剧下降、企业的知识转化动力明显减弱、企业与外部知识存量的联系受阻。下面分别对上述三种情况下企业知识生成风暴的消退过程进行模拟。

## 企业知识存量下降导致的知识生成风暴的消退

企业知识存量是指企业拥有的个人隐性知识、组织隐性知识、组织显性知识和组织综合知识的总和。如果知识存量增加，就会加速新知识的四个转化过程，从而产生更多的新知识。反之，如果知识存量减少，就会抑制这四个转化过程，从而阻碍新知识的产生。

企业知识存量的下降可以用四种知识的流失率的增加来表示。为了模拟企业知识存量下降对知识生成的阻碍作用，我们可以以图 13.5a 为基础，在 2012 年、2015 年、2018 年、2021 年四个时间点，每三年将四类知识的流失率等量增加 0.1 个单位，最终使流失率从初始值 0 增加到最终值 0.4，步骤如式（2）—（5）所示：

个人隐性知识流失率 = 0+ 时间点 1（0.1，2012）
　　　　　　　　　　+ 时间点 2（0.1，2015）
　　　　　　　　　　+ 时间点 3（0.1，2018）
　　　　　　　　　　+ 时间点 4（0.1，2021）　　　　　（2）

组织隐性知识流失率 = 0+ 时间点 1（0.1，2012）
　　　　　　　　　　+ 时间点 2（0.1，2015）
　　　　　　　　　　+ 时间点 3（0.1，2018）
　　　　　　　　　　+ 时间点 4（0.1，2021）　　　　　（3）

组织显性知识流失率 = 0+ 时间点 1（0.1，2012）
　　　　　　　　　　+ 时间点 2（0.1，2015）
　　　　　　　　　　+ 时间点 3（0.1，2018）
　　　　　　　　　　+ 时间点 4（0.1，2021）　　　　　（4）

组织综合知识流失率 = 0+ 时间点 1（0.1，2012）
　　　　　　　　　　+ 时间点 2（0.1，2015）
　　　　　　　　　　+ 时间点 3（0.1，2018）
　　　　　　　　　　+ 时间点 4（0.1，2021）　　　　　（5）

这时，图 13.5a 演变成图 13.5b。从图 13.5b 可以看出，随着四类知识流失率的增加，新的组织知识的增长动力受到抑制，大致在 2019 年达到峰值，之后开始急剧下降，最终消退。

## 企业知识转型动力减弱与外部知识存量的联系受阻导致的知识生成风暴的消退

企业的知识转化动力体现在四种类型的转化乘数上，即社会化乘数、外部化乘数、组合化乘数和内部化乘数。这四种转化乘数的上升会促进新知识的四个转化过程，从而产生更多的新知识；反之，如果这四种转化乘数下降，就会抑制新知识的四个转化过程，从而使新知识的产生受挫。

企业知识转化的动力减弱可以用四种转化乘数的下降来表示。为了模拟企业知识转化动力减弱对知识生成的阻碍作用，我们可以以图 13.5a 为基础，在 2012 年、2015 年、2018 年、2021 年四个时间点，每三年将四种转化乘数等量减少 0.1 个单位，使四种转化乘数从初始值 0.5 下降到最终值 0.1，步骤如式（6）—（9）所示：

社会化乘数 = 0 – 时间点 1（0.1，2012）– 时间点 2（0.1，2015）
　　　　　– 时间点 3（0.1，2018）– 时间点 4（0.1，2021）　　（6）

外部化乘数 = 0 – 时间点 1（0.1，2012）– 时间点 2（0.1，2015）
　　　　　– 时间点 3（0.1，2018）– 时间点 4（0.1，2021）　　（7）

组合化乘数 = 0 – 时间点 1（0.1，2012）– 时间点 2（0.1，2015）
　　　　　– 时间点 3（0.1，2018）– 时间点 4（0.1，2021）　　（8）

内部化乘数 = 0 – 时间点 1（0.1，2012）– 时间点 2（0.1，2015）
　　　　　– 时间点 3（0.1，2018）– 时间点 4（0.1，2021）　　（9）

这时，图 13.5a 演变成图 13.5c。从图 13.5c 可以看出，随着四类知识转化乘数的下降，组织新知识的增长势头受到抑制，大致在 2019 年达到峰值，之后开始急剧下降，甚至有消退的趋势。

## 企业与外部知识存量的联系受阻导致的知识生成风暴的消退

企业与外部知识存量的联系主要体现在企业的外部知识获取率上。外部知识获取率的提高会促进新知识的四个转化过程，从而产生更多的新知识。反之，如果外部知识获取率下降，新知识的四个转化过程就会受到抑制，从而阻碍新知识的产生。

企业与外部知识存量之间的联系受阻可以通过外部知识获取率的下降来体现。为了模拟企业与外部知识存量联系受阻对知识产生的阻碍作用，我们可以以图 13.5a 为基础，在 2012 年、2015 年、2018 年和 2021 年四个时间点，每三年将外部知识获取率等量减少 0.0002 个单位，使外部知识获取率从初始值 0.001 下降到最终值 0.0002，步骤如式（10）所示：

$$外部知识获取率 = 0.001 - 时间点1（0.0002, 2012）\\ - 时间点2（0.0002, 2015）\\ - 时间点3（0.0002, 2018）\\ - 时间点4（0.0002, 2021） \quad (10)$$

这时，图 13.5a 演变成图 13.5d。如图 13.5d 所示，随着外部知识获取速度的减慢，组织新知识的增长势头受到抑制，大约在 2020 年达到峰值，之后开始急剧下降，最终消退。

## 结论和启示

本章基于 SECI 和"风暴之眼"生成原理，构建了企业知识生成的"风暴之眼"模型，并以系统动力学模型的形式表示。利用 2002—2012 年中国相关企业的经验数据对模型进行了校准，并利用校准后的模型对企业知识生成机制进行了模拟，得到以下结论。

第一，当企业拥有足够大的知识存量、足够强的知识转化动力和足够宽松的知识转化环境时，可以吸收越来越多的外部知识，在内部实施越来越强的知识转化正反馈循环，从而产生无限的新知识，最终实现组织新知识的爆发式增长。

第二，当企业遇到自身知识存量下降、内部知识转化动力减弱或外部知识吸收受阻等障碍时，新知识生成过程就会发生逆转，最终陷入停滞状态，导致企业知识生成风暴停止发展，甚至消退。

上述结果表明，企业要想在知识创造中脱颖而出，就必须采取强有力的措施，增强自身吸收外部知识的能力，完善自己的知识转化能力，防止因人才流动或技术外溢造成的知识流失。

下一步，我们可以对企业知识生成过程中的关键贡献因素进行深入的敏感性分析，为企业知识生成机制的研究提供更精确的定量结果。

## 附录 1　图 13.3 中变量之间的定量关系

**1. 状态变量方程**

个人隐性知识 = *INTEG* [ 个人隐性知识增量—个人隐性知识流失量 ]

组织隐性知识 = *INTEG* [ 组织隐性知识增量—组织隐性知识流失量 ]

组织显性知识 = *INTEG* [ 组织显性知识增量—组织显性知识流失量 ]

组织综合知识 = *INTEG* [ 组织综合知识增量—组织综合知识流失量 ]

组织新知识 = *INTEG* [ 组织新知识增量—组织新知识流失量 ]

**2. 速率变量方程**

个人隐性知识增量 = *DELAY* 1 [ 组织综合知识内部化量 + 组织新知识 × 新知识分配率 1+ 外部知识存量 × 外部知识获取率 1]

组织隐性知识增量 = *DELAY* 2 [ 个人隐性知识社会化量 + 组织新知识 ×

新知识分配率 2]

组织显性知识增量 = $DELAY\ 3$ [ 组织隐性知识外部化量 + 组织新知识 × 新知识分配率 3]

组织综合知识增量 = $DELAY\ 4$ [ 组织显性知识组合量 + 组织新知识 × 新知识分配率 4]

组织新知识增量 = 个人隐性知识社会化量 + 组织隐性知识外部化量 + 组织显性知识组合化量 + 组织整合知识内部化量

个人隐性知识流失 = 个人隐性知识 × 个人隐性知识流失率

组织隐性知识流失 = 组织隐性知识 × 组织隐性知识流失率

组织显性知识流失 = 组织显性知识 × 组织显性知识流失率

组织综合知识流失 = 组织综合知识 × 组织综合知识流失率

### 3. 辅助变量方程

个人隐性知识社会化量 = 个人隐性知识 × 社会化乘数 × （1− 社会化摩擦系数$^2$）

组织隐性知识外部化量 = 组织隐性知识 × 外部化乘数 × （1− 外部化摩擦系数$^2$）

组织显性知识组合化量 = 组织显性知识组合化乘数 × （1− 组合化摩擦系数$^2$）

组织综合知识内部化量 = 组织综合知识 × 内部化乘数 × （1− 内部化摩擦系数$^2$）

社会化摩擦系数 = （1− 社会化乘数）$^2$ × $EXP\{A × LN$[$IF\ THEN\ ELSE$（个人隐性知识 <=0，1，个人隐性知识）]}

外部化摩擦系数 = （1− 外部化乘数）$^2$ × $EXP\{A × LN$ [$IF\ THEN\ ELSE$（组织隐性知识 <=0，1，组织隐性知识）]}

组合化摩擦系数 = （1− 组合化乘数）$^2$ × $EXP\{A × LN$ [$IF\ THEN\ ELSE$（组织显性知识 <=0，1，组织显性知识）]}

内部化摩擦系数 = (1- 内部化乘数)$^2$ × $EXP\{A \times LN\ [IF\ THEN\ ELSE$ (组织综合知识 <=0，1 组织综合知识)]}

外部知识存量 = $a \times EXP$ ($b \times$ 时间)

## 附录2 图13.4 模型校准中每个状态变量的代表关系方程

**1. 外部知识存量** = 全球专利申请量（以件计）

**2. 个人隐性知识** = $\alpha \times A \times \beta^T$（以万人计）。方程中，$A = \{a_{ij}\}$ 是全国范围内按年龄组划分的员工教育水平构成的矩阵，$a_{ij}$ 是第 $i$ 个年龄组中具有第 $j$ 个教育水平的员工人数（以万人计），其中 $i$ ($i$ = 1，2，...，11) 代表员工的 11 个年龄组（按降序排列：16—19 岁，20—24 岁，25—29 岁，30—34 岁，35—39 岁，40—44 岁，45—49 岁，50—54 岁，55—59 岁，60—64 岁，65 岁以上），$j$ ($j$ = 1，2，...，7) 代表 7 种受教育程度（从低到高：文盲，小学文凭，初中文凭，高中文凭，大专毕业，学士学位，硕士及以上）；向量 $\alpha$ = (1 2 3 4 5 6 7 8 9 10 11) 是 11 个年龄段就业人员的权重向量；向量 $\beta$ = (20 21 22 23 24 25 26) 是 7 种受教育程度的权重。

**3. 组织隐性知识** = $B \times \gamma^T \times \bar{x}$（以万人计）。方程中，$B = \{b_{ij}\}$ 是中国企业规模结构的面板矩阵，$b_{ij}$ 是第 $i$ 年第 $j$ 个规模企业的数量，其中 $i$ ($i$ =1，2，...，10) 代表 10 年（从小到大：2002，2003，2004，2005，2006，2007，2008，2009，2010，2011)，$j$ ($j$ = 1，2，3) 代表 3 种企业规模（从小到大：小型，中型，大型）；向量 $\gamma$ = ($2^0$ $2^2$ $2^4$) 表示企业规模权重；$\bar{x}$ 表示中国企业的平均员工数（单位：万人）。

**4. 组织显性知识** = 中国企业的职业培训人员数量（单位：万人）。

**5. 组织综合知识** = (中国企业的新产品项目数 + 中国企业的研发项目数) × 中国企业的平均研发人员数（单位：万人）。

**6. 组织新知识** = $C \times \delta^T$（以个计）。方程中，$C = \{c_{ij}\}$ 是中国企业专利授

权的面板矩阵，$c_{ij}$ 是 $i$ 年 $j$ 类型的专利授权量（单位：件），其中 $i$（$i$ = 1，2，...，10）代表 10 年（由小到大：2002，2003，2004，2005，2006，2007，2008，2009，2010，2011），$j$（$j$ = 1，2，3) 代表三种企业专利授权类型（依次为：外观设计，实用新型，发明）；向量 $\delta$ =（$2^0$ $2^1$ $2^2$）代表企业专利类型的权重。

## 参考文献

Alavi，M.，and Leidner，D.(2001). Knowledge Management and Knowledge Management Systems: Conceptual Foundations and Research Issues. MIS Quarterly，25 (1): 107–136.

He，X.，and Wang，X. (2012).System Dynamics Analysis of Tacit Knowledge Management Based on Organization Perspective. Library and Information Service，56 (10): 107–112.

Nonaka，I.，and Takeuchi，H. (1995). The Knowledge-Creating Company: How Japanese Companies Create the Dynamics of Innovation. New York: Oxford University Press.

Wang，X.，and Liu，Y. S (2006). ystem Dynamic Model of Tacit Knowledge Transferring. Science of Science and Management of S & T，27 (5): 90–94.

Wang，X.，and Sun，B. (2012). Modeling and Simulation of System Dynamics on Knowledge Transfer in Enterprise. Information Science，30 (2): 173–177，195.

Wang，Y.，and Zhang，J. (2009). Analysis of the Innovation Factors of Knowledge Organization Based on the System Dynamics. Journal of Qingdao University of Science and Technology (Social Sciences)，25 (4): 58–62.

# 第三部分
# 知识管理实践

# 知识管理在不同国家文化中的差异

*系统性文献综述*

*Gang Liu*，*Eric Tsui* 和 *Aino Kianto*

## 引言

知识管理极大地影响着组织的发展和绩效，尤其是在当今高度全球化的环境中（Inkinen，2016；Liu et al.，2020a；Liu et al.，2020b）。现在知识管理已嵌入社会活动中（Nonaka and Takeuchi，1995；Nonaka et al.，2000；Liu et al.，2019），受到其所在的文化背景的强烈影响。虽然大多数涉及文化在知识管理中的作用的研究都是从组织的角度来研究文化（Mueller，2012），并得出了知识友好型组织文化的特征（Kayas and Wright，2018），但本章重点关注相对被忽视的国家文化问题。由于知识管理是在全球范围内发展、实践和研究的，因此了解更广泛的国家层面的文化中所蕴含的处置方式如何影响知识管理的边界条件和特征是非常重要的。本章旨在总结关于国家文化如何影响知识管理的现有知识，并概述需要进一步研究的相关问题。

为了全面了解国家文化在知识管理中的作用，我们采用了系统的文献回顾方法。据作者所知，这是第一个关于国家文化在知识管理中的作用的全面研究。为了理解文化倾向如何影响知识管理，我们采用最成熟的文化倾向分类，即 Hofstede 等（2010）提出的文化价值观。

尽管以前的许多研究已经考察了不同国家文化中的知识管理，但个别研究的普遍性仅限于该研究中所涉及的一个或多个国家，因为迄今为止还缺乏对先前关于跨国家文化的知识管理研究的全面考察。因此，对不同国家文化中知识管理差异的系统性认识仍然没有得到探索。为了填补上述研究空白，本研究探讨了知识管理在不同国家文化中的差异，从而从国家文化背景的角度对知识管理有了更深入的理解。

国家文化是在各国人口中发现的持久的个性特征模式（Clark，1990），它通过影响个人的行为而影响到知识管理活动（King，2007）。国家文化反映了人们对知识的基本想法和他们针对知识相关活动的行为。这是因为人们对开展知识相关活动的方式有独特的文化价值和信念，包括如何获取、共享、创造、应用和保护知识（King，2007；Inkinen et al.，2017）。这些理解也会影响制度安排，包括管理理念、治理体系和竞争规范（North，1990）。

目前关于知识管理和国家文化的研究可以分为三类。第一类研究侧重于跨国公司或合资企业的知识管理（Ahammad et al.，2016；Dhir et al.，2020；Pauluzzo and Cagnina，2019）；第二类研究通过比较不同国家或地区的知识管理来研究知识管理差异（Geppert，2005；Kianto et al.，2011），第三类研究从不同国家文化维度的角度研究知识管理差异（Cegarra-Navarro et al.，2011；Boone et al.，2019）。本研究只考察了第二和第三类研究，因为第一类研究主要考察总公司和子公司之间文化差异的影响，而不是不同文化之间的文化差异，因此它们对识别不同文化中的知识管理差异没有帮助。

本章接下来讨论文化倾向及其在知识管理中的作用、应用的研究方法和程序，以及研究结果，并提出了未来的研究方向和带给人们的启示，最后给出了结论性意见。

## 国家文化与知识管理

研究者普遍认为，没有实现知识管理的最佳通用方法（Inkinen et al.，2017），这意味着需要选择最适合具体情况的知识管理方法（Handzic，

2017）。国家文化作为一个非常重要的环境因素，在知识管理的研究和实践中引起了许多学者和实践者的关注（Liu et al.，2021a）。国家文化是指将一个国家的人与另一个国家的人区分开来的集体思维模式（Hofstede，1993；Hofstede et al.，2010）。例如，不同国家文化中的人可能会以不同的方式分析和应对相同的管理问题（Schneider and De Meyer，1991）。研究者还发现，拥有不同国家文化背景的企业对知识管理的方式也不同（Cegarra-Navarro and Sánchez-Polo，2010；Cegarra-Navarro et al.，2011）。这种差异可以解释为：第一，国家文化反映了人们对知识的认知以及在知识相关活动方面的行为，如知识的获取、分享、创造、应用和保护（King，2007）。第二，国家文化反映了社会连续性的差异，如关系发展、信任、社会等级、地位、领导力、权力和政治（Beesley and Cooper，2008），这些都会影响到知识的管理方式（Kim，2020）。第三，不同国家文化的制度是不同的，例如，它们在多大程度上赞成和支持共同决策与参与（Putnam et al.，1993）。

过去几十年来，跨文化研究在很大程度上是在 Hofstede（Hofstede，2002；Hofstede et al.，2010）的开创性框架指导下进行的（Tsui et al.，2016）。Hofstede 等（2010）对国家文化的差异如何影响价值观、行为、机构和组织给出了更深入的理解。从不同的角度，如社会规范、家庭、教育系统、工作和组织、政治制度、宗教等方面，对国家文化的差异进行了更深入的理解。此外，他们的工作激发了富有成效的讨论，为发展跨文化研究提供了坚实的基础（Chapman，1997），包括针对知识管理的研究（Li，2010；Strese et al.，2016）。尽管在过去几十年中，Hofstede 的国家文化认识论受到批评（McSweeney，2002，2020；Minkov，2018），但它仍然是在文化和商业研究中产生富有成效的见解的最有效框架（Hofstede，2002；Kirkman et al.，2006；Beugelsdijk et al.，2015）。因此，本研究采用 Hofstede 等（2010）的国家文化框架来分析早期跨文化背景下的知识管理研究。

## 知识管理在不同国家文化中的差异

Hofstede 等（2010）确定了国家文化的六个维度，即权力距离（power distance，PD）、个人主义与集体主义（individualism versus collectivism，IC）、男性气质与女性气质（masculinity versus femininity，MF）、不确定性规避（uncertainty avoidance，UA）、长期倾向与短期倾向（long-term orientation versus short-term orientation，LS）以及纵容倾向与克制倾向（indulgence versus restraint，IR）。PD 反映了同一社会中权力较小的人和权力较大的人之间的权力不平等程度（Hofstede，2001；Hofstede et al.，2010）。PD 影响到知识管理，因为组织等级和权力分配的差异可以促进或阻碍知识管理活动。领导者与下属的关系在知识管理活动中也起着关键作用。IC 描绘了特定社会中个人和群体之间的关系（Hofstede，2001；Hofstede et al.，2010）。群内/群外成员关系在集体社会中至关重要，它影响到信任的建立、沟通和社会网络的发展，从而影响到知识管理活动。在集体社会中，培训和学习在群体层面更有效，但在个人主义社会中，培训和学习在个人层面更有效。MF 代表了反映在国家文化中的性别差异。例如，当社会以男性为导向时，女性和男性在知识管理活动中的参与是不平等的。UA 指的是一个社会对模糊性的容忍程度，表明人们在非结构化环境中的舒适程度（Hofstede，2011），这影响了知识管理的目标和知识管理解决方案的采用。LS 反映了人们对过去、现在和未来的价值观与信仰（Hofstede et al.，2010），这影响了人们对知识管理及其潜在收益的看法。纵容倾向指的是允许相对自由地满足人类基本和自然欲望的社会，享受生活和乐趣的社会，而克制倾向是指通过采用严格的社会规范来控制和调节人们欲望的满足（Hofstede，2011）。纵容倾向与克制倾向会影响人们对学习和娱乐的态度，以及知识管理的实施方式。表 14.1 总结了 Hofstede 的国家文化六个维度对知识管理的影响。

表 14.1　Hofstede 的国家文化六个维度对知识管理的影响

| 维度 | 定义 | 如何影响知识管理 |
| --- | --- | --- |
| 权力距离 | 权力距离反映了同一社会中权力较小的人与权力较大的人之间的权力不平等程度（Hofstede，2001；Hofstede et al.，2010） | 组织的等级制度和领导者的权力可以促进或阻碍知识管理活动。领导者与下属的关系在知识管理中发挥着重要作用 |
| 个人主义与集体主义 | 个人主义和集体主义描绘了特定社会中个人和群体之间的关系 (Hofstede，2001；Hofstede et al.，2010) | 群内与群外成员是知识管理的关键。培训和学习是在个人层面更有效还是在群体层面更有效 |
| 男性气质与女性气质 | 男性气质与女性气质反映了国家文化中的性别差异 | 知识管理受到性别平等程度的影响。女性和男性在参与知识管理活动方面是（不）平等的 |
| 不确定性规避 | 不确定性规避是指社会对模糊性的容忍程度，表明人们在非结构化环境中的舒适程度（Hofstede，2011） | 对不确定性的忍耐程度影响了知识管理的目标和所采取的解决方案 |
| 长期倾向与短期倾向 | 长期倾向与短期倾向反映了人们对过去、现在和未来的价值观与信仰（Hofstede et al.，2010） | 长期倾向与短期倾向影响人们对知识管理及其潜在收益的看法 |
| 纵容倾向与克制倾向 | 纵容倾向是指允许相对自由地满足人类基本和自然欲望的社会，而克制倾向是指采用严格的社会规范来控制和调节人们欲望的满足（Hofstede，2011） | 纵容倾向与克制倾向影响着人们对学习和娱乐的态度以及知识管理的实施方式 |

## 研究方法

为了探索国家文化对知识管理的影响，本研究采用了系统文献综述方法，因为这种方法可以基于可靠和透明的科学程序，为我们提供新的理解并确定现有研究文献中的研究差距（Hempel，2020）。

本研究符合 Hempel（2020）有关国家文化和知识管理的九个步骤，如表 14.2 所示。在确定研究目标后，本研究采用了 Scopus 数据库，因为大多数与知识管理相关的期刊都被该数据库收录。文献检索于 2020 年 7 月开始。在文献检索中，"知识管理"和"国家文化"这两个词被结合在一起，以确保它们出现在文章标题、摘要或关键词中。此外，为了获得尽可能多的合适的

表 14.2　研究步骤

| 步骤 | | 本研究中的应用 |
| --- | --- | --- |
| 1 | 定义研究目标 | 不同国家文化背景下的知识管理有什么区别？ |
| 2 | 选择数据库 | Scopus 数据库 |
| 3 | 制定研究策略 | 检索范围：英文撰写的知识管理和国家文化的论文 |
| 4 | 确定纳入（排除）标准 | 包含实证为基础的研究并比较不同国家文化的知识管理差异 |
| 5 | 整理材料 | 用尾注来管理研究 |
| 6 | 从文献中提取信息 | 提取作者姓名、研究方法、主要发现和结论 |
| 7 | 评估材料 | 检验所选研究 |
| 8 | 综合研究结果 | 将结果归纳成表格 |
| 9 | 撰写文献综述 | 撰写本章节 |

研究，检索的范围仅限于英文撰写的论文，无论其来源。在这一阶段，获得了 1 478 篇相关论文。在根据标题和摘要剔除相关性不强的论文后，对剩下的 97 篇进行全文筛选，其中有 64 篇论文被排除，原因如下：4 篇论文的全文无法找到；15 篇论文纯粹是概念性的；10 篇论文调查了跨国公司或合资企业的知识管理。概念性的论文没有提供经验性的证据，而有关跨国公司和合资企业的知识管理的论文没有提供足够的关于国家之间知识管理差异的知识。因此，这两类的论文被排除。此外有 35 篇论文被排除是因为它们不符合我们的研究范围。最后，有 33 篇论文通过实证检验或案例研究方法对不同地区知识管理的差异展开直接研究或者引入国家文化维度进行研究。在这 33 篇论文中，有 2 篇论文由于使用相同的数据集导致研究结果相近而被排除，1 篇论文因对比不当而被排除。最后，如图 14.1 所示，我们采用了 21 篇用 Hofstede 国家文化维度分析知识管理的论文和 9 篇比较不同国家地区知识管理的论文。为了使研究结果保持一致，根据 Hofstede 的国家文化指数对这 9 篇论文的结果进行了转换，详细的转换方法可以在附录 14B 中找到。

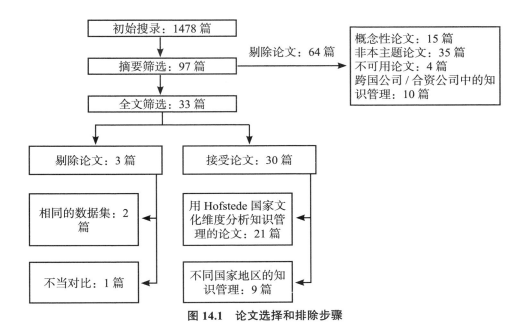

图 14.1　论文选择和排除步骤

## 研究结果

### 描述性研究结果

我们发现有两类关于跨国家文化的知识管理的研究。如图 14.2 所示,第一类研究(用方块表示)比较了不同国家(地区)的知识管理,而第二类研究(用圆点表示)根据 Hofstede 的国家文化维度来研究知识管理,这是一种越来越常用的方法。因此,本研究采用 Hofstede 的国家文化维度来研究不同国家文化背景下的知识管理。我们发现过往研究的数量逐年波动,引用率也各不相同,大多数的引用次数低于 40 次。这表明国家文化对知识管理的影响作为一个有前景的研究领域吸引了研究人员的注意,需要更深入的研究。图 14.3 显示,以往的研究更关注 IC、UA 和 PD 对知识管理的影响,而不是 FM、LS 和 IR。

# 数智时代的知识管理
>>> 知识管理在不同国家文化中的差异

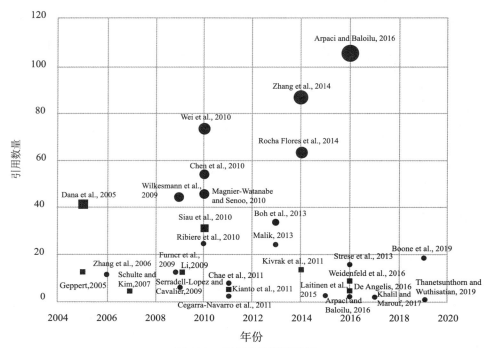

图 14.2 出版物的引用情况

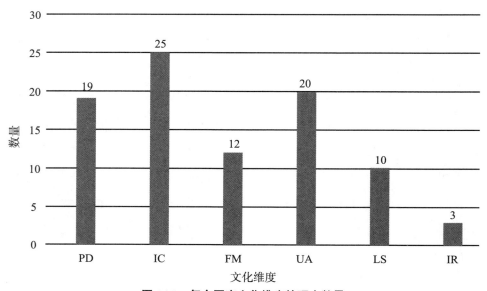

图 14.3 每个国家文化维度的研究数量

## 知识管理和 Hofstede 的国家文化维度

国家文化影响着知识管理活动，因为它们影响着生活在特定国家的所有人的行为（King，2007）。国家文化反映了人们对知识的认知以及在知识相关活动方面的行为，如知识的获取、共享、创造、应用和保护（King，2007）。国家文化也塑造了知识管理实践（Hussinki et al.，2017；Liu et al.，2019），并影响知识管理解决方案的采用（Ang and Massingham，2007）。Hofstede 等（2010）的国家文化维度在组织研究中被广泛使用（Tsui et al.，2016），包括许多知识管理研究，如 Liu 等（2021b）。由于以往的研究主要采用 Hofstede 等（2010）的国家文化维度来衡量国家文化，本研究基于 Hofstede 的理论，回顾了以往文献中关于不同知识过程和知识管理实践的研究结果。在回顾文献时本研究发现，不同的国家文化维度在影响知识过程和知识管理实践方面发挥着独特的作用。

### 权力距离和知识管理

权力距离（PD）反映了同一社会中权力较小的人与权力较大的人之间的权力不平等程度（Hofstede，2001；Hofstede et al.，2010），这可能会影响知识过程和知识管理实践，表 14.3 列出了不同权力距离社会在知识管理方面的典型差异。先前的研究显示，文化中的高权力距离阻碍了知识共享（Siau et al.，2010；Kivrak et al.，2014）。然而，Chang 等（2016）声称，低权力距离地区的知识共享行为是由服从上司的员工的互惠利益所调节的。Wilkesmann 等（2009）发现，高权力距离是知识转移的障碍，但 Boh 等（2013）认为，权力距离对知识共享的影响并不明显。此外，Cegarra-Navarro 等（2011）认为，对于中小企业来说，高权力距离社会的知识转移要比低权力距离社会更容易。Boone 等（2019）提供的经验证据表明，低权力距离社会促进了具有多元化高层管理团队的跨国公司的知识创造（创新）。相反，Malik（2013）报告说，知识创造（专利）不受区域权力距离差异的影响。Magnier-Watanabe 和 Senoo（2010）认为，不同程度的权力距离可以促进不同类型的知识获取。

例如，在低权力距离地区获得随机性知识更容易，而在高权力距离地区获得集中性知识则更容易（Magnier-Watanabe and Senoo，2010）。

表 14.3　低权力距离和高权力距离社会在知识管理方面的典型差异

| 低权力距离 | 高权力距离 | 实证结果 |
| --- | --- | --- |
| 知识在员工中公开分享 | 知识很难分享 | Kivrak 等（2014）；Siau 等（2010） |
| 中小企业知识转换不太容易 | 中小企业知识转换很容易 | Cegarra-Navarro 等（2011），Boone 等（2019） |
| 知识创造相对容易 | 知识创造要克服等级制度 | Boone 等（2019） |
| 促进随机性知识的获取 | 促进集中性知识的获取 | Magnier-Watanabe 和 Senoo（2010） |
| 员工之间可以通过互惠互利分享知识 | 员工的权力距离对知识分享没有影响 | Chang 等（2016） |
| 员工彼此信任 | 员工不大可能互相信任 | Thanetsunthorn 和 Wuthisatian（2019） |
| 员工思想更开放 | 员工思想较为保守 | Cegarra-Navarro 等（2016） |
| 战略知识管理成熟度较低，知识管理支持技术较少，知识为基础的组织结构较少 | 战略知识管理成熟度较高，知识管理支持技术较多，知识为基础的组织结构较多 | Kianto 等（2011） |
| 学习与协作在中小企业较少 | 学习与协作在中小企业较多 | Cegarra-Navarro 等（2011） |

此外，有证据表明，低权力距离地区的员工的思想更加开放（Cegarra-Navarro et al.，2016），并且愿意相互信任（Thanetsunthorn and Wuthisatian，2019）。在低权力距离地区更容易培养知识友好型组织文化。Strese 等（2016）没有发现权力距离对组织文化和吸收能力之间的关系有任何影响。Kianto 等（2011）发现，与低权力距离地区的企业相比，高权力距离地区的企业具有更高的战略知识管理成熟度，使用更多支持知识管理的信息技术（IT），以及更多基于知识的组织结构。然而，Chae 等（2011）认为，权力距离的程度并不影响支持知识管理信息技术的应用，如人力资源信息系统。此外，Cegarra-Navarro 等（2011）认为，西班牙中小企业的学习和协作与权力距离指数呈正相关。

**个人主义与集体主义和知识管理**

个人主义和集体主义描绘了特定社会中个人和群体之间的关系（Hofstede，2001；Hofstede et al.，2010）。早期的研究表明，较高程度的区域集体主义支持知识共享（Dana et al.，2005；Geppert，2005；Kivrak et al.，2014；Zhang et al.，2014；Arpaci and Baloilu，2016）。个人主义社会和集体主义社会在知识共享特征上的区别也已被发现。例如，Wei 等（2010）认为，个人主义社会的人分享知识是为了验证他们的结论，而集体社会的人分享知识是为了建立和谐的社会网络。同样，Chang 等（2016）观察到，个人主义社会中的员工基于组织回报分享知识，而集体社会中的员工基于互惠互利而分享知识。Flores 等（2014）指出，在个人主义社会中，组织结构对分享安全知识更为重要，而在集体主义社会中，组织流程对分享安全知识更为重要。此外，Li（2009）和 Siau 等（2010）认为，集体主义社会的员工不喜欢也害怕在 IT 平台上与外国同事分享知识。同样，Zhang 等（2006）报告说，中国和美国学生都更愿意与群体内的成员分享知识，而不愿与群体外的成员分享知识。一些研究，如 Wilkesmann 等（2009）、Cegarra-Navarro 等（2011）、Chen 等（2010）以及 Schulte 和 Kim（2007），认为社会中的集体主义使知识转移更加顺利；然而，Boh 等（2013）指出，信任和开放的差异影响了知识转移的成功，而不是集体主义。Magnier-Watanabe 等（2011）表明，个人主义程度在影响知识保留方面发挥了重要作用，而 Malik（2013）发现，知识创造与个人主义程度没有关系。

不同个人主义程度的社会中的知识管理实践是不稳定的。在个人主义社会中，员工的思想更加开放（Cegarra-Navarro et al.，2011），而在集体主义社会中，员工更有可能相互信任。

表 14.4 列出了个人主义社会和集体主义社会在知识管理方面的典型差异（Kivrak et al.，2014；Thanetsunthorn and Wuthisatian，2019）。Furner 等（2009）发现，个人主义社会的人喜欢自己学习，而集体主义社会的人喜欢一起学习。研究还显示，与集体主义社会相比，个人主义社会实施了更多支持

知识管理的信息技术活动（Laitinen et al., 2015；Khalil and Marouf, 2017）。

表14.4 个人主义社会和集体主义社会在知识管理方面的典型差异

| 个人主义社会 | 集体主义社会 | 实证结果 |
| --- | --- | --- |
| 人们不愿分享知识 | 人们很愿意进行知识的组内分享 | Arpaci 和 Baloilu (2016)；Dana 等 (2005)；Geppert (2005)；Kivrak 等 (2014)；Zhang 等 (2014) |
| 通过分享知识来验证结论 | 倾向于分享知识以创造和谐的社会氛围 | Wei 等（2010） |
| 对技术平台上的非英语贴子感兴趣，并喜欢在平台分享知识 | 不愿与外国同事分享知识，但是愿意与本国同事在技术平台分享 | Li（2009）；Siau 等（2010） |
| 安全知识的分享由组织结构促成 | 安全知识的分享由组织流程促成 | Flores 等（2014） |
| 个人主义得分高的员工通过组织回报分享知识 | 集体主义得分高的员工通过互惠互利分享知识 | Chang 等（2016） |
| 知识传递不容易 | 知识传递相对容易 | Wilkesmann 等 (2009)；Cegarra-Navarro 等 (2011)；Chen 等 (2010)；以及 Schulte 和 Kim (2007) |
| 更利于知识保留 | 不利于知识保留 | Magnier-Watanabe 等 (2011) |
| 员工之间信任较少 | 员工之间发展信任较为容易 | Thanetsunthorn 和 Wuthisatian (2019)；Kivrak 等 (2014) |
| 员工思维更开放 | 员工思维较保守 | Cegarra-Navarro 等（2011） |
| 部署更多知识管理技术活动 | 部署较少知识管理技术活动 | Khalil 和 Marouf (2017)；Laitinen 等 (2015) |
| 人们更愿意自己学习 | 人们更愿意一起学习 | Furner 等（2009） |

**女性气质与男性气质和知识管理**

女性气质和男性气质描述了反映在国家文化中的性别差异（Hofstede，2011）。Magnier-Watanabe 和 Senoo（2010）的研究结果表明，男性气质正向影响规范性知识转移，而女性气质正向影响适应性知识转移。此外，Cegarra-Navarro 等（2011）报告说，女性气质促进了中小企业的知识转移。Kivrak 等（2014）发现，在高度女性气质的文化中，知识分享的困难较少，而 Serradell-

Lopez 和 Cavalier（2009）发现，文化中的男性气质水平与知识保护有显著的关系。Cegarra-Navarro 等（2011）报告说，在男性气质社会中，员工更开放，而在女性气质社会中，更容易学习和合作。此外，Furner 等（2009）发现，在男性气质社会中，员工在寻求管理机会时更喜欢集体学习。表 14.5 列出了男性气质社会和女性气质社会在知识管理方面的差异。

表 14.5  男性气质社会和女性气质社会在知识管理方面的典型差异

| 男性气质社会 | 女性气质社会 | 实证结果 |
| --- | --- | --- |
| 积极影响规范性知识转移 | 积极影响适应性知识转移 | Magnier-Watanabe 和 Senoo（2010） |
| 知识传递不容易 | 知识传递相对容易 | Cegarra-Navarro 等（2011） |
| 知识分享问题多 | 知识分享问题少 | Kivrak 等（2014） |
| 更强调知识保护 | 较少强调知识保护 | Serradell-Lopez 和 Cavalier（2009） |
| 安全知识的分享由组织结构促成 | 安全知识的分享由组织流程促成 | Flores 等（2014） |
| 员工思维更开放 | 员工思维较保守 | Cegarra-Navarro 等（2011） |
| 学习和协作更困难 | 学习和协作更容易 | Cegarra-Navarro 等（2011） |
| 更愿意小组学习和非结构化学习 | 不愿意小组学习但愿意结构化学习 | Furner 等（2009） |

**不确定性规避和知识管理**

不确定性规避是指一个社会对模糊性的容忍程度，表明人们在非结构化环境中的舒适程度（Hofstede，2011）。在强不确定性规避和弱不确定性规避地区之间存在着知识管理方面的差异。Kivrak 等（2014）发现，人们在强不确定性规避地区，比弱不确定性规避地区更难分享知识。同样，Li（2009）和 Siau 等（2010）发现，强不确定性规避地区的员工比弱不确定性规避地区的员工更不喜欢在 IT 平台上分享知识。Chang 等（2016）认为，强不确定性规避社会的员工共享知识是因为互惠互利，但这一发现在弱不确定性规避社会中没有得到证实。Wilkesmann 等（2009）认为，在强不确定性规避社会中，有效的知识转移取决于明确的规定，而在弱不确定性规避社会中，知识转移会更有效，规则更少。Magnier-Watanabe 和 Senoo（2010）认为，弱不确定性规避社会注重探索性的知识应用，而强不确定性规避社会则注重开发性的知识应用。Serradell-Lopez 和 Cavalier（2009）认为，在强不确定性规避社会中，企业更注重知识保护。此外，Malik（2013）认为，知识创造不受国家不确定性规避的影响。Kianto 等（2011）认为，知识友好型组织文化在强不确定性规避国家（如俄罗斯）更加成熟，但 Thanetsunthorn 和 Wuthisatian（2019）发现，在强不确定性规避地区，员工不太可能相互信任。Cegarra-Navarro 等（2011）认为，在弱不确定性规避地区，人们的思想更开放，但在强不确定性规避地区更注重学习和协作。Furner 等（2009）发现，强不确定性规避地区的人更喜欢结构化学习。Weidenfeld 等（2016）强调在强不确定性规避地区使用支持知识管理的信息技术（KM-Supportive IT）促进的知识转移，但是这一发现在弱不确定性规避地区没有得到支持。Chae 等（2011）指出，支持知识管理的信息技术在强不确定性规避地区比在弱不确定性规避地区部署得更多。表 14.6 列出了弱不确定性规避社会和强不确定性规避社会之间知识管理的典型差异。

表 14.6　弱不确定性规避社会和强不确定性规避社会之间知识管理的典型差异

| 弱不确定性规避社会 | 强不确定性规避社会 | 实证结果 |
| --- | --- | --- |
| 知识共享的问题少 | 知识共享的问题多 | Kivrak 等（2014） |
| 更愿意在技术平台分享知识 | 不愿在技术平台与外国同事分享知识 | Li（2009）；Siau 等（2010） |
| 员工的不确定性规避得分对知识分享没有影响 | 不确定性规避得分低的员工通过互惠互利分享知识 | Chang 等（2016） |
| 主要注重探索性知识应用 | 主要注重开发性知识应用 | Magnier-Watanabe 和 Senoo（2010） |
| 支持知识转移，没有严格规定 | 支持知识通过规定进行转移 | Wilkesmann 等（2009） |
| 不注重知识保护 | 更注重知识保护 | Serradell-Lopez 和 Cavalier（2009） |
| 员工思维更开放 | 员工思维较保守 | Cegarra-Navarro 等（2011） |
| 学习和协作更困难 | 学习和协作更容易 | Cegarra-Navarro 等（2011） |
| 人们不愿意较多结构化学习 | 人们更愿意有较多结构化学习 | Furner 等（2009） |
| 技术的使用对知识转移没影响 | 技术的使用对知识转移有消极影响 | Weidenfeld 等（2016） |
| 对支持知识管理的信息技术安排有消极影响 | 对知识管理的支持性信息技术安排有积极影响 | Chae 等（2011）；Ribière 等（2010）；Khalil 和 Marouf（2017） |

**长期倾向与短期倾向和知识管理**

长期倾向与短期倾向反映了人们对过去、现在和未来的价值观与信念（Hofstede et al., 2010）。研究发现，知识共享、学习（Geppert, 2005）和知识转移（Schulte and Kim, 2007）在长期倾向的社会中更为频繁。研究还显示，在长期倾向的社会中，人们的思想更加开放，相互之间的信任度更高（Laitinen et al., 2015；Thanetsunthorn and Wuthisatian, 2019）。此外，在长期倾向的社会中，支持知识管理的信息技术的使用更为广泛（Ribière et al., 2010；Khalil and Marouf, 2017）。De Angelis（2016）称，长期倾向地区政府做出的决策更依赖于知识，而短期倾向地区政府的决策更受文化的影响。表 14.7 列出了长期倾向和短期倾向在知识管理方面的典型差异。

表 14.7　长期倾向和短期倾向在知识管理方面的典型差异

| 长期倾向社会 | 短期倾向社会 | 实证结果 |
| --- | --- | --- |
| 知识分享更容易 | 知识分享不容易 | Geppert (2005) |
| 学习在公司更流行 | 学习在公司不流行 | Geppert (2005) |
| 知识转移很容易 | 知识转移不容易 | Schulte 和 Kim (2007) |
| 很容易建立信任 | 建立信任很困难 | Thanetsunthorn 和 Wuthisatian (2019)；Laitinen 等 (2015) |
| 支持知识管理的信息技术活动更多 | 支持知识管理的信息技术活动更少 | Khalil 和 Marouf (2017) |
| 政府决策更多受到知识影响 | 政府决策受知识影响较少 | De Angelis (2016) |

**纵容倾向文化与克制倾向文化和知识管理**

纵容倾向文化是指允许相对自由地满足人类基本和自然欲望的社会，而克制倾向文化是指通过采用严格的社会规范来控制和调节人们欲望的社会（Hofstede, 2011）。人们对纵容倾向文化和克制倾向文化之间的知识管理差异的关注有限；然而，在早期的学术著作中可以间接找到一些经验性的发现。例如，Geppert（2005）发现，在克制倾向文化中，知识共享更加密集，更加注重学习。Kianto 等（2011）表明，克制倾向文化的战略知识管理、支持知识管理的信息技术和知识型组织结构的成熟度要高于纵容倾向文化。此外，Thanetsunthorn 和 Wuthisatian（2019）声称，国家的纵容倾向对组织的信任有影响。表 14.8 列出了纵容倾向和克制倾向在知识管理方面的典型差异。

表 14.8　纵容倾向和克制倾向在知识管理方面的典型差异

| 纵容倾向 | 克制倾向 | 实证结果 |
| --- | --- | --- |
| 知识共享强度低 | 知识共享强度高 | Geppert (2005) |
| 不注重学习 | 更注重学习 | Geppert (2005) |
| 战略知识管理、支持知识管理的信息技术和知识型组织结构较不成熟 | 战略知识管理、支持知识管理的信息技术和知识型组织结构比较成熟 | Kianto 等 (2011) |

# 未来的方向和启示

## 未来的方向

本研究全面回顾了不同国家文化中的知识管理研究。通过描绘整体图景和确定研究差距，本研究指出了该领域的未来方向。第一，一些早期的研究结果表明，高权力距离是知识管理的一个障碍，因为在一个高权力距离的组织中，知识的流动是困难的；另有一些研究发现，高权力距离是知识管理的一个有利因素。这种不一致的结论值得进一步探讨。知识管理领导力是指领导者在知识管理过程和活动中影响他人的能力，但目前的研究忽略了知识管理领导力在不同文化背景下影响知识管理的作用。因此，未来的研究可以研究高权力距离地区和低权力距离地区在知识管理领导风格上是否存在差异，以及这些差异在不同情况下是如何表现和运作的。许多组织任命首席知识官（chief knowledge offiers，CKO）或建立企业大学（Liu et al.，2018）来支持知识管理。随着新的机构和部门改变了组织的权力结构，仔细研究国家权力距离对知识管理效益的影响将是有意义的。此外，未来的研究可以联系上层理论（Hambrick and Mason，1984）来检验性格特征（如首席执行官和首席知识官的过度自信和自恋）对不同权力距离社会中的知识管理项目相关决策的影响。

第二，许多研究已经分析了个人主义社会和集体主义社会在知识管理方面的差异。这些研究表明，集体主义社会的人更有可能在他们的群体中分享知识。一些知识管理活动在集体主义社会中更容易进行，值得进一步研究集体知识共享的边界、边界如何演变，以及它是否会给知识管理带来任何不利因素。我们还注意到，一些知识管理活动，如知识保留、员工的开放思想和支持知识管理的信息技术，在个人主义社会中更为有利。未来的研究可能旨在找到一个平衡点，以利用不同地区的个人主义和集体主义的优势。

第三，早期研究主要发现，知识管理在女性气质社会比在男性气质社会更容易进行。由于性别不平等在男性气质社会中更为严重，因此需要进一步研究女性在知识管理活动中是否受到不平等对待、性别不平等在男性气质社会中是否比在女性气质社会中更为显著，以及如果女性在不同程度的男性气质社会中遇到这一问题，她们如何处理知识管理中的歧视。

第四，不确定性规避与社会的规则和模糊性容忍度有关（Hofstede，2001；Hofstede et al.，2010）。知识管理可以通过战略知识管理帮助组织降低商业风险，但如果组织没有做好充分准备，启动知识管理项目可能会带来风险。然而，在早期的文献中缺乏对不同不确定性规避社会中战略知识管理的理解。因此，建议开展进一步的研究，以评估不确定性规避对战略知识管理发展的影响，以及对不同知识管理举措的影响。

第五，对于研究长期倾向和短期倾向文化之间的知识管理，人们的关注有限。此外，人们对知识管理需要多少时间才能使组织受益仍然知之甚少。之前的文献显示，长期倾向社会的人们对获得知识管理的好处更有耐心，但他们愿意为这些好处等待多长时间值得探讨。进一步的研究还可以侧重于评估在长期倾向和短期倾向的社会中，知识应用、保护和保留，以及战略知识管理和知识管理领导风格方面是否存在其他差异。

第六，纵容倾向与克制倾向对知识管理的影响也没有得到系统的研究。建议未来的研究彻底弄清纵容倾向和克制倾向在知识管理方面的差异，以及对知识管理举措的影响。

第七，以前的研究主要显示了国家文化对知识共享和转移的影响。未来的研究还需要考察国家文化对其他知识过程的影响，如知识创造、保护和保留，以及对知识管理实践的影响，如知识友好型组织文化、知识管理领导力、知识管理战略、战略知识管理、基于知识的人力资源管理、支持知识管理的信息技术和组织学习。以前一些研究的缺陷是数据收集中包括的国家数量较少。建议未来的研究扩大收集数据的国家范围，这样可以提高研究结果的普遍性和有效性。还需要进一步的工作来阐明国家文化在影响知识管理方面的潜在机制。未来的跨文化研究应该考虑其他因素的影响，如组织惰性、行业类型、国民经济等对知识管理的影响。Minkov（2018）批评了Hofstede的理论，因为其价值观不能代表当前的情况。例如，儒家文化国家如今正变得更加注重个人主义。因此，进一步的研究可能会采用更新的国家文化价值观来产生新的知识。例如，新开发的国家文化维度，即灵活性与纪念性（Minkov et al., 2018），可能会被添加到未来的研究模型中。由于新冠疫情极大地改变了我们开展知识管理活动的方式，我们强烈建议对知识管理活动进行进一步的跨文化调查，特别是在后疫情时代。

### 对研究人员和从业人员的启示

本研究在几个方面对知识管理的跨文化研究做出了显著的贡献。第一，本研究是第一个关于知识管理和国家文化的系统性文献回顾，展示了当前研究的整体情况。第二，本研究揭示了国家文化对知识过程和知识管理实践的显著影响，表明文化背景对知识管理确实很重要。第三，本研究表明知识管理过程和实践的差异体现在不同的国家文化条件下，这表明文化的特定方面影响各种知识管理的边界条件、要求和方法。因此，这些发现加深了我们对国家文化和知识管理之间关系的理解。第四，本研究强调了知识管理学者在未来需要更多关注的知识管理跨文化研究中的研究差距。

本研究还为知识管理者，特别是那些在跨国公司工作的知识管理者提供了一些实际启示。首先，本研究告诉管理者，文化背景对知识管理很重要。因此，管理者应该了解当地公司的文化独特性，以确定可行的知识管理流程和做法。其次，本研究提供了一种理解，即管理者应如何在不同的文化背景下，对他们应用的知识管理方式和方法进行调节和情境化。例如，在集体主义社会中，管理者可以通过强调互惠互利来鼓励面对面的群体内知识共享，但在个人主义社会中则可以鼓励网络平台上的知识共享，并给予回报。最后，本研究对从业人员管理成员来自不同国家的多元化团队有帮助。特别是，管理者可以为来自强不确定性规避社会的成员制定明确的责任和规则，同时允许来自弱不确定性规避社会的成员存在一些模糊性，以提供灵活性。

## 局限性

本研究有以下局限。由于只在 Scopus 数据库中选择了用英文撰写的论文，研究范围受到了限制，这可能导致一些研究因语言偏见或数据库偏见而被遗漏。一些潜在的研究也可能因为所选的关键词而被遗漏，没有考虑到所检索文献中国家文化的不同层面。所收录的论文严格遵守了预先设定的基于标题、摘要和完整内容的标准，但评审员的主观决定可能会引起不同的选择。此外，将不同国家的知识管理比较研究转化为不同国家文化维度的知识管理比较研究也限制了一些研究结果。本研究遵循 Hofstede 等（2011）的国家文化维度来分析跨文化研究中的知识。应用其他国家文化分类，如全球领导力和组织行为有效性（Global Leadership and Organizational Behavior Effectiveness，GLOBE）项目的文化维度（Dorfman et al.，2012），即使是相同的研究，也可能会产生略有不同的分析。

## 结语

确定国家文化对知识管理活动的影响，对知识管理理论和实践都很重要。在本研究之前，关于国家文化对知识管理的影响的知识在文献中是分散的。本研究首次系统地审核了跨文化背景下知识管理研究的现有知识，揭示了国家文化对一些知识过程和知识管理实践的显著影响，同时也展示了各种文化倾向对知识管理的影响。这些发现加深了我们对知识管理和国家文化互动的理解。然而，一些基本的研究问题在早期文献中仍未得到解答，这些发现对研究界具有广泛的意义，可以促进更多的研究。

## 鸣谢

本章作者感谢香港理工大学研究委员会提供奖学金（项目代码：RUNQ）以完成本研究。

## 参考文献

Ahammad, M. F., Tarba, S. Y., and Liu, Y. (2016). Knowledge transfer and cross-border acquisition performance: The impact of cultural distance and employee retention. International Business Review，25(1)，66–75. doi:10.1016/j.ibusrev.2014.06.015

Ang, Z., and Massingham, P. (2007). National culture and the standardization versus adaptation of knowledge management. Journal of Knowledge Management，11(2)，5–21. doi:10.1108/13673270710738889

Arpaci, I., and Baloilu, M. (2016). The impact of cultural collectivism on knowledge sharing among information technology majoring undergraduates. Computers in Human Behavior，56，65–71. doi:10.1016/j.chb.2015.11.031

Beesley, L. G. A., and Cooper, C. (2008). Defining knowledge management (KM) activities: Towards consensus. Journal of Knowledge Management, 12(3), 48–62. doi:10.1108/13673270810875859

Beugelsdijk, S., Maseland, R., and van Hoorn, A. (2015). Are scores on Hofstede's dimensions of national culture stable over time? A cohort analysis. Global Strategy Journal, 5(3), 223–240. doi:10.1002/gsj.1098

Boh, W. F., Nguyen, T. T., and Xu, Y. (2013). Knowledge transfer across dissimilar cultures. Journal of Knowledge Management, 17(1), 29–46. doi:10.1108/13673271311300723

Boone, C., Lokshin, B., Guenter, H., and Belderbos, R. (2019). Top management team nationality diversity, corporate entrepreneurship, and innovation in multinational firms. Strategic Management Journal, 40(2), 277–302. doi:10.1002/smj.2976

Cegarra-Navarro, J. G., and Sánchez-Polo, M. T. (2010). Linking national contexts with intellectual capital: A comparison between Spain and Morocco. The Spanish Journal of Psychology, 13(1), 329–342.

Cegarra-Navarro, J. G., Soto-Acosta, P., and Wensley, A. K. P. (2016). Structured knowledge processes and firm performance: The role of organizational agility. Journal of Business Research, 69(5), 1544–1549. doi:10.1016/j.jbusres.2015.10.014

Cegarra-Navarro, J. G., Vidal, M. E. S., and Cegarra-Leiva, D. (2011). Exploring the role of national culture on knowledge practices: A comparison between Spain and the UK. Spanish Journal of Psychology, 14(2), 808–819. doi:10.5209/rev_SJOP.2011.v14.n2.28

Chae, B., Prince, J. B., and Katz, J. (2011). An exploratory cross-national study of information sharing and human resource information systems. Journal of Global Information Management, 19(4), 18–44. doi:10.4018/jgim.2011100102

Chang, Y. W., Hsu, P. Y., and Shiau, W. L. (2016). The effects of individual and national cultures in knowledge sharing: A comparative study of the U.S. and China. Journal of Global Infor- mation Management, 24(2), 39–56. doi:10.4018/JGIM.2016040103

Chapman, M. (1997). Preface: Social anthropology, business studies, and cultural issues.

International Studies of Management & Organization, 26(4), 3–29.

Chen, J., Sun, P. Y. T., and McQueen, R. J. (2010). The impact of national cultures on structured knowledge transfer. Journal of Knowledge Management, 14(2), 228–242. doi:10.1108/13673271011032373

Clark, T. (1990). International marketing and national character: A review and proposal for an integrative theory. Journal of Marketing, 54(4), 66–79.

Dana, L. P., Korot, L., and Tovstiga, G. (2005). A cross-national comparison of knowledge management practices. International Journal of Manpower, 26(1), 10–22. doi:10.1108/01437720510587244

De Angelis, C. T. (2016). The impact of national culture and knowledge management on governmental intelligence. Journal of Modelling in Management, 11(1), 240–268. doi:10.1108/JM2-08-2014-0069

Dhir, S., Rajan, R., Ongsakul, V., et al. (2020). Critical success factors determining performance of cross-border acquisition: Evidence from the African telecom market. Thunderbird International Business Review. 63(1), 43–61. doi:10.1002/tie.22156

Dorfman, P., Javidan, M., Hanges, P., et al. (2012). GLOBE: A twenty year journey into the intriguing world of culture and leadership. Journal of World Business, 47(4), 504–518. doi:10.1016/j.jwb.2012.01.004

Flores, W. R., Antonsen, E., and Ekstedt, M. (2014). Information security knowledge sharing in ganizations: Investigating the effect of behavioral information security governance and national culture. Computers and Security, 43, 90–110. doi:10.1016/j.cose.2014.03.004

Furner, C. P., Mason, R. M., Mehta, N., et al. (2009). Cultural determinants of leaning effectiveness from knowledge management systems: A multinational investigation. Journal of Global Information Technology Management, 12(1), 30–51. doi:10.1080/1097198x.2009.10856484

Geppert, M. (2005). Competence development and learning in British and German subsidiaries of MNCs: Why and how national institutions still matter. Personnel Review, 34(2),

155–177. doi:10.1108/00483480510579402

Hambrick, D. C., and Mason, P. A. (1984). Upper echelons: The organization as a reflection of its top managers. The Academy of Management Review, 9(2), 193–206.

Handzic, M. (2017). The KM times they are a-changin. Journal of Entrepreneurship, Management and Innovation, 13(3), 7–27. doi:10.7341/20171331

Hempel, S. (2020). Conducting your literature review: Concise guides to conducting behavioral, health, and social science research. Washington DC: American Psychological Association.

Hofstede, G. (1993). Cultural constraints in management theories. The Executive, 7(1), 81–94.

Hofstede, G. (2001). Culture's consequences: Comparing values, behaviors, institutions, and organizations across nations. Thousand Oaks, CA: Sage Publications.

Hofstede, G. (2002). Dimensions do not exist: A reply to Brendan McSweeney. Human relations (New York), 55(11), 1355–1360.

Hofstede, G. (2011). Dimensionalizing cultures: The Hofstede model in context. International Journal of Behavioral Medicine, 2 (1).

Hofstede, G., Hofstede, G. J., & Minkov, M. (2010). Cultures and organizations: Software of the mind. New York: McGraw-Hill.

Hussinki, H., Kianto, A., Vanhala, M., & Ritala, P. (2017). Assessing the universality of knowledge management practices. Journal of Knowledge Management, 21(6), 1596–1621. doi:10.1108/ jkm-09–2016–0394

Inkinen, H. (2016). Review of empirical research on knowledge management practices and firm performance. Journal of Knowledge Management, 20(2), 230–257. doi:10.1108/JKM-09–2015–0336

Inkinen, H., Kianto, A., Vanhala, M., et al. (2017). Structure of intellectual capital an international comparison. Accounting, Auditing & Accountability, 30(5), 1160–1183. doi:10.1108/aaaj-11–2015–2291

Kayas, O. G., and Wright, G. (2018). Knowledge management and organisational culture. In J. Syed, P. A. Murray, D. Hislop, and Y. Mouzughi, The Palgrave handbook of knowledge management (pp. 131–149). Cham: Springer International Publishing.

Khalil, O., and Marouf, L. (2017). A cultural interpretation of nations' readiness for knowledge economy. Journal of the Knowledge Economy, 8(1), 97–126. doi:10.1007/s13132-015-0288-x

Kianto, A., Andreeva, T., and Shi, X. (2011). Knowledge management across the globe an international survey of KM awareness, spending, practices and performance. 12th European Conference on Knowledge Management, 514–523.

Kim, S. S. (2020). Exploitation of shared knowledge and creative behavior: The role of social context. Journal of Knowledge Management, 24(2), 279–300. doi:10.1108/jkm-10-2018-0611

King, W. R. (2007). A research agenda for the relationships between culture and knowledge management. Knowledge and Process Management, 14(3), 226–236. doi:10.1002/kpm.281

Kirkman, B. L., Lowe, K. B., and Gibson, C. B. (2006). A quarter century of culture's consequences: A review of empirical research incorporating Hofstede's cultural values framework. Journal of International Business Studies, 37(3), 285–320. doi:10.1057/palgrave.jibs.8400202

Kivrak, S., Arslan, G., Tuncan, M., et al. (2014). Impact of national culture on knowledge sharing in international construction projects. Canadian Journal of Civil Engineering, 41(7), 642–649. doi:10.1139/cjce-2013-0408

Laitinen, J. A., Pawlowski, J. M., and Senoo, D. (2015) A study on the influence of national culture on knowledge sharing. In Vol. 224. Lecture notes in business information processing (pp. 160–175): Springer Verlag.

Li, W. (2009). Online knowledge sharing among Chinese and American employees: Explore the influence of national cultural differences. International Journal of Knowledge Management, 5(3), 54–72. doi:10.4018/jkm.2009070104

Li, W. (2010). Virtual knowledge sharing in a cross-cultural context. Journal of Knowledge

Management, 14(1), 38–50. doi:10.1108/13673271011015552

Liu, G., Kianto, A., and Tsui, E. (2020a). A comprehensive analysis of the importance of intellectual capital elements to support contemporary developments in Chinese firms. In P. O. de Pablos & L. Edvinsson (Eds.), Intellectual capital in the digital economy (pp. 62–73). London, UK: Routledge.

Liu, G., Tsui, E., and Kianto, A. (2018). The myth of the presence of chief knowledge officers. Paper presented at the European Conference on Knowledge Management, Padua, Italy.

Liu, G., Tsui, E., and Kianto, A. (2020b). A meta-analysis study on the relationship between strategic KM and organisational performance. Paper presented at the 21st European Conference on Knowledge Management, Coventry, UK, 477–483.

Liu, G., Tsui, E., and Kianto, A. (2021a). Knowledge-friendly organisational culture and performance: A meta-analysis. Journal of Business Research, 134, 738–753. doi: https://doi.org/10.1016/j.jbusres.2021.05.048

Liu, G., Tsui, E., and Kianto, A. (2021b). Revealing deeper relationships between knowledge management leadership and organisational performance: A meta-analytic study. Knowledge Management Research & Practice. doi:10.1080/14778238.2021.1970492.

Liu, Y., Chan, C., Zhao, C., et al. (2019). Unpacking knowledge management practices in China: Do institution, national and organizational culture matter? Journal of Knowledge Management, 23(4), 619–643. doi:10.1108/JKM-07-2017-0260

Magnier-Watanabe, R., Benton, C., and Senoo, D. (2011). A study of knowledge management enablers across countries. Knowledge Management Research & Practice, 9(1), 17–28. doi:10.1057/kmrp.2011.1

Magnier-Watanabe, R., and Senoo, D. (2010). Shaping knowledge management: Organization and national culture. Journal of Knowledge Management, 14(2), 214–227. doi:10.1108/13673271011032364

Malik, T. H. (2013). National institutional differences and cross-border university-industry knowledge transfer. Research Policy, 42(3), 776–787. doi:10.1016/j.respol.2012.09.008

McSweeney, B. (2020). Hofstede's model of national cultural differences and their consequences: A triumph of faith a failure of analysis. In D. K. Boojihawon, J. Mordaunt, M. D. Domenico, N. Nik Winchester, & S. Vangen (Eds.), Organizational collaboration: Themes and issues. United Kingdom: Taylor & Francis.

Minkov, M. (2018). A revision of Hofstede's model of national culture: Old evidence and new data from 56 countries. Cross Cultural & Strategic Management, 25(2), 231–256.

Minkov, M., Bond, M. H., Dutt, P., Schachner, M., et al. (2018). A reconsideration of Hofstede's fifth dimension: New flexibility versus monumentalism data from 54 countries. Cross-cultural Research, 52(3), 309–333.

Mueller, J. (2012). The interactive relationship of corporate culture and knowledge management: A review. Review of Managerial Science, 6(2), 183–201. doi:http://dx.doi.org/10.1007/s11846-010-0060-3

Nonaka, I., and Takeuchi, H. (1995). The knowledge-creating company: How Japanese companies create the dynamics of innovation. New York: Oxford University Press.

Nonaka, I., Toyama, R., and Nagata, A. (2000). A firm as a knowledge-creating entity: A new perspective on the theory of the firm. Industrial and Corporate Change, 9(1), 1–20.

North, D. C. (1990). Institutions, institutional change, and economic performance. Cambridge: Cambridge University Press.

Pauluzzo, R., and Cagnina, M. R. (2019). A passage to India: Cultural distance issues in IJVs' knowledge management. Knowledge Management Research and Practice, 17(2), 192–202. doi:10.1080/14778 238.2019.1599496

Putnam, R. D., Leonardi, R., and Nanetti, R. (1993). Making democracy work: Civic traditions in modern Italy. Princeton: Princeton University Press.

Ribière, V. M., Haddad, M., and Vande Wiele, P. (2010). The impact of national culture traits on the usage of web 2.0 technologies. VINE Journal of Information and Knowledge Management Systems, 40(3), 334–361. doi:10.1108/03055721011071458

Schneider, S. C., and De Meyer, A. (1991). Interpreting and responding to strategic issues: The impact of national culture. Strategic Management Journal, 12(4), 307–332.

Schulte, W. D., and Kim, Y. K. (2007). Collectivism and expected benefits of knowledge management: A comparison of Taiwanese and US perceptions. Competitiveness Review, 17(1–2), 109–117. doi:10.1108/10595420710816650

Serradell-Lopez, E., and Cavalier, V. (2009). National culture and the secrecy of innovations. International Journal of Knowledge and Learning, 5(3–4), 222–234. doi:10.1504/IJKL.2009.031197

Siau, K., Erickson, J., and Nah, F. F. H. (2010). Effects of national culture on types of knowledge sharing in virtual communities. IEEE Transactions on Professional Communication, 53(3), 278–292. doi:10.1109/TPC.2010.2052842

Strese, S., Adams, D. R., Flatten, T. C., et al. (2016). Corporate culture and absorptive capacity: The moderating role of national culture dimensions on innovation management. International Business Review, 25(5), 1149–1168. doi:10.1016/j.ibusrev.2016.02.002

Thanetsunthorn, N., and Wuthisatian, R. (2019). Understanding trust across cultures: An empirical investigation. Review of International Business and Strategy, 29(4), 286–314. doi:10.1108/RIBS-12– 2018–0103

Tsui, A. S., Nifadkar, S. S., and Amy Yi, O. (2016). Cross-national, cross-cultural organizational behavior research: Advances, gaps, and recommendations. Journal of Management, 33(3), 426–478. doi:10.1177/0149206307300818

Wei, J., Liu, L., and Francesco, C. A. (2010). A cognitive model of intra-organizational knowledgesharing motivations in the view of cross-culture. International Journal of Information Management, 30(3), 220–230. doi:10.1016/j.ijinfomgt.2009.08.007

Weidenfeld, A., Björk, P., and Williams, A. M. (2016). Cognitive and cultural proximity between service managers and customers in cross-border regions: Knowledge transfer implications. Scandinavian Journal of Hospitality and Tourism, 16, 66–86. doi:10.1080/15022250.2016.1244587

Wilkesmann, U., Fischer, H., and Wilkesmann, M. (2009). Cultural characteristics of knowledge transfer. Journal of Knowledge Management, 13(6), 464–477. doi:10.1108/13673270910997123

Zhang, Q., Chintakovid, T., Sun, X., et al. (2006). Saving face or sharing personal information? A cross-cultural study on knowledge sharing. Journal of Information and Knowledge Management, 5(1), 73–79. doi:10.1142/S0219649206001335

Zhang, X., De Pablos, P. O., and Xu, Q. (2014). Culture effects on the knowledge sharing in multi-national virtual classes: A mixed method. Computers in Human Behavior, 31(1), 491–498. doi:10.1016/j.chb.2013.04.021

# 附录

## 附录 14A 描述性统计

**表 14A.1 不同文化层面的研究**

| 文化维度 | 研究 | 数量 |
| --- | --- | --- |
| 权力距离 | Boh 等，2013；Boone 等，2019；Cegarra-Navarro 等，2011；Chae 等，2011；Chang 等，2016；Chen 等，2010；Furner 等，2009；Khalil 和 Marouf，2017；Kianto 等，2011；Kivrak 等，2014；Magnier-Watanabe 和 Senoo，2010；Malik，2013；Ribière 等，2010；Serradell-Lopez 和 Cavalier，2009；Siau 等，2010；Strese 等，2016；Thanetsunthorn 和 Wuthisatian，2019；Wilkesmann 等，2009；Zhang 等，2014 | 19 |
| 个人主义与集体主义 | Arpaci 和 Baloilu，2016；Boh 等，2013；Cegarra-Navarro 等，2011；Chang 等，2016；Chen 等，2010；*Dana 等，2005* Furner 等，2009；*Geppert，2005*；Khalil 和 Marouf，2017；Kivrak 等，2014；Laitinen 等，2015；Li，2009；Magnier-Watanabe 和 Senoo，2010；Malik，2013；Ribière 等，2010；*Flores 等，2014*；*Schulte 和 Kim，2007*；Serradell-Lopez 和 Cavalier，2009；Siau 等，2010；Strese 等，2016；Thanetsunthorn 和 Wuthisatian，2019；Wei 等，2010；Wilkesmann 等，2009；Zhang 等，2006；Zhang 等，2014 | 25 |
| 男性气质与女性气质 | Cegarra-Navarro 等，2011；Furner 等，2009；Khalil 和 Marouf，2017；Kivrak 等，2014；Magnier-Watanabe 和 Senoo，2010；Malik，2013；Ribière 等，2010；*Flores 等，2014*；Serradell-Lopez 和 Cavalier，2009；Siau 等，2010；Thanetsunthorn 和 Wuthisatian，2019；Wilkesmann 等，2009 | 12 |
| 不确定性规避 | Cegarra-Navarro 等，2011；Chae 等，2011；Chang 等，2016；Chen 等，2010；Furner 等，2009；Khalil 和 Marouf，2017；*Kianto 等，2011*；Kivrak 等，2014；Li，2009；Magnier-Watanabe 和 Senoo，2010；Malik，2013；Ribière 等，2010；Serradell-Lopez 和 Cavalier，2009；Siau 等，2010；Strese 等，2016；Thanetsunthorn 和 Wuthisatian，2019；Wei 等，2010；Weidenfeld 等，2016；Wilkesmann 等，2009；Zhang 等，2014 | 20 |
| 长期倾向与短期倾向 | Cegarra-Navarro 等，2011；De Angelis，2016；Geppert，2005；Khalil 和 Marouf，2017；Laitinen 等，2015；Malik，2013；Ribière 等，2010；Schulte 和 Kim，2007；Thanetsunthorn 和 Wuthisatian，2019；Zhang 等，2014 | 10 |
| 纵容倾向与克制倾向 | Geppert，2005；Kianto 等，2011；Thanetsunthorn 和 Wuthisatian，2019 | 3 |

注：斜体字表示间接实证结果。

### 附录 14B  结果转化的方法

以 Kianto 等 (2011) 的研究为例。

第一步，获得 Hofstede 的国家文化维度指数。

第二步，将实证结果与 Hofstede 的国家文化维度指数进行比较。

根据 Kianto 等（2011）的研究结果，如图 14B.1 所示，对于权力距离指数，俄罗斯＞中国＞芬兰；对于战略知识管理得分，俄罗斯＞中国＞芬兰。因此，可以认为高权力距离地区会比低权力距离地区进行更多的战略知识管理。类似的发现也显现在纵容倾向与克制倾向社会的战略知识管理中，但每个国家的战略知识的得分顺序不能与国家文化其他维度的指数相匹配。因此，关于国家文化管理其他维度对战略知识管理的影响仍然是未知的。

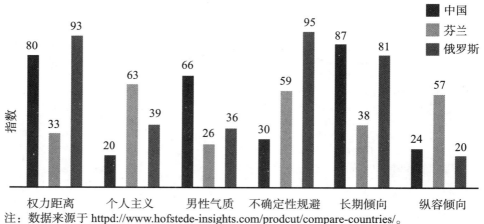

注：数据来源于 httpd://www.hofstede-insights.com/prodcut/compare-countries/。

图 14B.1  Hofstede 的国家文化维度指数——基于中国、芬兰和俄罗斯的数据

## 附录14C 现有研究的结果总结

### 表14C.1 基于知识流程的结果

| | 国家文化层面 | 知识共享 | 知识转移 |
|---|---|---|---|
| 1 | 高权力距离 | -: Kivrak 等, 2014；Siau 等, 2010 | NS: Boh 等, 2013<br>-: Wilkesmann 等, 2009；<br>+: Cegarra-Navarro 等, 2011(对中小企业) |
| | 低权力距离 | +Siau 等, 2010 | NS: Boh 等, 2013 |
| 2 | 个人主义 | 通过互惠互利报分享知识 (Chang 等, 2016)；组织结构促进知识分享 (Flores 等, 2014) | |
| | 集体主义 | +: Arpaci and Baloilu, 2016；Kivrak 等, 2014；Zhang 等, 2014；Dana 等, 2005 Geppert, 2005<br>+: 不愿与组外成员分享知识 (Li, 2009；Siau 等, 2010)；通过互惠互利分享知识 (Chang 等, 2016)；为了营造和谐的社会关系而分享知识 (Wei 等, 2010)；组织过程促进知识分享 (Flores 等, 2014) | NS: Boh 等, 2013<br>+: Wilkesmann 等, 2009；Cegarra-Navarro 等, 2011；Chen 等, 2010；+Schulte 和 Kim, 2007 |
| 3 | 女性气质 | 组织过程促进知识分享 (Flores 等, 2014) | +Cegarra-Navarro 等, 2011 (对中小企业) |
| | 男性气质 | -: Kivrak 等, 2014；组织结构促进知识分享 (Flores 等, 2014) | +prescribed K. diffusion Magnier-Watanabe 和 Senoo, 2010 |
| 4 | 强不确定性规避 | -: Kivrak 等, 2014；通过互惠互利分享知识 (Chang 等, 2016) | +Cegarra-Navarro 等, 2011(对中小企业)；Wilkesmann 等, 2009 |
| | 弱不确定性规避 | | |
| 5 | 长期倾向 | +Geppert, 2005 | +Schulte 和 Kim, 2007 |
| | 短期倾向 | | |
| 6 | 纵容倾向 | +Geppert, 2005 | |
| | 克制倾向 | | |

注：斜体字表示间接实证据。

### 知识管理在不同国家文化中的差异

| 知识创造 | 知识获取 | 知识应用 | 知识保护 | 知识留存 |
|---|---|---|---|---|
| NS: Malik, 2013（专利数） | +（重点知识获取）Magnier-Watanabe 和 Senoo, 2010 | | | |
| +Boone 等, 2019 | | | | |
| NS: Malik, 2013（专利数） | | | | +（私人）知识留存 Magnier-Watanabe 和 Senoo, 2010 |
| NS: Malik, 2013（专利数） | | | +: Serradell-Lopez 和 Cavalier, 2009（保密） | |
| NS: Malik, 2013（专利数） | | +（剥削性）知识应用 Magnier-Watanabe 和 Senoo, 2010 | +: Serradell-Lopez 和 Cavalier, 2009（保密） | |
| NS: Malik, 2013（专利数） | | | | |

表14C.2 基于知识管理实践的结果

| | 国家文化层面 | 知识友好型组织文化 | 领导力 | 战略知识管理 |
|---|---|---|---|---|
| 1 | 高权力距离 | -：信任, Thanetsunthorn 和 Wuthisatian, 2019；组织文化吸收能力, Strese 等, 2016 | | +（Kianto 等, 2011） |
| | 低权力距离 | +开放的, CegarraNavarro 等, 2011 | | |
| 2 | 个人主义 | +开放的, Cegarra Navarro 等, 2011 | | |
| | 集体主义 | +：信任, Thanetsunthorn 和 Wuthisatian, 2019；Kivrak 等, 2014；组织文化吸收能力, Strese 等, 2016 | | |
| 3 | 女性气质 | | | |
| | 男性气质 | +开放的, CegarraNavarro 等, 2011 | | |

续表

| | 国家文化层面 | 知识友好型组织文化 | 领导力 | 战略知识管理 |
|---|---|---|---|---|
| 4 | 强不确定性规避 | -: Trust, Thanetsunthorn 和 Wuthisatian, 2019；组织文化吸收能力, Strese 等, 2016 +: *(Kianto 等, 2011)* | | |
| | 弱不确定性规避 | +: 开放的, Cegarra Navarro 等, 2011 | | |
| 5 | 长期倾向 | +: 信任, Thanetsunthorn 和 Wuthisatian, 2019；Laitinen 等, 2015 +: 开放的, Cegarra-Navarro 等, 2011 | 政府的决策受知识的影响更大 (De Angelis, 2016) | |
| | 短期倾向 | | | |
| 6 | 纵容型倾向 | | | |
| | 克制型倾向 | | | + *(Kianto 等, 2011)* |

| | 知识战略 | 知识管理支持技术 | 组织学习 | 知识结构 | 基于知识的人力资源管理 |
|---|---|---|---|---|---|
| | | NS 采用人力资源信息系统, Chae 等, 2011+ *(Kianto 等, 2011)* | + Cegarra-Navarro et al., 2011 + *(Kianto 等, 2011)*（为中小企业） | | |
| | | + Khalil 和 Marouf, 2017 -: Laitinen 等, 2015 | 自己学习, Furner 等, 2009 | | |
| | | +: Chae 等, 2011 (HRIS), Khalil 和 Marouf, 2017 +: Ribiere 等, 2010 (expressive usage of Web2.0); + *(Kianto 等, 2011)* | + Cegarra-Navarro 等, 2011（为中小企业）, + *Geppert, 2005* | | |
| | | | + Cegarra-Navarro 等, 2011（为中小企业） | | |
| | | | 喜欢团队学习, Furner 等, 2009 | | |
| | | | 喜欢结构化学习 Furner 等, 2009 + Cegarra-Navarro 等, 2011（为中小企业） | | |
| | | | + *Geppert, 2005* | | + *(Kianto 等, 2011)* |

注：斜体字表示间接实证结果。

# 15 知识管理战略的实施

*Regina Lenart-Gansiniec*

## 知识

知识已被广泛认为是最关键的竞争资产。知识是指对某一学科的理论或实践的理解。根据最公认的定义之一,知识是一种动态的人力资源,是为了获得真理而对每个人的信念进行论证(Nonaka,1994)。知识是一种概念、技能、经验和愿景,为创造、评估和使用信息提供了一些框架。知识被认为是一种组织资源,可以获得竞争优势(Wang and Noe,2010),可以用来解决组织的问题,调整组织的关键资源以适应市场的要求,提高效率和生产力。知识也是组织的战略资源,是成功的因素(Nahapiet and Ghoshal,2009),是让组织在动荡和竞争时代生存的要素(Asrar-ul-Haq and Anwar,2016)。

知识可以被区分为两种不同的类型——隐性知识和显性知识。隐性知识是个人的知识和特定环境的知识,它与个人紧密相关,因此难以形式化和交流(Nonaka and Takeuchi,1995)。反过来,显性知识是由文字、数字、标记、符号、一般规则、行为规则、程序、报告、陈述和代码来表示的。根据Nonaka 和 Takeuchi(1995)的观点,这种类型的知识不是最重要的资源,是一种可以在组织中应用的知识。

## 吸收能力

吸收能力是使外部知识在组织内可用的能力。Cohen 和 Levinthal（1990）首次将组织背景下的吸收能力定义为对新的外部信息价值的认可、吸收和商业性应用。此外，Zahra 和 George（2002）将吸收能力重新定义为一种动态能力。他们将吸收能力定义为一套组织常规和战略流程，企业通过这些流程来获取、吸收、转化和利用知识以创造价值。

为了使知识有助于建立竞争优势，它应该被更新和修改。这决定了知识的有效性和价值，分配这些资源和吸收它们的能力是至关重要的。归根结底，组织应该在已开发和已利用的知识之间设定比例，确定要成为组织战略资产的知识，并创造协同效应，为组织创造价值。自行创造知识会增加风险，并延长创建知识库的时间。为了使知识得到有效利用，必须对其进行管理。这意味着知识管理与管理其他资源一样，对一个组织来说是非常重要的。管理不善的知识很容易被腐蚀。

吸收能力被认为是一种主要的动态能力（Zahra and George，2002），它允许组织获得知识，并利用知识来提高对环境变化的适应性和竞争力（Daghfous，2004）。吸收能力是组织竞争优势（Cohen and Levinthal，1990；Prahalad and Hamel，2006）、创新绩效（Chen et al.，2015）和灵活性（Sterman，2002）的关键，它也允许重新配置知识资源，以帮助组织适应变化的环境（Zahra and George，2002）。更重要的是，吸收能力支持组织学习（van den Bosch et al.，2003；Zahra and George，2002）。

## 知识管理

知识管理源于对知识工作者和知识型组织生产力因素的思考，是关于内部客户、开放流程和共同目标的质量管理的综合；战略管理试图将与知识资本管理相关的流程正规化；人力资源管理关注个人能力；信息管理处理与技术分离的信息，以及在实践中学到的概念。Bukowitz 和 Williams(1999) 将知识管理定义为一个过程，通过这个过程，组织在知识和基于知识的组织资产基础上产生更多丰富的知识。

　　研究文献中对知识管理有不同的定义。日本学者强调知识的螺旋（SECI 模型）。SECI 模型描述了四个过程，即社会化、外部化、组合化和内部化，它们是由一种知识转换为另一种知识的过程所产生的模型（Nonaka, 1994）。Nonaka 和 Takeuchi（1995）提出，知识管理是一套收集、组合和转移知识资产的方法，更重要的是，在评估和利用现有的知识资产后，要创造新的知识。在这种情况下，知识管理是一个反复循环的过程，在这个过程中，隐性知识和显性知识被汇编起来。然而，组织以一种非常动态的方式创造和管理知识（Nonaka et al., 2000）。知识创造的动态理论认为，知识是由隐性知识和显性知识之间的创造性张力创造出来的，从而导致了动态的活动流程，促进了知识的产生、转移和应用（Nonaka 和 Takeuchi 的知识创造动态理论，也被称为 SECI 模型）。SECI 模型（Nonaka, 1994；Nonaka et al., 1994；Nonaka and Takeuchi, 1995；Nonaka et al., 2000；Nonaka and Nishiguchi, 2001；Nonaka and Toyama, 2003；Nonaka and von Krogh, 2009）将知识创造作为一个动态过程，其中隐性知识和显性知识之间的持续互动创造了新的知识，并在个人、组织和组织间层面放大。这意味着，一个旨在增加和转化知识的组织应该同时促进许多不同的政策出台和相关实践发展。将它们汇编之后，就会得到知识转换的循环过程：

　　——社会化，即将隐性知识改变为隐性知识；
　　——外部化，即把隐性知识转变为显性知识；
　　——组合化，即从显性知识中创造显性知识；
　　——内部化，即从显性知识转变为隐性知识。

　　资源方法论认为，对于有效的知识管理来说，关键技能是很重要的，它们包括：物理和技术系统、管理、员工的技能和知识、标准和价值观、联合解决问题、实施和整合新的工具与技术，以及实验和导入知识。知识管理的重点是雇员的关键能力、技能和知识，以及标准和技术实施。这些要素将促进知识从环境转移到组织中。过程方法论认为，构成知识管理的子过程非常重要，知识管理包括所有能够为实际组织目标而创造、传播和使用知识的过程。Davenport 和 Prusak（2000）开发的知识管理模型基于三个过程：创造、编码和知识转移。创造知识的过程包括增加组织内部和外部的知识量。知识编码包括赋予知识一种新的形式，使之能够为用户所使用。知识转移过程包括知识的传播和吸收。

知识创造包括开发新的内容或替换隐性知识和显性知识中的现有内容。此外，知识创造是使人们能够创造新的见解的过程，如灵光乍现的时刻或对长期存在的知识的额外或替代观点。简而言之，知识创造代表了对已经和正在被创造的知识内容的关注。这指的是不同类型的知识，可以通过不同的社会和认知过程的行动与互动来单独和集体创造（Nonaka et al.，2014）。根据Nonaka 和 Takeuchi（1995）的观点，知识创造往往是两种相互补充的学习的结果，即学习如何处理当前条件下产生的困境，以及随后创造新的环境，使困境不再发生。

知识储存是记录知识并将其储存在档案馆、数据库和档案系统等储存库中的过程。在这种情况下，储存是一种机制，即在知识创造过程之后，储存所创造的知识并在公司内部和公司之间进行转移。知识储存的目的是将知识传递给需要知识的个人、群体或单位（Johannsen，2000）。Argote（2011）以及 Argote 和 Ingram（2000）指出，储存的知识可以有效地保护组织免受人员流动的影响。

知识转移是一个有目的的、单向的过程，涉及知识的交流（Ko et al.，2005）。这在任何组织的员工日常操作中都会发生。知识转移的目的是将知识传递到不可缺少的地方。这个过程对于知识转移的成功至关重要，因为知识转移会导致知识库的变化（Argote and Ingram，2000）。

知识共享是一个以知识交流为目的的多方向的过程，其目的并不总是明确的。这也是一种社会互动文化，涉及通过整个部门或组织所进行的员工知识、经验和技能的交流（Lin，2007）。知识共享的核心是集体活动，其旨在团队、组织单元和组织内部交流知识。这个过程是将个人知识转化为组织知识的必要条件。

知识应用是指知识的实践（Newell et al.，2004），以及很好地利用所创造的知识。知识应用的主要目的是整合从内部和外部获得的知识来管理组织目标（Shin et al.，2001）。知识应用使得知识优势更加显著，与企业价值的创造更加相关（Young Choi et al.，2010）。在这种情况下，当组织正确应用相关知识时，它们会减少犯错的可能性，减少冗余，提高效率，并不断将组织的专业知识转化为产品（Chen and Huang，2009），提高组织的效率和创新绩效（Young Choi et al.，2010）。

## 知识，吸收能力，知识管理

吸收能力已被应用于不同的研究领域，如知识管理等。吸收能力和知识管理之间的关系毋庸置疑。只有这样，才能使组织利益最大化，并改善组织的工作方式。还需强调的是，很难指出吸收能力在知识管理的哪个过程中是重要的，这是方法的模糊性和多重性造成的。有人指出，吸收能力只在知识管理过程的早期阶段是必要的。但也有人认为，知识管理的过程，如知识的创造、共享和应用，很大程度推动了对外部知识的吸收。此外，知识来源和先验知识构成了吸收能力的先决条件（Cohen and Levinthal，1990；Todorova and Durisin，2007）。

因此，知识管理过程是吸收能力构建的核心组成部分。然而，其他研究者认为，知识管理与知识的获取、同化和应用过程有着内在的联系（Cohen and Levinthal，1990）。Liao 等（2007）指出，知识共享会影响高学历员工的吸收能力。因此，当一个组织拥有与所获取的新知识相关的现有知识时，从外部获取新知识往往会更加成功。在此背景下的研究表明，吸收能力在知识管理中发挥着基础作用，特别是存在使用外部知识来源和知识管理战略的可能性（Mariano and Walter，2015）。此外，吸收能力对于更好地理解组织管理知识的方式非常重要。知识管理、知识转移和创新是与吸收能力相关的主要研究主题，还有其他密切相关的概念，如知识转移和共享，以及知识创造和学习（Mariano and Walter，2015）。研究发现，吸收能力与知识管理过程密切相关，如获取、创造、利用和共享知识。

## 什么是知识管理战略？

当组织将注意力集中在知识上，并将知识视为最重要的战略资产时，知识管理战略是不可或缺的。简而言之，知识管理战略集中在知识上，指出了希望获得和保持竞争优势的组织获取战略知识的不同方法。研究表明，知识管理战略有许多定义。例如，知识管理战略被定义为一种环境的创造和后续管理，这种环境鼓励为组织及其客户的利益而创造、共享、学习、提高、组织和利用知识。在这种情况下，知识管理战略是试图制定明确管理知识的意向性计划，也是一个组织的知识管理部门的路线图。从迄今为止的知识管理战略研究的角度来看，知识管理战略很明显对组织有很多好处。知识管理战略对于组织中知识管理举措的成功至关重要（Choi et al.，2008）。知识管理战略具有五个优势，即特定的专业知识、运营效率、组织学习和改进、自助服务和降低运营成本。随着更多知识管理战略研究的开展，更多的优势应该会被发现。

知识管理战略主要涉及公司为知识管理项目所采取的具体而详细的组织、管理和技术安排。知识管理战略的重点是采取具体的做法和知识管理系统，特别是规划和实施知识管理的工具与操作方法，确定关键的知识管理程序，并将相关任务分配给员工，选择用于知识管理的方法和计算机工具。因此，有必要定义什么是知识管理系统。如前所述，知识管理战略的目标包括采用知识管理系统，其包括数据库、组织语言、网络和知识转移。知识管理系统可以被定义为改进组织知识管理过程的原则、方法、信息集、IT系统、网络和关系。

**知识管理战略和知识战略**

在研究中，知识的概念伴随着知识管理战略。知识战略与知识管理战略并不相同。知识管理战略被认为是较低层次的战略，它是一个总的计划，为知识管理措施的决策和得到相应结果提供指导。这些战略显示了知识管理系统的运作方式，它们与过程和基础结构以及目标、规则、关系和措施相关联。知识战略是对组织战略的细化，包含了组织为实现其目标应该获取哪些资源的信息。这也是认识知识战略重要性的结果和前提。

知识战略的目标是优化知识创造并将其转化为企业的竞争优势，制定填补现有知识缺口和所需知识缺口的方案，并回答强调竞争情报和内部知识检索系统的战略问题（Zack，1999）。知识战略确定了公司现有的知识，或者是预期情况下所需要的知识，并起草了开发和（或）利用这些知识的方法。知识战略的目标是塑造知识资源和学习过程。在这种情况下，知识战略与指导方针和实际应用过程有关，以充分利用现有的或新的知识领域，并产生管理现有知识或创造新知识的计划。例如，Zack（1999）将知识战略定义为一个组织为使其知识资源和能力符合其商业战略的知识要求而采取的整体方法。同样，von Krogh等（2001）认为，知识战略的最终目的是将知识过程应用于现有或新的知识领域，以实现战略目标。Kasten（2011）认为，知识战略可以被称为塑造企业操纵其认知资源能力的一般准则，其最终目的是充分利用这些资源来获得竞争优势。在这种认识中，知识战略作为商业战略的一个要素，确保了一个组织的战略决策与其知识和行动结构之间的某种联系。

Shannak等（2012）认为，知识管理战略和知识战略之间至少有两种不同的含义：第一，知识管理战略被视为试图制定明确的知识管理计划，是组织知识管理部门的一种路线图；第二，知识战略主要涉及一个组织为其知识管理项目所采取的具体和详细的组织、管理和技术安排。在这种观点中，知识管理战略涉及知识在总体上支持竞争优势的方式，而知识战略则侧重于方法、管理实践和基础设施等具体实施细节。

## 知识管理战略的维度

如前所述，知识管理战略是为知识管理系统设定的目标而进行组合和融合。这些战略集中在知识上，并指出了在知识管理系统中应采取的行动方式。同时，知识管理战略是一个多维度的概念。在现有的研究中，对知识管理的维度有不同的建议，特别是包括以下内容：任务类型（常规/非常规），知识类型（隐性/显性），互动（个人/群体），商业战略（创新/效率），问题的类型，解决问题方法的类型，竞争优势，组织层面（经理/员工），目标优先（创新与效率/效率与创新），知识来源（外部/内部）。例如，Bhatt（2002）和Greiner等（2007）强调了任务的类型，即常规或非常规的。Hansen等（1999）确定了知识的类型（隐性/显性）和商业战略（创新/效率）。Gottschalk（2006）确定了问题的类型、解决问题方法的类型、竞争优势以及组织所面临的问题，以确定合适的知识管理战略。Bhatt（2002）和Donoghue等（1999）的研究中提到了互动（个人/群体），这决定了知识管理是以个人为中心还是需要组织中的几个人参与。Greiner等（2007）关注商业战略（创新/效率），即具有创新战略的组织使用个性化的方法来加强创新的创造，而效率战略则通过编纂化战略来提高现有知识的利用率。在Greiner

等（2007）、Hansen 等（1999）和 Ng 等（2012）的研究中也使用了知识的类型（隐性/显性）。

## 知识管理战略的类型

研究中最常提到的基于知识类型的知识管理战略包括：编纂化战略和个性化战略（Hansen et al., 1999）。这些战略以知识为中心，特别是考虑到了知识的可用性和转化，以及显性知识和隐性知识的划分（Nonaka and Takeuchi, 1995），并且是使用工具获取、传递和积累知识的一种表现。编纂化战略的主要目标是收集、储存、归档、处理、分享开放的知识，然后对其进行记录和编纂。此外，这一战略还包括数据库、计算机网络、软件、文件管理系统和工作流程的创建、实施和使用。另外，对于那些在业务战略中需要重新使用现有知识的组织来说，编纂化战略也是成功的（Hansen et al., 1999）。在编纂化战略中，知识被收集并以数据库的形式保存，供其他员工使用。这就要求员工能够使用信息技术。此外，还要注意多重使用的经济性，这指的是对知识的一次性投资后应该多重使用。这种方法使所有被授权的员工能够下载编纂的知识，并通过电子设备分享他们的知识。编纂的知识被获取、重用、保存、再细化和改进，最终可以带来组织创新和学习，并且改进现有的机会。

个性化战略是基于个人对个人的方法。这种战略的目的是通过知识网络传递、沟通和交流知识，它假设知识与人有关，并不注重储存或收集知识，而是在人与人之间建立一个联系网络。个性化战略还注重改善知识共享过程，为员工创造学习机会。信息技术被用来相互交流、分享知识或技能。这使得个人可以消除沟通过程中的障碍。个性化战略还使用创造性和分析性的方法来解决组织问题。简而言之，采用个性化战略的组织强调知识经济和开发高度个性化的解决方案来解决复杂的问题，因此使用直接接触和个人互动来解决问题，为客户提供有针对性的解决方案，或使用创意和设计进行产品创新（Hansen et al.，1999）。正如 Zanjani 等（2008）所建议的，个性化战略更适合具有更多创新性质业务的中小企业。

作为个性化战略和编纂化战略的中介，其他研究侧重于两种新的战略：关系战略和替代战略。关系战略侧重于个人之间的关系，通过创造新的知识来分享和增加创新。如果组织以创新创造为优先，就会采用关系战略，以提高创新创造的效率。替代战略主要是利用信息和通信基础设施作为知识的后盾。如果组织以效率为优先，就可以采用这种战略。

Bloodgood 和 Salisbury（2001）研究了与知识创造、知识转移和知识保护有关的战略。与知识创造有关的战略旨在获取新的知识，并在推出创新解决方案时产生有用的知识。这种战略集中于创造性、实验性，并在很大程度上能在创造群体中形成共同的理解，以构建可用于开发新产品和服务的新知识。然而，与知识转移有关的战略则集中于获取组织环境中的最新知识，并尽快将其充分运用。与知识保护有关的战略涉及维持已经产生或获得的知识，而且必须维持知识的原始和创造性状态。采用知识保护战略的组织注重保持知识的原始和建设性状态，既不丢失知识，也不允许知识被改变或过时。

Von Krogh 等（2001）确定了四种战略，这些战略是根据已经存在的或新的知识领域以及集中于转移或创造的知识过程来区分的。在这种方法下，知识领域包含了数据、信息、明确的知识，具体包括手册、指南、演讲或关键人物和群体的名单，其中这些人物和群体拥有一些对组织有价值的隐性知识和专业经验。然而，知识过程还涉及转移和创造。考虑到上述情况，我们讨论了以下知识战略：杠杆战略、扩张战略、占有战略和探测战略。杠杆战略关注组织领域中不同领域之间的知识转移，它从现有的知识领域出发，注重知识在整个组织内的转移。这一战略旨在提高运营中的效率，降低运营中的风险。该战略确保共同组织在内部转移不同知识领域的现有知识，例如在产品开发、制造、市场、销售、人力资源、采购和财务等领域。扩张战略的目的是在组织内已有的知识领域基础上创造新的知识。重点是通过完善已知的知识和引入与知识创造相关的额外的专业知识来增加知识的范围和深度。创造新的知识是在研究室或小组会议、研讨会、正式的和非正式的培训中进行的。占用战略在外部资源的基础上开发一个新的知识领域，以便将该领域与组织已经存在的知识相结合。这种战略通过收购或战略合作的方式从外部资源转移知识，从而建立一个新的知识领域。探测战略包括通过集体工作创造新的知识：隐性的和显性的、个人的和社会的。这需要识别那些对发展自己的研究领域感兴趣的团队参与，他们专注于潜在知识领域的想法和愿景。在这种情况下，收集或开发新的相关数据集，创造新的信息，以及新的隐性和显性、个人和社会知识，是探测战略的重要组成部分。

根据 Gottschalk（2006）的观点，战略的选择应基于当前的业务特点，这取决于遇到问题的类型、解决问题方法的类型和竞争优势。Gottschalk（2006）将知识管理战略分为以下三类：存量战略、流量战略和增长战略。如果组织面临新的和复杂的问题，它们需要一种新的解决问题的方法，如果组织的竞争优势是创新，那么组织被归类为专家驱动型企业。建议组织使用增长战略，该战略侧重于开发新的知识，强调获得专家网络和学习环境。当组织面临一个新的问题，但可以用现有解决问题的方法来解决时，流量战略应是一个更好的选择。该类组织被归类为经验驱动型企业，其竞争优势在于对解决问题的方法和技术的有效调整。

## 知识管理战略的实施

知识管理战略的实施有助于提高组织的学习能力，并将基于知识的机会与更好的知识利用相结合。在这个意义上，新的资源和产生的机会是难以模仿的，而知识战略使它们成为竞争优势的核心，从而带来更高的利润率。知识管理战略的实施可以通过两种方式进行：（1）集中于一种战略；（2）结合几种战略。当专注于一种战略时（Gottschalk，2006；Greiner et al.，2007；Hansen et al.，1999），组织选择一种知识管理战略，并在其基础上确定组织的业务特征。反过来，组织也可以通过结合几种适合的战略为一种战略（Bhatt，2002；Donoghue et al.，1999；Ng et al.，2012），来整合不同类型的知识，即隐性知识和显性知识的组合。知识管理战略的实施会受到各种因素的刺激或影响，包括知识审计、组织文化、组织结构、管理层和主管的支持、IT 基础设施以及实践社区。

在设计实施计划和实施知识管理战略之前，需要进行知识审计。知识审计可以对组织的知识管理能力进行定性评估。进行知识审计是为了确定知识需求，对现有的知识资源进行盘点，分析知识流，并创建知识图谱。一个典型的知识审计可以回答以下问题（Choy et al.，2004）：

组织的知识需求是什么？

组织有哪些资源或知识资源？它们在哪里？

组织的知识有哪些差距？

知识如何在整个组织内流动？

知识流动中存在哪些障碍（即目前人员、流程和技术在多大程度上支持或阻碍了知识的有效流动）？

组织文化被定义为一套规则、规范、价值、假设和信仰，这些都是组织内员工所共有的，并影响到决策的制定方式；文化是组织知识最重要的成功因素。有利于实施知识管理战略的组织文化应该是支持知识的创造和共享的，组织对新知识是信任和开放的（Alavi et al.，2005）。特别是，开放的组织文化能够使组织将隐性知识转化为显性知识。

扁平化的组织结构也有利于知识管理战略的实施，动态创建的临时任务团队由相互信任的员工组成，员工个人和专家的角色有可能灵活改变。重要的是，团队应该对知识共享持开放态度，尤其是专家知识。在知识管理战略中建立管理支持也很重要。支持实施知识管理战略需要在组织中确定一个有影响力的人，加上强有力的领导。

知识管理战略是一个公式，包括知识管理系统的目标、原则和资源的组合。在这种方法中，知识管理战略应该与组织的整体战略相关。知识管理战略取决于公司服务客户的方式，其业务的经济性，以及它所雇用的人员（Hansen et al.，1999）。因此，知识管理战略应该与组织或组织子单位的目标和业务战略密切相关（Zack，1999）。实施公认的管理战略涉及设立职位和任命负责管理知识的个人（首席知识官，CKO）。首席知识官是一个独特的、综合的或混合的管理者，具备概念性思考的能力、管理人和项目的能力、在内部和外部有效沟通的能力，以及非常重要的说服和倡导能力。首席知识官作为一个变革者，致力于建立一种奖励分享行为的文化氛围（Earl and Scott，1999）。首席知识官的工作是确保组织从知识资源的有效利用中获益。对知识的投资可能包括员工、流程和知识资本。首席知识官可以帮助组织实现知识投资（人员、流程和知识资本）的收益最大化，利用其无形资产（技术诀窍、专利、客户关系）重复成功，分享最佳实践，提高创新能力，并避免组织结构调整后的知识流失。

知识管理战略的实施应该包括对基础设施和应用程序的投资，以促进员工的沟通和知识共享、存储、更新、提高和发展。在知识管理战略中，技术也是管理知识的创造、传播和利用以实现组织目标的一系列过程中的一种工具。在这种情况下，Dixon（2000）以及 Nonaka 和 Takeuchi（1995）认为技术是转移显性知识的手段，可以使知识内部化，从而将其纳入个人的理解和经验中。Dixon（2000）特别指出，技术工具是促进者，是国家和全球知识整合的实用手段。

最后，实践社区（community of practices，CoP）对于知识管理战略的实施也很重要。Wenger (2000) 将实践社区定义为一群人，他们对自己所做的事情有着共同的关注和热情，并在定期互动中学习如何做得更好。这种社群通常是基于共同的兴趣或经验所产生的，从业者在特定的知识领域中面临一系列共同的问题，并有兴趣寻找或改善这些问题的解决方案的有效性。他们的出现可能是自发的，由非正式的关系和共同的目的维系在一起，他们分享共同的或特定领域的知识、专业技能和工具，并相互学习。他们拥有的知识对组织的成功至关重要。正是通过与群体分享信息和经验的过程，成员们互相学习，并有机会在个人和专业上发展自己（Wenger，2000）。实践社群还能激发互动，促进学习，创造新知识，与新成员交往，识别和分享最佳实践（Dei and van der Walt，2020），并将那些可能没有机会互动的人联系起来。实践社群加强了个人和群体对隐性知识的分享与传递，创造了扩大和交换知识的机会，并发展了个人能力。

## 参考文献

Alavi，M.，Kayworth，T. R. and Leidner，D. E. (2005). An empirical examination of the influence of organizational culture on knowledge management practices. Journal of Management Information Systems，22(3)，191–224.

Argote，L. (2011). Organizational learning research: Past，present and future. Management Learning，42(4)，439–446.

Argote，L. and Ingram，P. (2000). Knowledge transfer: A basis for competitive advantage in firms. Organizational Behavior and Human Decision Processes，82(1)，150–169.

Asrar-ul-Haq，M. and Anwar，S. (2016). A systematic review of knowledge management and knowledge sharing: Trends，issues，and challenges. Cogent Business and Management，3(1)，1–17.

Bhatt，G. D. (2002). Management strategies for individual knowledge and organizational knowledge. Journal of Knowledge Management，6(1)，31–39.

Bloodgood，J. M. and Salisbury，W. D. (2001). Understanding the influence of organizational change strategies on information technology and knowledge management strategies. Decision Support Systems, 31(1), 55–69.

Bukowitz, W., and Williams, R. (1999). The knowledge management fieldbook. London: Financial Times.

Chen, C. J. and Huang, J. W. (2009). Strategic human resource practices and innovation performance: The mediating role of knowledge management capacity. Journal of Business Research, 62(1), 104–114.

Chen, J., Zhao, X. and Wang, Y. (2015). A new measurement of intellectual capital and its impact on innovation performance in an open innovation paradigm. International Journal of Technology Management, 67(1), 1–25.

Choi, B., Poon, S. K. and Davis, J. G. (2008). Effects of knowledge management strategy on organiza- tional performance: A complementarity theory-based approach. Omega, 36(2), 235–251.

Choy, S. Y., Lee, W. B. and Cheung, C. F. (2004). A systematic approach for knowledge audit analysis: Integration of knowledge inventory, mapping and knowledge flow analysis. Journal of Universal Computer Science, 10(6), 674–682.

Cohen, W. M. and Levinthal, D. A. (1990). Absorptive capacity: A new perspective on learning and innovation. Administrative Science Quarterly, 35(1), 128–152.

Daghfous, A. (2004). Absorptive capacity and the implementation of knowledge-intensive best practices. S.A.M. Advanced Management Journal, 69(2), 21–27.

Davenport, T. and Prusak, L. (2000). Working knowledge: Managing what your organization knows. Boston: Harvard Business School Press.

Dei, D.-G. J. and van der Walt, T. B. (2020). Knowledge management practices in universities: The role of communities of practice. Social Sciences & Humanities Open, 2(1), 100025.

Dixon, N. M. (2000). How companies thrive by sharing what they know. Boston: Harvard Business School Press.

Donoghue, B. L. P., Harris, J. G. and Weitzman, B. (1999). Knowledge management strategies that create value. Outlook, 1. 48–53.

Earl, M. and Scott, I. (1999). What is a chief knowledge officer? Sloan Management Review, https:// sloanreview.mit.edu/article/what-is-a-chief-knowledge-officer, Accessed on 13 July 2024.

Gottschalk, P. (2006). Stages of knowledge management systems in police investigations. Knowledge- Based Systems, 19(6), 381–387.

Greiner, M. E., Bohmann, T. and Krcmar, H. (2007). A strategy for knowledge management. Journal of Knowledge Management, 11(6), 3–15.

Hansen, M. T., Nohria, N. and Tierney, T. (1999). What's your strategy for managing knowledge? Harvard Business Review, https://www.hbs.edu/faculty/Pages/item.aspx?num=7313, Accessed on 13 July 2024.

Johannsen, C. G. (2000). Total quality management in a knowledge management perspective. Journal of Documentation, 56(1), 42–54.

Kasten, J. (2011). Knowledge strategy and its influence on knowledge organization. Proceedings of the North American Symposium on Knowledge Organization, 1, 44–54.

Ko, D. G., Kirsch, L. J., and King, W. R. (2005). Antecedents of knowledge transfer from consultants to clients in enterprise system implementations. MIS Quarterly: Management Information Systems, 29(1), 59–85.

Liao, S. H., Fei, W. C., and Chen, C. C. (2007). Knowledge sharing, absorptive capacity, and innovation capability: An empirical study of Taiwan's knowledge-intensive industries. Journal of Information Science, 33(3), 340–359.

Lin, H. F. (2007). Knowledge sharing and firm innovation capability: An empirical study. International Journal of Manpower, 28(3/4), 315–332.

Mariano, S. and Walter, C. (2015). The construct of absorptive capacity in knowledge management and intellectual capital research: Content and text analyses. Journal of Knowledge Management, 19(2), 372–400.

Nahapiet, J. and Ghoshal, S. (2009). Social capital, intellectual capital, and the organizational advantage. Academy of Management Review, 23(2), 242–267.

Newell, S., Tansley, C. and Huang, J. (2004). Social Capital and knowledge integration in an ERP project team: The importance of bridging and bonding. British Journal of Management, 15(1), 43–57.

Ng, A. H. H., Yip, M. W., Din, S. et al.(2012). Integrated knowledge management strategy: A Preliminary literature review. Procedia-social and Behavioral Sciences, 57, 209–214.

Nonaka, I. (1994). A dynamic theory of organizational knowledge creation. Organization Science, 5(1), 14–37.

Nonaka, I. and Nishiguchi, T. (2001). Knowledge emergence: Social, technical, and evolutionary dimensions of knowledge creation. Oxford: Oxford University Press.

Nonaka, I. and Takeuchi, H. (1995). The Knowledge-creating company: How Japanese companies create the dynamics of innovation. New York: Oxford University Press.

Nonaka, I. and von Krogh, G. (2009). Perspective-tacit knowledge and knowledge conversion: Controversy and advancement in organizational knowledge creation theory. Organization Science, 20(3), 635–652.

Nonaka, I., Byosiere, P., Borucki, C. C. et al. (1994). Organizational knowledge creation theory: A first comprehensive test. International Business Review, 3(4), 337–351.

Nonaka, I., Kodama, M., Hirose, A. et al. (2014). Dynamic fractal organizations for promoting knowledge-based transformation: A new paradigm for organizational theory. European Management Journal, 32(1), 137–146.

Nonaka, I., Toyama, R. (2003). The knowledge-creating theory revisited: Knowledge creation as a synthesizing process. Knowledge Management Research & Practice, 1, 2–10.

Nonaka, I., Toyama, R. and Konno, N. (2000). SECI, Ba and leadership: A unified model of dynamic knowledge creation. Long Range Planning, 33(1), 5–34.

Prahalad, C.K. and Hamel, G. (2006). The Core competence of the corporation. In: Hahn, D., Taylor, B. (Eds.), Strategische unternehmungsplanung: Strategische Unternehmungsführung, Berlin, Heidelberg: Springer.

Shannak, R., Masadeh, R. and Ali, M. (2012). Knowledge management strategy building: Literature review. European Scientific Journal, 8(15), 143–168.

Shin, M., Holden, T. and Schmidt, R. A. (2001). From knowledge theory to management practice: Towards an integrated approach. Information Processing and Management, 37(2), 335–355.

Sterman, J. D. (2002). System dynamics modeling: Tools for learning in a complex world. California Management Review, 43(4), 8–25.

Todorova, G. and Durisin, B. (2007). Absorptive capacity: Valuing a reconceptualization. Academy of Management Review, 32(3), 774–786.

van den Bosch, F., van Wijk, R. and Volberda, H. (2003). Absorptive capacity: Antecedents, models and outcomes. ERIM Report Series Research in Management.

Von Krogh, G., Nonaka, I. and Aben, M. (2001). Making the most of your company's knowledge: A strategic framework. Long Range Planning, 34(4), 421–439.

Wang, S. and Noe, R. A. (2010). Knowledge sharing: A review and directions for future research. Human Resource Management Review, 20(2), 115–131.

Wenger, E. (2000). Communities of practice and social learning systems. Organization, 7(2), 225–246.

Young Choi, S., Lee, H. and Yoo, Y. (2010). The impact of information technology and transactive memory systems on knowledge sharing, application, and team performance: A field study. MIS Quarterly: Management Information Systems, 34(4), 855–870.

Zack, M. H. (1999). Developing a knowledge strategy. California Management Review, 41(3), 125–145.

Zahra, S. A. and George, G. (2002). Absorptive capacity: A review, reconceptualization, and extension. Academy of Management Review, 27(2), 185–203.

Zanjani, M. S., Mehrasa, S. and Mandana, M. (2008). Organizational dimensions as determinant factors of KM approaches in SMEs. In: Proceedings of World Academy of Science, Engineering and Technology, 45, 394–289. Available at: http://citeseerx.ist.psu.edu/viewdoc/download?doi=10.1.1.193.348&rep=rep1&type=pdf, Aaccessed on 18 March 2022.

# 扩大工作空间以促进知识创造

*Dai Senoo* 和 *Bach Q. Ho*

## 简介

### 空间在知识创造中的重要性

在知识管理的研究领域中,存在着知识获取、共享、利用和积累等多个课题。其中,本章主要关注的是知识创造。

企业如何创造价值的主要趋势的变化,可以看作是从"通过生产创造价值"到"通过创新创造价值"的过渡。公司存在的理由是为客户、员工、股东和社会创造价值。无论我们所处的时代如何,这都是正确的,但现在是改变价值创造方法的时候了。对于探索时代的商业资本主义来说,地理差异是利润的来源,而对于20世纪的工业资本主义来说,劳动价值和产品价值之间的差异是利润的来源。然而,在21世纪,在同质化和全球化程度较高的情况下,这种自然形成的差异是不可能发生的。因此,社会的注意力转向了"知识创造"。

知识是创新的源泉。新知识的创造促成了新的产品、服务、组织和商业模式。传统上,企业的大部分工作是信息处理,其主要任务是解决问题。然而,在现代社会,要想获得创新价值,就必须有创造力。不可能像以前那样,仅仅通过遵循手册和依靠先前的经验来创造新的价值。企业主和员工所拥有的知识已经成为我们关注的焦点,是创新的源泉。人们通常认为有四种主要的管理资源是企业活动所不可缺少的:人(劳动力)、物(生产设施和原材料）、钱（资本）和信息。然而，随着创新的重要性在经济活动中的提高，除了这四种管理资源，企业主、管理者、员工和客户所拥有的知识作为创新的源泉也开始引起人们的关注。

在知识创造的过程中，个人的知识通过与他人的互动进行转化，以创造价值。创造新知识所需的想法并不是在个人的头脑中实现的，而是通过混合不同的知识来实现的。这就是熊彼特所说的"创新"（Neue Kombination），而创新活动本身就涉及知识的创造。

空间是拥有知识的人之间存在关系的必要条件。公司的办公室通常是围绕个人的信息处理任务而设计的。然而，当旨在促进知识创造时，有必要准备一个强调关系的工作空间，也就是说，以小组工作为重点。

领先的公司已经在进行各种改变。例如，许多新创建的工作空间有更多的餐饮空间，并配备了乒乓球和台球桌。这些可以被视为旨在让员工休息一下并改善员工个人健康的福利，但它们也可以被视为创造新关系的一种机制。当你正式且认真地与人交谈时，创新的想法不会出现。你可能在做一项你通常不做的活动时注意到一些东西，或者你可能在与你通常不认识的人交谈时得出一些新的想法。同样，在户外帐篷里与你经常见面的人交谈和在同一个会议室里与他们交谈相比，其差异是一个不同的"Ba"（人与人的关系），这可能带来新的发现。

### 工作空间所需规格的变化

工作空间设计的焦点正在从个人工作转向小组工作。为了获得创新的新想法，建议改善与同事的集体工作，激活沟通。与其默默地创建文件，不如与客户及公司中从未交谈过的人交谈，收集信息，这一点变得更加重要。与团队合作完成的工作正变得比单独完成的工作更重要。

强调小组工作有三个原因：（1）小组工作比个人工作创造了更高的价值；（2）知识工作的比例正在增加；（3）由于信息通信技术（ICT）的发展及成本的降低，适合个人工作的工作空间已经成为必须由每个人设计的东西，而不是由公司同质化创造。

在本章的后文中，一个以群体创造知识工作为重点设计的工作空间将被称为"知识创造的工作空间"。Ba 的概念对分析这种工作空间很有用。这是因为，用工人之间的关系作为分析单位，比用每个工人个人作为分析单位更有效率。从系统的角度来看，这意味着将我们关注的焦点从一个节点（单一元素）转向一个连接（关系）。

### 工作空间中的技术

在技术不断发展的今天，现实世界和虚拟世界融合在一起，当我们考虑空间时，重要的是假设知识创造的过程可以包括人工制品（人造物体）。除了以人为中心分析谁和谁协作行动，使用参与者网络理论的框架来设计一个创造知识的工作空间也是富有成效的，该理论通过将仪器、机器和人工智能等人工制品与人类同等对待（就研究而言）来分析它们。

COVID-19 病毒于 2020 年在全球范围内传播，为了防止感染的传播，公司加快推进了在家远程工作的步伐，远程视频会议系统，如 Zoom 和 Skype，一夜之间变得广泛传播。然而，人们也已经清楚，真正的实体办公室发挥着视频会议系统暂时无法取代的功能。

例如，在实体办公室里，当一个想法出现时，不仅可以让正在与你交谈的人参与进来，还可以让碰巧在那里的人或路过的人参与进来，一起尝试这个想法。一些虚拟办公系统正试图通过让附近的人和在线会议参与者都显示在背景上的方式，或者通过让在线用户头像始终显示在屏幕上的方式，来实现这种"偶然的"参与。

此外，在实体办公室中，人类很明显会互相观察。虽然看起来人类聚集在同一空间时似乎并不十分注意对方，但事实上他们经常会仔细观察其他人。例如，当某人在会议上生气时，通常情况下，仅凭你在现场收集到的信息是不可能分辨出他/她是真的生气还只是做出生气的姿势，但当你在此之前与他/她在同一个空间里相处了几个月时，你就能分辨出来了。基于一个人的话语，如果没有背景信息和上下文，以及周围的环境，如面部表情、姿势和动作，就很难理解他/她所说的话的真正含义。这是进行深度对话的基本要求，而深度对话是知识创造的必要条件。

**本章的问题**

在确定了空间在知识创造中的重要性、社会对基于团队的知识创造的工作空间的期望，以及技术是如何融合现实和虚拟之后，我们为本章提出了如下问题。

这个问题是"如何扩大知识创造的工作空间？"更详细的表达是："我们应该在什么方向上扩大工作空间，以便有效地创建和激活鼓励知识创造的Ba（关系）？"在回答这个问题时，作者将以当前不断发展的信息和通信技术为前提。

对于想先看结论的读者来说，这个问题的答案是：一个有效的工作方向是利用外部知识和提供即兴反应的能力。本章提出利用外部知识作为空间扩张的政策，并以即兴反应的方式作为时间扩张的政策。下面将描述关于这些建议的讨论。

# Ba 的理论

### Ba 的定义

Ba是知识产生的一种背景共享关系，这种Ba的状态和Ba之间的联系程度影响着组织的知识创造过程。建立和激活这种关系是促进知识创造的一个要求。促进知识创造的其他要求还包括领导力和知识资产，但由于空间是本章的主题，我们在此着重讨论Ba。正如"工作空间所需规格的变化"中提到的，在考虑知识创造的工作空间时，使用Ba的概念是很方便的。

### 知识创造理论的概要

野中郁次郎提出了"组织知识创造理论"。知识创造是指隐性知识和显性知识之间的循环互动，它"使思想变成文字，文字变成形状，形状变成实践，实践变成更多的思想"。有组织的知识创造理论的前提是假设所有的知识都可以简化为两种类型：隐性知识和显性知识。隐性知识是难以用语言或数值表达的主观和嵌入的知识，更具体地说，包括信仰、观点、熟能生巧的技能和技术。显性知识是客观和理性的知识，可以用语言和数值来表达，更具体地说，包括文本、方程式、规范和手册等。

我们将解释被称为 SECI 的四种知识创造过程。社会化是一种个人通过分享经验来分享隐性知识的模式。在学徒制度下，技能不是学来的，而是偷来的，弟子们通过观察和模仿，在共同经历中获得他们师傅的价值观和技能。社会化的一个例子是，产品开发团队的成员在开发产品时到访产品的使用现场，体验用户的日常生活感受和文化氛围。这种模式需要充分利用五种感官，以获得隐性知识。

外部化是个人或群体通过隐喻和对话将隐性知识转化为显性知识的一种模式。隐性知识的这种言语化的尝试，开辟了一种新的可能性，使知识的传播不局限于共享经验的范围。外部化也开启了价值创造的可能性，这有利于将隐性知识深入和彻底的概念化。外部化的例子体现在当试图把个人身上的先进技能编入手册时，或者当产品开发团队试图确定一个新产品的概念时。

组合化是一些显性知识的抽象程度被提高，或者一种显性知识与另一种显性知识相结合，创造出新的显性知识。这种模式的典型例子是将新产品的概念转化为抽象的、对环境不敏感的产品规格介绍，以及编辑多篇文章，以便在整个杂志中整合出一个总体信息。此外，通过使用计算机网络等实现超越时间和空间的信息共享，也可以被视为这种模式的实例。组合化是一种容易从管理信息系统中得到支持的模式。

内部化是一种通过实践和反思将显性知识转化为隐性知识的模式。要将显性知识转化为隐性知识，不仅要用头脑理解，还要内化知识。为了保持知识的牢固，并能随时展示必要的技能，需要通过实践和反复锻炼来内化。

正如上文所提到的，SECI 模型的动态过程发生在本体的不同层次。通过上述四种模式，知识在隐性知识和显性知识之间的转化在表征学的维度上可以被看作是一个动态过程。这个动态过程发生在个人、群体、组织和社会的不同本体层中。

个人和组织的知识被放大的过程被称为"知识螺旋"。组织知识创造的起点是个人的隐性知识。个人的隐性知识通过社会化与他人分享。虽然隐性知识可以由个人单独外部化为显性知识，但在一个共享隐性知识的群体中进行，效果和效率更高。这是因为通过不同的观点和对话可以加速外部化。组合化也就是组合显性知识，可以在组织层面上进行。这是因为显性知识对环境的依赖性较小，不容易随着时间的推移或空间的分离而改变，所以很容易扩大显性知识的获取范围。内部化将显性知识转化为隐性知识，发生在个人、群体和组织层面。显性知识通过实践体现在个人身上，同时在群体或组织中作为隐性知识被吸收。野中郁次郎等人将个人知识和组织知识以内部化模式放大的过程描述为"知识螺旋"，即知识是像螺旋一样上升传播的。

然而，在一个实际的组织中，知识创造的过程遵循一个复杂的路径，不同于上面描述的平滑和简单的路径，如图 16.1 所示。连接不同层级的活动（知识上升和下降），以及个人、群体、组织和社会等各层级内部的活动都在进行（Wu et al., 2010）。

### 创造 Ba 的效果

野中郁次郎认为，具有不同语境的行动者之间的对话对于新意义的形成是必要的，并将作为语境共享关系的 Ba 视为组织的主要要素。Ba 不仅出现在公司内部，也出现在客户、供应商、当地社区等公司的边界外。希望组织中的每个部门和每个人都能通过超越公司边界的团队工作来发现和解决问题，并在完成一系列工作后发现新的问题。

## 扩大工作空间以促进知识创造

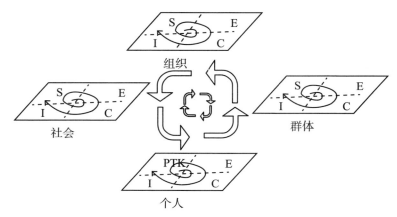

图例：

层间知识创造：
上升（逆时针）与下滑（顺时针）

层内知识创造

**图 16.1　知识创造过程的四层模型**

与信息处理型组织不同，在知识创造型组织中，创造 Ba 比监控员工更重要。知识的创造是非常偶然的，不能被管理或监控，它并不总是发生在公司的工作时间，也不总是发生在培训或教育中。知识创造型组织的领导者不仅需要超越单纯的下属管理，还需要创造新的聚会场所和机会，鼓励知识创造活动。

为什么在试图鼓励知识创造过程时，有必要创造一个 Ba？我们将研究创建 Ba 的效果。首先，创建 Ba 有助于在组织的活动目标（知识愿景）方面形成更大的共识。每个参与组织活动的行动者都有自己的背景和要满足的不同愿望。有些人认为获得报酬是他们的主要目标，有些人希望满足他们对归属感的需求，而有些人则是为了自我实现。他们所积累的经验和专业领域也是不同的。如果让这些不同的背景保持不变，就很难就共同的目标达成一致。首先，通过创建 Ba 来了解彼此的背景，将有利于为组织的活动制定目标的过程。其次，创建 Ba 会加强成员的合作意愿。这是因为分享彼此的背景使人们更容易产生认知上的共鸣，增加友谊和心理上的安全感。最后，创建 Ba 会使沟通变得实在,并加快知识创造过程。这是因为共享语境使人们更容易理解对话的真正含义,并减少因误传和误解造成的时间浪费。

## 分析与讨论

### 重新审视"如何扩大知识创造的工作空间?"这一问题?

正如前文中提到的,本章的问题是"如何扩大知识创造的工作空间?"更详细地表达是:"我们应该在什么方向上扩大工作空间,以便有效地创建和激活鼓励知识创造的 Ba(关系)?"在回答这个问题时,我们以当前不断发展的信息通信技术作为前提。

#### 分析框架

本节介绍本章的分析框架,使用的四个主要概念是"空间""Ba""知识创造活动"和"知识创造成果"。图 16.2 显示了这四个概念的分析框架,空间通过两条路径对知识创造活动产生影响。空间在上部的间接影响是通过 Ba 进行的,是主要分析对象。当然,空间在下部有直接影响。例如,引入带有大背板的办公桌,或者引入电子便签,可能会方便员工的文字工作,从而利于知识创造。然而,这种直接影响并不是本章的主要分析对象。

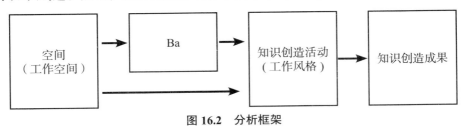

图 16.2 分析框架

#### 以 Ba 的概念划分问题

Ba 被定义为知识产生的共享情境关系,也被表述为"运动中的共享情境"(Nonaka and Toyama,2015)。从这个表述中包含的"共享""运动中"和"情境"三个要素的角度来看,我们将分别考察每个要素,以回答本章的问题，即"如何扩大知识创造的工作空间？"

在回答这个问题时，首先，我们从"运动中"这一要素的角度出发。焦点问题是：在运动中（而不是静态的）共享情境是什么意思？

让我们来探讨每一代系统理论的分析方法。在这里，参与者由一个节点代表，通信由连接表示。在被认为是第一代系统的（静态的）"一般系统"中，节点和链接已经固定，当链接被激活（即非活动状态变成活动状态）时，就表示共享情境。在被认为是第二代系统的"自组织系统"中，节点是固定的，但链接是不固定的。即使在没有建立链接的地方，也有可能建立新的链接。在被认为是第三代系统的"自生系统"中，节点和链接都是不固定的。当第一个节点创建下一个节点时，系统就会增长。情境是在"运动中"共享的，这表明情境共享必须以假设第二代和第三代系统具有高度系统扩展性的方式来理解。在设计知识创造的工作空间的扩展时需要牢记，共享情境关系可以在节点和链接中发展。

其次，我们从"共享"这一要素的角度切入。焦点问题是：在知识创造的工作空间中，谁是共享情境的参与者？在前文"工作空间中的技术"中，我们提议使用参与者网络理论的框架，它以与人类相同的方式对待和分析人工制品。然而，为了不使讨论过于分散，我们在此将讨论限制在人类上。

首先要考虑的是组织中的个体成员。具体来说，个体成员指拥有知识创造的工作空间的公司的员工。知识创造的工作空间的核心是这些员工之间的共享情境。然而，这并不充分。鉴于从"运动中"要素的角度讨论得出，节点和连接上的共享情境关系都有可能发展，我们不仅应该在某个时间点上关注系统边界内，还应该关注系统边界外。在设计知识创造的工作空间的扩展时，有必要将分享其背景的行为网络视为一个开放的系统而不是一个封闭的系统。

最后，我们从"情境"这一要素的角度来进行讨论。焦点问题是：在一个知识创造的工作场所中，到底应该把什么看作是要分享的情境？如果参与者之间的交流是一个"图表"，那么从上层定义每个参与者拥有的前提和交流本身的元信息就是"图表"的"框"。这种"框"的情境对意义的形成有着决定性的影响。例如,"再见"这个词是指"明天见"还是"我们再也不会见面了",这取决于情境。举个更极端的例子,"谢谢"这个词的含义可以是"谢谢你",也可以是"不必了",这都取决于情境。在设计知识创造的工作空间的扩展时,不仅要看语言交流,还要看它背后的非语言环境,并以社会建构主义的方式来考虑它。非语言环境包括身体语言(如面部表情和手势),站立位置和姿势,声音的响度和语调,话语之间的间隔,时机,以及每个参与者的前提、假设、信念和倾向。

### 扩大知识创造的工作空间的具体考虑

从"以 Ba 的概念划分问题"的理论讨论中,我们获得了一些见解,如"在开放的系统中分享"和"非语言环境"。接下来,我们将使用这两个概念来考虑可以应用于企业管理的实际现场的措施。

当我们谈论一个"开放的系统"时,我们经常想到"开放式创新"的趋势。在过去,创新集中于可以在一个组织内完成的活动。然而,随着信息技术的进步,人们可以很容易地、低成本地获得外部资源,仅靠内部资源进行创新是不经济的。

作者多年来观察到的日本公司工作空间的情况,在过去 15 年[①]的时间里发生了重大变化。除了员工满意度、工作效率、离职率、应届毕业生就业人数等,在因搬迁或改造而改善工作空间时,访客数量也成为一个重要的 KPI(key performance indicator,关键绩效指标)。过去只注重在工作空间以外进行销售的公司,正在采取一种策略,通过为工作空间增添原创的、有吸引力的设计,来增加工作空间的访客数量。通过改变销售模式,吸引客户来公司,可以让他们同时看到想要的产品和服务,也可以根据谈话让负责人对接客户。除了客户已经知道的显性知识,公司还可以利用客户自己无法用语言

---

① 大体指 2007—2022 年。——编者注

表达的隐性知识来创造新的知识。

"设计思维"可以被看作是一种类似于开放式创新的趋势。与"做好产品就能卖出去"或"推出公司经过多年彻底完善的旗舰产品"的传统趋势不同，它是一种以洞察客户需求和如何改变客户体验为出发点的工作活动。"请从我们这里购买产品"的态度正在转向合作创造的态度，即"你愿意一起创造一项工作吗？"除了邀请现有客户作为参观者，越来越多的公司在其办公室附近设立了联合办公空间，以鼓励其他公司的员工（潜在客户或潜在合作伙伴）与自己的员工进行互动。可以说，创建超越边界的知识创造社区正在加速进行。

在扩大知识创造的工作空间时，采取向公司边界外开放并利用外部知识的地理拓展策略是有效的。在封闭环境中，关系的数量有限，而在开放环境中，关系的数量呈指数增长。

与另一个概念"非语言环境"相关的是增加共享空间的面积和种类。在以前的时代，重点是创造一个人们可以"舒适地工作"的环境，员工们渴望有一个个人空间，使他们能够专注于自己的个人工作。然而，现在强调的是团队工作，由于引入了无固定工作，个人空间的面积减少了，共享空间的面积反而增加了。共享空间的类型曾经不成比例地由吸烟区和会议室组成，但现在已经多样化，包括饮食空间、厨房、娱乐和游戏角、冥想室，以及用于短期会议和密集工作的空间。在多样化的空间里，特殊的非语言环境可以在每个空间里密集地交流。

在工作空间进行的活动也在多样化。在过去，工作是有固定地点和时间的，例如，从早上9点到下午5点在办公室办公。现在，工作空间可以在卫星办公室或家里，而工作时间也变得灵活，不再可能用时间和地点来定义工作。未来将是个人自主工作的时代。"斜杠职业"和副业的增加是这种趋势的一个标志。这种活动的多样化增加了那些尚未被语言描述或记录的活动的相对价值。换句话说，与其进行能统一和稳定创造价值的活动（已被记录和归档），不如将重点放在多样化和不稳定创造价值的活动上，并观察参与这些活动的人以发现潜在的价值。目前似乎只是爱好或娱乐的活动可能在未来产生巨大的价值，"艺术思维"的概念在工商管理研究中得到了关注，越来越多的公司邀请艺术家和活动家住在公司的工作空间。

在扩大知识创造的工作空间时，从时间的角度来看，采取将现在和未来不断变化的环境作为一种资源而不是被过去的计划所限制的扩大政策将是有效的，并以即兴的方式应对这些变化。这将防止在计划和制度化过程中发生同构的现象，并防止因失去创造性冲突而停滞不前。

## 案例研究

这里介绍巧妙利用信息通信技术鼓励知识创造的公司的案例研究。前两个案例与假设 1 有关，后两个案例与假设 2 有关。

### 地理上扩大空间的成功案例

**乐高（使用互联网的平台，吸取来自用户社区的新产品建议）**

乐高是一家 1932 年成立于丹麦的玩具制造商，其主要产品是组装积木。直到 20 世纪 80 年代，乐高通过销售各种各样的产品来稳定地增加销售额。然而，除了电子游戏的兴起，由于专利到期，市场上出现了许多廉价的仿制品，自 20 世纪 90 年代以来，乐高的销售额有所下降。

因此，乐高通过对其他公司的采访和对自身业务的分析，审视了其企业文化。乐高发现，客户有很多创造性的想法从而能够引发创新，客户不仅重视购买产品的过程，而且重视共同创造产品的过程。这促使乐高推出一个名为 LEGO IDEAS 的网站，将客户的想法商业化。之后，乐高的销售额回升，并在 2014 年成为世界第一大玩具制造商，在品牌排名中超过了谷歌。

乐高之所以能够恢复其销售业绩，是因为利用信息和通信技术吸收了外部知识，并实现了知识创造的地理扩张。乐高虚心向其他公司学习，并建立了一个平台，通过审视其企业文化来积极吸收客户知识。最终，以产品为导向的价值观转而强调过程。创新不能仅仅通过引进最新的信息和通信技术来实现地理上的扩大，培养一种积极利用外部知识的企业文化也很重要。

**Avatarin（虚拟空间，让人工制品成为参与者）**

Avatarin 是全日空航空公司（ANA）在 2020 年创办的一家初创公司，旨在通过提供大众化的通信虚拟空间，使虚拟空间成为社交基础设施。用户可以通过网站或应用程序登录到他们的虚拟空间，去到世界的任何地方。自 2016 年开始，这个虚拟空间开发工作一直在进行，目的是远程传送意识，这样任何人都可以在他们想做的时候做任何他们想做的事情。看起来很讽刺的是，一家以运送人员为使命的航空公司开始了一项让人们减少移动的新业务，但从 2020 年开始暴发的新冠疫情扩大了业务需求。这是一个技术发展和社会环境变化很匹配的案例。

例如，通过在零售店放置一个虚拟空间，顾客可以在店员的带领下实时走动，找到满足他们需求的产品。因此，即使是没有电子商务网站的农村商店也能够扩大销售。虚拟空间也已经开始被用于远程工作。与使用 Zoom 等在线会议相比，通过虚拟空间进行的对话向对方传递了更多的信息，也更容易获得意外发现。

Avatarin 将其业务视为社会基础设施业务，而不是虚拟空间销售业务。通过在世界各地放置虚拟空间作为社会基础设施，用户可以进入各个地区并探索新的知识。此外，虚拟空间正在融合现实和虚拟的知识创造空间。虚拟空间上的摄像头不仅可以显示对话伙伴，还可以显示伙伴的虚拟空间所处的背景环境。虚拟空间的使用创造了真实的物理感觉，而不局限于数字信息，有可能带来多样性和自发性，这对知识的创造是有益的。

### 时间上扩大空间的成功案例

**Komtrax（全球定位系统，从预防盗窃到维护服务）**

Komtrax 是一个机械操作管理系统，由 Komatsu 于 2001 年作为标准设备安装在工程机械上。最初，Komtrax 是在大型机械上安装 GPS 设备来防止盗窃的。当时，有许多银行自动取款机被液压挖掘机破坏的案例。如果有定位挖掘机位置的功能，则可以防止此类案件的发生，因此 Komtrax 系统开始安置在工程机械上。最终，通过跟踪系统和远程发动机停止功能，盗窃案件大幅减少。

Komtrax 不仅能够远程验证位置信息，而且能够检测发动机的运行状态和动力模式的使用状态，可以向操作者提供咨询和指导，并提供建议何时更换零件等新的客户服务，这大大促进了公司的差异化。Komtrax 系统可以为预防特殊事件做出贡献。例如，通过追踪剩余燃料的储存信息，可以防止燃料被盗，以及当买方拖延分期付款时，可以远程锁定机器。

通过使用从世界各地的工程机械中收集的数据来监测公共工程项目的状态，Komatsu 的管理人员还可以准确地估计未来的经济趋势。这是大数据业务的先驱案例，Komatsu 通过收集和汇总来自传感器的远程数据，将在此之前没有投入使用的非语言信息变成了可以利用的信息。世界上许多其他企业也有类似的趋势，它们将手机移动数据和汽车驾驶数据与各种服务相结合。

**ClipLine（短视频技术，从连锁店员工培训到多业务使用）**

ClipLine 是一家成立于 2013 年的日本初创公司，其核心是一个创建和发布短视频的系统。自成立以来，它通过使用约 20 秒的短视频（剪辑）系统，为发展连锁餐饮等多门店业务的公司提供价值，降低培训成本，实现了培训效果最大化。

创始人的灵感来自运动员如何通过记录自己的动作并与示范视频进行比较来提高自己的技能。这种训练方法是有效的，于是他将其改编用于员工培训，例如员工被期望如何提供服务。员工可以在平板电脑上查看示范视频，记录自己的肢体动作（如何向顾客打招呼、鞠躬、烹饪食品等），并将自己的视频和示范视频并排播放，进行客观比较。因为系统是云服务，员工可以在线查看点击次数、拍摄的录像数和观看次数等数据。这项技术作为"自主学习系统"获得了专利。

该系统现在被客户公司以意想不到的独特方式使用。它不仅被用作新员工培训的辅助工具，还被用作社交媒体平台，通过视频进行多地点员工之间的交流（缓解个体员工的压力），通过拍摄视频和检查商店的清洁度来进行监控，并用于人事管理，例如衡量每个商店的兼职人员的保留率以及团队工作情况。通过参考客户要求，ClipLine 正在继续创建额外的系统功能和新的业务发展。这是一个将非语言文本，如在工作场所产生的各种知识，转化为视频的显性知识的例子，并在客户与 ClipLine 内传播和积累这些知识，且继续发展商业模式，同时对变化做出即时反应。

## 结论

本章考虑了扩大工作空间以促进知识创造。本章的问题是"我们应该在什么方向上扩大工作空间，以便有效地创建和激活鼓励知识创造的 Ba（关系）？"

在回答这个问题时，我们使用了知识创造理论中 Ba 的概念。我们从 Ba 定义中包含的"共享""运动中"和"情境"三个要素的角度来探讨这个问题，并得到了"开放的系统"和"非言语环境"的启示。经过进一步的具体思考，我们从"开放的系统"中提取了"利用外部知识"，从"非语言环境"中提取了"即兴反应"作为空间扩大的策略。我们还介绍了四个利用信息通信技术成功的优秀案例。尽管还需要进一步研究，但截至 2021 年的暂定结论如下：

结论 1：在考虑如何在地理上扩大空间以利用外部知识的同时，可以更多地使用信息通信技术。

结论 2：在考虑如何在时间上扩大空间以允许即兴反应的同时，可以更多地使用信息通信技术。

## 参考文献

Nonaka, I. and Toyama, R. (2015). The knowledge-creating theory revisited: Knowledge creation as a synthesizing process. In The essentials of knowledge management (pp. 95–110). Palgrave Macmillan, London.

Wu, Y., Senoo, D. and Magnier-Watanabe, R. (2010). Diagnosis for organizational knowledge creation: An ontological shift SECI model. Journal of Knowledge Management, Vol. 14, No. 6, 791–810.

# 中国企业知识管理的三代实践模式及常见误区

*Qinghai Wu*

## 引言

随着越来越多的中国企业开始参与全球竞争,知识收集、知识转移和知识创造(Jin Chen and Gang Zheng,2016)变得越来越重要,这使得越来越多的企业开始实施知识管理(Jin Chen,2017)。当我们回顾过去 20 年中国重要的知识管理事件时,我们会发现,知识管理已经逐渐从学术研究的象牙塔走向企业实践的第一线(Qinghai Wu,2016a)。中国企业的知识管理实践每隔一段时间都会呈现出不同的特点。总结起来,大致可以分为上升阶段、知识管理 1.0、知识管理 2.0 和知识管理 3.0(Qinghai Wu,2016b)。

## 中国企业知识管理的三代实践模式

### 上升阶段

1998 年 5 月 4 日,时任中共中央总书记、国家主席的江泽民在北京大学建校一百周年庆典上发表讲话,指出全党、全社会要高度重视知识创新、人才开发对经济发展和社会进步的重要作用,使科教兴国真正成为全民族的广泛共识和实际行动(Zemin Jiang,1998)。此后,"知识经济"(OECD,1996)一词出现在中国的公共媒体上。许多大学的学者开始研究知识管理,中国的知识管理也进入了上升阶段。

一些国际知名的 IT 公司（如 IBM 和微软）与管理咨询公司（如麦肯锡、贝恩和埃森哲）都是从知识型服务的认知和实践开始，对知识管理的未来发展趋势有了深刻的认识。作为传道者，它们开始在中国大力宣传知识管理。惠普在中国设立了第一个首席知识官职位。中国的一些龙头企业，如联想、海尔、TCL、东软等，也在这个时候开始陆续实践知识管理。

地方性的知识管理服务机构也开始建立起来，如北京市长城企业战略研究所、上海企源科技、深圳市蓝凌软件、中国知网、中国知识管理中心。它们开始在中国提供与知识管理相关的教育和培训、咨询、软件实施、内容资源等服务。2003 年，中国知识管理理论与实践专家研讨会在北京召开。人们对如何将知识管理理论引入企业实践非常感兴趣。

### 知识管理 1.0——资本化实践模式

2005 年以来，越来越多的企业（如中国移动、利民制药、金地集团、招商证券、青岛啤酒、北京首都国际机场、西门子中国）开始进一步探索知识管理。全国各地都举办了各种知识管理的论坛和沙龙。中国的知识管理发展已经进入知识管理 1.0 的"探索阶段"，知识管理的热潮已经普及。

中国企业建立了文档管理软件系统、企业知识门户、企业维基系统、实体档案库等。其指导思想是致力于最大限度地收集员工的个人知识，并使之沉淀为组织的宝贵知识资产。我们可以称之为"资本化"实践模式。

这种模式以内容为导向，强调管理组织的显性知识，以积累为主要策略。众多的工作成果经过组合和规范后，可以提高工作的一致性，减少重复劳动，节约运营成本，降低管理风险，效益明显。

随着知识管理在不同企业的实践，很多知识管理从业者希望行业有通用的知识管理术语、框架和模型供参考。在中国标准化研究院的推动下，首个国家知识管理标准 GB/T 23703.1 于 2009 年正式发布。此后，其他知识管理标准也相继出台。截至 2021 年，中国已经发布了 10 个国家层面的知识管理标准。

## 知识管理 2.0——情境化实践模式

在互联网 Web2.0 的冲击和影响下，中国出现了基于社交网络的平台和应用，如人人网、新浪微博和微信。移动互联网方兴未艾，全面而深入地影响着社会和企业。2010 年后，华为（Nick Milton and Patrick Lambe，2018）、中粮研究院、新东方教育、中国航天、宝钢、腾讯、阿里巴巴、百度等企业开始引入知识社区、员工网络、专家黄页、团队在线空间等新方式，中国企业知识管理实践进入知识管理 2.0 的"升级阶段"。

以人为本，强调人与人、人与知识、人与业务的联系，强调参与和互动，注重经验管理，推动基于工作场景的内容生成和应用，成为知识管理实施的新路径选择。这种关注隐性知识、与情境相结合、针对具体业务场景的知识管理模式，可以称为"情境化"实践模式。

在这种实践模式中，实践社区（CoPs）发挥了巨大的作用（Jin Chen，2021）。将世界各地有相同兴趣、爱好和话题的人联系起来，形成社交网络，通过交流、讨论、对话和活动快速交换知识。问答网站使得用户能够在工作中遇到问题时激发和促进他人进行互动和回答。专家网络是为了识别那些具有实践经验的专业人员，创造和分享高质量的隐性知识。

有效的知识运营也尤为关键。通过用户操作、内容操作、活动操作、数据操作等手段，让合适的人在合适的时间、合适的地点获得合适的知识。同时，还可以根据业务场景进行知识提取（Qinghai Wu，2020）。通过配置或开发不同的知识地图，对业务场景中的知识进行聚集和展示，最终促进知识的应用，产生商业价值。

此时，中国的许多知识管理从业者希望能进一步分享和学习彼此的实践。2014 年以来，中粮集团、腾讯、中科院等机构自发举办了一些知识管理从业者论坛。2015 年 2 月，全国知识管理标准化技术委员会正式成立并召开第一次会议。2015 年 10 月，中国知识管理联盟在北京成立。2018 年 3 月，创新与知识管理联盟在北京成立。

同期，名为"知识+实践的秘密"的著作旨在介绍中国的最佳实践，经过系统的策划、征集、评审和再审，第一、二辑分别于2015年（Qinghai Wu et al.，2015）和2017年（Qinghai Wu et al.，2017）出版。其中，中国运载火箭技术研究院、中粮营养健康研究院、华为、新东方、招商证券、阿里巴巴、越秀集团、东软、奥雅纳、百度、宝钢、远东控股、西门子中国等中国优秀的知识管理案例经过梳理呈现给读者。

### 知识管理3.0——智能化实践模式

2018年以后，经过多年的积累，很多中国企业已经开始从优秀走向卓越。在不断向行业高端价值迈进的过程中，很多企业开始走进"无人区"，对知识原创能力的要求也越来越高。随着互联网的深入发展，Web3.0、大数据、云计算、人工智能和工业互联网开始影响企业。

为了更好地表现知识、获取知识和使用知识，文本挖掘、自然语言处理、本体论、语义网络、知识图谱、用户画像、智能推荐和智能搜索开始出现在企业应用的舞台上。让机器尽可能多、快、好、省地取代人的工作，已经成为一种大趋势。中国企业的知识管理实践已经进入知识管理3.0的"深化阶段"，可以称之为"智能化"实践模式。

当更多的重复性工作被机器取代后，人们将有更多的时间去冥想。这种具有延续性、能够带来幸福快乐、自给自足的活动，能够真正让人类的"万物之灵"在没有外在需求的情况下获得快乐，超越自我，不断激发和唤醒内在智慧，回归到对"真、善、美"等终极真理的追求（Ikujiro Nonaka and Hirotaka Takeuchi，2019）。

这种模式的主要策略是共同创造，以智能为诉求点，同时强调激发更多的个人创造力。通过环境氛围的构建和引导，形成能够使个体智慧动态涌现的场域（Ikujiro Nonaka and Hirotaka Takeuchi，2020）。在知识多样性方面，我们还需要构建一个培养知识交易的生态系统，形成许多基于商业价值链的知识联盟。通过众筹、共创、分包、知识网络达人、直播、小费、礼品等方式，实现资源的灵活配置和协同合作。

这一时期，一些比较有代表性的本土知识服务公司开始出现，如得道APP、混沌学园、孙行者网等。作为新的知识经纪人，这些公司开始尝试文章内容奖励、专栏付费订阅、在线专家奖励等新的商业模式。其中，行者互联科技（北京）有限公司秉承"知行合一"的理念，致力于"管理知识、激发创新、唤醒智慧"，提供专业的知识管理服务，如培训、认证、咨询和知识经纪相关服务。这些公司共同支持中国企业面对知识经济的发展形势，实现知识转型和升级的梦想。

## 三代知识管理的比较

表17.1对三代知识管理的特征描述、关键要素、实施策略、功能点和主要问题进行了分析和总结。

表17.1 三代知识管理的比较

|  | 知识管理1.0 | 知识管理2.0 | 知识管理3.0 |
| --- | --- | --- | --- |
| 实践模式 | 资本化 | 情境化 | 智能化 |
| 特征描述 | ● 注重显性知识<br>● 内容构建<br>● 努力收集知识，使其成为组织有价值的知识资产 | ● 注重隐性知识<br>● 人员导向<br>● 强调人员、内容和商业场景之间的联系 | ● 建造知识的智能生态系统<br>● 构成知识多元化<br>● 激发个体更多的创造性并启发他们的内在智慧 |
| 关键要素 | 内容 | 情境 | 智能 |
| 实施策略 | 不断积累 | 联系 | 共同创造 |
| 功能点 | 文件管理、知识分类、访问权限管理、知识搜索、知识维基、知识统计等 | 实践社区、问答网站、知识提取、专家网络、知识地图和知识积分等 | 知识领域、生态联盟、智能推荐、知识图谱、智慧觉醒和知识交易等 |
| 主要问题 | ● 如何科学系统地建立组织知识管理软件系统？<br>● 如何平衡知识共享与信息保密之间的矛盾？<br>● 如何快速便捷地找到知识？<br>● 如何鼓励员工自发积极地提供知识？ | ● 如何有效地挖掘并提取隐性知识？<br>● 如何将知识与商业场景融合？<br>● 如何联系不同的人、人与内容以及部分内容与其他内容？<br>● 如何建立知识网络和知识服务？ | ● 如何通过创造实地环境来促进知识创造？<br>● 如何将人工智能技术融入知识管理软件系统？<br>● 如何有效唤醒个体的自我智慧？<br>● 如何通过知识管理实现价值？ |

# 中国企业的案例研究

## 背景介绍

中粮集团是中国农产品和食品行业最大的多元化产品和服务的供应商。公司成立于1949年，连续多年入选《财富》杂志评选的世界500强企业，2023年收入达6 921亿元。

为了提升整个公司的竞争优势和核心竞争力，中粮集团创造性地提出了建立"从农场到餐桌"的战略，全面整合农业食品产业链，为人类提供营养健康的食品。由此，生命科学、健康和营养被提升到集团发展的战略高度。

在这样的期待下，中粮营养健康研究院应运而生，以满足时代的需要。中粮营养健康研究院成立于2011年，拥有包括知识管理中心在内的8个研发中心，员工总数超过200人。作为中粮集团的中央研发和创新机构，中粮营养健康研究院是一个典型的知识技术密集型组织，以创造新知识为主体，聚集知识人才。中粮营养健康研究院成立以来，一直践行着知识管理并对其寄予厚望。此后，经历了"建设阶段"（2011—2013年），开始向"拓展阶段"（2014—2016年）迈进，一波三折。

## 挑战

中粮营养健康研究院分别在2010年和2012年推出了两个不同的知识管理软件系统。第一个系统是"KM"，第二个系统是"新KM"。第一个知识管理系统是在研究院筹备期间临时建立的，直接从市场上购买了一个现成的知识管理软件产品进行部署和使用。作为临时过渡，该知识管理系统前后积累了3300多个知识系统或模块，最终被废弃了。

第二个"新KM"系统规划了三个模块，即知识库、专家数据库和社区。在一家知识管理服务提供商的指导下，该项目经历了规划知识类型、组织文件上传活动、完善平台整合、制定知识管理白皮书等工作。但由于项目经理更换、专业能力不足、系统性能不稳定、界面不友好等原因，"新KM"系统只上线了知识库模块，最后成为一个纯粹的文档管理系统。在经历了前两套系统后，中粮营养健康研究院也在反思需要什么样的知识管理系统。知识管理软件是一个让人机械地按照固定分类上传文件的系统吗？

## 知识管理实践的方法

因此，以"连接""沟通""协作"为核心理念的 C3 平台战略被正式提出来。C3 引入了社交网络、实践社区、评论与互动、微博和移动互联网等 Web2.0 元素（Qinghai Wu，2016a）。

从 2013 年 11 月下旬开始，C3 陆续上线，包括门户网站、实践社区、专家、博客、微博、维基、任务、会议、日历、活动、新闻等与职工工作密切相关的模块。

同时，相应的宣传推广、机制建设和文化活动也配合展开。C3 一经推出，立即赢得了大家的一致青睐和无数赞誉。秉承快速运行、敏捷迭代的螺旋式上升原则，C3 整体规划不断吸纳用户的一线需求进行升级优化，并将其分解成模块进行短期开发、发布和优化。

C3 结合工作场景推出了一些知识专题，如标准体系、常用模板、科技会议、研究院介绍、新员工入职等。

此外，C3 移动端 APP 于 2014 年 6 月正式上线，大家可以通过智能手机随时随地查看研究院的人事、新闻、公告、博客等动态，方便快捷，大大提高了工作效率。

据统计，C3 的页面浏览量（page view，PV）在工作日平均每人 18 次，独立访客（unique visitor，UV）占机构总人数的 55%。2014 年年底，根据内部满意度调查，C3 成为大家最喜欢的应用系统，普及率高达 98%，有 89% 的人表示喜欢使用该系统。根据 2015 年年底的调查，C3 的满意度有了进一步的提高，91% 的人表示喜欢使用 C3。

在实践中，中粮营养健康研究院倾向于将知识与业务场景联系起来。秉承"服务创新，支持研发"的核心工作指导思想，在分析研发核心业务流程的基础上，中粮营养健康研究院选择在以下几个方面进行重点突破。

（1）**学术资源**：构建一站式学术资源整合平台，整合学术期刊、会议论文、学位论文、标准专利、电子书、国外文献等资源。

（2）**智能创新**：结合研究院现有智能需求，开展智能管理系统的可行性研究，完成需求方案，建立智能管理系统，加强行业智能化推进工作。

（3）**实践社区**：完善和优化 C3 的不同栏目，在社区运营中考虑专题运营推广模式，并与研究院的文化和发展阶段紧密结合。

（4）**创意管理**：创意工作要制度化、流程化。规定所有项目的来源应来自创意系统。应注意从外部收集创意。

（5）**项目管理**：完善研发流程和产品生命周期管理系统建设，继续优化和拓展产品生命周期管理二期，探索向研究院以外的机构推广和拓展的模式。

（6）**图书和档案管理**：建设图书和档案管理系统，与项目部合作完成基建档案的整理和上架工作。以技术和产品项目为基础，建立文档管理机制，在里程碑节点和项目收尾阶段嵌入知识收获环节。

（7）**专利管理**：在专利挖掘工作达到一定数量的基础上继续提高专利质量，并尝试研究建立知识产权交易中心的可行性。

（8）**内部刊物**：尝试对研发成果进行梳理，建立内部刊物，提升研究院的行业影响力。

## 结果

经过多年的努力，中粮营养健康研究院积累了大量的知识。在 2014 年和 2015 年取得了一些成绩，并逐渐得到了业内人士的认可。2014 年，中粮营养健康研究院获得了中国最具创新力知识型组织（MAKE）奖。2015 年，继获得 2015 年中国 MAKE 奖和 2015 年亚洲 MAKE 奖后，中粮营养健康研究院实现了三级跳，获得了 2015 年全球 IOU（independent operating unit，独立运营单位）MAKE 奖！这是 2015 年中国大陆唯一一家进入全球 MAKE 奖的企业，也是第二家获此殊荣的中国大陆企业！

研究院可以通过知识管理从以下三个层面获得收益。

（1）**保留工作痕迹**。例如，C3 上线后，有效沉淀了组织的知识资产，各类知识通过不断积累逐年增加。截至 2015 年年底，研究院联合建立了 46 个实践社区，其中专家 442 人，积累了 1 万多份文件，1.3 万多条评论，1.6 万条微博，600 多篇帖子，1 250 条新闻公告，850 多篇博客文章，135 项活动，2 200 条百科维基。这些知识资源为后续工作人员的浏览、搜索、加工等打下了坚实的基础。

（2）**加工和再利用现有的知识**。例如，学术资源系统自 2015 年 4 月 8 日投入试运行以来，得到了研发人员的广泛好评。截至 2015 年年底，共下载文献 23 万份，科技检索需求 100 余条，机构检索需求 350 余条，交付文献近万条。例如，自 2015 年 5 月 20 日图书和档案管理系统试运行以来，已上架纸质图书 3 563 册，电子图书 16 138 册；截至 2015 年年底，已借阅纸质图书 1 200 余册。

（3）**改进和创造新的知识**。例如，在专利方面，2014 年研究院在专利申请数量上取得了重大突破，新增申请 102 项（比 2013 年增长 222%），包括发明专利 86 项、实用新型专利 12 项和外观设计专利 4 项。研究院获得了中粮集团专利管理奖。2015 年，专利工作继续取得巨大成绩，新增申请专利 108 件，其中发明专利 87 项，实用新型专利 9 项，外观设计专利 12 项。例如，在创意征集方面，研究院与中国农业大学、江南大学、河北工业大学等高校联合开展了"2015 中粮营养健康研究院校企联合创意大赛"，共征集到 55 个与集团业务相关的优秀食品创意，最终有 13 个优秀创意被成功孵化。

## 实施企业知识管理的常见误区

当然，很多企业在推进知识管理的实施过程中，并非一帆风顺。在企业实施知识管理时，我们发现一些常见的陷阱，需要特别注意和规避。

### 陷阱一：只重视软件系统，不重视运营规划

在很多人心中，知识管理往往等同于知识库，实施知识管理就是开发一套知识管理的软件系统平台。其实，这是一种非常危险的认知。很多企业都秉承这种习惯性思维，所以在这方面摔得很惨。

知识管理是一个跨学科的领域，它涉及每个人和每个部门。在做得好的企业知识管理的实践案例中，我们发现他们往往会平衡战略、流程、技术、人员、文化等要素，重视"规划＋开发＋运营"，而不是只重视某一个方面。

### 陷阱二：只求短期收获，不求长期坚持

知识的美酒需要时间来打磨和酝酿。板凳要坐十年冷！如果你不能忍受，你就无法在自己的领域取得成就。知识管理的领域也符合这个规律，三年一小成，十年一大成。很多企业期望知识管理能在短时间内取得成效，显示其价值，这往往带来更大的失望。

知识管理的逻辑往往遵循理性思考。就像体育健身一样，需要长期坚持，不能放松。荷花需要 30 天才能开遍整个池塘，但是到前 1 天，它也只开了一半而已。专家也需要刻意练习一万个小时，才能在某一领域取得成就。说到底，这不是运气和智慧，而是毅力。

### 陷阱三：只建立系统框架，不捆绑业务

知识管理不应该与业务分开。一是知识来自业务，同时也服务于业务。二是将知识管理的理念融入业务：知识管理就是业务。事前学习、事中学习、事后学习贯穿于业务之中，使学习、思考、实践的闭环成为每个人的固有习惯。

如果想深度绑定业务，就需要挖掘那些能够产生商业价值的典型知识场景，也就是找到商业动力。此外，还需要在组织层面上建立知识管理能力。比如，可以建立知识管理业务伙伴机制，拉近与业务一线的距离。同时，要在业务部门建立知识管理种子团队，通过培训、认证、锻炼等方式为其赋能，使其成为业务终端的发动机。

### 陷阱四：只是战术变化，不做战略变革

对于知识管理做得好的企业，我们还观察到一个共同的现象：知识管理往往是一个顶级的项目，会得到公司高层领导的持续关注和支持。许多公司的知识管理遭遇的最大曲折是主管领导的变化和他们的战略关注点。因此，知识管理不仅需要被看作是一种战术变化，还需要被看作是一种组织战略变革。

为了将知识提升到公司的战略层面，有必要在组织层面制定知识管理目标、发展计划、发展路径、战略把握和行动纲要，在部门层面形成年度工作重点和行动方案。高层管理者要以身作则，积极倡导知识管理，提供资源保障。各级部门管理人员可以对知识管理给予具体的支持，并亲自参与其中。员工应该相信知识可以改变自己的命运，把不断学习、不断创新、不断改造、不断进化变成自己的终生信仰。

### 陷阱五：只看外部需求，不看内在驱动力

当然，要想让每个员工都能长期进行"自主经营"的知识管理，最难的是如何激发他们的内在驱动力。企业可以从"事"的层面不断要求员工在工作中留下记录，反思和总结最佳实践，创造和提取知识，主动提交共享知识，最后在实践中灵活运用知识。

但是，如果不从员工的"心"上解决问题，让他们认识到做知识管理首先受益的是自己，就很难真正让员工在心里认可知识管理，进而改变自己的行为。因此，认知的改变需要从头到尾地进行。首先为个人的学习和成长加分，然后通过组织层面的知识管理将价值放大。

## 结论

随着科技的快速发展，管理思想层出不穷，创新和突破也在加速。过去很重要，但未来更重要。三代知识管理让我们看清楚过去20年来中国企业知

识管理实践的发展和迭代。面对未来，知识管理的发展路径并不清晰，需要进一步实践和观察。颠覆自己的最好方法就是放弃过去的成功，进入未来的图景，用未来定义未来。知识管理的实践也是如此，需要更多的领导者去实践和探索。

## 参考文献

Chen, J.(2017). Management. Beijing: Renmin University of China Press.

Chen J.(2021). Holistic Innovation: Exploring an Emerging Innovation Paradigm of the New Era. Beijing: Science Press.

Chen, J., Zheng G.(2016). Innovative Management to Win Sustainable Competitive Advantage. Beijing: Peking University Press.

Jiang, Zemin. (1998). Inheriting and Carrying Forward the Glorious Tradition of the May 4th Movement, Speech at the Centennial Celebration of Peking University, People's Daily, May 4.

Milton, N., Lambe, P.(2018). The Knowledge Manager's Handbook: A Step-by-Step Guide to Embedding Effective Knowledge Management in your Organization. Beijing: Posts and Telecommunications Press.

Nonaka, I., Takeuchi, H.(2019). The Knowledge-Creating Company. Beijing: Posts and Telecommunications Press.

Nonaka, I., Takeuchi, H.(2020). The Wise Company: How Companies Create Continuous Innovation. Beijing: Posts and Telecommunications Press.

Organization for Economic Cooperation and Development (OECD). (1996). The Knowledge-Based Economy, Paris. Available online: https://basicknowledge101.com/pdf/KNOWLEDGE-BASED%20ECONOMY.pdf (accessed on 8 November 2021).

Wu, Q.(2016a).Study on the Concept and Strategies of Organizational Knowledge Plus in the Internet Era, Knowledge Management Forum, 2016(1): 17–24.

Wu, Q.(2016b). Three Iterations of Knowledge Management Practice, Enterprise Management, 2016(11): 20–23.

Wu, Q.(2020). Knowledge Extraction: Amplifying the Value of Knowledge Management, Knowledge Management Forum, 2020(4): 227–233, doi: 10.13266/j.issn.2095-5472.2020.021.

Wu, Q., Wang, M., Xia, J.-H.(2015). The Secret of Knowledge + Practice. Beijing: World Knowledge Press.

Wu, Q., Wang, B.-M., Gong, Y.-N.(2017). The Secret of Knowledge+ Practice II. Beijing: World Knowledge Press.

> 第三部分
> 知识管理实践

# 实践社区中的集体知识和社会创新

## 意大利慢食运动的案例

*Luca Cacciolatti* 和 *Soo Hee Lee*

## 引言

本章的目的是为实践社区(CoPs)提出一个新的知识管理模式,通过利用集体知识促进社会创新。我们以意大利慢食运动(Slow Food Movement,SFM)为例,分析实践社区如何利用当地居民的集体知识来加强社会创新。1986年慢食运动始于意大利,其目的是推广当地食物和传统烹饪,以替代快餐。作为其活动范围的一部分,慢食运动的特点是推广传统和区域美食、在短食物链中运作的小企业、可持续耕作的作物和种子,以及区域生态系统典型牲畜的饲养。

1986年,卡洛·佩特里尼(Carlo Petrini)先生创办了名为 Arci Gola 的文化协会,该协会的目的是传播一种新的欣赏当地烹饪传承的哲学,专注于从消费高质量食物和葡萄酒中获得的享乐主义式的乐趣,同时关注只有食物鉴赏家才有的专业知识。

在本章中,我们提出通过市场情报活动收集的集体知识是实践社区形成和发展的必要的社会资源和投入。我们认为,集体知识有助于社会结构的形成,然后通过联合企业、相互参与和共享技能等机制引导社会创新。更具体地说,实践社区可以通过客户的参与将市场情报作为一种社会资源来利用,而蕴含在一个地理区域当地文化中的隐性知识可以被实践社区所吸收,并使之明确化,从而促进隐性知识的参与和重构过程,这是实践社区的典型特征。

在考察慢食运动的案例时，我们看到了对意大利皮埃蒙特地区隐性知识的保护（Von Krogh et al.，2012）是如何助长了反全球化，并使其像野火一样传播到全世界。慢食运动最初的导火索是1986年麦当劳计划在罗马的西班牙台阶上开设一家分店。虽然阻止麦当劳分店开业的尝试失败了，但之后，慢食运动的创始成员开始与关注快餐如何对他们的生活产生负面影响的人进行合作。关于快餐店的讨论是围绕着现代和快节奏的生活方式的理念展开的。然而，慢食运动象征着对企业理性所提倡的速度和效率的斗争，这种理性旨在为大公司股东实现价值最大化，而对那些发现当地食物传承受到大规模生产和消费带来威胁的公民来说，这种理性毫无价值（Bessière，1998）。

在本章中，我们认为慢食运动本身就促成了一种社会创新，它与加强对知识管理的理解有关，因为慢食运动有一个特点，即实践社区中的消费者也是生产者。我们已经知道：

> 社会环境中的参与包括一个双重的意义创造过程。一方面，我们直接参与活动、对话、反思，以及亲身参与社会生活的其他形式。另一方面，我们产生物理的和概念上的人工制品：文字、工具、概念、方法、故事、文件、资源链接以及其他形式的重构，这些反映了我们的共同经验，我们围绕着它们组织我们的参与。
>
> （Wenger，2010）

在这方面，慢食运动的创新之处不仅是与快餐店的对抗，提出快餐大规模生产食物提供给大众，它还提出了另一种论述，通过这种论述，皮埃蒙特地区的当地文化允许生产者和消费者的双重性存在，这是一种典型的更健康、节奏更慢的生活方式。此外，慢食运动还将这一论述扩展为一个集体知识系统，作为变革的催化剂以利于社会的进步。

理性化的负面影响体现在其表现出不容置疑的领导地位（Weber，2002），以及为了效率、数字化、可预测性和控制而对传统价值和情感进行压制（Ritzer，1992）。慢食运动通过创始人对地域和当地文化的了解，缓解了食品行业中理性化浪潮的影响。在这方面，慢食运动的成功主要归功于有效创造和管理知识的能力，证明了知识管理对社会繁荣的作用。知识管理有助于实践社区理解数据和信息在产生知识方面的作用，从而有助于提高社会福利和创新。

虽然慢食运动是一个具有强大领导力的实践社区，但是否必须通过采取自上而下而不是自下而上的方法来管理知识是有争论的（Fromhold-Eisebith and Eisebith，2005）。知识创造中的管理很重要，因为个体和公共组织关心的问题不同，公共组织主要关注社会创新问题（Mulgan et al.，2007）。因此，各国必须在个体和公共组织内促进社会创新，以避免其中任何一方的权力分化，但政府是否应该领导社会创新？

在世界许多地方，各种形式的共同创造似乎是一种成功的创新模式（Seltzer and Mahmoudi，2013）。公民可以聚集在一起，通过试错找到解决共同问题的方法（Lee et al.，2012），他们可以在联合成实践社区的条件下成为创新者。实践社区为思想的交叉融合、知识的创造以及对社会创新的追求奠定了基础。

因此，在本章中，我们根据实践社区的典型动态来探讨慢食运动的问题。我们解释了在社会创新背景下，通过实践社区创造、巩固和传播知识的机制。

实践社区是一个标志性的案例，自下而上的社会创新方法取得了巨大的成功。我们新的知识管理框架采用了Wenger（1998a）的实践社区框架来分析慢食运动如何利用嵌入在当地居民中的隐性集体知识，通过市场情报（来自当地传承和客户参与的信息）来收集这些知识，然后利用它们来建立一个特定的共同知识领域。这样一个领域使得慢食运动社区的社会结构得以建立，知识管理的参与行为和具体化成为可能。接下来，我们将介绍为促进社会创新的实践社区而建立的新知识管理模型的相关理论背景。

## 理论框架

### 实践社区作为社会创新的推动者

**社会创新和社会使命。** 社会创新被定义为以满足社会需求为目标的创新活动和服务,主要通过以社会为主要目标的组织进行传播(Mulgan,2006)。社会创新是为了满足社区的社会需求或向社区提供社会利益的创新,比如创造新的产品、服务,以及在应对社会排斥方面比传统公共部门更好或更有效的组织结构和活动(Moulaert,2013)。

社会创新的边界是由创新的动机和扩散来界定的。例如,商业创新是以利润最大化为动机,并通过以利润最大化为主要动机的组织进行扩散(Mulgan,2006)。Mulgan(2006)也承认,社会创新的定义有几个边界案例,例如,以社会目的而开发的产品或服务,之后被具有社会使命的企业或其他营利性组织采用。

为了解决这些模糊的定义界限,Cacciolatti 等(2020)指出,社会目的在决定一个从事社会创新的组织的商业动机方面确实很重要,但不是只有社会企业才从事社会创新。因此,他们建议社会使命应该被纳入社会创新和社会企业的定义中,因为很多营利性组织都从事社会创新(Altuna et al.,2015),它们也可以有社会目的,但不一定被归类为社会企业。

正如 Moulaert 等(2005)所指出的,社会创新的三个维度是满足尚未被满足的需求、改变社会关系,以及为增加社会政治能力和获取资源而赋权。尽管随着时间的推移,人们对社会创新有了许多定义(Van der Have and Rubalcaba,2016),但在本章中,我们将社会创新定义为为社会问题提供解决方案,并以追求社会使命为支撑的创新活动。在社会创新的基础上有促进社会使命的需要,而这往往是因为用户之间的知识共享而变得可能,无论是个人还是群体用户。实践社区为集体知识的积累、利用和传播提供了肥沃的土壤。

**实践社区：领域和社区。**实践社区作为一个概念起源于情境学习理论（Lave，1988）。构成实践社区的要素是成员对社区实践的参与，以及成员对社区的认同，这给了他们一种归属感（Lave，1991）。实践社区是一群人，他们共同关注一个问题，一组问题，或对一个主题有热情，并通过持续的互动加深他们在这个领域的知识和专长（Wenger et al.，2002）。当观察实践社区的边界时，可以发现它们与俱乐部或网络不同，实践社区需要满足存在共同的兴趣领域，以促使成员们聚集在一起并相互接触（Wenger，2010）。实践社区的例子有：

> 艺术家们聚集在咖啡馆和工作室，讨论新风格或新技术的优点。运营制造业务的一线经理们有机会惺惺相惜，了解即将到来的技术，并预见到风向的转变。

（Wenger et al.，2002）

在实践社区中观察到的基本过程与参与者之间的互动有关：

> 他们以自己的方式创造新的工作模式，这往往与正式规定的模式不同。……出现了实践社区的三个基本过程：社会建设、协作和共同语言。通过适应这三个过程，参与者联合解决问题。因此，实践社区的重点不是个人的认知，而是参与者之间的互动。

（Lundkvist，2004）

实践社区中的社区感与其他形式的社会聚集不同。实践社区的成员有相互定义的身份，即使他们以不同的技能和知识对社区做出贡献（Wenger，1998b）。Cox（2005）指出，Wenger 在实践社区语境下使用"社区"一词意味着成员之间的关系紧密，通常规模较小，没有明确的界线，并且往往呈现出冲突的关系，却具有目的性和创造性。在这个意义上，实践社区利用植根于成员集体知识的共同语言来产生一个社会结构，然后通过联合企业、相互参与和共享语言的机制来引导社会创新（Wenger，1998b）。这些都是构成实践社区的要素。

更具体地说，联合企业指的是实践社区的伙伴特征。联合企业的成员包括个人成员和组织，他们在共同生产的基础上建立社会关系，为不同的实体提供共享价值。实践社区将来自不同组织以及独立业务单位的人联系在一起。在这个过程中，他们围绕着核心知识的要求把整个系统编织在一起（Wenger et al., 2002）。联合企业将实践社区的所有成员联系在一起，他们的实践和围绕该实践分享的知识使他们成为实践社区的一部分（Roberts, 2006）。Wenger 在研究克莱斯勒公司如何试图缩短产品的开发周期以提高公司竞争力时给出了一个联合企业的例子：不同职能领域的员工开始非正式地开会并分享他们的知识，经理们在看到非正式的知识分享会导致不同职能领域工作方式的改进后，鼓励建立技术小组，也就是非正式的知识小组（Wenger et al., 2002）。

虽然联合企业和以实践为中心的共同利益领域有助于增添对社区的认同，但成员的参与是社区凝聚力的关键。已建立的规范和互动常规调节了成员之间的关系（Roberts, 2006）。保证相互参与的关系是需要长期维持的，无论关系的性质是冲突的还是和谐的（Wenger, 1998b），个人之间信任关系的存在表明有能力高度相互理解，这种能力建立在对共同的社会和文化背景的欣赏之上（Roberts, 2006）。相互参与要想有效，需要成员采用一种社会心理过滤器，使实践社区成员之间能够深思熟虑地分享知识。如果实践社区成员之间相互信任，并且认为其他成员想要分享的知识是可用的、可信的和真实的，那么这种相互参与便是有效的（Andrews and Delahaye, 2000）。

最后，共享语境指的是源于实践和知识共享的知识生产，这种知识体现在实践社区成员共有的一些资源中：特定的语言或行话、常规和行为模范、故事和叙述，以及人工制品（Wenger, 1998b）。正如 Roberts（2006）所强调的，在实践社区内生产人工制品，"一起做事"，并讨论所生产的人工制品，可以创造相互参与。同一作者还指出，实践社区是自发形成的，因为成员对某一知识领域的兴趣激发了相互参与，因此，共享语境通过强化对知识领域的兴趣，加强和扩大了围绕实践所建立的社区意识。

在共享语境中通过公共资源来创造和传播知识这一元素，促使我们提出了一些关于实践在实践社区中的作用，以及集体知识在实践社区形成中的作用的重要问题。例如，如果实践社区是以知识领域为中心的、以实践为重点的，并且这种实践是通过成员的参与和他们对共享语境的创造来进行的（重构）（Wenger，1998b），那么是什么机制支撑着实践社区获取隐性知识和未阐明的知识并将其转化为显性知识的能力？另外，如果隐性知识和未阐明的知识是由集体持有的，那么是什么机制支撑着这些知识的收获，并利用它们来建立促进参与和重构的讨论？接下来将对这些问题的理论基础进行探讨。

**集体知识作为实践社区发展的投入**

集体知识是在组织背景下进行讨论的，并被认为是一种在组织内特定文化中共享的知识形式（Penrose，1959）。这意味着集体知识的存在需要有一个组织框架和具体的组织机构。

集体知识还包括对社会定义的集体理解，这取决于人为的判断（Toulmin，1999）。集体知识建立在属于社会群体的个人知识之上（Polanyi，2015）。最重要的是，在一个组织中发现的集体知识为集体实践提供了参考（Spender，1994）。在这方面，正如我们之前提到的，实践社区的中心是知识领域，其定义由成员共享。实践社区的成员通过联合企业、相互参与和共享语境而团结在一个社区中。因此，与领域和社区一起，构成实践社区的第三个要素是实践。

**实践：参与和重构**。通过实践，实践社区以参与和重构的过程将隐性知识转化为显性知识（Wenger，1998b），决定了实践社区内部的意义协商（Roberts，2006）。实践是一种将行动和联系结合起来的方式：一个雇员属于一个工作小组并执行任务，通过自身的技能获得一种身份感，并通过自身的经验获得意义（Baxter and Hirschhauser，2004）。参与意味着在实践社区中有一定程度的活动和主动性，它有助于学习、意义的创造和加强对实践社区的认同。

参与和重构的概念密切相关。在定义重构的时候，Wenger（1998a）认为，任何实践社区都会产生抽象、工具、符号、故事、术语和概念，它们以一种凝固的形式将该实践的某些东西重构。在质量管理的背景下，重构可以被适用于作为过程的团队合作、统计过程控制图、用于过程的标签、企业使命声明、ISO 9000 文件中的程序、关键成功因素的说明等。改进措施通常需要对个人的参与方式进行修改，并需要有一系列新的重构可能性（Baxter and Hirschhauser，2004）。

因此，重构指的是创造有形的产出或将抽象事物体现在实物上，或者如Wenger（1998b）所说的，我们将我们的意义投射到世界上，然后我们认为它们存在于我们的世界中，具有自己的现实。

总之，只要意义、符号、故事、概念、工具和人工制品等将隐性知识显性化，那么，一旦重构过程在生产中达到临界质量，参与度增加并产生一定的牵引力，那么，溢出效应就可能发生，使实践社区产生有影响力的社会创新。这可以为实践社区产生社会创新的机制提供一个合理的解释，虽然在目前的文献中，实践社区背景下将隐性知识转化为显性知识的过程并不清楚。这个过程发生在组织中，Nonaka 等（1996）表明速度和灵活性是企业发展过程中的关键因素，也是适应不断变化的外部环境的关键因素。据称，参与和重构之间的迭代也需要速度和灵活性。然而，这些并不能充分说明实践社区中的知识管理。我们认为，社会资源提供了集体知识的有关情报，这些知识为实践社区的知识领域发展提供了动力，在实践社区的发展中发挥了关键作用，从而使其具有创新能力。下面我们将讨论社会资源的作用。

**社会资源和集体知识**。在知识管理文献中，人们普遍认为隐性知识是可操作的，且部分或完全基于个人经验（Leonard and Sensiper，1998）。隐性知识包括不同类型的自动技能（如工具的使用、对某一事件的本能反应等），隐性知识虽然还没有被阐述，但可以被编纂（Spender，1993）。隐性知识有时是半意识的，而隐性元素是主观的、经验性的，在此时此刻创造的（Polanyi，2009）。

鉴于上述定义，隐性知识是集体知识的构成要素，因为后者嵌入在组织或社会团体中（Holzmann，2013），并允许组织分享和重新组合个人的隐性知识，协调其传播（Zhao and Anand，2009）。集体知识可以弥补个人知识的不足，并以一种工具性的方式对其进行重新配置，从而为集体创造价值（Kogut and Zander，1992）。

一个集体成员代表了一种社会资源（Lin et al.，1981），实践社区可以利用这种资源来推动它们的知识领域，并利用市场信息来获取集体知识。由于实践社区本身就是一个集体，部分知识可以在志同道合的相邻集体中获得，这就在知识寻求者和知识贡献者之间形成了一种二元关系（Beck et al.，2014）。然而，这两个集体的知识生产界限是模糊的。知识寻求者和知识贡献者同时都是知识的生产者和消费者（Jasanoff，2004），它们的互动产生了隐性知识，为实践社区的领域发展提供了动力。集体知识的一个例子是地方领域内（Shaw and McGregor，2010）的隐性知识（Von Krogh et al.，2000）以及

为了建立一个丰富的社区知识库，社区成员可能会合作，通过共同讲述故事的对话形式来充分发掘传承知识，特别是当个人知识可能不足时，需要集体知识的输入，以保证准确性。

由于成员的主动参与和对当地文化中集体知识的吸收，实践社区可以通过收集蕴含在集体中的知识的情报来推动知识领域发展，并为实践（参与和重构）提供支持。虽然这有助于解释隐性知识是如何被获取的，从而点燃实践社区的激情并促进其发展，但就其本身而言，是实践社区对社会创新做出贡献的必要不充分条件。接下来，我们将讨论外部化过程（Nonaka et al.，2000）对实践社区创新活动的贡献。

因此，一个组织的学习能力（促进了实践社区的知识领域发展）以及允许参与性和支持性领导的治理结构（促进了社区成员的协调和合作），为实践

社区的创新作用奠定了基础（见图 18.1）。

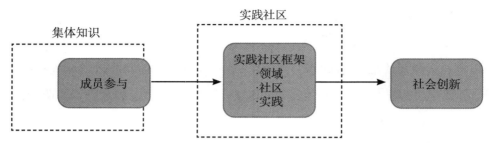

**图 18.1　实践社区内集体知识和社会创新的概念模型**
资料来源：实践社区框架改编自 Wenger（1998a）。

## 案例分析

在卡洛·佩特里尼于 1986 年发起慢食运动之后，该运动的正式宣言于 1987 年发表在全国性优质报纸《宣言报》(*Il Manifesto*) 的副刊上，并由佩特里尼先生与诺贝尔文学奖获得者达里奥·福（Dario Fo）等意大利著名知识分子、艺术家和公众人物共同签署。正如 Dumitru 等（2016）所说的，尽管慢食运动的使命有社会目的，但从这个运动中产生了一个广泛的私人活动网络，他们的知识外化能力促使其扩展到全球 160 个国家的 10 万多名成员、100 多万名支持者、2 400 个食品社区和 1 500 个分支机构或分会。

对慢食运动案例研究的分析侧重于实践社区如何通过利用市场情报获得的集体知识来促进社会创新。为了揭示这种隐性知识获取和转化为显性知识的过程及其用于发展实践社区并导致社会创新的机制，我们需要将案例分析分为三个主要的主题领域：实践社区作为社会创新的推动者、社会资源以及实践社区创新活动中通过情报收集的集体知识。在整个主题分析中，我们运用了 Wenger（1998b）的实践社区框架，下面是我们的发现。

## 实践社区作为社会创新的推动者

**领域**。慢食运动提出了一个非常明确的知识领域，建立了一个反理性和反全球化的论述。证明慢食运动存在的基本出发点是"我们"的概念：慢食运动的成员欣赏纯粹享受食物的慢节奏，并且意识到当地食物在人们生活中的审美和生态作用。这个想法遵循的是"我们"与"它们"的逻辑（"它们"指的是快餐），因为自全球化2.0浪潮开始以来，快餐是社会开始接受现代快节奏生活的唯一合理解决方案的典型例子。

> 没有快餐就没有慢食。
>
> （Pollan，2006）

因此，慢食运动的起始假设在于慢食运动和快餐之间存在着对立的立场。这是一个特别重要的观点，因为这种与全球化带来的快餐化的对立立场促进了植根于反全球化视角的反理性主义论述。效率、速度以及通过竞相压低价格来寻求竞争力的理性主义价值观必须加以抵制，因为它们对农村社区造成了损害。

> 快餐化进程的批评者让我们看到了大多数人的普通食品和所有快餐的生产过程都是纯利润驱动的，并且肉类的制造过程是令人沮丧的、经常令人反胃。
>
> （Fox，2008）

> 另一方面，慢食运动代表了对基于生产力、数量和大规模消费等无用概念的文明的反叛行为，这些无用概念破坏了习惯、传统和生活方式，并最终破坏了环境。
>
> （Petrini in Hodgson and Toyka，2007）

有鉴于此，慢食运动选择了与这种文明进行斗争，这种文明是破坏的而不是养育的，不尊重几个世纪以来当地传统教给人们的对食物、自然环境和我们星球上的生命本身的欣赏，破坏了人们的生活和环境。

因此，作为实践社区，慢食运动的知识领域是基于本地生产的内在文化价值，批判全球化和非本地化的食品生产系统。

（Dumitru et al.，2016）

在这方面，推动慢食运动知识领域发展的集体知识蕴含在农村社区中，这些社区的消费者本身就是食物的生产者，同时也有植根于传统价值观的生活。这些社区所拥有的集体知识是关于大自然缓慢的时间安排、季节以及在不给食品生产系统带来最大产量的非自然压力的情况下生产的食品质量。这种类型的知识赋予了慢食运动以身份，并能够区分慢食运动和快餐（其生产是关于效率和资源利用的，而消费的重点是向城市居民提供方便、快速服务和较低的价格）。农村社区的集体知识有助于增加人们对慢食运动的认同，并为实践社区的发展奠定了基础。

**社区和实践**。鉴于政治相关性的增加和改变社会动态的能力，实践社区的企业水平、参与程度和共享语境有助于促进社会创新。因此，社区充当了社会创新的助推器。慢食运动对全球政治格局的影响是不可否认的，它创造了一个新的组织结构，给全世界的社区带来了社会效益。

慢食意识形态是让人们对快节奏生活有更深刻的认识（De Grazia，2005），它的建立与柏林墙的倒塌一起被认为是过去几十年中标志着美国化动态发生转变的最重要的事件之一。小而慢的企业与大而快的企业相对立，但是这发生在市场内部，而不是与市场对抗。

（Sassatelli and Davolio，2010）

在这方面，慢食运动的联合企业早在1983年就开始参与了，当时佩特里尼创办了非营利性的食品和葡萄酒Arcigola协会。佩特里尼利用了他广泛的个人网络——他曾经是共产主义运动的活动家，并在1976年成为受马克思主义启发的政党的前地方政治候选人（Anon，1976）。慢食运动通过以下方式吸引了大量的追随者。

这个跨国网络存在于全世界160个国家，由10万名成员、2 400

个食品社区、1 500个分支机构（convivia）或分会，以及100多万名支持者组成。慢食运动还包括几个国家协会（意大利、德国、瑞士、美国、日本、荷兰、巴西、肯尼亚和韩国）、两个慢食国际基金会（生物多样性慢食基金会和大地母亲基金会），以及一所美食科学大学。

（Dumitru et al.，2016）。

通过联合企业共同创造的过程，我们可以看出有大量成员参与其中，比如国家电视台的导演、企业家和唱片导演、诗人、戏剧作家和演员、知名食品相关专业媒体的编辑，以及著名歌手和其他知识分子及艺术家。

当时，他们会在朗格地区的一家小酒馆见面，一起品尝美酒。福尔科·波尔蒂纳（Folco Portinari）当时是国家电视台的导演，一名评论家和一位精致的诗人，在那里有了灵感。波尔蒂纳写了文本，佩特里尼收集了签名，1987年11月3日，慢食运动宣言在《宣言报》上发表。

（Padovani，2017）

基于如此，社交网络的慢食运动在当地获得了吸引力，而且慢食运动在全国范围内的传播速度也相当快，这要归功于所有参与其初期发展的人，因为他们都在自己的领域中拥有追随者，无论是音乐、戏剧、美食，还是新闻界。在这方面，佩特里尼作为《宣言报》等优质报纸以及全国性报纸《新闻报》（La stampa）的作者，在当地有自己的影响力（Menétrey and Szerman，2016）。这群最初志同道合的人以友好的方式进行合作和交流，例如在Padovani（2017）的文章中指出的在小酒馆里吃饭，强烈促进了相互接触，他们的理想来自他们所在的共产党，并开始在高质量食品的民主化理念和保护当地农民的传承中得到分享，这是作为慢食运动起点的皮埃蒙特地区的特点。

慢食运动提出了一种消费模式，人们不再是消费者，而是民主社会中的共同生产者，基于食品生产者和消费者之间的信任关系，慢食运动已经能够在（主要是当地）食品系统中引入新的认识、行动和关系方式。

（Dumitru et al., 2016）

慢食运动有助于在世界范围内创建食品社区，打破批发的循环，不与大品牌竞争，而是培养消费者对本地好产品的需求，创造短的营销回路，加强消费者和生产者之间的直接关系。慢食运动还涉及产品销售的创新。

（Demetriu et al., 2016）

在慢食运动成立之初，佩特里尼在当地已经很有影响力，对当地的食品生产和消费习惯有很好的了解。然而，慢食运动从与当地和国家媒体以及饮食文化专业媒体的接触中得到的杠杆作用也不小，这有助于通过强烈的重构过程创造一个共享语境，从而引导人工制品的生产（如制作会员卡、创作新闻项目、出版物和活动项目），以及通过活动创造意义（如创作慢食运动宣言、组织主席团（presidia）、参与政治群众集会、让小型食品和饮料生产商参与并使他们成为焦点）。

慢食运动通过"品味方舟"项目、主席团、地球市场等活动加强了当地和农村社区的可持续发展，以及对当地文化和生物多样性的保护。

（Dumitru et al., 2016）

慢食运动设法围绕实践建立了一个强大的社区。然而，如果没有慢食运动从社会资源中收集情报的能力和获取当地集体知识的能力，这种做法是不可能的。接下来将更详细地介绍在慢食运动背景下社会资源和集体知识之间的关系。

## 社会资源和集体知识

由佩特里尼创立和领导的慢食运动，直接从那些拥有当地传统和历史知识的社会资源中收集有关食品和饮料质量的集体知识。慢食运动的市场情报收集工作自其成立以来一直在运作,它利用了当地的集体知识,这些知识来源于与慢食运动利益相关者的积极接触。在一个生产者和消费者共同创造的农村社区中,客户的参与成为重要的信息来源。慢食运动的主要情报来源是:

**食品专家**。这些专家是非常专业的生产者,例如,葡萄酒生产者、侍酒师、厨师和餐馆老板。食品专家以其对烹饪趋势的了解,为确定慢食运动在成立之初的目标方向做出了贡献,并使其在后来得到了发展。

**农民和生产者、食品加工者和工匠**。在集体知识的持有者中,我们发现供应链上有大量的参与者,他们在当地的地理区域内结合在一起,我们可以解释为市场的供应方。这些供应方积极主动地相互接触,他们立即看到了坚持慢食运动事业的机会(不管是出于商业原因还是意识形态)。他们的参与和联合企业进一步推动了知识领域的发展,加强了慢食运动的特性。

> 慢食运动的佩特里尼认为,在处理最困难地区的问题时,为了摆脱严格的传教士视角,现在绝对有必要进行这些交流,让农民、工匠和生产者了解其他的现实,让他们找到简单的解决方案,解决那些似乎无法解决的问题,或者只是找到鼓励,继续和改善他们卑微但宝贵的美食工作。
>
> (Petrini,2004)

> 佩特里尼认识到,如果没有高质量的农业,就不可能有好食物和好味道的文化。保护农民和生物多样性是食品系统从快餐食品和有毒食品的文化过渡到慢食运动所寻求传播的一个重要部分,即"吃好"的文化。
>
> (Shiva,2005)

**类别协会**。慢食运动还与类别协会建立了紧密的联系,在某些情况下,它促成了这些协会的建立,启发协会在食品和饮料行业的不同领域的知识积累,并促成了在国内和国际上对特定产品和生产的倡议,例如皮埃蒙特的肉类、奶酪、葡萄酒以及印度香米等。各类协会以其集体的知识,为不同分支机构的建立提供了信息，并在加强其实践的合法性的同时，为慢食运动的讨论提供了动力。

第一个关于肉类的具体慢食倡议是在福萨诺地区诞生的，它汇集了大约15名皮埃蒙特牛的小规模饲养者，饲养者们遵守非常严格的饲养规定。

（Anon，2000）

**消费者**。在一个地理区域内，参与者们结合在一起，可以解释为市场的需求方（与农民等相对）。客户包括终端用户，即家庭，以及批发商和零售商等下游中介机构。消费者掌握了一些重要的集体知识，但他们也是慢食运动所推动的社会创新的接受者，他们的力量被认为是集体行动的力量。

随着时间的推移，慢食运动启发了世界不同地区的消费者，例如，慢食运动的印度主席团影响了印度消费者，1998年，在禁止使用芥子油之后，来自德里贫民窟的妇女拒绝吃用豆油烹调的食物。即使是穷人也会选择食物的质量和多样性，除非食物独裁者剥夺了他们对自己的文化和自由的基本权利。

（Shiva，2005）

鉴于这些发现，慢食运动通过不同形式的市场情报从不同社会资源中收获的知识，随着时间的推移，促进了运动的加强和发展，使其能够在全球范围内扩展。尽管领域、社区和实践很重要，但如果没有强大的外部化能力（Nonaka and Takeuchi，2007）来支持，慢食运动的成功可能不会有这样的规模。接下来将讨论慢食运动的知识管理如何促进其创新活动。

## 探讨和结论

自下而上产生社会创新的想法在当前的创新文献中根深蒂固。鲜为人知的是促成社会创新的确切机制，因为大多数关于社会创新的研究涉及公共和私营部门在促进社会创新方面的作用（Nicholls and Murdock，2012），社会创新和社会创业之间的联系（Nicholls，2008），以及开源创新、合作和社会创新扩散（Phills et al.，2008）。目前，有三种主要机制与社会创新的产生有关（Vasin et al.，2017）：思想和价值观的交流、角色和关系的转变，以及私人资本和公共慈善事业的整合。尽管这些很重要，但我们相信，社会创新与新的常规和实践的出现有关（Di Domenico et al.，2010）。根据这一道理，我们认为实践社区在促进社会创新方面的作用是非常重要的，因为实践社区与社会创新的一些要素有着惊人的相似之处，即具有共同价值观的人们交流思想和建立关系。

这项研究的重点是通过探索实践社区的知识管理层面来解释知识的创造、巩固和传播的机制。通过采用 Wenger（1998a）的实践社区框架来分析慢食运动，我们发现了实践社区是如何获得集体知识以用于其重构过程的。然后，我们解释了导致社会创新的两个基本机制：从现有的社会资源中获取隐性的集体知识（Zhao et al.，2004），以及在实践社区中利用这些知识来增加人工制品的生产和参与，这使得隐性知识变成显性知识（Huang and Chin，2018），从而推动社会创新。

慢食运动案例研究为理解自下而上的知识管理方法如何造成具有巨大影响的社会创新提供了一个新的见解。如果没有明确的反全球化论述确定慢食运动的社会定义边界（Toulmin，1999），并允许其建立在慢食运动成员的个人知识之上（Polanyi，2015），这样的影响也许是不可能实现的。滋养慢食运动社区的集体知识也为慢食运动的实践提供了信息（Spender，1994），而创始人（即知识活动家）的本地知识（Von Krogh, Nonaka and Ichijo，1997），也被扩展到整个组织中。佩特里尼的心态是由他的天主教成长经历和后来与社会主义意识形态的亲密关系所塑造的，他的集体主义领导方式使慢食运动能够建立一个学习型组织（Probst and Borzillo，2008）。慢食运动实践的适应性在很大程度上归功于创始人的灵活心态，他的合作能力（如媒体、记者、电视和音乐名人以及食品专家的参与），他的协调能力（如创建活动和干预、在世界各地建立分支机构和主席团），以及通过社会实践推动有机适应时代变化的学习能力（Cajaiba-Santana，2014）。

慢食运动案例研究还揭示了慢食运动如何发展社区和实践社区的实践要素，即通过阐述嵌入当地社区并从慢食运动的社会资源中收集的隐性集体知识来推动知识领域发展。

通过这项研究，我们加深了对社会创新中隐性集体知识的作用的理解，并将其作为实践社区实践的一部分加以利用，通过重构过程将其明确化，从而为知识管理理论做出贡献。我们证明了在实践社区的实践中，参与和重构是如何产生一些共享语境的，这些语境被实践社区用来加强和扩大其联合企业的边界，并通过将隐性集体知识转移到其知识领域来进行相互接触。

我们研究的意义在于：（1）实践社区内知识转移的效率和知识的可扩展性；（2）实践社区治理的有效性；（3）设计正式的知识共享的分散结构。

第一，在慢食运动的背景下，实践社区中产生的集体知识被认为大于其成员的个人知识（Johnson，2001）。然而，从慢食运动案例研究中观察到的独特现象是，由于参与和重构，慢食运动中产生的知识领域迅速扩大。与其他常见的实践社区相比，慢食运动中的人工制品和干预措施的产生速度非常快。这表明，在知识转移方面，独立于主导商业组织而存在的实践社区是相对有效的（Roberts，2006）。

知识的转移是通过每个人的知识对社区的补充来进行的，在生产过程中，由于个人成员的知识也承担了社会资源的部分集体知识，因此知识的转移迅速增加。例如，与慢食运动合作的农民不仅给运动带来了自己的个人知识，而且还带来了来自当地地域的集体知识，即传统上农民之间共享的隐性知识。

第二，尽管目前的研究认为专制管理被自我管理和工作所有权所取代（Collier and Esteban，1999），但在慢食运动的案例中，自我管理和工作所有权得到了一个非常有魅力的领导者的支持，他拥有成熟的坚实价值观（即特定的心态）和强大的合作与协调能力。因此，自我管理和工作所有权可能并不是解释实践社区治理有效性的充分条件。正如我们的案例研究所证明的，领导力无疑起着至关重要的作用。

第三，实践社区和知识管理研究显示，实践社区是从群体学习的进化过程中产生的，其无处不在，是出于完成任务和提供学习途径的需要而形成的（Wenger，1998a）。实践社区是不断发展的，不是被创造出来的。因此，实践社区抵制我们通常认为的管理（Liedtka，1999）。然而，慢食运动的发展并不仅仅局限于鼓励学习。在创造大量知识的同时，它还设计和部署了一个拥有主席团和分支机构的正式分散结构，甚至还有一所大学来促进全球网络内的知识共享。这一奇特的发现可以使其他实践社区设计和部署一个既分散又与网络相连的知识共享结构。

第四，在新冠疫情大流行的严重封锁时期，虽然一些消费者改善了他们的饮食质量，但由于大规模食品生产的中断，许多人经历了食品危机（Lasko-Skinner and Sweetland，2021）。此外，由于对开放食品市场的限制，即使在世界各地的农民和食品生产者之间，不平等也在加剧（Slow Food，2020）。实践社区可以为政策制定者提供一种手段，迅速获取当地的隐性知识，并建立对危机具有韧性的社区。

我们的研究并非没有局限性，但可以通过未来的研究加以解决。实践社区可以从可获得的社会资源中收集集体知识。这样的知识可以拓展实践社区的知识领域，并通过参与和重构的过程将隐性知识转化为显性知识。我们提出的框架解释了这种机制如何有利于社会创新。然而，其他重要的因素，如当地的传承或环境监管，可能会影响到实践社区为社会创新而进行的知识管理。未来的研究可以更深入地调查这些因素是如何影响参与和重构的。这个单一案例的发现不能推广到更广泛的人群，未来的研究可以从提出的模型中开发出可检验的假设，并在各种实践社区环境中进行检验。

## 参考文献

Altuna, N., Contri, A. M., Dell'Era, C., et al. (2015). Managing Social Innovation in For-Profit Organizations: The Case of Intesa Sanpaolo. European Journal of Innovation Management, 18(2):258–280.

Andrews, Kate M., and Brian L. Delahaye. (2000). Influences on Knowledge Processes in Organizational Learning: The Psychosocial Filter. Journal of Management Studies, 37(6):797–810.

Anon. (1976). Petrini in Corsa. La Stampa, May 15, 113.

Anon. (1996). Slow Food Compie Dieci Anni. La Stampa, November 26, Special issue.

Anon. (2000). Slow Food Anche a Fossano: Tenuta a Battesimo Da Petrini, Punterà Sulla Carne Piemontese. La Stampa, June 1, Cultura e Spettacolo.

Baxter, Lynne F., and Constanze Hirschhauser. (2004). Reification and Representation in the Implementation of Quality Improvement Programmes. International Journal of Operations & Production Management, 24(2):207–224.

Beck, Roman, Immanuel Pahlke, and Christoph Seebach. (2014). Knowledge Exchange and Symbolic Action in Social Media-Enabled Electronic Networks of Practice. MIS Quarterly, 38(4):1245–1270.

Bessière, Jacinthe. (1998). Local Development and Heritage: Traditional Food and Cuisine as Tourist Attractions in Rural Areas. Sociologia Ruralis, 38(1):21–34.

Cacciolatti, Luca, Ainurul Rosli, et al.(2020). Strategic Alliances and Firm Performance in Startups with a Social Mission. Journal of Business Research, 106:106–117.

Cajaiba-Santana, Giovany. (2014). Social Innovation: Moving the Field Forward. A Conceptual Framework. Technological Forecasting and Social Change, 82:42–51.

Collier, Jane, and Rafael Esteban. (1999). Governance in the Participative Organisation: Freedom, Creativity and Ethics. Journal of Business Ethics, 21(2):173–188.

Cox, Andrew. (2005). What Are Communities of Practice? A Comparative Review of Four

Seminal Works. Journal of Information Science, 31(6):527–540.

Di Domenico, MariaLaura, Helen Haugh et al. (2010). Social Bricolage: Theorizing Social Value Creation in Social Enterprises. Entrepreneurship Theory and Practice, 34(4):681–703.

Dumitru, A., I. Lema-Blanco, I. Kunze, et al. (2016). Transformative Social Innovation: Slow Food Movement. A Summary of the Case Study Report on the Slow Food Movement. TRANSIT: EU SSH.2013.3.2-1.

Fox, Michael Allen. (2008). The Omnivore's Dilemma: The Search for a Perfect Meal in a Fast-Food World. Environmental Values, 17(1):113–116.

Fromhold-Eisebith, Martina, and Günter Eisebith. (2005). How to Institutionalize Innovative Clusters? Comparing Explicit Top-down and Implicit Bottom-up Approaches. Research Policy, 34(8):1250–1268.

Hodgson, Petra Hagen, and Rolf Toyka. (2007). The Architect, the Cook and Good Taste. Berlin, Germany: Walter de Gruyter.

Holzmann, Vered. (2013). A Meta-Analysis of Brokering Knowledge in Project Management. International Journal of Project Management, 31(1):2–13.

Huang, Yen-Chih, and Yang-Chieh Chin. (2018). Transforming Collective Knowledge into Team Intelligence: The Role of Collective Teaching. Journal of Knowledge Management, 22(6):1243–1263.

Jasanoff, Sheila. (2004). States of Knowledge: The Co-Production of Science and the Social Order. London: Routledge.

Johnson, Christopher M. (2001). A Survey of Current Research on Online Communities of Practice. The Internet and Higher Education, 4(1):45–60.

Kogut, Bruce, and Udo Zander. (1992). Knowledge of the Firm, Combinative Capabilities, and the Replication of Technology. Organization Science, 3(3):383–397.

Lasko-Skinner, Rose, and James Sweetland. (2021). Food in a Pandemic. From Renew Normal: The People's Commission on Life after Covid-19. London: Food Standard Agency.

Lave, Jean. (1988). Cognition in Practice: Mind, Mathematics and Culture in Everyday

Life. Cambridge: Cambridge University Press.

Lave, Jean. (1991). Situating Learning in Communities of Practice. pp. 63–82 in Perspectives on socially shared cognition. Washington, DC: American Psychological Association.

Lee, Sang M., Taewon Hwang, and Donghyun Choi. (2012). Open Innovation in the Public Sector of Leading Countries. Management Decision, 50(1):147–162.

Leonard, Dorothy, and Sylvia Sensiper. (1998). The Role of Tacit Knowledge in Group Innovation. California Management Review, 40(3):112–32.

Liedtka, Jeanne. (1999). Linking Competitive Advantage with Communities of Practice. Journal of Management Inquiry, 8(1):5–16.

Lin, Nan, Walter M. Ensel, and John C. Vaughn. (1981). Social Resources and Strength of Ties: Structural Factors in Occupational Status Attainment. American Sociological Review, 46(4):393–405.

Lundkvist, Anders. (2004). User Networks as Sources of Innovation. pp. 96–105 in Knowledge Networks: Innovation through Communities of Practice. Hershey, PA: IGI Global.

Menétrey, Sylvain, and Stéphane Szerman. (2016). Slow: Rallentare per Vivere Meglio. Evanston, IL: EGEA Spa.

Minucci, Emanuela. (2004). Gruppi d'acquisto Contro La Grande Distribuzione. La Stampa, October 22.

Miravalle, Sergio. (2002). Un Partito Mondiale Chiamato Slow Food. La Stampa, June 9.

Moulaert, Frank. (2013). The International Handbook on Social Innovation: Collective Action, Social Learning and Transdisciplinary Research. London: Edward Elgar Publishing.

Moulaert, Frank, Flavia Martinelli, Erik Swyngedouw, et al. (2005). Towards Alternative Model (s) of Local Innovation. Urban Studies, 42(11):1969–1990.

Mulgan, Geoff. (2006). The Process of Social Innovation. Innovations: Technology, Governance, Globalization, 1(2):145–162.

Mulgan, Geoff, Simon Tucker, Rushanara Ali, et al. (2007). Social Innovation: What It Is, Why It Matters, How It Can Be Accelerated, London: University of Oxford,

Young Foundation. Retrieved October 20, 2020 from https://youngfoundation.org/wp-content/uploads/2012/10/ Social-Innovation-what-it-is-why-it-matters-how-it-can-be-accelerated-March-2007.pdf

Nicholls, Alex. (2008). Social Entrepreneurship: New Models of Sustainable Social Change. Oxford: Oxford University Press.

Nicholls, Alex, and Alex Murdock. (2012). The Nature of Social Innovation. pp. 1–30 in Social Innovation. London: Springer.

Nonaka, Ikujirō, and Hirotaka Takeuchi. (2007). The Knowledge-Creating Company. Harvard Business Review, 85(7/8):162.

Nonaka, Ikujiro, Hirotaka Takeuchi, and Katsuhiro Umemoto. (1996). A Theory of Organizational Knowledge Creation. International Journal of Technology Management, 11(7–8):833–845.

Nonaka, Ikujiro, Ryoko Toyama, and Noboru Konno. (2000). SECI, Ba and Leadership: A Unified Model of Dynamic Knowledge Creation. Long Range Planning, 33(1):5–34.

Novellini, Grazia. (1988). Dalla Langa Nasce Il Manifesto Dello "Slow Food". La Stampa, April 16, Year 122-Issue 81.

Padovani, Gigi. (2017). 30 Years of Slow Food, a Nice Italian Story. Identità Golose, November 14. Penrose, Edith. 1959. The Theory of the Growth of the Firm. New York: Wiley.

Petrini, Carlo. (2004). Se Il Pastore Viaggia Slow. La Stampa, May 8, tuttoLibri.

Phills, James A., Kriss Deiglmeier, and Dale T. Miller. (2008). Rediscovering Social Innovation. Stanford Social Innovation Review, 6(4):34–43.

Polanyi, Michael. (2009). The Tacit Dimension. Chicago, IL: University of Chicago Press.

Polanyi, Michael. (2015). Personal Knowledge: Towards a Post-Critical Philosophy. Chicago, IL: University of Chicago Press.

Pollan, Michael. (2006). The Omnivore's Dilemma: A Natural History of Four Meals. London: Penguin Books Limited.

Probst, Gilbert, and Borzillo, Stefano. (2008). Why Communities of Practice Succeed and Why They Fail. European Management Journal, 26(5):335–347.

Ritzer, George. (1992). The McDonaldization of Society. Thousand Oaks, CA: Pine Forge Press. Roberts, Joanne. (2006). Limits to Communities of Practice. Journal of Management Studies 43(3):623–639.

Sassatelli, Roberta, and Federica Davolio. (2010). Consumption, Pleasure and Politics: Slow Food and the Politico-Aesthetic Problematization of Food. Journal of Consumer Culture, 10(2):202–232.

Seltzer, Ethan, and Dillon Mahmoudi. (2013). Citizen Participation, Open Innovation, and Crowd- sourcing: Challenges and Opportunities for Planning. Journal of Planning Literature, 28(1):3–18.

Shaw, Duncan, and Graham McGregor. (2010). Making Memories Available: A Framework for Preserving Rural Heritage through Community Knowledge Management (CKM). Knowledge Management Research & Practice, 8(2):121–134.

Shiva, Vandana. (2005). SLOW FOOD Chi Mangia Piano va Lontano. La Stampa, May 26, Cultura e Spettacolo.

Slow Food. (2020). COVID-19 Pandemic Highlights the Need to Fix the Flaws of Our Food Systems. Retrieved https://www.slowfood.com/covid-19-pandemic-highlights-the-need-to-fix-the-flaws- of-our-food-systems/

Spender, J. C. (1993). Competitive Advantage from Tacit Knowledge? Unpacking the Concept and Its Strategic Implications. pp. 37–41 in Academy of Management Proceedings. Vol. 1993. New York: Academy of Management Briarcliff Manor.

Spender, J. C. (1994). Organizational Knowledge, Collective Practice and Penrose Rents. International Business Review, 3(4):353–367.

Toulmin, Stephen. (1999). Knowledge as Shared Procedures. pp. 53–64 in Perspectives on Activity Theory. Cambridge: Cambridge University Press.

Van der Have, Robert P., and Luis Rubalcaba. (2016). Social Innovation Research: An

Emerging Area of Innovation Studies? Research Policy, 45(9):1923–1935.

Vasin, Sergey Mikhailovich, Leyla Ayvarovna Gamidullaeva, and Tamara Kerimovna Rostovskaya. (2017). The Challenge of Social Innovation: Approaches and Key Mechanisms of Development, European Research Studies Journal, 20(2B): 25–45.

Von Krogh, Georg, Kazuo Ichijo, and Ikujiro Nonaka. (2000). Enabling Knowledge Creation: How to Unlock the Mystery of Tacit Knowledge and Release the Power of Innovation. Oxford: Oxford University Press on Demand.

Von Krogh, Georg, Ikujiro Nonaka, and Kazuo Ichijo. (1997). Develop Knowledge Activists! European Management Journal, 15(5):475–483.

Von Krogh, Georg, Ikujiro Nonaka, and Lise Rechsteiner. (2012). Leadership in Organizational Knowledge Creation: A Review and Framework. Journal of Management Studies, 49(1):240–277.

Weber, Max. (2002). The Protestant Ethic and the Spirit of Capitalism and Other Writings., London: Penguin.

Wenger, Etienne. (1998a). Communities of Practice: Learning as a Social System. Systems Thinker. 9(5):2–3.

Wenger, Etienne. (1998b). Communities of Practice: Learning, Meaning, and Identity. Cambridge: Cambridge University Press.

Wenger, Etienne. (2010). Communities of Practice and Social Learning Systems: The Career of a Concept. pp. 179–198 in Social Learning Systems and Communities of Practice. London: Springer.

Wenger, Etienne, Richard Arnold McDermott, and William Snyder. (2002). Cultivating Communities of Practice: A Guide to Managing Knowledge. Brighton, MA: Harvard Business Press.

Zhao, Jaideep Anand. (2009). A Multilevel Perspective on Knowledge Transfer: Evidence from the Chinese Automotive Industry. Strategic Management Journal, 30(9):959–983.

Zhao, Jaideep Anand, and Will Mitchell. (2004). Transferring Collective Knowledge: Teaching and Learning in the Chinese Auto Industry. Strategic Organization, 2(2):133–167.

# 是否存在经验性的知识？基于临床医学的观察

*Jin Chen*，*Juxiang Zhou* 和 *Yang Yang*

## 定义和特性

### 知识的定义

知识是一个广泛而抽象的概念，最一开始哲学赋予了它定义。古希腊哲学家柏拉图在《美诺篇》中首次定义了"知识"，并在《泰阿泰德篇》中分析了正确意见和知识之间的区别。柏拉图认为，知识是由三个必要条件组成的，即信念、真理和理由，即有理由的真实信念。尽管这一概念因其逻辑上的缺陷而引发了相当大的争议，但它仍然在西方哲学中占据着主导地位（Nonaka and Takeuchi, 1995）。随后，洛克提出，知识植根于经验，所有的知识都来自经验。然而，随着Gettier（1963）的《受辩护的真信念就是知识吗？》的出版，"知识来自经验"的传统观点受到了根本性的挑战，从独特的或不可复制的经验中产生的经验知识的合理性受到了质疑。随着时代的进步，传统的知识观逐渐演变出了新的定义和内涵。例如，建构主义大师皮亚杰认为，知识是一种主观存在，是主体根据自己的经验和社会/文化/历史背景等主动建立的，与主体世界相融合。后现代主义者认为，知识是在活动中产生的有利于人类生存和发展的经验、信息、工具、逻辑和思想组成的数学符号系统。在不确定的情况下，不存在所谓的真理或普遍性（Lu and Chen, 2008）。由于知识的多面性和不确定性，国内外学者还没有达成一个统一的定义。无论如何变化，定义无一例外地围绕着学习、感知和升华的过程。例如，在《韦氏词典》中，知识是指通过实践、研究、联系或调查获得的对事实或状态的认知,以及对科学、艺术或技术的理解,是人类对真理和原则的感知总和。

知识的定义只有在一个特定的时代才有意义。在今天的知识经济时代,德鲁克的定义更被广泛接受。德鲁克认为,知识是能够改变某些人或事物的信息——其中包括将信息转化为行动的基本方法,以及使个人或机构能够通过使用信息进而改善或提高效率的方法。

### 知识的特性

知识的特性是指不同类型知识所共有的普遍事物。在传统理论中,知识被认为是同质的。所有的知识都可以被转移、交流和分享(Guo,2010)。然而,随着知识研究的深入,它的可转移性、高度情境化和路径导向性被提出并得到了极大的关注。知识的特性直接决定了技术创新和生产经营的效果,是划分知识类型的重要依据之一。国内外一些学者对知识特性的看法见表19.1。

表 19.1　知识特性相关文献

| 作者 | 知识特性及其描述 |
| --- | --- |
| Zander 和 Kogut(1995) | 可编性、可教性、复杂性、系统依赖性和可观察性 |
| Teence(1996) | 不确定性、路径依赖性、累积性、不可逆性、技术上的相互关联性、隐蔽性和不适用性 |
| Sveiby(1997) | 隐性的、以行动为导向的、基于规则的、个体的、不断变化的 |
| 《1996年OECD知识经济年报》 | 实用性、隐蔽性、共享性、不可逆的重用性、新陈代谢性 |
| He,Xiong 和 Liu(2005) | 独创性、稳定性、遗传变异性、支配性、封闭性、兼容性和环境适应性 |
| Zhang 和 Ni(2005) | 自觉性或内隐性、环境依赖性和全面性 |
| Zhang(2008) | 持续积累、质变及其不可逆转性、规模收益增加 |

资料来源:基于 Guo Aifang(2010)引用的相关文献。

基于以上分析,我们可以借鉴实体知识与过程知识。管理学对知识的一些基本理解,特别是现代视野中知识的动态性和有效性,可以被吸收用来将知识定义为通过思考获得的、有利于完成各种活动的要素,这些理解包括概念、意义、原理、诀窍、信念、洞见、实践认识等。就像人类认知的成果,是人们在理解和改造世界过程中获得的一切感觉和经验，知识包括以存量形式拥有的知识和通过实践行动获得的认知。

## 知识的分类

### 知识分类概述

现代科学的快速发展与分类学的成熟密切相关。知识是人类文化的重要组成部分，对知识的详细分类是进一步深入研究其本质、内涵和管理的基础。知识分类是按照特定的需要和标准，通过比较并按照相关性、差异性、同一性等属性，将人类所有的知识分为不同的类别，以显示其在整个知识中的正确位置和互动关系的一种体系。然而，知识分类是一种非常复杂的认知活动。由于个体认知、目标和视角的不同，在知识分类的历史上出现了多种分类理论和分类方法，从而形成了各种知识分类方法。

在传统的理论导向的知识分类研究中，影响最大的是哲学家波兰尼的研究方法，即根据波兰尼首次提出的知识编码和可转移的观点，将知识分为显性知识和隐性知识（Polanyi，1958）。这种分类方法影响深远，在后来的知识管理和技术集成创新的研究中被广泛使用（Guo，2010）。基于波兰尼的方法，经济合作与发展组织（OECD）根据知识的内容将人类知识分为四类：是什么、为什么、怎么做和是哪种（OECD，1996）。在以实践为导向的研究传统下，Holsapple 和 Joshi（2001）提出了图式知识和内容知识的二分法，前者包括目的性知识、战略性知识、文化知识和基本知识，而后者则涵盖了参与者的知识和知识组件。然而，上述两种分类方法都没有考虑到理论基础和实际情况。因此，一些学者创新性地将两者合并，试图构建一个多维度的知识分类框架。Zhang 和 Ni（2005）提出了八度空间法，强调了三个维度：内涵、背景和全面性。由于知识分类的方式太多，我们在此不一一列举。表19.2显示了作者根据现有文献整理出来的知识分类方法，供大家进一步讨论。

表 19.2　知识分类相关文献

| 分类基础 | 知识分类 | 来源或作者 |
| --- | --- | --- |
| 知识的目的 | 理论知识，实践知识，创造性知识 | Aristotle |
| 编码的程度 | • 显性知识和隐性知识<br>• 未编码知识/编码知识，标准化/非标准化知识<br>• 是什么，为什么，怎么做，是哪种 | Polanyi（1958）；Nelson 和 Winter（1982）；Nonaka 和 Takeuchi（1995）；Grant（1996）；Rodgers 和 Clarkson（1998）；Hall 和 Andriani（2002）；Zander 和 Kogut（1995）；OECD（1997） |
| 知识的内容 | 员工知识、流程知识、企业记忆、客户知识、产品和服务知识、关系知识、知识资产等 | Feng（2006） |
| 知识管理视角 | • 管理技能、技术诀窍、营销诀窍、制造和生产流程知识，以及产品开发知识<br>• 数据层知识、程序层知识、功能层知识、管理层知识、集成层知识、更新层知识和联合层知识 | Lane 等（2001）<br>Allee（1997） |
| 知识转移方法 | 概念性知识、系统性知识、常识性知识和操作性知识 | Nonaka（2000） |
| 知识的来源 | 实证知识和学术知识 | Chen 和 Yang（2012） |
| 实践类型 | 科学知识、技术知识、工程知识 | Deng 和 He（2007）；He（2007） |
| 知识创造主体 | • 个人知识、团体知识、组织知识和跨组织知识<br>• 个人知识、群体知识、组织知识、组织间知识和社会知识 | Nonaka（1994）；Zhou（2006） |
| 认识论的视角 | • 理性知识、感性知识<br>• 感性知识、理性知识和主动知识 | Qian（2004）；Qian and Qian（2007）；Yang（2003） |
| 适用性 | 一般知识和特殊知识 | Breschi 等（2000），Court 等（1997） |
| 知识领先水平 | 基础知识和专业知识 | Lane 和 Lubatkin（1998） |
| 知识的移动性 | 静态知识、推理知识和动态知识 | Rodgers 和 Clarkson（1998） |
| 知识的结构 | 建设性知识和不相关知识 | Henderson 和 Clark（1990） |
| 知识的相关性 | 相关知识和不相关知识 | Miron-Spektor 和 Argote（2011） |
| 知名度 | 地方知识和全球知识 | Alcorta，Tomlinson 和 Liang（2009） |
| 知识的复杂性 | • 深层知识和浅层知识<br>• 简单知识和复杂知识 | Rodgers 和 Clarkson（1998）；Garud 和 Nayyar（1994）；Bhagat 等（2002） |
| 知识的提取程度 | • 业务知识和原理知识<br>• 描述性知识、程序性知识和因果性知识 | Rodgers 和 Clarkson（1998）；Anderson（1995） |
| 知识的内在联系 | 自然科学、技术和工程科学、社会和人文科学 | Lu Yongxiang（1998） |

资料来源：作者整理所得。

不难发现，长期以来，与知识相关的问题一直吸引着学术界的关注。随着知识经济时代的到来，知识逐渐成为各行业的核心竞争力，这在客观上推动了知识相关研究的发展。如上表所示，学者们也从不同角度提出了许多知识分类的方法。但是，现有的知识分类研究还很不充分，知识分类中的传统二元思维模式导致人们对知识内涵的认识不足。许多学者受困于显性知识和隐性知识的精确定义和限制，对知识的广义内涵失去了想象力，忽视了具有显性和隐性因素的具体知识。现有的研究大多集中在显性知识和隐性知识上。很多人在研究过程中把知识作为一个广泛的概念，但只提到了显性的部分。

虽然显性和隐性分类方法为知识研究奠定了基础，但它并不是准确把握复杂管理背景下知识问题的唯一方法。为了打破这种方法在认知层面的局限性，需要寻找语义更广、外延更深的知识概念，构建更系统、更全面的思维框架至关重要（Tu，Yang and Yang，2015）。近年来，一些学者（如 Spender，1994；Zhang and Ni，2005；Gao and Tang，2008；Yang and Shan，2017）为突破二元知识分类的局限做出了巨大的努力，但遗憾的是仍旧未能摆脱二元分类的路径依赖。

作为获取、积累和应用知识的重要途径，学习与知识密切相关。因此，学习的分类方法对知识分类的结果也有重要影响。近年来，有代表性的学习分类法的基础可以概括为价值链中的学习策略和学习阶段。后者只是 Jensen 和 Johnson 等（2004，2007）以及 Lundvall 等（2004）提出的 STI/DUI[①] 学习。由于 STI/DUI 为本研究的后续知识分类方法建立了基础，笔者在此对这两种学习和产生的知识类型进行简单分析。长期以来，学者们广泛使用 STI/DUI 相关概念。18 世纪，经济学之父亚当·斯密指出了劳动分工中进步与创新之间的两个联系：一种创新是基于经验，另一种创新是基于科学。这两者分别与 DUI 和 STI 有关。在 20 世纪 90 年代末，出现了以知识和学习为中心

---

① STI 即 Science，Techndogy，Innovation 模式；DUI 即 Doing，Using，Interacting 模式。

的第六代创新模式。现在让我们把 Jensen 和 Lundvall 教授提出的对应于 STI/DUI 学习的知识形式理顺并如下所示（见表 19.3）。

表 19.3　与 STI/DUI 模式有关的知识类型及其产生和使用

| 作者 | STI 模式 | DUI 模式 |
| --- | --- | --- |
| Jensen 等（2004） | 根植于科学知识，主要目标是产生明确的编码知识 | 造成隐性能力的提高和隐性经验知识积累的学习 |
| Jensen 等（2007） | 生产和使用编码过的科学和技术知识 | 基于经验的"行动、使用和互动"的学习模式 |
| Lundvall（2004） | 与科学有关的学习，以应用科学的知识和技术作为创新的主要来源 | 与基于经验的"行动/使用/互动中的学习"有关，并将这种学习作为创新的主要来源 |

资料来源：作者整理所得。

如表 19.3 所示，Jensen 对两种学习模式的定义和产生的知识类型的看法要比 Lundvall 好，因为 Jenson 进一步将编码的知识分为科学知识和技术知识。但由于受传统二元思维模式的影响，Jenson 没有在此基础上对科技创新进行细分研究，仍将科学知识和技术知识合二为一，未能从根本上提炼出知识的内涵。

## 新的知识分类

### 分类基础

为了更好地理解知识的内涵，本章试图打破"二元"知识分类思维。我们以 Polanyi（1958）、Nonaka 和 Takeuchi（1995）的知识二分法为基础，并结合 Jensen 和 Lundvall 关于学习和知识形式的研究结果（Marsili，2001；Meyer，2002；Zheng，2007；Chen，2013；Chen，Zhao and Liang，2013），此外我们还借鉴了 Zhang 和 Ni（2005）关于知识分类的多维观点，将理论和实践相结合，最后，我们整合了这三种非常相似的方法："价值链阶段""知识产生活动的正式性或非正式性"以及"知识产生的来源"。基于学习视角和"价值链阶段"的一维切入点，我们将知识分为价值创造活动前的"做前学习"（正式学习）产生的知识，和价值创造活动中基于任务情景的"做中学习"（非正式学习）产生的知识，后者是经验知识。以"知识内容"为第二维的标准，"做前学习"（正式学习）产生的知识又被细分为科学知识和技术知识。最终形成"科学知识—技术知识—经验知识"的三分法，这样能够更完整、更系统地把握知识的内涵，克服现有知识分类方法中存在的二元思维模式和知识细分概念混乱等问题。

## 概念定义

### 现有概念的定义

科学知识、技术知识和经验知识都不是新提出的概念。学者们早就研究过它们的定义和关系，但一直没有明确的标准来整合它们。在此，笔者将首先简要回顾现有材料中的科学知识、技术知识和经验知识。

从有关科学知识的文献中可以发现，科学知识的定义有广义和狭义之分。两者的区别在于描述对象的范围。广义的科学知识是关于自然、社会和思维的智力系统，反映客观事实和规律。狭义的科学知识仅指自然现象和规律，即关于自然科学的知识。尽管科学知识有广义和狭义之分，但学者们对其性质和特点已达成共识。具体而言，他们认为，科学知识是通过科学研究方法获得的关于自然（和社会）现象的系统认知体系，标志着对客观事物的属性、规律、结构、现象和本质的反映、解释和描述。技术知识首先被附加到科学知识体系中。Layton（1974）提出了技术是自主的这一里程碑式的主张，将技术提升到与科学这一概念共生、平等、互动的高度，技术知识就成为独立于科学知识的体系。现在，技术的定义有广义和狭义之分，技术知识也可以从这两个方面来理解。但无论是广义还是狭义，学者们普遍认为，技术知识是关于如何行动的，是关于"做什么""用什么做""怎么做"的综合性、程序性、规范性、指导性的知识。技术知识既不是对现有客观事物的反映，也不是人类头脑中固有的。在对客观事物认知的前提和基础上，技术知识从对客观事物的反映转变为对指导实践的认知。与科学知识和技术知识相比，国内外学者对经验知识的研究比较少。根据现有文献，可以得出这样的结论：经验本身的复杂性不仅直接导致了相关研究内容的相对分散，而且也使得经验知识的概念难以统一。现有经验知识的定义主要是从知识获取和认识论的角度做出的。例如，Miron-Spektor 和 Argote（2011）提出，当组织执行任务时，从源头获得经验。经验和环境之间的互动最终创造了经验知识；根据 Ni 和 Wu（2012）的观点，认识论视角中定义的经验知识取决于人们的积极参与和理性思考。经验知识是个体对经验的转化和安排，是知觉经验和理性知识的融合。

### "科学知识 – 技术知识 – 经验知识"三分法下的概念定义

**科学知识**。科学知识是通过科学方法获得的关于自然和人类现象的系统认知体系。它由概念、定律、定理、公式和原理组成，描述并理解世界。具有明确结论和理由的描述性知识具有真理性、客观性、合理性和普遍性。而概念、判断和推理是形成科学知识的思维方式。

**技术知识**。技术知识是一种嵌入特定技术产品或过程中的知识，以解决特定问题和实现特定目的为导向。它没有上升到理论层面，具有程序性、规范性和指导性的特点。它通常伴随技术发明出现，而不是以一些固有的技能或惯性的形式存在于操作手册、指南和其他物质化产品中。

**经验知识**。经验知识是指在个性化的具体现实中产生的知识，与科学知识、技术知识和现有的相关经验有机地结合起来。经验知识通过个人的感知和理解、反馈和记忆来处理，以适应当前的情况，但目前还不能推断到其他层面。

科学知识、技术知识和经验知识之间的区别见表 19.4。

表 19.4　科学知识、技术知识和经验知识之间的区别

| 特点 | 科学知识 | 技术知识 | 经验知识 |
|---|---|---|---|
| 精髓 | 对自然现象原因的猜测或解释 | 它是由人类通过有计划、有指导的研究来提高实践活动的有效性而开发的 | 它是人类对现有观察到的现象或经历的记忆或者再现，是客观现象在人脑中的直接转化 |
| 主要目标 | 认识并了解世界 | 控制并改造世界 | 适应并回应世界 |
| 对象及其特征 | 自然界中存在的客观事物，不以人的意志为转移，在主体获得科学知识之前就客观存在。客观事物的存在先于科学知识 | 人造物质，即人造自然。首先是技术知识，然后是技术实践。技术知识可以被积累和转移 | 个人遭遇、经验或经历的事情，是由主体根据经验或观察创造出来的，与具体的个人紧密结合，并受其个性影响 |
| 知识形式 | 一般以科学规律和命题的形式出现 | 一般以规则和指示的形式出现 | 一般来说，没有具体的外部化形式 |
| 知识类型 | 它是"我们知道为什么是这样"的知识，它是可以通过思考获得的理性知识，它是普遍和公共的知识 | 它是解决实践过程中"做什么"和"怎么做"等操作问题的知识，其应用受时间和空间条件的限制 | 它是"我们知道为什么是这样"的知识，是可以通过感官获得的感性知识，是难以推广的个体知识 |

### 三者之间的联系

尽管上述分析显示了科学知识、技术知识和经验知识之间基本特征的不同，但这三者并不完全是孤立的。相反，它们是相互独立但又相互交织的。科学知识和技术知识就像"镜像双胞胎"。科学知识引导着技术知识的探索，而技术知识也促进着科学知识的发展（He，2007）。科学知识和经验知识是密不可分的。一般来说，科学知识以经验知识为基础和检验标准。大量的科学知识是在经验知识的基础上通过科学精神的加工和升华而获得的。经验知识通过分析、演绎、归纳等理性思维过程被抽象为公共的、普遍的科学知识。与从经验知识到科学知识不同，经验知识和技术之间只有一步之遥。正如亚里士多德所说，当人类根据经验总结出对一类事物的一般判断时，技术就产生了。来自技术经验的演变是一个总结和推断的过程。它往往不依靠任何中介，极大地缩短了经验知识和技术知识之间的距离。两者之间的区别在于，拥有技术知识的人可以很容易地教给别人，而拥有经验的人很难把经

验知识传授给别人。总而言之，每一种知识类型都有不同的内涵和属性，但在很多情况下，这三者可以演化成一个完整的知识体系。

## 案例

医疗行业是由知识和信息资源共同驱动的。知识是工作的基础，是技术创新和核心竞争力形成的基础。没有足够的知识作为保障，就没有高质量的发展和创新。临床医学将理论与应用相结合，追求基础认知，突出实际应用和实践。处于临床决策和医学创新第一线的临床医生是典型的知识型员工。在这一部分，我们试图深入探讨三种知识的内涵：科学知识、技术知识和经验知识。

### 在临床背景下定义基本概念

由于在医疗行业中，临床背景是培养和重建异质性知识与能力的土壤，而科学知识和技术知识的作用、学习渠道和学习机制明显不同。因此，在进行案例研究之前，作者对临床医学前提下的三类知识给出了更具体的定义。

**科学知识**是指临床医生在临床实践、科学研究和教学活动中所使用的关于病因、病理、诊断和治疗机制的"是什么"和"为什么"的描述性知识，由概念、规律、定理、公式和原理组成。具体来说，它包括医学自然科学知识、与医学密切相关的自然科学知识，以及人文和社会科学知识。

**技术知识**是指关于产品和过程的综合性、程序性、规范性和指导性的知识，如医学人工制品以及医学专用诊断和治疗的技术。它是一个关于"做什么""用什么做"和"怎么做"的独特知识体系。具体来说，它包含了（1）医学人工制品（如药品、医疗设备和医疗耗材）中包含的用户指令或指南；（2）医学诊断和治疗技术（如体检技术和辅助检查技术）中包含的操作说明、程序、规则和指南。那些没有上升到理论层面、不能应用于更广泛的（准）临床实践的经验知识被排除在外。

> 是否存在经验性的知识？基于临床医学的观察

**经验知识**是指符合当前临床情况的关于疾病预防和治疗的强有力的个人知识和背景知识。但它还不能推广，由临床医生在（准）临床实践活动中综合当前临床实践本身的独特性和个性所带来的具体的、现实的情况，有机地整合科学知识、技术知识和现有的相关经验知识，并通过对其感官、反馈、记忆的感知和理解而形成。本研究中提到的经验知识是指临床医生从临床实践中获得的知识。这是一个狭义的经验知识概念。

### X 医生简介

X 医生的基本信息见表 19.5。在分析 X 医生的三种知识类型之前，先提供一些基本信息。X 医生为硕士生导师，全国老中医药专家学术经验继承人，全国优秀中医临床人才培养对象，杭州市名中医。现任全国综合医院中医药工作示范单位学科带头人，浙江省中医名科建设项目负责人，杭州市中西医结合肿瘤专业委员会委员，杭州市综合性（专科）医院示范中医科建设项目负责人。X 医生从事本专业工作已有 20 多年。她在中西医结合治疗乳腺癌、肺癌、胃癌等恶性肿瘤方面有很好的经验。特别是对恶性肿瘤的抗复发和转移有丰富的临床经验，对慢性萎缩性胃炎、慢性结肠炎等脾胃疾病的治疗有独到的见解。

表 19.5  X 医生的基本信息

| 肿瘤学家 X | 性别 | 技术头衔 | 专业 | 教育背景 |
| --- | --- | --- | --- | --- |
|  | 女性 | 主任中医师 | 肿瘤、脾胃相关疾病 | 博士研究生 |

## 对 X 医生知识水平的分析

### 选取指标

在回顾现有文献的基础上，本研究选择借鉴 DeCarolis 和 Deeds（1999）、Argote 和 Ingram（2000）、Meyer（2002）、Zhang 等（2005）和 Zhao（2013）的研究，通过"医学教育水平""科学知识获取网络""相关论文数量""相关论文质量""基础研究所需实验室设备""基础研究数据记录"六个指标来评价科学知识；借鉴 Díaz-Díaz 等（2006）、Xu 和 Lu（2007）、Moorthy 和 Polley（2010）、Shawky 等（2012）的研究，通过"专业技术职称""技术知识获取网络""相关论文数量和质量""专利数量和质量""临床应用研究所需实验室设备""应用研究数据记录"八个指标来衡量技术知识；借鉴 Hennart（1991）、Luo 和 Peng（1999）、Delos 和 Henisz（2000）以及 Herschel 等（2001）的研究，通过"工作年限""医疗记录""经验知识获取网络"三个指标来评价经验知识。

## 知识评估

### 科学知识水平

X 医生于 1991 年 7 月毕业于浙江中医药大学，获得中医学博士学位。自 2012 年以来，她一直担任浙江中医药大学第二临床医学院中西医结合专业的硕士生导师。同时，她还担任浙江省中医药学会中医经典传承研究分会副主任委员等多个省市级社会、学术职务。在拥有多个学术头衔的情况下，X 医生有比较丰富的科学知识获取网络，基础研究所需的实验室设备也在平均水平之上。X 医生一直重视基础研究，注重研究设计方法和研究记录。自 2012 年被任命为系主任以来，她将大部分时间用于部门管理和团队建设，没有时间发表学术论文和专著。近五年来只发表了 2 篇关于疾病病因病理和诊治机制的基础研究学术论文。

### 技术知识水平

2007 年 11 月，X 医生被提升为主任中医师。除基础研究外，X 医生还注重诊治技术和药物的临床应用。近五年来，她发表了 11 篇关于临床诊疗技术、药物等临床应用的学术论文，其中有 6 篇为一级论文。其中，《益气补肾口服液抗胃癌术后转移的临床观察》获浙江省中医药科技创新三等奖。2011

年，由 X 医生带领的肿瘤科入选杭州市肿瘤医学二级危重病专科。随着政府和医院为该科室投入更多的硬件和软件，目前的实验室设备可以满足 X 医生应用研究的需求。

### 经验知识水平

X 医生从事医学工作 20 多年，积累了丰富的临床经验和人脉。在日常工作中，X 医生重视患者的病历质量，科学、规范、仔细地保存病历。为了从临床工作中发现新的临床问题，目前 X 医生每周有 1.5 天坐诊肿瘤科专家门诊，1.5 天坐诊普通门诊，每年的门诊量超过 9 600 人次，每年的住院量超过 981 人次。同时，她参与院内会诊、疑难危重病人的抢救和各种病例讨论会。在过去的五年中，她平均主持或参加了 323 次院内会诊、12 次复杂和危重病人的抢救，以及 16 次不良事件等临床病例研讨会。与临床实践相比，X 医生不关注也很少参与准临床实践。然而，她重视参加经验交流会，以便从同行那里获得临床经验。她平均每年参加 8 次行业内的经验交流会。X 医生的知识水平如表 19.6 所示。

表 19.6　X 医生的知识水平

| 科学知识 | 技术知识 | 经验知识 |
|---|---|---|
| 博士，硕士生导师，广泛的科学知识获取网络，研究工作所需的实验室设备水平中等，研究记录规范，论文与专著的数量和质量中等偏下 | 主任中医师，重视临床应用研究，相关论文与专著的数量和质量处于中等水平。实验室的硬件和软件基本满足临床应用研究的需要 | 从医 20 多年，积累了丰富的临床经验和人脉，特别注重病历的质量。她承担了较多的普通门诊工作和住院病人的管理，主要是门诊咨询、疑难和危重病人的治疗以及院内临床经验交流。她很少参与准临床实践活动 |

# 结论

在知识经济时代，知识标志着核心生产要素和最宝贵的资产。知识在管理中的作用是不言而喻的。近年来，知识管理已经成为一个重要的研究领域，产生了许多理论成果。然而，理论成果中的大多数并没有能够指导知识管理实践的发展。因此，探索有影响力且结合理论与实践的知识管理理论，既是学术研究的必然趋势，也是时代发展的首要需求。本章从学习的角度，提出了"科学知识—技术知识—经验知识"的三分法知识分类框架，并结合临床医生的具体案例进行解释，希望能提高对知识内涵的理解，增强知识管理的有效性。知识分类是知识管理的基础。本章意在鼓励大家对这一研究领域提出更多的见解，值得在今后进行更深入的探讨。

## 参考文献

Alcorta，L.，Tomlinson，M.，and Liang，A.T.(2009). Knowledge Generation and Innovation in Manufacturing Firms in China，Industry Innovation，Vol.16，No.3，435–461.

Allee，V.(1997).The Knowledge Evolution，Elsevier Inc.

Anderson，J.(1995).The Architecture of Cognition，London: Psychology Press.

Argote，L.，and Ingram，P.(2000). Knowledge Transfer: a Basis for Competitive Advantage of Firms，Organizational Behavior and Human Decision Processes，Vol.82，No.1，150–169.

Bhagat，R. S.，Kedia，B. L.，Harveston，P. D.，and Triandis，H. C.(2002).Cultural Variations in the Cross-Border Transfer of Organizational Knowledge: An Integrative Framework，Academy of Management Review，Vol.27，No.3，204–225.

Breschi，S.，Malerba，F.，and Orsenigo，L.(2002).Technological Regimes and Schumpeterian Patterns of Innovation. The Economic Journal，Vol.110，No.463，388–410.

Chen，J.(2013).The Rise of the Third Generation of Management，Caijinjie (Guanlixuejia)，Vol.7，104–105.

Chen，J.，and Yang，Y. J.(2012).The Essence of Management and the Evaluation of Management Research，Chinese Journal of Management，Vol.9，No.2，172–178.

Chen，J.，Zhao，X. T.，and Liang，L.(2013).Science-based Innovation，Science of Science and Management of S.&T., No.6, 3–7.

Court, A. W., Culley, S. J., and McMahon, C. A.(1997).The Influence of Information Technology in New Product Development: Observations of an Empirical Study of the Access of Engineering Design Information, International Journal of Information Management, Vol.17, No.5, 359–375.

Decarolis, D. M., and Deeds, D. L.(1999).The Impact of Stocks and Flows of Organizational Knowledge on Firm Performance: An Empirical Investigation of the Biotechnology Industry, Strategic Management Journal, Vol.20, No.10, 953–968.

Delos, A., and Henisz, W. J.(2000).Japanese Firm's Investment Strategies in Emerging Economics, Academy of Management Journal, Vol.43, No.3, 305–323.

Deng, B., and He K.(2007).On Scientific Knowledge, Technological Knowledge and Engineering Knowledge, Studies in Dialectics of Nature, No.10, 41–46.

Díaz-Díaz, N. L., Aguiar-Díaz, I., Saá-Pérez, P. D.(2006).Technological Knowledge Assets in Industrial Firms, R&D Management, Vol.36, No.2, 189–203.

Feng, J.C.(2006).The Theory, Technology and Application of Knowledge Management, Beijing: Economic Press China.

Gao, Z. C., and Tang, S. K.(2008).The Analysis of Mechanism of Enterprise Knowledge-Creating Based on Cognitive Psychology, Journal of Information, Vol.27, No.8, 87–91.

Garud, R., and Nayyar, P. R.(1994).Transformative Capacity: Continual Structuring by Intertemporal Technology Transfer, Strategic Management Journal, Vol.15, No.5, 365–385.

Gettier, E. L.(1963).Is Justified True Belief Knowledge?, Analysis, Vol.23, No.6, 121–123.

Grant, R. M.(1996b).Prospering in Dynamically Competitive Environments Organizational Capability as Knowledge Integration, Organization Science, Vol.7, No.4, 375–387.

Guo, A. F.(2010).Study on the Relationship Between Enterprise's STI/DUI Learning and Technological Innovation Performance, Hangzhou: Zhejiang University.

Hall, R., and Andriani, P.(2002).Managing Knowledge for Innovation, Long Range Planning, Vol.35, No.1, 29–48.

He, J. S., Xiong, D. Y., and Liu H.W.(2005).Knowledge Innovation Based on Knowledge Fermenting, Science of Science and Management of S.&.T., Vol.26, No.2, 54–57.

He, K.(2007).The Comparing Research on the Scientific Knowledge, the Technical Knowledge and the Engineering Knowledge, Xi'an University of Architecture and Technology.

Henderson, R. M., and Clark, K. B.(1990).Architectural Innovation: The Reconfiguration of Existing Product Technologies and the Failure of Established firms, Administrative Science Quarterly, Vol.35, No.1, 9–30.

Hennart, J. F.(1991).The Transaction Costs Theory of Joint Ventures: An Empirical Study of Japanese Subsidiaries in the United States, Management Science, Vol.37, No.4, 483–497.

Herschel, R.T., Nemati, H., and Steiger, D.(2001).Tacit to Explicit Knowledge Conversion: Knowledge Exchange Protocols, Journal of Knowledge Management, Vol.5, No.1, 107–116.

Holsapple, C. W., and Joshi, K. D.(2001).Organizational Knowledge Resources, Decision Support Systems, Vol.31, 39–54.

Jensen, M. B., Johnson, B., Lorenz, N., et al.(2004).Codification and Modes of Innovation, Elsinore: DRUID Summer Conference.

Jensen, M. B., Johnson, B., Lorenz, N., et al.(2004).Absorptive Capacity, Forms of Knowledge and Economic Development, Paper Presented at the Second Globelics Conference in Beijing, October 16–20.

Jensen, M. B., Johnson, B., Lorenz, E., et al.(2007).Forms of Knowledge and Modes of Innovation, Research Policy, Vol.36, No.5, 680–693.

Lane, P. J., and Lubatkin, M.(1998).Relative Absorptive Capacity and Inter-Organizational Learning, Strategic Management Journal, Vol.19, No.5, 461–477.

Lane, P. J., Salk, J. E., and Lyles, M. A.(2001).Absorptive Capacity, Learning, and Performance in International Joint Ventures, Strategic Management Journal, Vol.22, No.12, 1139–1161.

Layton, E. T., Jr.(1974).Technology as Knowledge, Technology and Culture, Vol.15,

No.1, 31–41.

Lu, X. C., and Chen, F.(2008).Industrial Technology in the Perspective of Knowledge Theory", Journal of Northeastern University (Social Science), Vol.10, No.6, 480–483.

Lu, Y. X.(1998).Historical Experience and Future of Science", Studies in the History of Natural Sciences, Vol.17, No.3, 197–206.

Lundvall, B. Å., Lorenz E., and Drejer, I.(2004).How Europe's Economies Learn, Report for the Loc Nis Policy Workshop.

Luo, Y. D., and Peng, M. W.(1999).Learning to Compete in a Transition Economy: Experience, Environment, and Performance, Journal of International Business Studies, Vol.30, No.2, 269–296.

Marsili, O.(2001).The Anatomy and Evolution of Industries: Technological Change and Industrial Dynamics, Cheltenham, UK, Northampton, E. Elgar.

Meyer, M.(2002).Tracing Knowledge Flows in Innovation Systems, Scientometrics, Vol.54, 193–212.

Miron-Spektor, E., Argote L.(2011).Organizational Learning: From Experience to Knowledge, Organization Science, Vol.22, No.5, 1123–1137.

Moorthy, S., Polley, D. E.(2010).Technological Knowledge Breadth and Depth: Performance Impacts, Journal of Knowledge Management, Vol.14, No.3, 359–377.

Nelson, R. R., Winter, S. G.(1982).An Evolutionary Theory of Economic Change, Cambridge, MA: Belknap Press.

Ni, Q.Y., and Wu, Q. J.(2012).Case-based Knowledge Management and Its Strategy, Modern Educational Technology, Vol.22, No.6, 20–23.

Nonaka, I.(1994).A Dynamic Theory of Organizational Knowledge Creation, Organization Science, Vol.5, No.1, 14–37.

Nonaka, I. A., and Takeuchi, H. A.(1995).The Knowledge-Creating Company: How Japanese Companies Create Dynamics of Innovation, Oxford: Oxford University Press.

OECD. (2024) The Knowledge-Based Economy. Accessed on July 23, http://www.oecd.

org/dataoecd/51/8, 1913021

Polanyi, M.(1958).Personal Knowledge, London: Routledge & Kegan Paul Ltd.

Qian, Z. H.(2004).Why Are the Experimental Method and Logical Method Unusual Important to Science?, Science Technology and Dialectics, Vol.21, No.2, 20–22.

Qian, Z. H., and Qian, M.(2007).Two Sources of Technology and their Enlightenment, Science Technology and Dialectics, No.2, 68–71.

Rodgers, P. A., and Clarkson, P. J.(1998).Knowledge usage in New Product Development (NPD), Paper Presented at IDATER 1998 Conference, Loughborough: Loughborough University.

Shawky, H., Siegel, D.S., Wright, M.(2012).Editorial — Financial and Real Effects of Alternative Investments, Journal of Corporate Finance, Vol.18, No.1, 105–107.

Spender, J.-C.(1994).Organizational Knowledge, Collective Practice and Penrose Rents, International Business Review, Vol.3, No.4, 353–367.

Sveiby, K, E.(1997).The New Organizational Wealth: Managing Measuring Knowledge-Based Assets, San Francisco: Berrett-Koehler.

Teece, D. J.(1996).Firm organization, Industrial Structure, and Technological Innovation, Journal of Economic Behavior Organization, Vol.31, No.2, 193–224.

Tu, X. Y., Yang, B. Y., and Yang, J. L.(2015). Ternary Knowledge in the Complex Management Context: Problems, Epistemology and Legitimacy, Journal of Tsinghua University (Philosophy and Social Sciences), Vol.30, No.1, 166–175.

Xu, D, and Lu, J. W.(2007).Technological Knowledge, Product Relatedness, and Parent Control: The Effect on IJV Survival, Journal of Business Research, Vol.60, No.11, 1166–1176.

Yang, B.Y. and Shan, X.C.(2017).Active Knowledge: The Activator for the Rising of Enterprises in China, Tsinghua Business Review, No. Z1, 105–112.

Zander, U., and Kogut, B.(1995).Knowledge and the Speed of the Transfer and Imitation of Organizational Capabilities: An Empirical Test, Organization Science, Vol.6, No.1, 76–92.

Zhang, G., and Ni, X. D.(2005).From Knowledge Classification to Knowledge Map: An

Analysis of Organizational Reality, Journal of Dialectics of Nature, No.1, 59–68.

Zhang, G. W.(2008).Study on Innovative Classification and Characteristics of Enterprise Knowledge, Journal of Tianjin University of Commerce, Vol.28, No.1, 62–67.

Zhang, S. H., and Fang, H.(2005).A Study of the Relationship Between Organizational Climate and Tacit Knowledge Sharing in Industry Enterprises, Psychological Science, Vol.28, No.2, 383–387.

Zhao, X. T.(2013).Impact of Scientific Knowledge Resources on Innovation Performance, Hangzhou: Zhejiang University.

Zheng, Y. Y.(2007).Impact of Firm Science Capability, Hangzhou: Zhejiang University.

Zhou, Y.(2006).The Innovative Mechanism and Innovative Model of Enterprises' Organization Innovation from the Angle of Knowledge, Xiangtan: Xiangtan University.

# 朝着以知识为基础的商业模式方向发展

多层次框架和动态视角

*Guannan Qu*，*Luyao Wang* 和 *Jin Chen*

## 引言

作为企业强调价值创造和转换的战略手段，商业模式近年来在学术界和实践中都得到了广泛的关注（Chesbrough and Rosenbloom，2002；Morris et al.，2005；Johnson et al.，2008；Björkdahl，2009；Demil and Lecocq，2010；Teece，2010；Zott et al.，2011；Casadesus-Masanell and Zhu，2013；Wirtz et al.，2016）。

1957年，Bellman等（1957）首次将"商业模式"一词引入学术界，用来描述企业的商业行为，包括"多阶段和多人员"。从那时起，商业模式的概念开始被用于管理科学领域，作为分析企业经营和竞争的管理工具（Konczal，1975）。对商业模式概念的学术解释也随着时间的推移而演变。在早期的文献中，商业模式通常被描述为企业经营活动的一种模式。近年来，随着信息技术的发展和"数字时代"的到来，电子商务开始兴起，商业模式的研究也迎来了新的局面，呈现出更加蓬勃的态势。虽然商业模式已经被研究了几十年，但学者们对商业模式的性质、结构和动态的解释仍然存在很大的差异（Chen et al.，2021），基于商业模式的基本逻辑和综合框架也没有得到很好的建立（Zott et al.，2011）。这主要是由于缺乏对这个概念明确的本体理解（Wirtz et al.，2016）。

为了填补这一空白，Chen等（2021）引入了知本论（knowledge-based view）来重新探索商业模式的性质和结构，并将它们与企业的竞争优势联系起来。在这一部分中,我们遵循这一思路,提出了一个多层次的商业模式框架,并从知识管理的角度讨论其设计和传播。

## 定义:商业模式是一个结构化的知识集群

### 为什么来自知本论?

知识通常被认为是企业通过组织学习(Lam,2000)、创新(Lam,2000)和产品开发(Kreiner,2002)等获得管理成功和竞争优势的重要资产,甚至比其他资源更加重要(Quinn,1992;Druker,1993;Grant,1996)。然而,当涉及设计、模仿和重新配置商业模式的相关活动的研究时,从知识管理或知本论的角度进行研究的较少。换句话说,现有的研究将商业模式和知识作为两个独立的部分,主要关注知识在实现商业模式的价值创造功能中的作用(Wu et al.,2013)。很少有研究关注商业模式本身的知识属性,并深入讨论其属性的内在含义(Chen et al.,2021)。

事实上,商业模式本身可以被看作是一种知识的聚合。商业模式的概念最早由 Bellman 等(1957 年)带入管理科学,并由 Konczal(1975)定义为包含管理相关指导和知识的"管理工具"。随后,电子商务的关注度不断上升,从不同角度帮助推动了商业模式研究的繁荣(见表 20.1)。Afuah 和 Tucci(2001)认为商业模式是一种做生意的"方法"。Magretta(2002)认为商业模式是解释企业如何运作的故事。Morris 等(2005)认为商业模式是"如何处理一组相互关联的决策变量的表述……以创造可持续竞争优势"。Casadesus-Masanell 和 Ricart(2010)将商业模式定义为公司实现战略的反映。Teece(2010)提出商业模式是支持客户价值主张的逻辑、数据和其他证据。尽管上述商业模式的定义仍然存在差异,但我们不难发现,上述解释(如"故事""反映""表述"和"逻辑")已经成为一种普遍现象,即商业模式在本质上可以被理解为一种进行公司价值创造过程的知识。

表 20.1　商业模式部分具有代表性的定义

| 作者 | 关键词 | 年份 | 定义 |
| --- | --- | --- | --- |
| Konczal | 管理工具 | 1975 | 商业模式是一种开展业务的管理工具，在整个模型构建和实施过程中，管理指导和知识是非常重要的 |
| Stewart 和 Zhao | 声明 | 2000 | 商业模式是一个公司如何赚钱和长期维持其利润流的声明 |
| Afuah 和 Tucci | 方法 | 2001 | 商业模式是公司建立和使用其资源，为客户提供比其竞争对手更好的价值，并以此赚钱的方法 |
| Chesbrough 和 Rosenbloom | 逻辑 | 2002 | 商业模式是将技术潜力与经济价值的实现联系起来的启发式逻辑 |
| Osterwalder | 逻辑 | 2004 | 商业模式包含一组元素及其关系，并允许表达一个公司的赚钱逻辑 |
| Morris 等 | 表述 | 2005 | 商业模式是一个简明的表述，说明如何处理风险战略、架构和经济领域中一系列相互关联的决策变量，以便在确定的市场中创造可持续的竞争优势 |
| Johnson 等 | 元素整合 | 2008 | 商业模式是与业务有关的元素整合，共同创造并提供价值 |
| Casadesus-Masanell 和 Zhu | 一系列选择 | 2010 | 商业模式是一系列选择，为企业与其他竞争者之间将发生的竞争互动奠定了基础，是其（公司）实现战略的反映 |
| Demil 和 Lecocq | 衔接 | 2010 | 这个概念指的是描述不同的商业模式组成部分或"构件"之间的衔接，以产生一个能够为消费者从而为组织产生价值的计划 |
| Doz 和 Kosonen | 表述 | 2010 | ……对于公司的管理层来说，商业模式作为这些公司机制的主观表述而发挥作用 |
| Teece | 逻辑 | 2010 | 商业模式阐明了支持客户价值主张的逻辑、数据和其他证据，以及提供该价值的企业可行的收入和成本结构 |
| Zott 和 Amit | 活动系统 | 2010 | 商业模式是一个相互依赖的活动系统 |
| Martins 等 | 活动系统 | 2015 | 商业模式是设计的活动系统，公司通过它来创造和获取价值 |
| Wirtz 等 | 活动的表述 | 2016 | 商业模式是一个公司相关活动的简化和汇总表述。它描述了如何通过公司的增值部分产生可销售的信息、产品和/或服务 |

资料来源：Chen et al.，2021.

### 什么是来自知本论的商业模式？

通过引入知本论，我们想提出一个面向自然的商业模式定义。

从知本论的角度来看，商业模式可以被概念化为：

一个企业如何开展业务的结构化知识集群，它描述了企业如何结合业务相关的组成部分（因素、资源、制度条件等）形成业务主题，以及如何协调这些主题（核心战略、制定过程、代表性子模型等）以创造和交付价值。

（Chen et al., 2021）

**知本论商业模式的属性**

在上文中我们提出，商业模式可以被理解为一个知识集群。基于这一观点，我们有必要进一步讨论知识集群的构成和特点。首先，作为知本论有影响力的讨论之一，显性知识和隐性知识的经典划分是理解商业模式的构成和特性的一个有益途径。从这个角度来看，我们认为商业模式是一个结构化的知识集群，它不仅包含显性部分，如组织活动模式（Brousseau and Penard, 2007）、客户价值主张（Afuah and Tucci, 2001；Weill and Vitale, 2001；Chesbrough and Rosenbloom, 2002）、收入模型（Cantrell and Linder, 2000；Petrovic et al., 2001），以及关键资源和过程（Johnson et al., 2008），而且也包含隐性部分，如实践技能（Hau and Evangelista, 2007）、心理地图和模式（Leonard and Sensiper, 1998）、新出现的意义（Strombach, 1986），以及制定过程（Malhotra, 2000）。而商业模式的构建可以通过隐性（或显性）成分的比例来衡量。

此外，尽管商业模式中的显性和隐性部分同时存在，我们建议商业模式研究者和实践者更多关注隐性部分，因为它可以帮助我们更好地理解商业模式的本质。与显性部分（如商业模式中形成的操作系统和模型）可以很容易地被记录和转移不同，商业模式中未被表达的（未编码的）甚至是不可表达的（未编码的）隐性部分构成了更安全的知识部分。

隐性部分很难被立即传播和模仿，并给竞争者复制已初见成效的商业模式造成困难（Hall and Andriani, 2003）。因此，商业模式的隐性部分对于创造竞争优势来说是至关重要的。

隐性部分的模糊性和高度背景化的特性不仅在防模仿中帮助企业获得竞争优势，而且在我们理解商业模式的动态发展中发挥了关键作用。商业模式不是在一天之内建成的。它是一个漫长的旅程，有不断的挣扎、学习和试错，这些促进了商业模式的出现、形成和发展。通常情况下，正确的商业模式可能在前期并不明显，学习和调整是必要的（Teece，2010）。而隐性部分对于促进动态的学习和调整是非常有用的，因为隐性知识往往是在社会环境中诞生和嵌入的，有利于个人或团队理解、适应和应对具体情况（Collins，2001）以及商业模式发展中的快速变化。

知本论告诉我们，商业模式不仅仅是一个由相互依存的部分组成的公式，它还包含了实现价值获取和创造并将设计的"方案"付诸实施的隐性的、底层的逻辑智慧。从这个角度来看，隐性部分不仅是商业模式从实践中产生的"土壤"，也是连接实践的桥梁。企业的核心竞争力依赖于隐性知识，将隐性知识付诸实践（Brockmann and Anthony，1998；Brown and Duguid，1998），而商业模式不使用隐性知识就无法生存。我们相信，采用知本论有利于更好地理解商业模式的本质，对其显性和隐性部分有一个平衡的视角，对其结构有一个整体的看法，以及对其动态有一个更全面的分析。接下来我们将系统地讨论知识集群的架构，提出了一个三层模型，包括其基本组成部分、子集群主题和整合集群。

## 架构：一个多层次的商业模式框架

基于前面关于商业模式的定义和属性的讨论，我们提出一个多层次的框架来探讨其架构。从本质上讲，商业模式是关于**企业如何做生意**的（Johnson and Lafley，2010；Zott and Amit，2010；DaSilva and Trkman，2014）。作为一个系统（Zott and Amit，2010；Zott et al.，2011；Wirtz et al.，2016），商业模式可能包含许多组件，并且它们之间存在联系（Afuah and Tucci，2001）。从知本论来看，这个系统可以被理论化为一个分层的框架。就像企业的**能力**结构一样（Collis，1994；Schilke，2014），与商业相关的知识也可以存在于不同的层次。因此，这里提出的三层模型框架包括三组描述商业模式架构的参数：组件、联系和层次（见图 20.1）。

## 朝着以知识为基础的商业模式方向发展

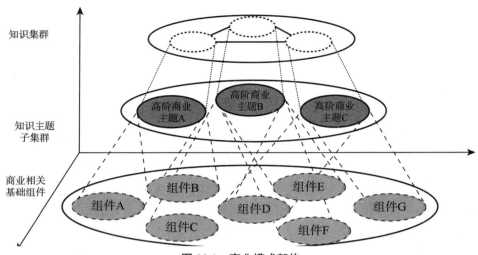

图 20.1 商业模式架构

### 层次1：商业相关基础组件

基础组件指的是基本（物质/非物质以及内部/外部）**资源**（Hedman and Kalling，2003；Afuah，2004；Demil and Lecocq，2010）、**核心资产**（Wirtz et al.，2016）、（有形/无形）**投入要素**（Petrovic et al.，2001；Currie，2004）、**价值主张**（Chesbrough and Rosenbloom，2002；Morris et al.，2005；Johnson et al.，2008；Teece，2010）、**市场机会**（Applegate and Collura，2000；Johnson et al.，2008）、**制度条件**（Meyer and Rowan，1977；DiMaggio and Powell，1983；Scott，2005）、**合作伙伴**（Applegate and Collura，2000；Osterwalder，2004）、**竞争者**（Hedman and Kalling，2003；Afuah，2004；Kallio et al.，2006）、**客户**（Hamel，2000；Stewart and Zhao，2000；Wirtz et al.，2016）、**产品和服务**（Applegate and Collura，2000）等。这些基础组件作为商业主题和商业模式的"砖块"，共同构成了分析框架的第一层（见表20.2）。

表 20.2 商业模式的分层框架

| 层次 1 | 层次 2 | 层次 3 |
|---|---|---|
| 商业相关基础知识组件 | 商业主题<br>（知识子集群） | 商业模式<br>（知识集群） |
| • 资源<br>• 投入要素<br>• 价值主张<br>• 市场机会<br>• 制度条件<br>• 合作伙伴<br>• 竞争者<br>• 客户<br>• 产品和服务 | • 核心战略<br>• 关键竞争力<br>• 价值创造过程<br>• 代表性子模型<br>　• 客户模型<br>　• 市场模型<br>　• 产品和服务模型<br>　• 利润模型<br>　• 财务模型<br>　• 供应链模型 | 商业模式 |

## 层次 2：高阶商业主题

在一个复杂的外部环境中，商业模式的设计者面临着大量的决策变量。其中有些会给企业带来好处，有些会成为制约因素，有些兼而有之。各组成部分之间复杂的相互依存关系使设计者无法通过穷尽各种可能的组合来设计一个最佳的商业模式。在这方面，商业模式的设计是一个创新的过程，它使复杂的适应性系统中的现有成分得到了有价值的组合。根据 NK 模型（Kauffman，1993；Fleming，2001），一个组合的有用性受其结构的影响。为了在众多相互依赖的组件中有效地搜索有价值的组合，设计者必须将他们的模型"模块化"（Baldwin and Clark，2000）。设计者倾向于将商业模式"去复合"成一系列的商业主题，然后寻找支持这些主题的组件和结构（Yayavaram and Ahuja，2008）。也就是说，商业模式需要一个第二层次，涉及一些代表高阶商业主题的知识"子集群"。

这些主题涵盖了一系列的知识子集群，如**核心战略**（Hamel，2000），**核心竞争力**（Wirtz et al.，2016），**价值创造过程**（Strobach，1986），**意义建构过程**（Malhotra，2000），以及**代表性子模型**，其中包括：**客户模型**（Wirtz，2001；Magretta，2002）、**市场模型**（Petrovic et al.，2001）、**产品和服务模型**（Wirtz et al.，2016）、**利润模型**（Osterwalder et al.，2005；Johnson et al.，2008；

Osterwalder and Pigneur，2010）、**财务模型**（Afuah，2004；Demil and Lecocq，2010）和**供应链模型**。这些以知识为基础的主题中，每一个都可能涉及上述的一些或所有的组件（见表20.2）。从我们的角度来看，这些与商业相关的知识主题可以具体化为核心战略、关键竞争力、价值创造过程和一些代表性子模型。

第一个子集群的知识主题是**核心战略**。核心战略描述了资源、能力、机构条件和其他内/外部因素是如何被整合以获得竞争优势的逻辑。战略与商业模式之间的关系早就被讨论过了。虽然在一些具体问题上还存在分歧，但主流学者都认为战略对企业商业模式的发展有着至关重要的影响（Afuah and Tucci，2001；Afuah，2004；Teece，2010；Wirtz et al.，2016）。对于一些学者来说，核心战略甚至可以被认为是商业模式的主要组件（Hamel，2000；Seddon et al.，2004；Casadesus-Masanell and Ricart，2010）。

**关键竞争力**是另一个不容忽视的主题，因为它描绘了通过配置和重新配置企业的整体资源来实现核心战略的过程和程序设计。在这方面，不仅涉及核心资源的组成部分，还需要相关的组织能力、管理经验和实践技能来利用和协调这些资源。这些能力可以用来形成企业的核心竞争力，并帮助改进和修订既定的商业模式，以适应快速变化的环境。核心竞争力被用于商业模式的设计、推广、调整和重塑。它是商业模式整个生命周期中的一个重要参数设置，是显性知识与隐性知识合并和共同进化的集中反映。

**价值创造过程**描述了商业模式的价值发现和转化过程的逻辑。正如Nonaka 和 Takeuchi（1995）所认为的，传统的信息处理范式（Neisser，1976）在很大程度上忽略了基于价值或意义的知识创造的隐性部分。从知本论来看，我们认为价值创造过程源于"问题设置"，它深深地扎根于设计者的经验、情感、想法、行为和互动之中。价值创造过程整合了意义建构和信息处理的过程（Malhotra，2000，2005）。通过商业模式来创造的价值有"语义"和"句法"两个方面（Nonaka，1994）：前者代表了从主观性（Nonaka and Peltokorpi，2006）和主体间性（Nonaka et al.，2016）发展而来的"问题设置"知识，而后者则传达了将这些发现的"有价值的"问题转化为实现价值的"问题解决"信息。

此外，一些**代表性子模型**，如客户模型、市场模型、产品和服务模型、利润模型、财务模型、供应链模型等，共同构成了商业模式知识集群的主要显性部分，构成了它的高阶商业主题。

**客户模型**描述了企业的业务（产品和服务）如何以更好的方式满足客户的需求，并为客户创造更多价值的逻辑。相关文献中经常提到客户的特殊重要性（Wirtz et al.，2016）。客户模型代表了商业模式设计师对客户现有需求的理解和对其潜在需求的预测。对于一些电商企业或平台企业（如Facebook、微信、阿里巴巴等）来说，客户画像模型已经成为其商业模式的基石，对其主要业务收入很重要。

**市场模型**描绘了商业模式设计者对竞争对手和竞争环境的理解、对市场定位的决策，以及对进入机会的认识。具体来说，企业在满足客户需求的同时，需要考虑处于相同市场地位的竞争对手。在大多数情况下，竞争环境的变化会缓和产品和服务的供应与商业模式的业绩之间的关系（Hedman and Kalling，2003；Afuah，2004）。从波特的观点来看，企业的市场定位是其竞争战略的核心，也是影响其绩效的最重要因素（Porter，1980，1985，1996）。

**产品和服务模型**描绘了企业将实际技能、管理能力、生产手段和劳动力转化为价值产出的内/外部过程的设计。这个模型描述了商业模式的中间部分，并基本上涉及价值创造过程的实施。在文献中，关于这部分的研究主要集中在与商业模式相关的"活动"和"过程"（Afuah，2004；Johnson and Lafley，2010；Zott and Amit，2010）。需要注意的是，传统观点认为上述过程是企业内部的（Wirtz et al.，2016），然而，我们认为这个过程也可能是外部的。对于一些平台企业的商业模式来说，产品和服务的提供过程不一定由企业自己承担，也可以外包给合作伙伴。

**利润模型**描绘了一个企业在特定的商业模式下的"盈利"逻辑设计。简而言之,它是一个"公式",描述了企业如何在提供价值时盈利。正如 Johnson 等(2008)所讨论的,利润模型可以分为四个基本部分(收入模型、成本结构、利润率模型和资源流通速度)。从我们的角度来看,一个简化的、具有代表性的商业模式的利润模型至少应该包含以下内容:收入流、收入结构、成本结构和利润率条件。该模型的收入和成本可以是依赖交易的或独立的,也可以是直接或间接的(Wirtz et al., 2016)。

**财务模型**描述了一个公司的财务计划与其商业模式相关的逻辑。财务模型涉及一系列子问题,例如,债务和股权结构(Petrovic et al., 2001;Wirtz, 2001),以及资产负债率、股权比率、流动比率、速动比率、流动资产周转率和总资产周转率等指标。一个成熟的财务模型可以提供大量的、足够的数据来支持商业模式的实施,为可能的冲击建立一个"缓冲区"。需要注意的是,虽然财务模型是整个商业模式的一个辅助要素,但在实践中往往是成败的关键。财务模型是一个动态计划,需要高阶的知识来指导和调整。设计者需要随时跟踪企业的运营状态,必要时及时修改财务模型。

**供应链模型**描述了一个公司的采购结构,它受制于其商业模式。尽管现有文献中很少提到商业模式的这一部分,但考虑供应链是必要的,因为忽视这一方面可能会对其他部分产生深远的影响(Wirtz et al., 2016)。这一模式处于产品和服务模式的上游,是确保企业产品和服务的稳定性、效率与高质量的基础。它有助于从基于投入的角度理解商业模式(Hedman and Kalling, 2003;Yip, 2004)。

### 层次 3:整合商业模式

在框架的第三层(最高层),上述的子集群知识主题被整合为一个完整的知识集群,并作为商业模式的本体。整合后的商业模式是一种高阶知识,它指的是关于如何使用、协调和配置各种要素(资源、机构、技术、客户、合作伙伴和市场)以实现价值获取、创造和交付的知识。它可以被看作是企业核心战略的反映（Seddon et al.，2004）和企业相关活动的抽象化。

为了设计一个令人满意的商业模式，设计师必须有整体视野和整合能力。此外，外部环境的任何变化或企业本身的发展都会使原有的商业模式面临转型的压力。因此，有必要从知本论的角度探讨商业模式的动态演变。

## 动态性：商业模式的设计、模仿和扩散

以往的研究将商业模式的动态性视为业务相关活动的系统性共同演变（Wirtz et al.，2016）、核心组成部分之间和内部的一系列互动（Afuah and Tucci，2001；Casadesus-Masanell and Ricart，2010；Demil and Lecocq，2010），或一个类型变化过程（Cavalcante et al.，2011）等。这些研究通常缺乏深深植根于商业模式的知识性质和基于其综合框架的支撑逻辑。

从知本论来看，我们认为商业模式的动态性可以被看作是一个新知识集群的创造、更新和扩散的进化过程，超越了公司的边界。作为一个新的分析单元，我们讨论了新商业模式的设计和重新配置以及已有商业模式的模仿和扩散过程。

### 新商业模式的设计

作为一个结构化的知识集群，商业模式是通过一个动态的组织知识创造过程"设计"出来的。正如 Nonaka（1994）所说，它可以被理解为一个组织上放大个人创造的知识，并将其固化为组织知识网络一部分的过程。我们进一步将这一过程理论化为显性知识和隐性知识成分的互动、转化和合并的连续循环。

知识成分，如价值主张、实践技能和管理经验，是在个人之间的互动中产生的。与其他企业实体资源和要素不同，与商业模式相关的知识成分产生于某个组织背景下的"非正式社区"或社会互动的 Ba（Nonaka and Takeuchi，1995；Nonaka and Konno，1998；Nonaka et al.，2000）。隐性知识首先从个人实践中产

生，然后由其他人通过共享经验（观察、模仿、实践）获得，而不是通过编纂的信息（Nonaka，1994）获得。这样一来，个人的隐性知识就变得社会化了，其中包括心理模型（Johnson-Laird，1983），如价值观、信仰，以及技术诀窍，如工艺和技能。其中一些知识成分仍然是隐性的，而另一些则通过外部化过程转化为显性成分（Nonaka，1994；Nonaka and Takeuchi，1995；Nonaka and Toyama，2003；Nonaka and Peltokorpi，2006）。通过这个过程，每个知识组件的性质（显性或隐性）都相对固定，设计者可以利用这些"砖块"来组成高阶主题的知识子集群。

在子集群层面，显性成分（如价值主张、产品成分）与隐性成分（如实践技能、管理经验）相互作用，形成高阶商业主题，如核心竞争力、价值创造过程等。需要注意的是，即使在这个阶段，商业主题的组成和架构这样的高阶知识仍然可以从"非正式社区"中产生（而一些"非正式社区"会跨越公司的边界）。例如，一个潜在的商业模式设计师可以在与供应商和客户的长期互动中，将合作或服务实践总结成一个新的商业模式。

在知识集群层面，一个独特的、新颖的架构和相应的实施指南被建立了起来（Morris et al.，2005）。架构部分是显性的，尽管一些商业模式的架构非常复杂，但作为一种开放的、编纂的知识，它是相对容易复制的。相比之下，实施指南包含了许多隐性的成分（例如，战略洞察力、管理经验），这些都是高度情景化的，复制商业模式的这一要素会相对困难。

总而言之，商业模式的设计是一个动态的知识创造过程。值得注意的是，在每个分析层面上，组件或架构的"固定性"是相对的，这意味着它们的任何单一变化（例如，以前隐含组件的编纂、优化或外包的过程）都可能导致商业模式原型的破坏（Morris et al.，2005；Zott et al.，2011）。

### 现有商业模式的模仿和扩散

一旦一个商业模式被创造出来并被证明能在目标市场创造价值，下一个重要的问题将是该商业模式**是否、何时和如何**被模仿。一个成功的商业模式不仅为企业创造价值，也为其合作伙伴、客户和其他利益相关者创造价值（Massa et al.，2017）。然而，如果一个商业模式很容易被模仿，它创造的价值将是不可持续的。正如 Teece（2010）所认为的，不容易被模仿的商业模式可以带来竞争优势。因此，商业模式的模仿可能是一个有价值的研究问题，知识管理的引入可能带来新的影响（Chen et al.，2021）。

从知识管理的角度来看，商业模式的模仿可以在两个层面上讨论。第一，在企业层面，模仿者对商业模式的模仿可以被视为一个组织学习和吸收知识的过程，其中商业模式的知识集群被模仿者获得。第二，在行业层面，商业模式的模仿过程可以被看作是知识集群的扩散，其中包括显性和隐性成分。由于多样化知识成分的性质和扩散方式不同，不同**架构**的商业模式的**可模仿性**和**模仿过程**也会不同。因此，尽管任何商业模式最终都可以被模仿（Teece，2010；Casadesus-Masanell and Zhu，2013），但模仿的难度和过程仍然非常值得讨论。

正如 Chen 等（2021）所认为的，商业模式的可模仿性程度取决于其隐性知识成分的比例，商业模式包含的隐性知识成分越多，在模仿过程中面临的障碍就越大。具体来说，商业模式的显性成分如公司的运营模式（Brousseau and Penard，2007）、价值主张（Afuah and Tucci，2001；Weill and Vitale，2001；Chesbrough and Rosenbloom，2002）和收入模型（Cantrell and Linder，2000；Petrovic et al.，2001）通常以公共信息的形式存在，因此很容易被模仿者或其他竞争者观察、分析和学习。对于隐性成分，如心理地图（Leonard and Sensiper，1998）、意义建构（Strobach，1986），以及意义建构过程（Malhotra，2000），模仿者就不那么容易学习了。如上所述，隐性知识的"转移"需要特定社区中个人之间的实际互动，因为这些隐性成分往往包含在个人、团队，甚至整个部门中。要复制整个商业模式，模仿者不仅需要观察、分析和学习**公共部分**，还需要与那些携带核心资源（知识、技能或经验）的个人或组织进行长期沟通互动，或者干脆雇佣他们。因此，如图 20.2 所示，对一个商业模式的模仿可以被视为一个"双渠道"过程。

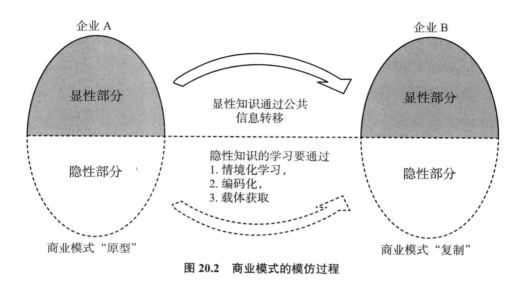

图 20.2　商业模式的模仿过程

**在第一个渠道中**，商业模式的显性部分可以作为公共信息进行转移。根据我们上面的分析，这部分知识成分的转移是相对容易的。商业模式的所有者不能根据其知识属性设置障碍，而且设置类似于知识产权保护的法律保护也很有挑战性（Teece，2010）。

**在第二个渠道中**，我们将传播隐性部分的过程与 SECI 模型联系起来，并确定了三个主要路径。

**路径一：情境化学习**。由于隐性知识的扩散需要依靠沟通 Ba（Nonaka and Takeuchi，1995；Nonaka and Konno，1998），因此商业模式隐性部分的扩散往往取决于合作伙伴和 / 或同事的长期合作。因此，路径一可以被命名为情境化学习。此外，商业模式的情境化学习路径可以被视为 SECI 模型中社会化过程的一个特殊类型（Nonaka，1994；Nonaka and Takeuchi，1995；Nonaka and Konno，1998；Nonaka et al.，2000；Nonaka and Toyama，2003）。一方面，对于现有企业（商业模式所有者）来说，这部分知识已经完成了社会化，形成了内部共享知识。另一方面，模仿者（企业）可以通过参与上述互动来学习这部分隐性知识。因此，我们经常看到商业模式的复制是由于员工从原公司流出或基于原始公司的分裂而产生的。在更广泛的领域，商业模式依靠这种路径的扩散来扩大先前社会化的隐性成分的共享范围（小范围内），形成更广泛的社会化。

**路径二：编码化**。一些隐性知识之所以保持未编码状态，可能不是因为它不能被编码，而是出于商业利益的考虑，人为地选择保持"隐性"。在某些情况下，为了企业的战略发展或其他目的，这些知识可以被编码。例如，在一些中餐馆，厨师的烹饪技能是企业核心竞争力的重要组成部分。为了长期保持这种优势，一些餐馆鼓励通过指导的形式来转移这种隐性知识。这种选择有利于保持竞争优势，又限制了企业规模的扩大。为了获得规模优势，一些餐馆将其编码为"标准化流程"，以创造新的商业模式，从而形成餐饮连锁。

从知识管理和 SECI 模型的角度来看，路径二可以被看作是一个**外部化和组合化**的动态过程。在这个过程中，隐性知识通过**衔接和编码**的机制转化为显性知识，然后通过**整合、转移、扩散和编辑**的方式聚集成一个知识集群（Nonaka and Toyama，2015）。

**路径三：载体获取**。从知识管理的角度来看，隐性知识的**载体**要么是个人，要么是组织。因此，模仿者获得另一个商业模式隐性部分的最有效途径之一，可以被命名为**载体获取**。根据不同商业模式隐性知识存在的主要层次（见"架构：一个多层次的商业模式框架"中提出的框架），模仿者可能需要收购现有公司的员工、团队，甚至整个部门来学习商业模式的隐性部分。

**载体获取**的路径实际上是对商业模式隐性知识组成部分的一个准学习过程。在这一路径中，模仿者可以直接获取个人、团队，甚至是整个部门的隐性知识，这些人与现有企业共享隐性知识。从个人层面来看，新企业在员工流动时并没有同步地**真正学到**隐性知识，而是**与被收购的个人或团队一起流**

动。隐性知识成分仍然保留在原来的**载体**中。这就是为什么载体获取被称为**"准"**学习的原因。当然，模仿者可以通过将合并后的团队纳入自己的组织来尝试**"吸收"**这些隐性知识成分，通过**"情境化学习"**或**"编码化"**真正学习这些成分。

## 讨论和结论

本章的研究结果可能有助于通过从知识管理的定义、架构和动态的概念化来拓宽知识管理的研究范围。本章首先系统地回顾了商业模式的主流概念化文献，并指出了现有研究对商业模式本体的限制。然后，本章从知本论的角度对商业模式进行了重新的概念化，并提出了一个层次化的框架来描述其架构和动态（设计、模仿和扩散）。

传统上对商业模式的定义是从显性的角度出发的，这忽略了它的隐性部分，导致学术界对其本体论的误解。毫无疑问，商业模式的表现形式是一系列的企业活动。然而，商业模式的本体论应该是设计者对企业如何开展业务的理解。因此，它可以被看作是对一堆"技术"和"知识"的抽象。在本章中，商业模式被定义为一个企业如何开展业务的结构化知识集群；它描述了一个企业如何将与商业相关的组件结合起来形成商业主题，以及如何协调这些主题以创造和交付价值。

在知本论的基础上，商业模式的架构被分为一个三层的分层框架。第一层包括商业相关基础组件，如内部/外部资源、核心资产、投入要素、价值主张、市场机会、制度条件、合作伙伴、竞争者、客户、产品和服务等。第二层包括一些商业主题，如核心战略、关键竞争力、价值创造过程、意义建构过程和代表性子模型。从知本论来看，这些商业主题可以被视为知识子集群。在第三层次，知识子集群（商业主题）被整合为一个完整的知识集群，即商业模式。

利用所提出的框架，我们探讨了商业模式的动态（设计、模仿和扩散）。作为一个结构化的知识集群，商业模式是通过一个动态的组织知识创造过程设计出来的。在这个过程中，知识的显性和隐性部分在三个层次上相互作用，实现了整个知识集群的演变。此外，商业模式的模仿被认为是一个双渠道的过程，在这个过程中，一个商业模式可以通过三个途径被模仿：情境化学习、编码化和载体获取。

**理论贡献**

本章通过重新定义商业模式概念和探索其架构和动态，扩大了知识管理的研究范围。知本论的引入为商业模式的研究带来了新的见解，并帮助我们关注商业模式中隐性部分的重要性。本章理论上的贡献有以下几点。

首先，本章揭示了商业模式的基础性质。基于"知本论"的定义有利于将现有的多样化概念汇聚到一个简单的核心范围。有可能帮助学者们就商业模式的定义达成更深的共识。

其次，本章通过提出的框架建立了一个三层的商业模式架构，而传统的商业模式结构主要包含两个维度：组成部分和彼此的联系。我们可以对商业模式中不同层次的知识进行定位，并利用这个框架对各组成部分和高阶知识的性质进行分析。

最后，我们可以初步分析商业模式的"跨边界"动态。虽然商业模式的"跨边界"性质已经得到承认（Amit and Zott，2001；Zott and Amit，2010），但目前的研究仍然是以企业为中心（Zott et al.，2011）。从知本论来看，培养新商业模式的"非正式社区"和商业模式的扩散自然是"跨边界"的。因此，对商业模式动态（设计和扩散）的研究可以用"以商业模式为中心"的范式进行，并有望以商业模式为新的分析单位真正实现研究范式的转变（Malhotra，2000）。

**局限性和未来研究**

在本章中，我们从知本论的角度对商业模式进行了理论化，并提出了一个三层的分层框架来探讨商业模式的架构和动态。尽管 Chen 等（2021）的开创性研究已经证明商业模式的结构（显性知识与隐性知识的比例）可以影响企业竞争优势的可持续性，但本章提出的更详细的商业模式框架和机制，以及从分析框架中得出的命题并没有得到实证证据的支持，这将限制本研究结论的可靠性。在未来，可能需要同时使用定量和定性的方法来支持新的研究结果。其中，商业模式的设计可以通过案例研究来探讨，而商业模式的模仿和扩散则可以通过定量数据来分析。

## 参考文献

Afuah, A. (2004). Business models: A strategic management approach. Boston, MA: McGraw-Hill/Irwin.

Afuah, A., & Tucci, C. L. (2001). Internet business models and strategies: Text and cases. New York: McGraw-Hill Irwin.

Amit, R., & Zott, C. (2001). Value creation in e-business. Strategic Management Journal, 22(6–7), 493–520.

Applegate, L. M., & Collura, M. (2000). Emerging E business models: Lessons from the field. Brighton, MA: Harvard Business School Press.

Baldwin, C. Y., & Clark, K. B. (2000). Design rules: The power of modularity (Vol. 1). Cambridge, MA: MIT Press.

Bellman, R., Clark, C. E., Malcolm, D. G., et al. (1957). On the construction of a multistage, multi-person business game. Operations Research, 5(4), 469–503.

Björkdahl, J. (2009). Technology cross-fertilization and the business model: The case of integrating ICTs in mechanical engineering products. Research Policy, 38(9), 1468–1477.

Brockmann, E. N., & Anthony, W. P. (1998). The influence of tacit knowledge and collective mind on strategic planning. Journal of Managerial Issues, 10(2), 204–222.

Brousseau, E., & Penard, T. (2007). The economics of digital business models: A framework for analyzing the economics of platforms. Review of Network Economics, 6(2), 81–110.

Brown, J. S., & Duguid, P. (1998). Organizing knowledge. California Management Review, 40(3), 90–111.

Cantrell, L. J., & Linder, J. (2000). Changing business models: Surveying the landscape. Accenture Institute for Strategic Change, 15(1), 142–149.

Casadesus-Masanell, R., & Ricart, J. E. (2010). From strategy to business models and onto tactics. Long Range Planning, 43(2–3), 195–215.

Casadesus-Masanell, R., & Zhu, F. (2013). Business model innovation and competitive imitation: The case of sponsor-based business models. Strategic Management Journal, 34(4), 464–482.

Cavalcante, S., Kesting, P., & Ulhøi, J. (2011). Business model dynamics and innovation:(re) establishing the missing linkages. Management Decision, 49(8), 1327–1342.

Chen, J., Wang, L., & Qu, G. (2021). Explicating the business model from a knowledge-based view: Nature, structure, imitability and competitive advantage erosion. Journal of Knowledge Management, 25(1), 23–47. doi:10.1108/JKM-02–2020–0159

Chesbrough, H., & Rosenbloom, R. S. (2002). The role of the business model in capturing value from innovation: Evidence from Xerox Corporation's technology spin-off companies. Industrial and Corporate Change, 11(3), 529–555.

Collins, H. M. (2001). What is tacit knowledge? In T. R. Schatzki, K. Knorr Cetina, & E. von Savigny (Eds.), The practice turn in contemporary theory (pp. 115–128). London: Routledge.

Collis, D. J. (1994). Research note: How valuable are organizational capabilities? Strategic Management Journal, 15(S1), 143–152.

Currie, W. (2004). Value creation from e-business models. Amsterdam: Elsevier.

DaSilva, C. M., & Trkman, P. (2014). Business model: What it is and what it is not. Long Range Planning, 47(6), 379–389.

Demil, B., & Lecocq, X. (2010). Business model evolution: In search of dynamic consistency. Long Range Planning, 43(2–3), 227–246.

DiMaggio, P. J., & Powell, W. W. (1983). The iron cage revisited: Institutional isomorphism and collective rationality in organizational fields. American Sociological Review, 48(2), 147–160.

Druker, P. F. (1993). Post-capitalist society. New York: HarperCollins.

Fleming, L. (2001). Recombinant uncertainty in technological search. Management Science, 47(1), 117–132.

Grant, R. M. (1996). Toward a knowledge-based theory of the firm. Strategic Management Journal, 17(S2), 109–122.

Hall, R., & Andriani, P. (2003). Managing knowledge associated with innovation. Journal of Business Research, 56(2), 145–152.

Hamel, G. (2000). Leading the revolution. Boston: Harvard Business School Press.

Hau, L. N., & Evangelista, F. (2007). Acquiring tacit and explicit marketing knowledge from foreign partners in IJVs. Journal of Business Research, 60(11), 1152–1165.

Hedman, J., & Kalling, T. (2003). The business model concept: Theoretical underpinnings and empirical illustrations. European Journal of Information Systems, 12(1), 49–59. doi:10.1057/palgrave.ejis.3000446

Johnson, M. W., Christensen, C. M., & Kagermann, H. (2008). Reinventing Your business model. Harvard Business Review, 86(12), 50–59.

Johnson, M. W., & Lafley, A. G. (2010). Seizing the white space: Business model innovation for growth and renewal. Cambridge: , MA: Harvard Business Press.

Johnson-Laird, P. N. (1983). Mental models: Towards a cognitive science of language, inference, and conscious- ness. Cambridge, MA: Harvard University Press.

Kallio, J., Tinnilä, M., & Tseng, A. (2006). An international comparison of operator-driven business models. Business Process Management Journal, 12(3), 281–298.

Kauffman, S. A. (1993). The origins of order: Self-organization and selection in evolution.

OUP USA.

Konczal, E. F. (1975). Models are for managers, not mathematicians. Journal of Systems Management, 26(165), 12–15.

Kreiner, K. (2002). Tacit knowledge management: The role of artifacts. Journal of Knowledge Management, 6(2), 112–123.

Lam, A. (2000). Tacit knowledge, organizational learning and societal institutions: An integrated framework. Organization Studies, 21(3), 487–513.

Leonard, D., & Sensiper, S. (1998). The role of tacit knowledge in group innovation. California Management Review, 40(3), 112–132.

Magretta, J. (2002). Why business models matter. Harvard Business Review, 80(5), 86–92.

Malhotra, Y. (2000). Knowledge management and new organization forms: A framework for business model innovation. Information Resources Management Journal, 13(1), 5–14.

Malhotra, Y. (2005). Integrating knowledge management technologies in organizational business processes: Getting real time enterprises to deliver real business performance. Journal of Knowledge Management, 9(1), 7–28. doi:10.1108/13673270510582938

Massa, L., Tucci, C. L., & Afuah, A. (2017). A critical assessment of business model research. Academy of Management Annals, 11(1), 73–104.

Meyer, J. W., & Rowan, B. (1977). Institutionalized organizations: Formal structure as myth and ceremony. American Journal of Sociology, 83(2), 340–363.

Morris, M., Schindehutte, M., & Allen, J. (2005). The entrepreneur's business model: Toward a unified perspective. Journal of Business Research, 58(6), 726–735.

Neisser, U. (1976). Cognition and reality: Principles and implications of cognitive psychology. New York, NY: W H Freeman.

Nonaka, I. (1994). A dynamic theory of organizational knowledge creation. Organization Science, 5(1), 14–37.

Nonaka, I., Hirose, A., & Takeda, Y. (2016). Mesofoundations of dynamic capabilities: Team-level synthesis and distributed leadership as the source of dynamic creativity. Global Strategy Journal, 6(3), 168–182.

Nonaka, I., & Konno, N. (1998). The concept of "Ba": Building a foundation for knowledge creation. California Management Review, 40(3), 40–54.

Nonaka, I., & Peltokorpi, V. (2006). Objectivity and subjectivity in knowledge management: A review of 20 top articles. Knowledge and Process Management, 13(2), 73–82. doi:10.1002/kpm.251

Nonaka, I., & Takeuchi, H. (1995). The knowledge-creating company: How Japanese companies create the dynamics of innovation. Oxford: Oxford University Press.

Nonaka, I., & Toyama, R. (2003). The knowledge-creating theory revisited: Knowledge creation as a synthesizing process. Knowledge Management Research & Practice, 1(1), 2–10. doi:10.1057/palgrave. kmrp.8500001

Nonaka, I., & Toyama, R. (2015). The knowledge-creating theory revisited: Knowledge creation as a synthesizing process. In The essentials of knowledge management, Heidelberg: Springer, 95–110.

Nonaka, I., Toyama, R., & Konno, N. (2000). SECI, Ba and leadership: A unified model of dynamic knowledge creation. Long Range Planning, 33(1), 5–34.

Osterwalder, A. (2004). The business model ontology a proposition in a design science approach. University of Lausanne, Switzerland.

Osterwalder, A., & Pigneur, Y. (2010). Business model generation: A handbook for visionaries, game changers, and challengers. Hoboken, NJ: John Wiley & Sons.

Osterwalder, A., Pigneur, Y., & Tucci, C. L. (2005). Clarifying business models: Origins, present, and future of the concept. Communications of the Association for Information Systems, 16(1), 1–25.

Petrovic, O., Kittl, C., & Teksten, R. D. (2001). Developing business models for ebusiness. Available at SSRN 1658505.

Porter, M. E. (1980). Competitive strategy. New York: The Free Press.

Porter, M. E. (1985). Competitive advantage. New York: The Free Press.

Porter, M. E. (1996). What is strategy? Harvard Business Review, 74(6), 61–78.

Quinn, J. B. (1992). Intelligent enterprise: A knowledge and service based paradigm for industry. New York: The Free Press.

Schilke, O. (2014). Second-order dynamic capabilities: How do they matter? Academy of Management Perspectives, 28(4), 368–380.

Scott, W. R. (2005). Institutional theory: Contributing to a theoretical research program. In K. G. Smith & M. A. Hitt (Eds.), Great minds in management: The process of theory development Oxford: Oxford University Press, 460–484.

Seddon, P. B., Lewis, G. P., Freeman, P., & Shanks, G. (2004). The case for viewing business models as abstractions of strategy. Communications of the Association for Information Systems, 13(1), 25.

Stewart, D. W., & Zhao, Q. (2000). Internet marketing, business models, and public policy. Journal of Public Policy & Marketing, 19(2), 287–296.

Strombach, W. (1986)."Information" in epistemological and ontological perspective. In Philosophy and technology II. Springer, 75–81.

Teece, D. J. (2007). Explicating dynamic capabilities: The nature and microfoundations of (sustainable) enterprise performance. Strategic Management Journal, 28(13), 1319–1350.

Teece, D. J. (2010). Business models, business strategy and innovation. Long Range Planning, 43(2), 172–194.

Weill, P., & Vitale, M. (2001). Place to space: Migrating to ebusiness models. Boston: Harvard Business Press.

Wirtz, B. W. (2001). Electronic business. Gabler: Wiesbaden.

Wirtz, B. W., Pistoia, A., Ullrich, S., & Göttel, V. (2016). Business models: Origin, development and future research perspectives. Long Range Planning, 49(1), 36–54.

Wu, J., Guo, B., & Shi, Y. (2013). Customer knowledge management and IT-enabled business model innovation: A conceptual framework and a case study from China. European Maragement Journal, 31(4), 359–372.

Yayavaram, S., & Ahuja, G. (2008). Decomposability in knowledge structures and its impact on the usefulness of inventions and knowledge-base malleability. Administrative Science Quarterly, 53(2), 333–362.

Yip, G. S. (2004). Using strategy to change your business model. Business Strategy Review, 15(2), 17–24.

Zott, C., & Amit, R. (2010). Business model design: An activity system perspective. Long Range Planning, 43(2–3), 216–226.

Zott, C., Amit, R., & Massa, L. (2011). The business model: Recent developments and future research. Journal of Management, 37. doi:10.2139/ssrn.1674384

# 关键术语表

absorbed knowledge，所吸收知识

absorptive capacity，吸收能力

academic resources，学术资源

actor network theory，参与者网络理论

adaptive learning culture，适应性学习文化

agent relationship equation，代表关系方程

AI-enabled knowledge creation theory，AI驱动的知识创造理论

AI-enabled robots，AI驱动的机器人

AI-enabled virtual agent，AI驱动的虚拟代理

algorithm technologies，算法技术

appropriation strategy，占用战略

artificial intelligence，人工智能

automate unstructured content analysis，自动化非结构化内容分析

automation and robotics technologies，自动化和机器人技术

autonomous learning system，自主学习系统

ba effects of creating，ba的创造效果

ba knowledge dynamics models，ba的知识动态模型

ba outline of knowledge creation theory，知识创造的ba理论

Ba，运动中的共享环境

balanced scorecard，平衡计分卡

benevolence，仁

big data and organisational decision-making，大数据和组织决策

big data processing，大数据处理

big data，大数据

blockchain and knowledge management，区块链和知识管理

blockchain technologies，区块链技术

bullwhip effect，牛鞭效应

bureaucratic system，官僚体系

business analytics，商业分析

business logic，商业逻辑

business models as structured knowledge cluster，商业模式作为结构化的知识集群

business models theoretical contributions，商业模式的理论贡献

business models，商业模式

business-related components，与商业有关的

组成部分

business-related knowledge，与商业相关的知识

C3 platform strategy，C3 平台战略
capitalization practice mode，资本化实践模式
Carnegie Mellon paradigm，卡内基-梅隆范式
carrier acquisition，载体获取
chief knowledge officers，首席知识官
cloud computing，云计算
cloud-based internet of things and services，基于云的物联网和服务
codification strategy，编纂策略
codified knowledge，编码知识
cognitive layer，认知层
cognitive value access，认知价值获取
cognitive value access，认知价值获取
collective knowledge，集体知识
collective societies，集体社会
combination，组合化
commercial capitalism，商业资本主义
common sense，常识
communities of practice，实践社区
complex adaptive system，复杂的适应性系统
condition-monitoring systems，条件监测系统
configuration layer，配置层

Confucian philosophy，儒家哲学
Confucianism，儒家思想
connection layer，连接层
constructivist logic，建构主义逻辑
constructivists，建构主义者
contextual knowledge experts，情境知识专家
contextualized learning，情境化学习
core strategy，核心战略
corporate investment，企业投资
creation-related strategy，与创造有关的战略
critical knowledge，关键知识
cross-cultural research，跨文化研究
customer model，顾客模型
customer portrait model，顾客画像模型
customer relationship management system，客户关系管理系统
cyber-physical system，信息物理系统
cyberspace，网络空间

data analytics，数据分析
data mining，数据挖掘
data science，数据科学
data，数据
data-driven value creation，数据驱动的价值创造
datafication，数据化

descriptive analytics，描述性分析

design of business models，商业模式的设计

design thinking，设计思维

differentiated knowledge，差异化知识

digital data，数字数据

digital era，数字时代

digital industrial environments，数字工业环境

digital technologies，数字技术

digital transformation，数字化转型

digital twin，数字孪生

digitalization，数字化

distributed knowledge building processes，分布式知识构建过程

distributed knowledge system，分布式知识系统

dynamic capability，动态能力

electronic data interface，电子数据接口

embedded AI，嵌入式人工智能

emotional interaction，情感互动

empiricism，经验主义

enterprise knowledge generation model，企业知识生成模型

enterprise knowledge generation storm，企业知识生成风暴

enterprise knowledge management，企业知识管理

enterprise knowledge stock，企业知识存量

era of acceleration，加速时代

experiential knowledge，经验知识

explicit knowledge，显性知识

explicit-implicit classification method，显性-隐性分类法

external knowledge，外部知识

externalization，外部化

fourth industrial revolution，第四次工业革命

general systems，一般系统

global knowledge management，全球知识管理

globalization，全球化

group work，小组工作

heterogeneous resource integration，异质性资源整合

higher-order business themes，高阶商业主题

higher-order knowledge，高阶知识

human capital，人力资本

human decision-making，人类决策

human knowledge creation，人类知识创造

human sense-making，人类的感官创造

human tacit knowledge，人类的隐性知识

human-centered epistemology，人本认识论

human-computer interaction，人机交互

human-machine collaborative KMS，人机协作的知识管理系统

humans-in-the loop，人机回圈

idea management，创意管理

imitation and diffusion of business models，商业模式的模仿和传播

immortacity，不朽

imperfectionist aesthetics，不完美主义美学

implicit knowledge，隐性知识

individual knowledge，个人知识

individualism versus collectivism，个人主义与集体主义

individualistic cultures，个人主义文化

indulgence-oriented versus restraint-oriented cultures，纵容型文化与克制型文化

industrial capitalism，工业资本主义

industrial revolution，工业革命

information and communication technologies，信息通信技术

information technology，信息技术

information，信息

information-processing organizations，信息处理型组织

innovation，创新

innovative intelligence，智能创新

institutionalised knowledge，制度化知识

integrated business model，整合商业模式

intellectual ability，知识能力

intellectual assets，知识资产

intellectual capital distinction tree，知识资本分类

intellectual capital，知识资本

intellectual exploration，智力探索

intellectual property protection，知识产权保护

intellectual property，知识产权

intellectualization practice mode，智能化实践模式

internal journals，内部期刊

internal knowledge resources，内部知识资源

internal knowledge，内部知识

internalization，内部化

internet of things and services，物联网与服务

internet of things smart devices，物联网智能设备

internet of things，物联网

inventive knowledge，创造性知识

job crafting，工作塑造

joint enterprise，联合企业

key capabilities，关键能力
knowledge acquisition，知识获取
knowledge application，知识应用
knowledge assessment，知识评估
knowledge asset map，知识资产图
knowledge audit，知识审计
knowledge capture systems，知识获取系统
knowledge classification，知识分类
knowledge context，知识背景
knowledge cooperation mechanism，知识合作机制
knowledge creation，知识创造
knowledge dichotomy，知识二分法
knowledge discovery systems，知识发现系统
knowledge diversity，知识多样性
knowledge dynamics，知识动态
knowledge ecosystem，知识生态系统
knowledge health，知识健康
knowledge management 1.0，知识管理1.0时代
knowledge management 2.0，知识管理2.0时代
knowledge management 3.0，知识管理3.0时代
knowledge management audit，知识管理审计
knowledge management model，知识管理模式
knowledge management scholarship，知识管理奖学金
knowledge partners，知识伙伴
knowledge processes，知识过程
knowledge sharing，知识共享
knowledge society，知识社会
knowledge spillover，知识溢出
knowledge spiral，知识螺旋
knowledge storage，知识储存
knowledge strategy，知识战略
knowledge subjectivity，知识的主观性
knowledge tracing，知识追踪
knowledge workers，知识工作者
knowledge-based economy，知识型经济
knowledge-based society，知识型社会
knowledge-creating company，知识创造型公司
knowledge-creating organization，知识创造型组织
knowledge-creating workplace，知识创造型工作空间
knowledge-friendly organizational culture，知识友好型组织文化
knowledge-related research，知识相关研究

learning organization，学习型组织

learning theories，学习理论
leveraging strategy，杠杆战略
limitations and future research of business models，商业模式的限制和未来的研究
local knowledge management，本地知识管理
long-term orientation versus short-term orientation，长期倾向与短期倾向

machine knowledge，机器知识
masculinity versus femininity，男性气质与女性气质
mass production，大规模生产
materialism-based view，唯物主义观
moral cultivation theory，道德修养理论
multi-level framework of business models，商业模式多层次的框架
multi-modal data analytics，多模式数据分析
mutual engagement，相互参与

national culture，国家文化
network layer，网络层
non-propositional knowledge，非命题知识
non-verbal context，非语言环境

objective knowledge，客观知识
online communities，网络社区
open innovation，开放式创新
open system，开放系统
operand resources，操作者资源
operant resources，执行者资源
organisational decision-making，组织决策
organisational knowledge，组织知识
organisational memory，组织记忆
organizational culture，组织文化
organizational explicit knowledge，组织显性知识
organizational implicit knowledge，组织隐性知识
organizational integrated knowledge，组织整合知识
organizational new knowledge，组织新知识
organizational purpose，组织目的
organizational routines，组织常规

patent management，专利管理
perceptual mentality，感性心态
perfectionism，完美主义
perfectionist aesthetics，完美主义美学
personal implicit knowledge，个人隐性知识
personalization strategy，个性化战略

personalized knowledge recommendation systems,个性化知识推荐系统
positivist logic,实证主义逻辑
positivist,实证主义
practical wisdom,实践智慧
practice community,实践社区
predictive analytics,预测分析
prescriptive analytics,规范性分析
probing strategy,探测战略
problem-oriented attitude,问题导向的态度
product and service model,产品和服务模式
profit model,盈利模式
project management,项目管理
propositional knowledge,命题知识
public information,公共信息

quantitative relationship,定量关系
quasi-learning process,准学习过程

rational mentality,理性心态
rationalism,理性主义
rationalism-dominated moral philosophy,理性主义主导的道德哲学
real-time decision-making,实时决策
relational capital,关系资本

Renaissance movement,文艺复兴运动
representative sub-models,代表性子模型

scientific knowledge,科学知识
SECI framework,SECI 框架
SECI model,SECI 模型
SECI spiral,SECI 螺旋
SECI theory,SECI 理论
self-organized industrial systems,自组织工业系统
self-organizing behaviour,自组织行为
self-organizing systems,自组织系统
self-transcending process,自我超越的过程
semi-structured data extraction,半结构化数据提取
service dominant logic,服务主导逻辑
service innovation,服务创新
shared space,共享空间
significance-oriented knowledge innovation,以意义为导向的知识创新
Slow Food Movement,慢食运动
smart factory ecosystem,智能工厂生态系统
smart grid ecosystems,智能电网生态系统
smart logistics ecosystem,智能物流生态系统
smart objects,智能物体
social entrepreneurship,社会创业

social innovation，社会创新
social mission，社会使命
social resources，社会资源
socialisation，社会化
spiral conversion process，螺旋式转换过程
STI/DUI model，STI/DUI 模型
strategic knowledge management，战略知识管理
structural capital，结构资本
supply chain management system，供应链管理系统
supply chain model，供应链模型
sustainability，可持续性
systems，系统

tacit knowledge management，隐性知识管理
tacit knowledge，隐性知识
technological knowledge，技术知识
technologies-driven knowledge management，技术驱动的知识管理
theory of intuitive knowledge and intuitive ability，良知和良能的理论
theory of practice，实践理论
theory of qi，气的理论

Toyota Production System，丰田生产体系
traditional Chinese medicine，传统中医
traditional knowledge management，传统知识管理
transformation layer，转化层
transformation multipliers，转化乘数

uncertainty avoidance，不确定性规避
unity of knowledge，知行合一
user interface，用户界面

value co-creation，价值共同创造
value creation processes，价值创造过程
value，价值
virtual office system，虚拟办公系统

Wabi-Sabi，诧寂
work-life balance，工作与生活的平衡
workplace community，工作场所社区
workplace culture，工作场所文化

zen，禅